REPETITORIUM

DER

LINEAREN ALGEBRA

Teil 1

Dr. Detlef Wille

5. Auflage

Verlag	**Binomi, Am Bergfelde 28, 31832 Springe**	
	Telefon	**05045–528**
	Telefax	**05045–9110160**
	E–Mail	**info@binomi.de**
	Internet	**www.binomi.de**

Druck BWH GmbH Medien Kommunikation

Zu beziehen beim Verlag oder im Buchhandel

ISBN–10: 3–923923–40–6

ISBN–13: 978–3–923923–40–3

Hannover 12/06

Vorwort

Es ist ein immer wieder von Studenten geäußerter Wunsch, Aufgabensammlungen mit vollständigen Lösungen zu den verschiedenen mathematischen Gebieten zu besitzen, um damit Anleitungen zum eigenständigen Bearbeiten entsprechender Aufgaben zu erhalten.
Das vorliegende Repetitorium will für die LINEARE ALGEBRA in diesem Sinne eine Hilfe sein. Es ist vom Inhalt her so zusammengestellt worden, daß einerseits Mathematik– und Physikstudenten des ersten Semesters, zum anderen aber auch Ingenieurstudenten damit arbeiten können.
Mathematik– und Physikstudenten finden speziell

- einen grundlegenden mengentheoretischen Teil, in dem auch verschiedene Beweisverfahren vorgestellt werden.
- vektorielle Beweise.
- wichtige Begriffe der LINEAREN ALGEBRA zunächst am Vektorraum $\mathbb{R}^n$ eingeführt und später auf allgemeine Vektorräume ausgedehnt.
- in fast allen Abschnitten nach einfachen "Rechenaufgaben" typische "Beweisaufgaben".
- Aufgaben, in denen wichtige mathematische Konstruktionen behandelt werden, sowie Aufgaben, die Ausblicke auf Begriffe der Algebra geben.

Ingenieurstudenten finden speziell

- elementare Vektorrechnung mit allen wichtigen Grundaufgaben.
- Matrizen und Determinanten.
- lineare Gleichungssysteme.
- Hauptachsentransformation im $\mathbb{R}^2$ und $\mathbb{R}^3$.
- lineare Abbildungen.

Da in den ersten beiden Kapiteln alle Begriffe am R^n eingeführt werden, eignet sich das Buch ebenfalls gut für die neu entstehenden Bachelor-Studiengänge.

Jeder Abschnitt beginnt mit einer Zusammenstellung wichtiger Definitionen und Sätze, wodurch schnell ein Überblick über das entsprechende Gebiet gewonnen werden kann. Dann folgen Aufgaben mit ausführlichen Lösungen, die nach Schwierigkeitsgrad angeordnet wurden. Teilweise wird in diesen Aufgaben auch weiterführende Theorie behandelt.

Die in diesem Repetitorium aufgenommenen Themen werden üblicherweise in einer Vorlesung LINEARE ALGEBRA I behandelt. In Teil 2 dieses Repetitoriums werden in gleicher Weise Aufgaben zur LINEAREN ALGEBRA II ausführlich gelöst. Im einzelnen findet man dort u. a. Aufgaben zu folgenden Themen:

- Eigenwerttheorie
- JORDANsche Normalform
- Vektorräume mit Skalarprodukt
- Euklidische und unitäre Vektorräume
- Affine Räume
- Klassifizierung von Quadriken

Hannover, Dezember 2006

Lineare Abbildungen und Matrizen im $\mathbb{R}^n$

Ist $\mathbf{M} \in \mathcal{M}_{n\times n}(\mathbb{R})$, so ist $\varphi : \begin{cases} \mathbb{R}^n \longrightarrow \mathbb{R}^n & \text{also } \varphi(v) = \mathbf{M}v \\ v \longmapsto \mathbf{M}v & \end{cases}$ eine **lineare Abbildung**.

Jede Matrix bestimmt auf diese Weise eine lineare Abbildung. Umgekehrt gehört zu jeder linearen Abbildung dieser Art eine Matrix, nämlich:

Ist $\varphi : \mathbb{R}^n \longrightarrow \mathbb{R}^n$ linear und ist $\mathbf{M} = (\varphi(e_1), \ldots, \varphi(e_n))$ die $n \times n$–Matrix, deren n Spalten aus den Bildern $\varphi(e_i)$ der n Vektoren e_i der kanonischen Basis des $\mathbb{R}^n$ bestehen, so ist $\varphi(v) = \mathbf{M}v$.

Hierbei wurde im $\mathbb{R}^n$ die kanonische Basis zugrunde gelegt.
Für lineare Abbildungen $\varphi : V \longrightarrow W$ hängen die zu φ gehörenden Matrizen noch von Basen A von V und B von W ab und werden mit $\mathbf{M}_B^A(\varphi)$ bezeichnet (siehe nächsten Kasten).

Abbildungsmatrix $\mathbf{M}_B^A(\varphi)$

Es sei $\varphi : V \longrightarrow W$ linear, A Basis von V, B Basis von W.

1. Die Spalten von $\mathbf{M}_B^A(\varphi)$ sind die Koordinatenvektoren bzgl. B der Bilder $\varphi(v_i)$ der Vektoren v_i aus A.
2. Multipliziert man $\mathbf{M}_B^A(\varphi)$ mit dem Koordinatenvektor von v bzgl. A, so erhält man den Koordinatenvektor bzgl. B vom Bildvektor $\varphi(v)$.
3. $\psi : W \longrightarrow U$ linear, C Basis von U: $\mathbf{M}_C^A(\psi \circ \varphi) = \mathbf{M}_C^B(\psi) \cdot \mathbf{M}_B^A(\varphi)$ (Nacheinanderausführen linearer Abbildungen ergibt wieder eine lineare Abbildung, deren Matrix das Produkt der Matrizen von ψ und φ ist.)
4. Ist $\varphi : V \longrightarrow V$ ein Endomorphismus von V und sind A, B Basen von V, so gilt die folgende **Transformationsformel**:
$$\mathbf{M}_B^B(\varphi) = \mathbf{M}_B^A(\mathrm{id}) \cdot \mathbf{M}_A^A(\varphi) \cdot \mathbf{M}_A^B(\mathrm{id}) = \mathbf{B}^{-1} \cdot \mathbf{M}_A^A(\varphi) \cdot \mathbf{B}$$

Spezielle lineare Abbildungen der Ebene

Die Abbildungsmatrizen beziehen sich auf die kanonische Basis.

Spiegelung an			Drehung um			Projektion auf		
x–Achse		$\begin{pmatrix} 1 & 0 \\ 0 & -1 \end{pmatrix}$	α°		$\begin{pmatrix} \cos\alpha & -\sin\alpha \\ \sin\alpha & \cos\alpha \end{pmatrix}$	x–Achse		$\begin{pmatrix} 1 & 0 \\ 0 & 0 \end{pmatrix}$
y–Achse		$\begin{pmatrix} -1 & 0 \\ 0 & 1 \end{pmatrix}$	45°	$\frac{1}{2}\sqrt{2}$	$\begin{pmatrix} 1 & -1 \\ 1 & 1 \end{pmatrix}$	y–Achse		$\begin{pmatrix} 0 & 0 \\ 0 & 1 \end{pmatrix}$
Gerade $t(a,b)$	$\frac{1}{a^2+b^2}$	$\begin{pmatrix} a^2-b^2 & 2ab \\ 2ab & b^2-a^2 \end{pmatrix}$	60°	$\frac{1}{2}$	$\begin{pmatrix} 1 & -\sqrt{3} \\ \sqrt{3} & 1 \end{pmatrix}$	Gerade $t(a,b)$	$\frac{1}{a^2+b^2}$	$\begin{pmatrix} a^2 & ab \\ ab & b^2 \end{pmatrix}$
Gerade $y = mx$	$\frac{1}{1+m^2}$	$\begin{pmatrix} 1-m^2 & 2m \\ 2m & m^2-1 \end{pmatrix}$	90°	$\frac{1}{2}$	$\begin{pmatrix} 0 & -1 \\ 1 & 0 \end{pmatrix}$	Gerade $y = mx$	$\frac{1}{1+m^2}$	$\begin{pmatrix} 1 & m \\ m & m^2 \end{pmatrix}$

Eigenwerte, Eigenvektoren von Matrizen

Sei $\mathbf{A} \in \mathcal{M}_{n\times n}(K)$. Gilt $\mathbf{A}(v) = \lambda v$ für $v \neq 0$ und $\lambda \in K$, so heißt v Eigenvektor von $\mathbf{A}$ zum Eigenwert λ.

Die Eigenwerte sind die Nullstellen des **charakteristischen Polynoms** $\det(\mathbf{A} - x\mathbf{E})$.

Die Eigenvektoren von $\mathbf{A}$ zum Eigenwert λ sind die nicht-trivialen Lösungen des LGS $(\mathbf{A} - \lambda\mathbf{E})x = 0$.

Inhaltsverzeichnis

Kapitel 1

Grundlagen

Mengenterminologie wird in der Sprache der Mathematik benötigt. In diesem Kapitel wird im Rahmen der Linearen Algebra dafür nötiges Mengenvokabular zusammengestellt, keine "Mengenlehre" betrieben. Man bewerte daher die Aussagen der meisten Aufgaben nicht über. Es sind überwiegend einfache Regeln für den Gebrauch von Mengen. Allerdings können daran sehr gut der Aufbau eines Beweises und die verschiedenen Beweismethoden der Mathematik - wie **direkter Beweis, indirekter Beweis, vollständige Induktion** - geübt werden.

1.1 Mengen

Wir geben hier nur eine Zusammenstellung der Definitionen von Mengenbildungen. Alle Mengen $A, B, C, \ldots$ seien Teilmengen einer Menge X.
Den Term $\{x \mid \ldots\}$ lese man stets als:
Menge aller x aus X mit der Eigenschaft ....

$A \cap B = \{x \mid x \in A \text{ und } x \in B\}$	**Durchschnitt** von A und B
$A \cup B = \{x \mid x \in A \text{ oder } x \in B\}$	**Vereinigung** von A und B
$X \setminus A = \{x \mid x \in X \text{ und } x \notin A\}$	X **vermindert** um A
$\mathcal{P}(A) = \{Y \mid Y \subseteq A\}$	**Potenzmenge** von A
$A \times B = \{(x, y) \mid x \in A \text{ und } y \in B\}$	**Kartesisches Produkt** von A und B

Die Menge $\mathbb{N}$ der natürlichen Zahlen ist für uns üblicherweise die Menge $\{1, 2, 3, 4, \ldots\}$. Sollte es sich als praktisch erweisen, wird aber auch die 0 hinzugenommen.

1.1.1

Es seien die folgenden Teilmengen von $\mathbb{Z}$ gegeben:

$X_1 := \{y \in \mathbb{Z} \mid y \text{ ist eine gerade Zahl } \}$

$X_2 := \{y \in \mathbb{Z} \mid \text{es gibt ein } z \in \mathbb{Z} \text{ mit } y^2 + z^2 \leq 2\}$

$X_3 := \{y \in \mathbb{Z} \mid y \text{ ist teilbar durch } 6\}$

$X_4 := \{y \in \mathbb{Z} \mid (y^4 + y^2 - 2)(y^2 - 2y) = 0\}$

$X_5 := \{y \in \mathbb{Z} \mid 3y^2 \text{ ist teilbar durch } 4\}$

a) *Man bestimme:* $X_1 \cap X_2$, $X_3 \cup X_5$, $X_1 \setminus X_3$ *und* $X_2 \times X_4$.

b) *Man untersuche, für welche* $i, j \in \{1, \ldots, 5\}, i \neq j$ *die Beziehung* $X_i \subseteq X_j$ *gilt. Welche der Mengen sind gleich?*

Alle fünf Mengen lassen sich leicht in aufzählender Schreibweise angeben. Damit kann man dann **a)** und **b)** beantworten. Sofort ersichtlich ist:

$$X_1 = \{\ldots, -6, -4, -2, 0, 2, 4, 6, \ldots\} =: 2 \cdot \mathbb{Z}$$

und

$$X_3 = \{\ldots, -12, -6, 0, 6, 12, 18, \ldots\} =: 6 \cdot \mathbb{Z}$$

X_5 kann nur gerade Zahlen enthalten. Ein Quadrat einer ungeraden Zahl und das Produkt ungerader Zahlen sind nämlich ungerade. Ist y aber eine gerade Zahl, so ist y^2 und damit auch $3y^2$ durch 4 teilbar. Also gilt $X_5 = X_1$.
Für X_2 findet man durch Einsetzen:

$$X_2 = \{-1, 0, 1\}$$

Benutzt man schließlich, daß ein Produkt genau dann 0 ist, wenn mindestens ein Faktor 0 ist, so folgt für X_4:

$$y \in X_4 \quad \Longleftrightarrow \quad y \in \mathbb{Z} \text{ und } \big(y(y-2) = 0 \text{ oder } y^4 + y^2 - 2 = 0\big)$$

$$\begin{aligned} y(y-2) = 0 \quad &\Longleftrightarrow \quad y = 0 \text{ oder } y = 2 \\ y^4 + y^2 - 2 = 0 \quad &\Longleftrightarrow \quad y = 1 \text{ oder } y = -1 \end{aligned}$$

Damit folgt:

$$X_4 = \{-1, 0, 1, 2\}$$

a) Man erhält:

$$X_1 \cap X_2 = \{0\}$$

$$X_3 \cup X_5 = X_1$$

$$X_1 \setminus X_3 = \{\ldots, -8, -4, -2, 2, 4, 8, 10, 14, \ldots\}$$

$$X_2 \times X_4 = \{(-1,-1), (-1,0), (-1,1), (-1,2), \ldots, (1,2)\}$$

$X_2 \times X_4$ hat $3 \cdot 4 = 12$ Elemente.

b) Durch Vergleich ergeben sich folgende Beziehungen:

$$X_2 \subseteq X_4, \qquad X_3 \subseteq X_1, \qquad \text{sowie } X_1 = X_5$$

1.1.2

A, B, C seien Mengen. Man zeige:

a) $A \cap (B \cup C) = (A \cap B) \cup (A \cap C)$

b) $A \cup (B \cap C) = (A \cup B) \cap (A \cup C)$

a) Wir müssen die **Gleichheit zweier Mengen** X **und** Y zeigen. Dazu ist zu zeigen, daß jedes Element aus X auch in Y vorkommt und umgekehrt:

$$X = Y \iff X \subseteq Y \text{ und } Y \subseteq X$$

Daher ergibt sich der folgende Beweis, bei dem wir lediglich noch die Definitionen von $\cup$ und $\cap$ berücksichtigen:

$$\begin{aligned} x \in A \cap (B \cup C) &\iff x \in A \text{ und } (x \in B \text{ oder } x \in C) \\ &\iff (x \in A \text{ und } x \in B) \text{ oder } (x \in A \text{ und } x \in C) \\ &\iff x \in (A \cap B) \cup (A \cap C) \end{aligned}$$

Liest man diese Äquivalenz von oben nach unten, so ergibt sich die Teilmengenbeziehung "$\subseteq$", liest man sie von unten nach oben, so ergibt sich "$\supseteq$". Eine solche Äquivalenzaussage

$$A \iff B$$

bedeutet die Gültigkeit **zweier** Aussagen, nämlich

$$A \Longrightarrow B \qquad \text{und} \qquad A \Longleftarrow B.$$

Häufig beweist man eine Äquivalenz durch Beweis dieser beiden Implikationen. Man spricht von einem Beweis in "zwei Richtungen".

Bei **b)** schließt man wie bei **a)**.

1.1.3

A, B seien Teilmengen der Menge X. Man beweise die folgenden Äquivalenzen:

a) $A \cap B = \emptyset \iff A \subseteq X \setminus B \iff B \subseteq X \setminus A$

b) $A \subseteq B \iff A \cup B = B \iff A \cap B = A$

a) Wir bezeichnen die oben stehenden drei Aussagen mit (i), (ii) und (iii). Man überlegt sich leicht, daß man die Äquivalenzen dann durch folgenden "Ringschluß " beweisen kann:

$$(i) \Longrightarrow (ii), \qquad (ii) \Longrightarrow (iii), \qquad (iii) \Longrightarrow (i)$$

Beweis von $(i) \Longrightarrow (ii)$, also: $A \cap B = \emptyset \quad \Longrightarrow \quad A \subseteq X \setminus B$

$$\begin{aligned} \text{Sei } x \in A \quad &\Longrightarrow \quad x \in X, \text{ da } A \subseteq X \text{ und} \\ & \quad x \notin B, \text{ da } A \cap B = \emptyset \\ &\Longrightarrow \quad x \in X \setminus B \end{aligned}$$

Beweis von $(ii) \Longrightarrow (iii)$, also: $A \subseteq X \setminus B \quad \Longrightarrow \quad B \subseteq X \setminus A$

$$\begin{aligned} \text{Sei } x \in B \quad &\Longrightarrow \quad x \in X, \text{ da } B \subseteq X \text{ und} \\ & \quad x \notin A, \text{ da } A \subseteq X \setminus B \\ &\Longrightarrow \quad x \in X \setminus A \end{aligned}$$

Beweis von $(iii) \Longrightarrow (i)$, also: $B \subseteq X \setminus A \quad \Longrightarrow \quad A \cap B = \emptyset$

$$\begin{aligned} \text{Annahme: } x \in A \cap B \quad &\Longrightarrow \quad x \in A \text{ und } x \in B \\ &\Longrightarrow \quad x \in X \setminus A, \text{ da } B \subseteq X \setminus A \\ &\Longrightarrow \quad x \notin A \end{aligned}$$

Dies ist ein Widerspruch zur Annahme $x \in A \cap B$.

b) Wir gehen wie bei a) vor:
Beweis von $(i) \Longrightarrow (ii)$, also: $A \subseteq B \quad \Longrightarrow \quad A \cup B = B$
Die Inklusion $B \subseteq A \cup B$ ist klar. Es bleibt also $A \cup B \subseteq B$ zu zeigen. Sei dazu $x \in A \cup B$. Ist $x \in B$, so sind wir fertig. Ist $x \in A$, so folgt nach Voraussetzung auch $x \in B$, also ist alles gezeigt.
Beweis von $(ii) \Longrightarrow (iii)$, also: $A \cup B = B \quad \Longrightarrow \quad A \cap B = A$
Hier ist die Inklusion $A \cap B \subseteq A$ klar, und es bleibt $A \subseteq A \cap B$ zu zeigen. Sei dazu $x \in A$. Dann folgt nach Voraussetzung $x \in B$, also insgesamt $x \in A \cap B$.
Beweis von $(iii) \Longrightarrow (i)$, also: $A \cap B = A \quad \Longrightarrow \quad A \subseteq B$.
Es sei $x \in A$. Dann ist nach Voraussetzung auch $x \in B$, da $A \cap B = A$. Damit ist alles gezeigt.

1.1.4
A, B seien Teilmengen der Menge X.
Man beweise die **de Morgan'schen** *Gesetze:*
a) $X \setminus (A \cup B) = (X \setminus A) \cap (X \setminus B)$
b) $X \setminus (A \cap B) = (X \setminus A) \cup (X \setminus B)$

a) Wir zeigen die Gleichheit der Mengen wie bei Aufgabe 2.

$$\begin{aligned} x \in X \setminus (A \cup B) \quad &\Longleftrightarrow \quad x \in X \text{ und } x \notin A \cup B \\ &\Longleftrightarrow \quad x \in X \text{ und } (x \notin A \text{ und } x \notin B) \\ &\Longleftrightarrow \quad (x \in X \text{ und } x \notin A) \text{ und } (x \in X \text{ und } x \notin B) \\ &\Longleftrightarrow \quad x \in (X \setminus A) \cap (X \setminus B) \end{aligned}$$

b) läßt sich wieder genauso beweisen.

1.1.5

Man untersuche, ob die folgenden Gleichungen gelten:

a) $\mathcal{P}(A) \cap \mathcal{P}(B) = \mathcal{P}(A \cap B)$

b) $\mathcal{P}(A) \cup \mathcal{P}(B) = \mathcal{P}(A \cup B)$

a) Wir werden die Gleichheit beweisen. Es gilt nämlich:

$$\begin{aligned} X \in \mathcal{P}(A) \cap \mathcal{P}(B) \quad &\Longleftrightarrow \quad X \subseteq A \text{ und } X \subseteq B \\ &\Longleftrightarrow \quad X \subseteq A \cap B \\ &\Longleftrightarrow \quad X \in \mathcal{P}(A \cap B) \end{aligned}$$

b) gilt nicht.
Eine Behauptung der Art

Für alle $X, Y, \ldots$ gilt die Aussage ...

widerlegt man durch Angabe **eines** Beispiels, für das die Aussage **nicht** gilt. Solch ein Beispiel nennt man **Gegenbeispiel**.
Wir geben hier ein **Gegenbeispiel** an.
Sei $A = \{1\}$ und $B = \{2\}$. Dann ist $\mathcal{P}(A) = \{\emptyset, \{1\}\}$ und $\mathcal{P}(B) = \{\emptyset, \{2\}\}$. Also gilt $\mathcal{P}(A) \cup \mathcal{P}(B) = \{\emptyset, \{1\}, \{2\}\}$. Dagegen ist $A \cup B = \{1, 2\}$, d.h. $\mathcal{P}(A \cup B)$ enthält die Menge $\{1, 2\}$, die aber nicht in $\mathcal{P}(A) \cup \mathcal{P}(B)$ liegt.

1.1.6

A, B, C seien Mengen. Man beweise oder widerlege die folgenden Aussagen.

a) $(A \cup B) \times C - (A \times C) \cup (B \times C)$

b) $(C \times C) \cup (A \times B) = (C \cup A) \times (C \cup B)$

c) $(A \setminus B) \times C = (A \times C) \setminus (B \times C)$

d) $(C \times C) \cap (A \times B) = (C \cap A) \times (C \cap B)$

a) gilt. Beweis: (Wir benutzen ab jetzt die Symbole $\wedge$ für "und" sowie $\vee$ für "oder".)

$$\begin{aligned}
(x,y) \in (A \cup B) \times C &\iff x \in A \cup B \wedge y \in C \\
&\iff (x \in A \vee x \in B) \wedge y \in C \\
&\iff (x \in A \wedge y \in C) \vee (x \in B \wedge y \in C) \\
&\iff (x,y) \in A \times C \vee (x,y) \in B \times C \\
&\iff (x,y) \in (A \times C) \cup (B \times C)
\end{aligned}$$

b) Die Aussage ist falsch, wie das folgende Gegenbeispiel zeigt:
Sei $C = \{1\}, \quad A = B = \{2\}$. Dann ist:
$(C \times C) \cup (A \times B) = \{(1,1),(2,2)\}$ und
$(C \cup A) \times (C \cup B) = \{(1,1),(1,2),(2,1),(2,2)\}$

c) Diese Gleichheit gilt wieder. Beweis:

$$\begin{aligned}
(x,y) \in (A \setminus B) \times C &\iff x \in A \wedge x \notin B \wedge y \in C \\
&\iff (x,y) \in A \times C \wedge (x,y) \notin B \times C \\
&\iff (x,y) \in (A \times C) \setminus (B \times C)
\end{aligned}$$

d) Die Aussage ist richtig. Beweis:

$$\begin{aligned}
(x,y) \in (C \times C) \cap (A \times B) &\iff (x,y) \in C \times C \wedge (x,y) \in A \times B \\
&\iff x \in C \wedge y \in C \wedge x \in A \wedge y \in B \\
&\iff x \in C \wedge x \in A \wedge y \in C \wedge y \in B \\
&\iff (x,y) \in (C \cap A) \times (C \cap B)
\end{aligned}$$

1.1.7

Man beweise: $(a,b) = (c,d) \iff a = c$ *und* $b = d$

Das geordnete Paar (a,b) ist wie folgt definiert:

$$(a,b) := \{\{a\},\{a,b\}\}$$

Der Beweis wird nun in zwei Richtungen geführt. Wir beweisen zunächst "$\Longleftarrow$": Gilt $a = c$ und $b = d$, so folgt $\{a\} = \{c\}, \quad \{a,b\} = \{c,d\}$, und damit gilt auch $\{\{a\},\{a,b\}\} = \{\{c\},\{c,d\}\}$. Nach Definition des geordneten Paares bedeutet das gerade $(a,b) = (c,d)$.

Es folgt der Beweis in Richtung "$\Longrightarrow$".
Sei $(a,b) = (c,d)$ d.h. $\{\{a\},\{a,b\}\} = \{\{c\},\{c,d\}\}$. Wir unterscheiden nun 2 Fälle:
1.Fall: $a = b$
Dann folgt aus $(a,a) = \{\{a\},\{a,a\}\} = \{\{a\}\} = \{\{c\},\{c,d\}\}$ zunächst die Gleichheit $\{a\} = \{c,d\}$. Also muß $c = d$ gelten, damit die rechts stehende Menge einelementig ist. Das liefert nun $a = c$, und wegen der Voraussetzung $a = b$ folgt noch $b = d$, d. h. $(a,b) = (c,d)$.
2.Fall: $a \neq b$
Dann gilt auch $c \neq d$, denn wäre $c = d$, so enthielte $(c,d) = \{\{c\},\{c,d\}\}$ keine zweielementige Menge wie $(a,b) = \{\{a\},\{a,b\}\}$. (Beachte hier $a \neq b$!) Wegen $\{\{a\},\{a,b\}\} = \{\{c\},\{c,d\}\}$ folgt nun aus den Elementanzahlen $a = c$ und $\{a,b\} = \{c,d\} = \{a,d\}$. Damit erhält man auch $b = d$.

1.1.8
Man zeige: $A \setminus (A \setminus B) = B \iff B \subseteq A$

Beweis von "$\Longrightarrow$":
Sei $x \in B$. Dann gilt nach Voraussetzung $x \in A \setminus (A \setminus B)$, also $x \in A$.
Beweis von "$\Longleftarrow$":
Wir zeigen zunächst $A \setminus (A \setminus B) \subseteq B$.
Aus $x \in A \setminus (A \setminus B)$ folgt $x \in A$ und $x \notin A \setminus B$. Daraus ergibt sich $x \in B$, denn wäre $x \notin B$, so wäre $x \in A \setminus B$.
Es bleibt $B \subseteq A \setminus (A \setminus B)$ zu zeigen.
Sei $x \in B$. Nach Voraussetzung ist dann auch $x \in A$. Damit erhält man $x \in A$ und $x \notin A \setminus B$, also $x \in A \setminus (A \setminus B)$.

1.2 Relationen

Sind A und B Mengen, so heißt jede Teilmenge von $A \times B$ eine **Relation** zwischen A und B. Gilt $A = B$, so spricht man von einer Relation **auf** A. Beliebige Relationen sind in Teilgebieten der Mathematik wie "Lineare Algebra" relativ uninteressant. Einige spezielle Relationen sind aber sehr wichtig, da sie zur Konstruktion von algebraischen Strukturen (z. B. Ringe, Körper, Vektorräume) benutzt werden.

Eine Relation R auf A, also $R \subseteq A \times A$ heißt

reflexiv	$\Longleftrightarrow$	für alle $x \in A$ gilt $(x, x) \in R$. *(Die Diagonale von $A \times A$ gehört zu R.)*
symmetrisch	$\Longleftrightarrow$	$(x, y) \in R \Longrightarrow (y, x) \in R$ für alle $x, y \in A$
antisymmetrisch	$\Longleftrightarrow$	$(x, y) \in R \wedge (y, x) \in R \Longrightarrow x = y$ für alle $x, y \in A$.
transitiv	$\Longleftrightarrow$	$(x, y) \in R \wedge (y, z) \in R \Longrightarrow (x, z) \in R$ für alle $x, y, z \in A$.
konnex	$\Longleftrightarrow$	für alle $x, y \in A$ gilt: $(x, y) \in R$ oder $(y, x) \in R$ *(Je zwei Elemente aus A sind vergleichbar.)*

Spezielle Relationen

Eine Relation R auf A heißt

Äquivalenzrelation	$\Longleftrightarrow$	R ist reflexiv, symmetrisch und transitiv.
Halbordnung	$\Longleftrightarrow$	R ist reflexiv, antisymmetrisch und transitiv.
Ordnung	$\Longleftrightarrow$	R ist Halbordnung und konnex.

Eine Ordnung wird auch **Kette** genannt, da alle Elemente vergleichbar sind.

Bei Äquivalenzrelationen und Halbordnungen R schreibt man statt $(x, y) \in R$ üblicherweise xRy. Äquivalenzrelationen werden meistens mit dem Symbol $\sim$ bezeichnet.

Äquivalenzklassen

$\sim$ sei eine Äquivalenzrelation auf A. Die Teilmengen

$$a/_{\sim} := \{b \in A \mid b \sim a\} \quad (a \in A)$$

von A heißen **Äquivalenzklassen** von $\sim$.

1.2.1

a) *Man gebe alle Relationen auf* $A = \{1,2\}$ *an.*
b) *Welche Relationen davon sind symmetrisch, reflexiv, transitiv?*
c) *Welches sind Äquivalenzrelationen auf* A*?*
d) *Welches sind Halbordnungen?*
e) *Welche der Halbordnungen sind Ordnungen?*

a) Eine Relation auf A ist eine Teilmenge von $A \times A$. Für $A \times A$ erhalten wir:

$$A \times A = \{(1,1),(1,2),(2,1),(2,2)\}$$

Wir bilden sämtliche Teilmengen der 4−elementigen Menge $A \times A$ und erhalten die folgenden $2^4 = 16$ Relationen:
(über die Anzahl der Elemente von $\mathcal{P}(\{1,2\})$ siehe Aufgabe 1.5.2.)

$R_1 = \emptyset$			
$R_2 = \{(1,1)\}$	$R_3 = \{(1,2)\}$	$R_4 = \{(2,1)\}$	$R_5 = \{(2,2)\}$
$R_6 = \{(1,1),(1,2)\}$		$R_7 = \{(1,1),(2,1)\}$	
$R_8 = \{(1,1),(2,2)\}$		$R_9 = \{(1,2),(2,1)\}$	
$R_{10} = \{(1,2),(2,2)\}$		$R_{11} = \{(2,1),(2,2)\}$	
$R_{12} = \{(1,1),(1,2),(2,1)\}$		$R_{13} = \{(1,1),(1,2),(2,2)\}$	
$R_{14} = \{(1,1),(2,1),(2,2)\}$		$R_{15} = \{(1,2),(2,1),(2,2)\}$	
$R_{16} = \{(1,1),(1,2),(2,1),(2,2)\}$			

Da $A \times A$ vierelementig ist, gibt es $\binom{4}{1} = 4$ Relationen mit genau einem Element, $\binom{4}{2} = 6$ Relationen mit genau 2 Elementen usw. .

b) Von den obigen Relationen sind

symmetrisch:	$R_1, R_2, R_5, R_8, R_9, R_{12}, R_{15}, R_{16}$
reflexiv:	$R_8, R_{13}, R_{14}, R_{16}$
transitiv:	$R_1, R_2, R_3, R_4, R_5, R_6, R_7, R_8, R_{10}, R_{11}, R_{13}, R_{14}, R_{16}$

c) Äquivalenzrelationen sind reflexiv, symmetrisch und transitiv. Also sind nur R_8 und R_{16} Äquivalenzrelationen.

d) Halbordnungen sind: R_8, R_{13}, R_{14}

e) Nur R_{13} und R_{14} sind Ordnungen.
So gilt z. B. für R_{13} : $1\,R_{13}\,1,\quad 1\,R_{13}\,2,\quad 2\,R_{13}\,2$

1.2.2

Für $x, y \in \mathbb{Z}$ *sei definiert:* $x \sim y \iff 5$ *teilt* $x - y$
Man zeige, daß $\sim$ *eine Äquivalenzrelation auf* $\mathbb{Z}$ *ist und beschreibe die Äquivalenzklassen von* $\sim$.

$\sim$ ist Äquivalenzrelation, wenn gilt: $\sim$ ist reflexiv, symmetrisch und transitiv.
α) $\sim$ **reflexiv:** Zu zeigen ist: Für alle $x \in \mathbb{Z}$ gilt $x \sim x$.
$x \sim x$ heißt aber: 5 teilt $x - x$. Dies gilt, da $x - x = 0$ und 5 wegen $5 \cdot 0 = 0$ ein Teiler von 0 ist.
β) $\sim$ **symmetrisch:** Zu zeigen ist: $x \sim y \implies y \sim x$.
$x \sim y$ heißt: 5 teilt $x - y$. Dann teilt 5 auch $-(x - y) = y - x$, also gilt $y \sim x$.
γ) $\sim$ **transitiv:** Zu zeigen ist: $x \sim y \wedge y \sim z \implies x \sim z$
$x \sim y$ bedeutet 5 teilt $x - y$, $y \sim z$ bedeutet 5 teilt $y - z$. Es gibt also $n, m \in \mathbb{Z}$ mit $5n = x - y$ und $5m = y - z$. Wir addieren die Gleichungen und erhalten $5n + 5m = (x - y) + (y - z)$. Daraus folgt $5(n + m) = x - z$, also gibt es $k \in \mathbb{N}$ (nämlich $k = n + m$), mit $5k = x - z$, d. h. 5 teilt $x - z$. Damit ist $x \sim z$ gezeigt.
Die zur Äquivalenzrelation $\sim$ gehörenden Äquivalenzklassen sind wie folgt definiert: Für jedes $x \in \mathbb{Z}$ ist

$$x/_\sim = \{y \in \mathbb{Z} \mid y \sim x\} = \{y \in \mathbb{Z} \mid 5 \text{ teilt } y - x\}$$

5 teilt $y - x$ gilt genau dann, wenn x und y bei Division durch 5 den gleichen Rest lassen. Als Reste kommen nur 0,1,2,3,4 in Frage, also gibt es genau 5 Äquivalenzklassen, die man auch **Restklassen** nennt und üblicherweise mit $\overline{0}, \overline{1}, \overline{2}, \overline{3}, \overline{4}$ bezeichnet.

$$\begin{aligned}
\overline{0} &= \{\ldots, -15, -10, -5, 0, 5, 10, 15, \ldots\} \\
\overline{1} &= \{\ldots, -14, -9, -4, 1, 6, 11, 16, \ldots\} \\
\overline{2} &= \{\ldots, -13, -8, -3, 2, 7, 12, 17, \ldots\} \\
\overline{3} &= \{\ldots, -12, -7, -2, 3, 8, 13, 18, \ldots\} \\
\overline{4} &= \{\ldots, -11, -6, -1, 4, 9, 14, 19, \ldots\}
\end{aligned}$$

So ist z. B. $-11/_\sim = 4/_\sim = 19/_\sim = \ldots$ oder in der anderen eingeführten Bezeichnung $-\overline{11} = \overline{4} = \overline{19} = \ldots$.

1.2.3

Es sei $A := \mathbb{N} \times \mathbb{N}$. Auf A sei $\sim$ definiert durch:
$(n_1, n_2) \sim (m_1, m_2) \iff n_1 + m_2 = n_2 + m_1$
Man zeige, daß $\sim$ eine Äquivalenzrelation auf A ist und beschreibe die Äquivalenzklassen von $\sim$.

Wir gehen wie bei Aufgabe 2 vor:
α) $\sim$ ist **reflexiv:**
Sei $(n, m) \in A$. Es gilt $n + m = m + n$, also gilt nach Definition $(n, m) \sim (n, m)$.
β) $\sim$ ist **symmetrisch:**
Sei $(n_1, n_2) \sim (m_1, m_2)$. Nach Definition gilt dann
$n_1 + m_2 = n_2 + m_1$, also auch $m_1 + n_2 = m_2 + n_1$. Dies heißt nach Definition aber: $(m_1, m_2) \sim (n_1, n_2)$.

γ) $\sim$ ist **transitiv:**
Sei $(n_1, n_2) \sim (m_1, m_2)$ und $(m_1, m_2) \sim (k_1, k_2)$.
Dann folgt $n_1 + m_2 = n_2 + m_1$ und $m_1 + k_2 = m_2 + k_1$. Aus der ersten Gleichung folgt $m_2 - m_1 = n_2 - n_1$, aus der zweiten Gleichung folgt $m_2 - m_1 = k_2 - k_1$. Das ergibt $n_2 - n_1 = k_2 - k_1$ oder $n_1 + k_2 = n_2 + k_1$, also $(n_1, n_2) \sim (k_1, k_2)$.

In der Äquivalenzklasse $(n,m)/_\sim$ liegen alle Paare aus $\mathbb{N} \times \mathbb{N}$, für die die Differenz der Komponenten gleich $n - m$ ist, denn $(n,m) \sim (k,l)$ bedeutet ja gerade $n + l = m + k$, oder anders geschrieben $n - m = k - l$. Man kann jede Äquivalenzklasse also als eine ganze Zahl auffassen.
(Mittels dieser Äquivalenzrelation konstruiert man üblicherweise die Menge $\mathbb{Z}$ der ganzen Zahlen aus der Menge $\mathbb{N}$ der natürlichen Zahlen.)

1.2.4
R_1, R_2 seien Äquivalenzrelationen auf A.
Man untersuche, ob $R_1 \cap R_2$ und $R_1 \cup R_2$ Äquivalenzrelationen auf A sind.

$R_1 \cap R_2$ ist eine Äquivalenzrelation auf A. Beweis:
α) **Reflexivität:**
Sei $x \in A$. Dann gilt $(x,x) \in R_1$ und $(x,x) \in R_2$, da R_1 und R_2 Äquivalenzrelationen sind. Also ist auch $(x,x) \in R_1 \cap R_2$.
β) **Symmetrie:**
Sei $(x,y) \in R_1 \cap R_2$. Dann gilt $(x,y) \in R_1$ und $(x,y) \in R_2$. Da R_1 und R_2 Äquivalenzrelationen sind, folgt $(y,x) \in R_1$ und $(y,x) \in R_2$, also auch $(y,x) \in R_1 \cap R_2$.
γ) **Transitivität:**
Seien $(x,y) \in R_1 \cap R_2$ und $(y,z) \in R_1 \cap R_2$. Dann gilt $(x,y) \in R_1$ und $(x,y) \in R_2$ und $(y,z) \in R_1$ und $(y,z) \in R_2$. Aus der Transitivität von R_1 und R_2 folgt $(x,z) \in R_1$ und $(x,z) \in R_2$, also auch $(x,z) \in R_1 \cap R_2$.

$R_1 \cup R_2$ ist i. a. keine Äquivalenzrelation. Gegenbeispiel:

$$A = \{1, 2, 3\}$$

$$R_1 = \{(1,1), (2,2), (3,3), (1,2), (2,1)\}, \quad R_2 = \{(1,1), (2,2), (3,3), (2,3), (3,2)\}$$

$R_1 \cup R_2$ enthält die Elemente $(1,2)$ und $(2,3)$, nicht aber $(1,3)$. Also ist $R_1 \cup R_2$ nicht transitiv und damit keine Äquivalenzrelation.

1.2.5
R sei reflexive Relation auf A. Man zeige:

R ist Äquivalenzrelation auf A $\iff$ für alle $x, y, z \in A$ gilt:
$$xRz \wedge yRz \implies xRy$$

Wir beweisen zunächst die Richtung "$\Longrightarrow$":
Es gelte also $xRz \wedge yRz$. Da R eine Äquivalenzrelation ist, gilt dann wegen der Symmetrie auch zRy, und nun folgt mit der Transitivität aus xRz und zRy die Beziehung xRy, die zu zeigen war.
Es folgt der Beweis von "$\Longleftarrow$":
Wir müssen die Symmetrie und Transitivität von R zeigen und beginnen mit dem Beweis der Symmetrie.
Sei also xRy. Da R nach Voraussetzung reflexiv ist, gilt yRy. Wir wenden nun die Voraussetzung auf $yRy \wedge xRy$ an und können folgern: yRx Damit ist die Symmetrie gezeigt.
Sei nun $xRy \wedge yRz$. Da wir die Symmetrie schon gezeigt haben, gilt dann auch zRy. Wir wenden jetzt die Voraussetzung auf $xRy \wedge zRy$ an und können folgern: xRz Damit ist auch die Transitivität bewiesen.

1.2.6

Sei $n \in \mathbb{N}$ gegeben und eine Teilmenge P_n von $\mathbb{N}$ definiert durch
$P_n := \{a \mid a \in \mathbb{N}$ *und es gibt ein* $k \in \mathbb{Z}$ *mit* $n = ka\}$.
Eine Relation $\preceq$ auf P_n sei definiert durch:

$$a \preceq b \quad \Longleftrightarrow \quad \text{es gibt ein } k \in \mathbb{N}, \text{ so daß } b = ka$$

Man zeige: $\preceq$ ist eine Halbordnung auf P_n.
Ist $\preceq$ eine Kette?

$\preceq$ ist **reflexiv:**
Sei $a \in P_n$. Für $1 \in \mathbb{N}$ gilt $a = 1 \cdot a$, also gilt $a \preceq a$.
$\preceq$ ist **transitiv:**
Es sei $a \preceq b$ und $b \preceq c$. Dann gibt es $k, l \in \mathbb{N}$ mit $b = ka$ und $c = lb$. Es folgt $c = lka$ und wegen $lk \in \mathbb{N}$ gilt $a \preceq c$.
$\preceq$ ist **antisymmetrisch:**
Es gelte $a \preceq b$ und $b \preceq a$. Das heißt, es gibt $k, l \in \mathbb{N}$ mit $b = ka$ und $a = lb$. Man erhält $b = (kl) \cdot b$, also $kl = 1$, denn $b \neq 0$ da $b \in P_n$. Wegen $k, l \in \mathbb{N}$ kann nur gelten $k = l = 1$.

Die Halbordnung $\preceq$ ist i. a. keine Kette. Für $n = 6$ gilt z. B. $2 \in P_6$ und $3 \in P_6$, aber 2 und 3 sind bezüglich $\preceq$ nicht vergleichbar, d. h. $\preceq$ ist nicht konnex.

Bemerkung: P_n ist die Menge der natürlichen Teiler von n und $\preceq$ die "Teiler-Relation":

$$a \preceq b \Longleftrightarrow a|b$$

1.2.7
A sei die Menge $\{1, 2, 3, 4, 5\}$, R sei die Teilmenge $\{(1,1), (1,4), (2,1), (2,2), (3,3), (3,5), (4,3), (4,5), (5,5)\}$ von $A \times A$.
a) *Warum ist R keine Halbordnung?*
b) *Welche Elemente müssen mindestens zu R hinzugenommen werden, um eine Halbordnung zu erzeugen?*
c) *Ist die unter b) erhaltene Halbordnung eine Kette?*

a) R ist keine Halbordnung, da z. B. die Reflexivität nicht gilt $((4,4) \notin R)$.

b) Man muß nach a) zunächst $(4,4)$ zu R hinzunehmen. Ferner muß R transitiv sein. Daher müssen noch die Elemente $(1,3), (1,5), (2,4), (2,3), (2,5)$ hinzugenommen werden. Die dann entstehende Relation ist auch antisymmetrisch, also eine Halbordnung.

c) Die unter b) erhaltene Halbordnung $\hat{R}$ ist keine Kette, da weder $(2,3)$ noch $(3,2)$ zu $\hat{R}$ gehören.

1.2.8
Ist A eine Menge, so heißt $\mathcal{P} \subseteq \mathcal{P}(A)$ eine **Partition** *von A, wenn gilt:*

(P1) *Alle Mengen aus $\mathcal{P}$ sind nicht-leer.*

(P2) *Je zwei verschiedene Mengen aus $\mathcal{P}$ sind disjunkt.*

(P3) *Die Mengen aus $\mathcal{P}$ bilden eine Überdeckung von A, d. h. jedes Element aus A liegt in mindestens einer Menge von $\mathcal{P}$.*

$\sim$ sei eine Äquivalenzrelation auf A, $A/_\sim$ sei die Menge der Äquivalenzklassen von $\sim$. Man zeige: $A/_\sim$ ist eine Partition von A.

Wir müssen zeigen, daß $A/_\sim = \{a/_\sim \mid a \in A\}$ die Eigenschaften (P1), (P2) und (P3) besitzt.
Zu (P1): Für jedes $a/_\sim \in A/_\sim$ gilt $a \in a/_\sim$, also ist jede Menge aus $A/_\sim$ nicht-leer.
Zu (P2): Seien $a/_\sim, b/_\sim \in A/_\sim$ und $a/_\sim \neq b/_\sim$. Angenommen, es gibt ein c mit $c \in a/_\sim$ und $c \in b/_\sim$. Dann folgt $a \sim c$ und $b \sim c$, also auch $c \sim b$. Wegen der Transitivität von $\sim$ folgt $a \sim b$, d. h. $a/_\sim = b/_\sim$, im Widerspruch zur Annahme.
Zu (P3): Die Mengen aus $A/_\sim$ bilden trivialerweise eine Überdeckung von A, da - wie bei (P1) gezeigt - für jedes $a \in A$ gilt: $a \in a/_\sim$.

1.2.9

$\mathcal{P}$ sei eine Partition von A, $\sim$ sei definiert durch

$$a \sim b \iff \text{Es gibt ein } P \in \mathcal{P} \text{ mit } a \in P \text{ und } b \in P.$$

Man zeige: $\sim$ ist Äquivalenzrelation auf A.

Wir müssen die Reflexivität, Symmetrie und Transitivität von $\sim$ zeigen.
Reflexivität: Sei $a \in A$. Da $\mathcal{P}$ eine Partition von A ist, gibt es nach (P3) ein $P \in \mathcal{P}$ mit $a \in P$. Also gilt $a \sim a$.
Symmetrie: Sei $a \sim b$. Dann gibt es $P \in \mathcal{P}$ mit $a \in P \land b \in P$. Natürlich ist dann auch $b \in P \land a \in P$, also $b \sim a$.
Transitivität: Sei $a \sim b$ und $b \sim c$. Dann gibt es $P_1 \in \mathcal{P}$ mit $a \in P_1$ und $b \in P_1$ und ferner ein $P_2 \in \mathcal{P}$ mit $b \in P_2$ und $c \in P_2$. Da $\mathcal{P}$ eine Partition von A ist, sind die einzelnen Partitionsmengen disjunkt. Aus $b \in P_1$ und $b \in P_2$ folgt also $P_1 = P_2$. Damit gibt es **eine** Menge $P \in \mathcal{P}$ mit $a \in P \land b \in P \land c \in P$, insbesondere also eine Menge $P \in \mathcal{P}$ mit $a \in P$ und $c \in P$, d. h. es gilt $a \sim c$.

1.2.10

A sei die Menge $\{1, 2, 3, 4, 5, 6, 7\}$ und $\mathcal{P}$ sei die Partition $\{\{1\}, \{2, 3, 4\}, \{5, 6\}, \{7\}\}$ von A.
Man bestimme die zu $\mathcal{P}$ gehörige Äquivalenzrelation auf A.

Für die zu $\mathcal{P}$ gehörige Äquivalenzrelation $\sim$ gilt:

$$x \sim y \iff \exists P \in \mathcal{P} \text{ mit } x \in P \land y \in P$$

Damit erhält man:

$$\begin{aligned} \sim \; = \; & \{(1,1), (2,2), (3,3), (4,4), (5,5), (6,6), (7,7), \\ & (2,3), (3,2), (3,4), (4,3), (2,4), (4,2), (5,6), (6,5)\} \subseteq A \times A \end{aligned}$$

1.3 Funktionen

Auch **Funktionen** sind mengentheoretisch gesehen spezielle Relationen.

Definition einer Funktion

Eine Relation f zwischen X und Y heißt **Funktion**, wenn gilt:

(i) Zu jedem $x \in X$ gibt es ein $y \in Y$ mit $(x, y) \in f$.

(ii) Aus $(x, y) \in f$ und $(x, z) \in f$ folgt stets $y = z$.
(Diese Eigenschaft nennt man **Rechtseindeutigkeit** von f.)

Wegen der Rechtseindeutigkeit schreibt man $(x, y) \in f$ üblicherweise in der Form $y = f(x)$.

Schreibweise für Funktionen: $f : \begin{cases} X & \longrightarrow & Y \\ x & \longmapsto & y = f(x) \end{cases}$

Bild von f	$f(X) := \{y \in Y \mid \text{es gibt } x \in X \text{ mit } f(x) = y\} = \{f(x) \mid x \in X\}$
Umkehrrelation	$f^{-1} := \{(y, x) \mid (x, y) \in f\} \subseteq Y \times X$
Seien $A \subseteq X$, $B \subseteq Y$	
Bildmenge von A	$f(A) := \{f(x) \mid x \in A\}$
Urbildmenge von B	$f^{-1}(B) := \{x \in X \mid f(x) \in B\}$

f^{-1} ist also eine Relation zwischen Y und X. Da f^{-1} i. a. die Bedingungen (i) und (ii) für Funktionen nicht erfüllt, **braucht f^{-1} keine Funktion zu sein!**

Spezielle Funktionen

Eine Funktion $f : X \longrightarrow Y$ heißt

				(2. Bezeichnung)
injektiv	$\Longleftrightarrow$	$x_1 \neq x_2 \Longrightarrow f(x_1) \neq f(x_2)$	$\Longleftrightarrow$	f eineindeutig
surjektiv	$\Longleftrightarrow$	$\forall y \in Y \; \exists x \in X \;\; y = f(x)$	$\Longleftrightarrow$	f ist Funktion auf
bijektiv	$\Longleftrightarrow$	f injektiv und surjektiv	$\Longleftrightarrow$	f eineindeutig auf

Um zu zeigen, daß eine Funktion f **nicht** injektiv ist, reicht es, zwei verschiedene Elemente mit gleichem Funktionswert anzugeben.
Um zu zeigen, daß eine Funktion f **nicht** surjektiv ist, reicht es, ein Element aus Y anzugeben, das nicht als Funktionswert angenommen wird.
Bijektive Funktionen können benutzt werden, um den Begriff

"Zwei **endliche** Mengen haben **gleichviele** Elemente"

auf **unendliche** Mengen zu erweitern.

Mächtigkeit von Mengen
Zwei Mengen X und Y heißen **gleichmächtig**, wenn es eine bijektive Funktion $f: X \longrightarrow Y$ gibt.
X und Y haben dann gleiche **Mächtigkeit** (oder **Kardinalität**).

Zum Schluß noch ein Hinweis: Statt Funktion ist auch das Wort Abbildung gebräuchlich. Funktionen und Abbildungen sind also dasselbe!

1.3.1
Sei $f: X \longrightarrow Y$ eine Funktion.
Man zeige:
Sind A, B Teilmengen von X und C, D Teilmengen von Y, so gilt:
a) $f(A \cap B) \subseteq f(A) \cap f(B)$
b) $f(A \cup B) = f(A) \cup f(B)$
c) $f(X \setminus A) \supseteq f(X) \setminus f(A)$
d) $f^{-1}(f(A)) \supseteq A$
e) $f^{-1}(C \cap D) = f^{-1}(C) \cap f^{-1}(D)$
f) $f^{-1}(C \cup D) = f^{-1}(C) \cup f^{-1}(D)$
g) $f^{-1}(Y \setminus C) = X \setminus f^{-1}(C)$
h) $f(f^{-1}(C)) \subseteq C$
Warum gilt in a) bzw. c) bzw. d) bzw. h) nicht die Gleichheit?

In allen Teilen gehen wir wie üblich beim Beweis von Mengeninklusionen bzw. Mengengleichheiten vor.

a)
$$\begin{aligned} y \in f(A \cap B) &\iff \exists x(x \in A \cap B \wedge y = f(x)) \\ &\iff \exists x(x \in A \wedge x \in B \wedge y = f(x)) \\ &\implies (\exists x(x \in A \wedge y = f(x))) \wedge (\exists x(x \in B \wedge y = f(x))) \\ &\iff y \in f(A) \wedge y \in f(B) \\ &\iff y \in f(A) \cap f(B) \end{aligned}$$

b)
$$\begin{aligned} y \in f(A \cup B) &\iff \exists x(x \in A \cup B \wedge y = f(x)) \\ &\iff \exists x(x \in A \vee x \in B \wedge y = f(x)) \\ &\iff (\exists x(x \in A \wedge y = f(x))) \vee (\exists x(x \in B \wedge y = f(x))) \\ &\iff y \in f(A) \vee y \in f(B) \\ &\iff y \in f(A) \cup f(B) \end{aligned}$$

Man beachte, daß bei a) der dritte Pfeil nur eine Implikation ist, da man von der Aussage $(\exists x(x \in A \wedge y = f(x))) \wedge (\exists x(x \in B \wedge y = f(x)))$ nicht zur Zeile davor zurückschließen kann. Die existierenden $a \in A$ und $b \in B$ mit $y = f(a) = f(b)$ können nämlich verschieden sein und damit existiert kein x mit $y = f(x)$, das in A und B gleichzeitig liegt. Hier in b) ist der rückwärtige Schluß aber durch das $\vee$ möglich!

c) $y \in f(X) \setminus f(A) \Longrightarrow y \in f(X) \wedge y \notin f(A) \Longrightarrow \exists x \;\; x \in X \wedge f(x) = y$
Wäre $x \in A$, so wäre $f(x) = y \in f(A)$, und das wäre ein Widerspruch. Also gibt es ein $x \in X \setminus A$ mit $y = f(x)$, d. h. $y \in f(X \setminus A)$.

d) Sei $x \in A$. Dann ist $f(x) \in f(A)$. Das heißt aber: $x \in f^{-1}(f(A))$

e)
$$\begin{aligned} x \in f^{-1}(C \cap D) &\iff f(x) \in C \cap D \\ &\iff f(x) \in C \wedge f(x) \in D \\ &\iff x \in f^{-1}(C) \wedge x \in f^{-1}(D) \\ &\iff x \in f^{-1}(C) \cap f^{-1}(D) \end{aligned}$$

f) Der Beweis verläuft wie bei e).

g)
$$\begin{aligned} x \in f^{-1}(Y \setminus C) &\iff f(x) \in Y \setminus C \\ &\iff f(x) \in Y \wedge f(x) \notin C \\ &\iff x \in X \wedge x \notin f^{-1}(C) \\ &\iff x \in X \setminus f^{-1}(C) \end{aligned}$$

h) Sei $y \in f(f^{-1}(C))$. Nach Definition von $f(A)$ gibt es dann ein $x \in f^{-1}(C)$ mit $f(x) = y$. $x \in f^{-1}(C)$ heißt aber $f(x) \in C$, also gilt $y \in C$.

Es wurde schon erwähnt, daß die Gleichheit in a) nicht gilt. Wir geben noch ein Gegenbeispiel an:

$$X = Y = \{1, 2\}, \quad A = \{1\}, \quad B = \{2\}, \quad f(1) = 1, \quad f(2) = 1$$

Dies ist gleichzeitig ein Gegenbeispiel dafür, daß die Gleichheit in c) und in d) nicht gilt. Ergänzt man außerdem in diesem Beispiel $C = \{2\}$, so erkennt man, daß in h) die Gleichheit nicht gilt, denn es folgt $f(f^{-1}(C)) = \emptyset$.

Bemerkung: Ist f surjektiv, so gilt in h) die Gleichheit.

1.3.2

Seien $f : X \longrightarrow Y$ und $g : Y \longrightarrow Z$ Funktionen. Man zeige:

a) *Sind f und g injektiv, so ist auch $g \circ f$ injektiv.*
b) *Ist $g \circ f$ injektiv, so ist f injektiv.*
c) *Ist $g \circ f$ surjektiv, so ist g surjektiv.*
d) *Ist f surjektiv und $g \circ f$ injektiv, so ist g injektiv.*
e) *Ist $g \circ f$ surjektiv und g injektiv, so ist f surjektiv.*

a) Seien $x, y \in X$ und $x \neq y$. Da f injektiv ist, folgt $f(x) \neq f(y)$. Da g injektiv ist, folgt weiter $g(f(x)) \neq g(f(y))$. Das bedeutet aber $(g \circ f)(x) \neq (g \circ f)(y)$, also ist $g \circ f$ injektiv.
b) Seien $x, y \in X$ und $x \neq y$. Da $g \circ f$ injektiv ist, folgt $g(f(x)) \neq g(f(y))$. Hieraus folgt aber $f(x) \neq f(y)$, da g eine Funktion ist.

c) Sei $z \in Z$. Zu zeigen ist: $\exists y \in Y \quad g(y) = z$
Da $g \circ f$ surjektiv ist, gibt es ein $x \in X$ mit $(g \circ f)(x) = z$, d. h. $g(f(x)) = z$. Wir setzen $y = f(x)$ und haben ein $y \in Y$ gefunden mit $g(y) = z$.
d) Seien $x, y \in Y$ und $x \neq y$. Da f surjektiv ist, gibt es zu $x, y \in Y$ Elemente $a, b \in X$ mit $f(a) = x$ und $f(b) = y$. Wegen $x \neq y$ folgt $a \neq b$. Da $g \circ f$ injektiv ist, ist $(g \circ f)(a) \neq (g \circ f)(b)$, d.h. $g(f(a)) \neq g(f(b))$, also $g(x) \neq g(y)$.
e) Sei $y \in Y$. Zu zeigen ist: $\exists x \in X \quad f(x) = y$
Zu $g(y)$ existiert ein $x \in X$ mit $(g \circ f)(x) = g(y)$, da $g \circ f$ surjektiv ist. Da g injektiv ist, folgt $y = f(x)$.

1.3.3

Man gebe – falls möglich – zwei bijektive Abbildungen $f, g : \mathbb{R} \longrightarrow \mathbb{R}$ an, für die gilt: $f \circ g \neq g \circ f$

Die affinen Funktionen f und g, gegeben durch $f(x) = 2x+1$ und $g(x) = 3x+5$, sind bijektiv. Es gilt:

$$(f \circ g)(x) = f(g(x)) = 2(3x + 5) + 1 = 6x + 11$$

$$(g \circ f)(x) = g(f(x)) = 3(2x + 1) + 5 = 6x + 8$$

Also ist $f \circ g \neq g \circ f$.

1.3.4

Seien $f : X \longrightarrow Y$ und $g : Y \longrightarrow Z$ Funktionen. Man zeige: Sind f und g bijektiv, so ist $g \circ f$ bijektiv und es gilt:

$$(g \circ f)^{-1} = f^{-1} \circ g^{-1}$$

Wir zeigen zunächst die **Injektivität** von $g \circ f$.
Seien $x_1, x_2 \in X$ und $x_1 \neq x_2$. Es folgt $f(x_1) \neq f(x_2)$, da f injektiv und weiter $g(f(x_1)) \neq g(f(x_2))$, da g injektiv. Also gilt $(g \circ f)(x_1) \neq (g \circ f)(x_2)$, d. h. $g \circ f$ ist injektiv.
Es folgt der Beweis der **Surjektivität** von $g \circ f$.
Sei $z \in Z$. Da g surjektiv ist, gibt es ein $y \in Y$ mit $g(y) = z$. Zu diesem y gibt es ein $x \in X$ mit $f(x) = y$, da f surjektiv ist. Also gibt es ein $x \in X$ mit $(g \circ f)(x) = g(f(x)) = g(y) = z$, d. h. $g \circ f$ ist surjektiv.
Insgesamt ist die Bijektivität von $g \circ f$ gezeigt, also existiert $(g \circ f)^{-1}$.
Wir zeigen nun: Für alle $z \in Z$ gilt $(g \circ f)^{-1}(z) = (f^{-1} \circ g^{-1})(z)$
Sei $z \in Z$. Dann gibt es $x \in X$ mit $(g \circ f)(x) = z$, also $(g \circ f)^{-1}(z) = x$. Andererseits ist
$(f^{-1} \circ g^{-1})(z) = f^{-1}(g^{-1}(z)) = f^{-1}(g^{-1}(g(f(x))))$, da $g(f(x)) = z$.
Wegen $g^{-1} \circ g = id$ und $f^{-1} \circ f = id$ folgt $(f^{-1} \circ g^{-1})(z) = x$, und damit ist $(g \circ f)^{-1} = f^{-1} \circ g^{-1}$ gezeigt.

1.3.5

Man gebe eine bijektive Abbildung von $\mathbb{N}$ auf eine echte Teilmenge von $\mathbb{N}$ an.

Wir betrachten hier z. B. die Funktion $f: \mathbb{N} \longrightarrow \mathbb{N}$, die durch $f(n) = n + 1$ gegeben ist. Diese Funktion ist injektiv, aber nicht surjektiv, da 1 nicht als Funktionswert angenommen wird.
Das folgende Bild verdeutlicht diese Funktion und deren Nicht–Surjektivität:

$$\begin{array}{lccccccccc} \mathbb{N}: & 1 & & 2 & & 3 & & 4 & & \dots \\ & & \searrow & & \searrow & & \searrow & & \searrow & \\ \mathbb{N}: & 1 & & 2 & & 3 & & 4 & & \dots \end{array}$$

Faßt man die angegebene Funktion aber als eine Funktion $\tilde{f}: \mathbb{N} \longrightarrow A$ auf mit $A = \{x \in \mathbb{N} \mid x > 1\} \subset \mathbb{N}$, so ist $\tilde{f}$ bijektiv.

1.3.6

$f: X \longrightarrow Y$ sei eine Funktion.
Die Relation $\sim$ auf X sei definiert durch $a \sim b :\Longleftrightarrow f(a) = f(b)$.
Man untersuche, ob $\sim$ eine Äquivalenzrelation auf X ist.

Wir zeigen, daß $\sim$ eine Äquivalenzrelation auf X ist.
1. Reflexivität: Sei $a \in X$. Es gilt $f(a) = f(a)$, also $a \sim a$.
2. Symmetrie: Es sei $a \sim b$, also $f(a) = f(b)$. Natürlich gilt dann auch $f(b) = f(a)$, also $b \sim a$.
3. Transitivität: Es sei $a \sim b$ und $b \sim c$. Das heißt $f(a) = f(b)$ und $f(b) = f(c)$. Wegen der Transitivität der Gleichheit folgt auch $f(a) = f(c)$, also $a \sim c$.

1.3.7

Sei X eine Menge. Man zeige:
Es gibt keine surjektive Abbildung von X auf $\mathcal{P}(X)$.

Indirekter Beweis:
Angenommen, es gibt eine Menge X und eine surjektive Abbildung $f: X \longrightarrow \mathcal{P}(X)$. Wir definieren $Y := \{x \in X \mid x \notin f(x)\}$. (Man beachte hierbei, daß x ein *Element* von X, $f(x)$ aber eine *Teilmenge* von X ist!) Da wir annehmen, f sei surjektiv, gibt es ein $y \in X$ mit $f(y) = Y$. Dies werden wir nun zum Widerspruch führen. Für y unterscheiden wir zwei Fälle:
a) $y \in Y \quad \Longrightarrow \quad y \notin f(y) \quad \Longrightarrow \quad y \notin Y \quad \sharp$
b) $y \in X \setminus Y \quad \Longrightarrow \quad y \in f(y) \quad \Longrightarrow \quad y \in Y \quad \sharp$
y liegt also weder in Y noch in $X \setminus Y$, was nicht möglich ist. Folglich war die Annahme, daß es eine surjektive Funktion von X auf $\mathcal{P}(X)$ gibt, falsch.

(Das Zeichen $\sharp$ benutzen wir als Abkürzung für "Widerspruch".)

1.4 Beliebige cartesische Produkte

Häufig arbeitet man in der Mathematik mit Systemen von Mengen.

Schreibweise für Mengensysteme

aus **endlich** vielen Mengen:	$M_1, M_2, ..., M_k$
aus **abzählbar** vielen Mengen:	$M_1, M_2, ...$
allgemeiner Art:	$(M_i \mid i \in I)$
	(I heißt Indexmenge.)

Ein Mengensystem $(M_i \mid i \in I)$ nennt man **Familie** von Mengen und schreibt es auch in der Form $(M_i)_{i \in I}$.

Durchschnitt und Vereinigung von Mengenfamilien

$$\bigcap_{i \in I} M_i := \{x \mid x \in M_i \text{ für alle } i \in I\}$$

$$\bigcup_{i \in I} M_i := \{x \mid \text{es gibt ein } i \in I \text{ mit } x \in M_i\}$$

Die Aufgaben dieses Abschnitts sollen lediglich Sicherheit im Umgang mit diesen neuen Begriffen bringen.

1.4.1

$(M_i)_{i \in I}$ sei Familie von Teilmengen einer Menge M. Man beweise:

$$M \setminus \bigcup_{i \in I} M_i = \bigcap_{i \in I} (M \setminus M_i) \qquad M \setminus \bigcap_{i \in I} M_i = \bigcup_{i \in I} (M \setminus M_i)$$

(Allgemeine **de Morgan'sche Gesetze**; *siehe auch Aufgabe* 1.1.4*)*

$$\begin{aligned} x \in M \setminus \bigcup_{i \in I} M_i &\iff x \in M \wedge x \notin \bigcup_{i \in I} M_i \\ &\iff x \in M \wedge \forall i \in I \;\; x \notin M_i \\ &\iff \forall i \in I \;\; x \in (M \setminus M_i) \\ &\iff x \in \bigcap_{i \in I} (M \setminus M_i) \end{aligned}$$

$$\begin{aligned} x \in M \setminus \bigcap_{i \in I} M_i \quad &\Longleftrightarrow \quad x \in M \wedge x \notin \bigcap_{i \in I} M_i \\ &\Longleftrightarrow \quad x \in M \wedge \exists i \in I \;\; x \notin M_i \\ &\Longleftrightarrow \quad \exists i \in I \;\; x \in (M \setminus M_i) \\ &\Longleftrightarrow \quad x \in \bigcup_{i \in I} (M \setminus M_i) \end{aligned}$$

1.4.2

$(M_i)_{i \in I}$ sei Familie von Mengen. Dann gilt:

$$\bigcup_{i \in I} \mathcal{P}(M_i) \subseteq \mathcal{P}(\bigcup_{i \in I} M_i)$$

Man zeige durch Angabe eines Beispiels, daß "$\subseteq$" nicht durch "$=$" ersetzt werden kann.

Sei $A \in \bigcup_{i \in I} \mathcal{P}(M_i)$. Dann gibt es ein $i \in I$ mit $A \in \mathcal{P}(M_i)$, d. h. A ist Teilmenge von M_i. Also ist A auch Teilmenge von $\bigcup_{i \in I} M_i$, und damit gilt $A \in \mathcal{P}(\bigcup_{i \in I} M_i)$.
Die Gleichheit gilt nicht, wie das folgende Beispiel zeigt.
Setze $I = \{1, 2\}$, $\quad M_1 = \{1\}$, $\quad M_2 = \{2\}$. Dann gilt:

$$\bigcup_{i \in I} \mathcal{P}(M_i) = \{\emptyset, \{1\}, \{2\}\}$$

$$\mathcal{P}(\bigcup_{i \in I} M_i) = \{\emptyset, \{1\}, \{2\}, \{1, 2\}\}$$

1.4.3

Sei $f : X \longrightarrow Y$ eine Funktion, und es seien $(A_i)_{i \in I}$ und $(B_j)_{j \in J}$ Familien von Teilmengen von X bzw. Y. Man beweise:

a) $f(\bigcap_{i \in I} A_i) \subseteq \bigcap_{i \in I} f(A_i)$ **b)** $f^{-1}(\bigcup_{j \in J} B_j) = \bigcup_{j \in J} f^{-1}(B_j)$

Warum gilt in a) nicht die Gleichheit?

a) Es sei $y \in f(\bigcap_{i \in I} A_i)$. Dann gibt es ein $x \in \bigcap_{i \in I} A_i$ mit $f(x) = y$. Für alle $i \in I$ gilt dann $x \in A_i$. Also ist für alle $i \in I$ dann $y \in f(A_i)$, d. h. $y \in \bigcap_{i \in I} f(A_i)$.

b) Wir schließen wie folgt:

$$\begin{aligned} x \in f^{-1}(\bigcup_{j\in J} B_j) &\iff f(x) \in \bigcup_{j\in J} B_j \\ &\iff \exists j \in J \;\; f(x) \in B_j \\ &\iff \exists j \in J \;\; x \in f^{-1}(B_j) \\ &\iff x \in \bigcup_{j\in J} f^{-1}(B_j) \end{aligned}$$

Bei a) gilt die Gleichheit nicht, wie das folgende Beispiel zeigt:
$X = Y = \{1,2\}, \quad A_1 = \{1\}, \quad A_2 = \{2\}, \quad f(1) = f(2) = 1$
Wegen $A_1 \cap A_2 = \emptyset$ gilt dann $f(\bigcap_{i\in I} A_i) = \emptyset$ aber $\bigcap_{i\in I} f(A_i) = \{1\}$.

1.4.4

Sei $(R_i)_{i\in I}$ eine Familie von Äquivalenzrelationen auf einer Menge M. Man zeige, daß dann auch $R := \bigcap_{i\in I} R_i$ eine Äquivalenzrelation auf M ist.

Es ist zu zeigen, daß R **reflexiv**, **symmetrisch** und **transitiv** ist.
Reflexivität: Sei $a \in M$. Da jedes R_i eine Äquivalenzrelation ist, folgt $(a,a) \in R_i$ für jedes $i \in I$. Also gilt auch $(a,a) \in \bigcap_{i\in I} R_i$.

Symmetrie: Sei $(a,b) \in \bigcap_{i\in I} R_i$. Für jedes $i \in I$ gilt dann $(a,b) \in R_i$. Da jedes R_i eine Äquivalenzrelation ist, gilt dann $(b,a) \in R_i$ für jedes $i \in I$. Damit folgt $(b,a) \in \bigcap_{i\in I} R_i$.

Transitivität: Seien $(a,b) \in \bigcap_{i\in I} R_i$ und $(b,c) \in \bigcap_{i\in I} R_i$. Wie bei der Symmetrie folgt dann sofort $(a,c) \in \bigcap_{i\in I} R_i$.

1.5 Vollständige Induktion

1.) Aussagen der Form : Für die natürlichen Zahlen $n \in \{2, 3, 4\}$ gilt $2^n \leq n^2$

lassen sich in **endlich** vielen Schritten (hier in drei) direkt beweisen.

2.) Aussagen der Form : Für alle natürlichen Zahlen $n \geq 5$ gilt $2^n > n^2$

lassen sich **nicht** wie oben durch das Verifizieren von endlich vielen Aussagen beweisen.

Vollständige Induktion

ist ein Beweisverfahren, mit dem eine Aussage $A(n)$ für alle natürlichen Zahlen $n \geq n_0$ bewiesen wird.

1. Man zeigt, daß die Aussage für eine "erste" natürliche Zahl n_0 gilt. (Meistens ist $n_0 = 0$ oder $n_0 = 1$; das muß aber nicht sein, sondern hängt von der Aussage ab!)

2. Man zeigt die Implikation $A(k) \Longrightarrow A(k+1)$ für $k \geq n_0$.

Hieraus folgt, daß $A(n)$ für alle natürlichen Zahlen ab n_0 gilt.

Man nennt 1. den **Induktionsanfang** und 2. den **Induktionsschluß** .

Eine zwar unzureichende aber doch hilfreiche Veranschaulichung dieses Beweisprinzips gibt der folgende Versuchsaufbau:

| | | | | | | | | | | | | | | | | | | | | | | | | | | | | | | | | | . . .

Es ist eine Reihe von Dominosteinen aufrecht hingestellt worden. Unter welchen Voraussetzungen kippen alle Steine nacheinander in eindrucksvoller Weise um? Es muß der erste Stein umgeworfen werden (Induktionsanfang) und beim Bau der Reihe muß darauf geachtet werden, daß unter der Voraussetzung, daß ein beliebiger Stein fällt, auch der nächste umfällt. (Induktionsschluß).

Beim Beweis durch vollständige Induktion kann auch folgendermaßen vorgegangen werden:

Vollständige Induktion (2. Fassung)

1. Man zeigt, daß die Aussage für n_0 gilt.

2. Unter der Voraussetzung, daß $A(n)$ für alle n mit $n_0 \leq n < k$ gilt, zeigt man die Gültigkeit von $A(k)$.

1.5.1
Man zeige: *Für* $n \in \mathbb{N}$ *gilt:* $1+2+3+\ldots+n=\frac{1}{2}n\,(n+1)$

1. Induktionsanfang für $n=1$: $1=\frac{1}{2}\cdot 1\cdot(1+1)$ (stimmt!)

2. Induktionsschluß : Für $k \in \mathbb{N}$ gelte: $1+2+3+\ldots+k=\frac{1}{2}k\,(k+1)$
Dies nennt man die Induktionsvoraussetzung.
Wir schließen nun wie folgt:

$$\begin{aligned} 1+2+3+\ldots+(k+1) &= 1+2+3+\ldots+k \quad +(k+1)\\ &= \tfrac{1}{2}k\,(k+1) \quad +(k+1)\\ &= (k+1)\,(\tfrac{1}{2}k+1)\\ &= \tfrac{1}{2}(k+1)\,(k+2) \end{aligned}$$

Beim Übergang von der ersten zur zweiten Gleichung wurde die Induktionsvoraussetzung benutzt.
Damit ist der Induktionsschluß erbracht, denn der letzte Term ist gerade $A(k+1)$.

1.5.2
A sei endliche Menge mit k Elementen. Man zeige:
$\mathcal{P}(A)$ *besitzt genau* 2^k *Elemente.*

Wir bezeichnen in Zukunft mit $|A|$ die Anzahl der Elemente einer endlichen Menge A.
Der **Induktionsanfang** wird hier für $n=0$ geführt.
Ist A eine 0-elementige Menge, so besitzt $\mathcal{P}(A)$ genau ein Element, nämlich $\emptyset$.
Also gilt $|\mathcal{P}(A)|=1=2^0$.
Zum Beweis des **Induktionschluss**es nehmen wir nun an, A sei eine $k+1$-elementige Menge und o. B. d. A. setzen wir $A=\{a_1,a_2,\ldots,a_k,a_{k+1}\}$. Für Teilmengen T von A unterscheiden wir zwei sich ausschließende Fälle:
1. Fall: T enthält a_{k+1} nicht. 2. Fall: T enthält a_{k+1}.
Im ersten Fall ist T Teilmenge von $\{a_1,a_2,\ldots,a_k\}$, davon gibt es nach Induktionsvoraussetzung genau 2^k Teilmengen. Im zweiten Fall ist $T\setminus\{a_{k+1}\}$ eine beliebige Teilmenge von $\{a_1,a_2,...,a_k\}$. Also gibt es in diesem Fall ebenfalls nach Induktionsvoraussetzung 2^k Teilmengen. Da sich die beiden Fälle ausschließen und damit alle Möglichkeiten für Teilmengen von A erfaßt werden, gilt $|\mathcal{P}(A)|=2^k+2^k=2^{k+1}$, und das war zu zeigen.

1.5.3

Für $n, k \in \mathbb{N}, n \geq k$ sei $\binom{n}{k} := \frac{n!}{k!\,(n-k)!}$.

($n! := 1 \cdot 2 \cdot \ldots \cdot n$ *für* $n \geq 1$; $0! := 1$)

A sei Menge mit $|A| = n$. Man zeige:

Es gibt genau $\binom{n}{k}$ *Teilmengen B von A mit genau k Elementen.*

Wir führen die Induktion über n, und machen dabei den *Induktionsanfang* für $n = 0$.

Ist A eine 0-elementige Menge, so ist nur für $k = 0$ zu zeigen, daß es $\binom{0}{0} = 1$ Teilmenge B von A gibt, mit $|B| = 0$. Das ist klar, da $A = \emptyset$ und $\emptyset$ die einzige Teilmenge von A mit 0 Elementen ist.

Sei nun A eine Menge mit $n + 1$ Elementen. A besitzt $1 = \binom{n+1}{0}$ 0-elementige Teilmengen und $1 = \binom{n+1}{n+1}$ $n+1$-elementige Teilmengen. Es bleibt für $1 \leq k \leq n$ zu zeigen, daß A genau $\binom{n+1}{k}$ k-elementige Teilmengen besitzt. Es sei nun $A = \{a_1, a_2, \ldots, a_{n+1}\}$. k-elementige Teilmengen ($k \geq 1$) von A können a_{n+1} enthalten oder nicht. Eine k-elementige Teilmenge von A, die a_{n+1} enthält, entsteht aus einer $k-1$-elementigen Teilmenge von $\{a_1, a_2, \ldots, a_n\}$. Nach Induktionsvorausaussetzung gibt es $\binom{n}{k-1}$ solcher Teilmengen. Eine k-elementige Teilmenge von A, die a_{n+1} nicht enthält, ist eine k-elementige Teilmenge von $\{a_1, a_2, \ldots, a_n\}$. Nach Induktionsvoraussetzung gibt es $\binom{n}{k}$ solcher Teilmengen. Summation liefert genau $\binom{n}{k-1} + \binom{n}{k}$ k-elementige Teilmengen von A. Es folgt:

$$\binom{n}{k-1} + \binom{n}{k} = \frac{n!}{(k-1)!\,(n-(k-1))!} + \frac{n!}{k!\,(n-k)!} = \binom{n+1}{k}$$

(Man rechne die letzte Gleichung nach!)

Hinweis: Die Zahlen $\binom{n}{k}$ heißen **Binomialkoeffizienten**.

1.5.4 Wichtige Formeln für Binomialkoeffizienten

Man zeige:

a) $\binom{n}{k} = \binom{n}{n-k}$

b) $\binom{n+1}{k} = \binom{n}{k} + \binom{n}{k-1}$ *für* $n, k \in \mathbb{N},\ n \geq k$

c) $\sum_{k=0}^{n} \binom{n}{k} = 2^n$; $\qquad \sum_{k=0}^{n} (-1)^k \binom{n}{k} = 0$

d) $(a+b)^n = \sum_{k=0}^{n} \binom{n}{k} a^k b^{n-k}$ **Binomischer Satz**

a) ergibt sich direkt aus der Definition der Binomialkoeffizienten, denn es ist $n - (n - k) = k$.
b) ist in der vorigen Aufgabe bewiesen worden. Diese Rekursionsformel für die Binomialkoeffizienten ist als Bildungsgesetz im folgenden PASCAL-Dreieck angedeutet.

$$\begin{array}{ccccccccccc}
 & & & & & \binom{0}{0} & & & & & \\
 & & & & \binom{1}{0} & & \binom{1}{1} & & & & \\
 & & & \binom{2}{0} & & \binom{2}{1} & & \binom{2}{2} & & & \\
 & & \binom{3}{0} & & \binom{3}{1} & & \binom{3}{2} & & \binom{3}{3} & & \\
 & \binom{4}{0} & & \binom{4}{1} & & \binom{4}{2} & & \binom{4}{3} & & \binom{4}{4} & \\
\binom{5}{0} & & \binom{5}{1} & & \binom{5}{2} & & \binom{5}{3} & & \binom{5}{4} & & \binom{5}{5} \\
 & & \vdots & & & & & & \vdots & &
\end{array}$$

$$\begin{array}{ccccccccccccccccc}
 & & & & & & & & 1 & & & & & & & & \\
 & & & & & & & 1 & & 1 & & & & & & & \\
 & & & & & & 1 & & 2 & & 1 & & & & & & \\
 & & & & & 1 & & 3 & & 3 & & 1 & & & & & \\
 & & & & 1 & & 4 & & 6 & & 4 & & 1 & & & & \\
 & & & 1 & & 5 & & 10 & & 10 & & 5 & & 1 & & & \\
 & & 1 & & 5 & & 15 & + & 20 & & 15 & & 5 & & 1 & & \\
 & 1 & & 7 & & 21 & & 35 & & 35 & & 21 & & 7 & & 1 & \\
1 & & 8 & & 28 & & 56 & & 70 & & 56 & & 28 & & 8 & & 1 \\
 & & & \vdots & & & & & & & & & \vdots & & & &
\end{array}$$

c) und auch d) kann man mittels vollständiger Induktion beweisen. c) folgt aber auch durch Spezialisierung von $a = b = 1$ bzw. $a = 1$ und $b = -1$ aus d). Der erste Teil von c) ist ferner direkte Folgerung der Aufgaben 2 und 3.

d)
Induktionsanfang: $n = 1 :$ $a + b = \binom{1}{0}a + \binom{1}{1}b$ stimmt!
Induktionsschluß :

$$\begin{aligned}
(a+b)^{n+1} &= (a+b)\,(a+b)^n = (a+b)\sum_{k=0}^{n}\binom{n}{k}a^k b^{n-k} \\
&= \sum_{k=0}^{n}\binom{n}{k}a^{k+1}b^{n-k} + \sum_{k=0}^{n}\binom{n}{k}a^k b^{n-k+1} \\
&= \sum_{i=1}^{n+1}\binom{n}{i-1}a^i b^{n+1-i} + \sum_{i=0}^{n}\binom{n}{i}a^i b^{n+1-i} \\
&= \binom{n}{n}a^{n+1}b^0 + \sum_{i=1}^{n}(\binom{n}{i-1} + \binom{n}{i})a^i b^{n+1-i} + \binom{n}{0}a^0 b^{n+1} \\
&= \sum_{k=0}^{n+1}\binom{n+1}{k}a^k b^{n+1-k}
\end{aligned}$$

nach b) und da $\binom{n}{n} = \binom{n}{0} = \binom{n+1}{n+1} = \binom{n+1}{0} = 1$.

1.5.5
$A_1, \ldots, A_n$ und B seien Teilmengen einer Menge X. Man zeige:

$$(A_1 \cup A_2 \cup \ldots \cup A_n) \cap B = (A_1 \cap B) \cup (A_2 \cap B) \cup \ldots \cup (A_n \cap B)$$

kürzer geschrieben: $$(\bigcup_{i=1}^{n} A_i) \cap B = \bigcup_{i=1}^{n} (A_i \cap B)$$

Beim *Induktionsanfang* für $n = 1$ muß $A_1 \cap B = A_1 \cap B$ gezeigt werden, und das ist trivial.
Gelegentlich erweist es sich für den Induktionsschluß als sinnvoll, den Induktionsanfang auch noch für $n = 2$ durchzuführen. Diese Aufgabe ist ein Beispiel dafür. Für $n = 2$ muß $(A_1 \cup A_2) \cap B = (A_1 \cap B) \cup (A_2 \cap B)$ gezeigt werden. Das ist aber gerade in Aufgabe 1.1.2 bewiesen worden.
Nun kann man den *Induktionsschluß* wie folgt führen:

$$(\bigcup_{i=1}^{n+1} A_i) \cap B = ((\bigcup_{i=1}^{n} A_i) \cup A_{n+1}) \cap B = ((\bigcup_{i=1}^{n} A_i) \cap B) \cup (A_{n+1} \cap B),$$

da der Induktionsanfang auch für $n = 2$ geführt wurde. Auf den links stehenden Durchschnitt in der rechts stehenden Vereinigung kann die Induktionsvoraussetzung angewendet werden. Man erhält weiter:

$$= (\bigcup_{i=1}^{n} (A_i \cap B)) \cup (A_{n+1} \cap B) = \bigcup_{i=1}^{n+1} (A_i \cap B)$$

1.5.6
$(A, \preceq)$ sei eine Halbordnung. Für $a, b \in A$ werde definiert:

$$a \prec b \iff a \preceq b \wedge a \neq b$$

$K \subseteq A$ sei eine endliche Teilmenge von A mit n Elementen, $n \geq 2$. Man zeige, daß folgende Aussagen äquivalent sind:

(i) *K ist eine Kette.*
(ii) *Es gibt eine bijektive Abbildung $f : \{1, 2, \ldots, n\} \longrightarrow K$, so daß $f(l) \preceq f(l+1)$ für alle l mit $1 \leq l \leq n-1$.*

Wir zeigen zunächst "(ii) $\Longrightarrow$ (i)":
Seien $a, b \in K$ und $\alpha := f^{-1}(a)$, $\beta := f^{-1}(b)$. Wegen der Bijektivität von f können wir o. B. d. A. annehmen, daß $\alpha < \beta$ gilt. Da wir (ii) voraussetzen, folgt $a = f(\alpha) \prec f(\alpha + 1)$, also auch $f(\alpha) \preceq f(\alpha + 1)$. Entsprechend folgt $f(\alpha + 1) \preceq f(\alpha + 2)$, und mittels der Transitivität von "$\preceq$" erhält man

$a \preceq f(\alpha+2)$. Mit $\gamma := \beta - \alpha$ folgt schließlich $a \preceq f(\alpha+\gamma) = b$. Also sind a und b vergleichbar.
Die Richtung "(i) $\Longrightarrow$ (ii)" wird mittels vollständiger Induktion über n bewiesen.
Induktionsanfang für $n = 2$: Sei $K = \{a, b\}$ und K Kette. Dann gilt $a \preceq b$ oder $b \preceq a$ und da wegen $|K| = 2$ auch $a \neq b$ gilt, folgt $a \prec b$ oder $b \prec a$.
Im Falle $a \prec b$ setze man $f(1) := a,\ f(2) := b$. Im Falle $b \prec a$ setze man $f(1) := b,\ f(2) := a$. Die so definierte Funktion f erfüllt Bedingung (ii).

Induktionsschluß : Wenn (ii) für n gilt, dann auch für $n+1$.
$K \subseteq A$ habe $n+1$ Elemente. Wir wählen ein $x \in K$ und bilden $K \setminus \{x\}$. Diese Menge besitzt dann n Elemente und ist als Teilmenge einer Kette selbst wieder eine Kette. Nach Induktionsvoraussetzung gibt es eine bijektive Funktion $f : \{1, 2, \ldots, n\} \longrightarrow K \setminus \{x\}$ mit $f(l) \prec f(l+1)$ für alle l mit $1 \leq l \leq n-1$. Setze $U := \{\alpha \mid 1 \leq \alpha \leq n,\ x \preceq f(\alpha)\}$.
Für U unterscheiden wir zwei Fälle:
1) $U = \emptyset$ Behauptung: $f(n) \prec x$
Da K eine Kette ist, muß $f(n) \preceq x$ oder $x \preceq f(n)$ gelten. $x \preceq f(n)$ kann wegen $U = \emptyset$ nicht gelten. Da ferner nach Definition von f auch $f(n) \neq x$ gilt, folgt insgesamt $f(n) \prec x$. Wir definieren nun eine Funktion $\tilde{f}$ durch:

$$\tilde{f} : \begin{cases} \{1, \ldots, n, n+1\} \longrightarrow K \\ \tilde{f}(\alpha) := f(\alpha) \text{ für } 1 \leq \alpha \leq n \\ \tilde{f}(n+1) := x \end{cases}$$

Diese leistet das Gewünschte.
2) $U \neq \emptyset$
Sei α^* das kleinste Element von U. Dann gilt $x \prec f(\alpha^*)$. Falls $\alpha^* = 1$, so leistet

$$\tilde{f} : \begin{cases} \{1, \ldots, n, n+1\} \longrightarrow K \\ \tilde{f}(1) := x \\ \tilde{f}(\alpha) := f(\alpha - 1) \text{ für } 2 \leq \alpha \leq n+1 \end{cases}$$

das Gewünschte.
Falls $\alpha^* > 1$, so gilt $f(\alpha^* - 1) \prec x$. Also leistet

$$\tilde{f} : \begin{cases} \{1, \ldots, n, n+1\} \longrightarrow K \\ \tilde{f}(\alpha) := f(\alpha) \text{ für } 1 \leq \alpha \leq \alpha^* - 1 \\ \tilde{f}(\alpha^*) := x \\ \tilde{f}(\alpha) := f(\alpha - 1) \text{ für } \alpha^* + 1 \leq \alpha \leq n+1 \end{cases}$$

das Gewünschte.

Kapitel 2

Der n-dimensionale Raum $\mathbb{R}^n$

In diesem Kapitel werden viele grundlegende Begriffe der linearen Algebra zunächst am Beispiel des n-dimensionalen Raumes $\mathbb{R}^n$ eingeführt und dazu Aufgaben behandelt. Später folgen in den Kapiteln 3 und 4 Aufgaben, die sich auf allgemeinere Vektorräume beziehen.
In den Abschnitten 2.3 und 2.7 wird außerdem intensiv mit Aufgaben auf elementare Vektorrechnung im $\mathbb{R}^3$ eingegangen.

2.1 Vektoren

Wir haben hier keine Aufgaben aufgenommen, die sich auf die exakte Definition von Vektoren im $\mathbb{R}^n$ über Äquivalenzklassen von Pfeilen beziehen. Dafür gibt es hauptsächlich zwei Gründe:
1. Die benutzte Terminologie ist stark dozentenabhängig.
2. Exakte Terminologie wird i.a. nur bei der Einführung von Vektoren benutzt; beim Arbeiten mit Vektoren im $\mathbb{R}^n$ werden Vektoren üblicherweise als n-Tupel (Zeile oder Spalte) geschrieben.

Da man ferner nach einer exakten Einführung von Vektoren mittels Pfeilen (Punktepaaren) üblicherweise Punkte und Vektoren wieder identifiziert, haben wir uns in dieser Aufgabensammlung dazu entschlossen, auch in der Bezeichnung von Punkten und Vektoren keine Unterschiede zu machen, sondern beides als Spalten zu schreiben und als Variablen für Punkte und Vektoren stets große lateinische Buchstaben zu wählen. Dabei verwenden wir allerdings meistens für Punkte Buchstaben vom Beginn des Alphabets, also $A, B, C, \ldots$; für Vektoren dagegen Buchstaben vom Ende des Alphabets, also X, Y, Z usw.. Damit erkennt man auch aus dem Text sofort, ob wir ein Objekt als Punkt auffassen

oder als Vektor. Dahinter steht folgende Überlegung:
Im $\mathbb{R}^n$ sind Vektoren und Punkte formal gesehen die gleichen Objekte; man verbindet nur jeweils eine andere anschauliche Vorstellung mit ihnen.

Rechnen im $\mathbb{R}^n$

Definitionen

Addition:

$$\begin{pmatrix} x_1 \\ \vdots \\ x_n \end{pmatrix} + \begin{pmatrix} y_1 \\ \vdots \\ y_n \end{pmatrix} := \begin{pmatrix} x_1 + y_1 \\ \vdots \\ x_n + y_n \end{pmatrix}$$

Multiplikation mit Skalaren:

$$c \begin{pmatrix} x_1 \\ \vdots \\ x_n \end{pmatrix} := \begin{pmatrix} cx_1 \\ \vdots \\ cx_n \end{pmatrix}$$

Rechenregeln

(i)	$X + Y = Y + X$	Addition ist kommutativ
(ii)	$(X + Y) + Z = X + (Y + Z)$	Addition ist assoziativ
(iii)	$0 + X = X + 0 = X$	0 ist neutrales Element
(iv)	$X + (-X) = (-X) + X = 0$	$-X$ ist invers zu X
(v)	$(\lambda + \mu)X = \lambda X + \mu X$	regelt die Multiplikation von Vektoren mit Skalaren
(vi)	$\lambda(X + Y) = \lambda X + \lambda Y$	
(vii)	$\lambda(\mu X) = (\lambda\mu)X$	
(viii)	$1X = X$	

2.1.1

Sei $X = \begin{pmatrix} 2 \\ -1 \\ -3 \end{pmatrix}, \quad Y = \begin{pmatrix} -3 \\ 0 \\ 4 \end{pmatrix}, \quad Z = \begin{pmatrix} 1 \\ 1 \\ -1 \end{pmatrix}.$

Man bestimme $X + Y$, $3X - 7Y$, $X + Y + Z$.

$$X + Y = \begin{pmatrix} 2 \\ -1 \\ -3 \end{pmatrix} + \begin{pmatrix} -3 \\ 0 \\ 4 \end{pmatrix} = \begin{pmatrix} -1 \\ -1 \\ 1 \end{pmatrix}$$

$$3X - 7Y = 3\begin{pmatrix} 2 \\ -1 \\ -3 \end{pmatrix} - 7\begin{pmatrix} -3 \\ 0 \\ 4 \end{pmatrix} = \begin{pmatrix} 6 \\ -3 \\ -9 \end{pmatrix} + \begin{pmatrix} 21 \\ 0 \\ -28 \end{pmatrix} = \begin{pmatrix} 27 \\ -3 \\ -37 \end{pmatrix}$$

$$X+Y+Z=\begin{pmatrix}2\\-1\\-3\end{pmatrix}+\begin{pmatrix}-3\\0\\4\end{pmatrix}+\begin{pmatrix}1\\1\\-1\end{pmatrix}=\begin{pmatrix}0\\0\\0\end{pmatrix}$$

2.1.2

Man beweise für $\lambda, \mu \in \mathbb{R}$, $X, Y \in \mathbb{R}^n$ die Rechenregeln:

a) $(\lambda+\mu)X = \lambda X + \mu X$

b) $\lambda(X+Y) = \lambda X + \lambda Y$

a) $$(\lambda+\mu)X = (\lambda+\mu)\begin{pmatrix}x_1\\\vdots\\x_n\end{pmatrix} = \begin{pmatrix}(\lambda+\mu)x_1\\\vdots\\(\lambda+\mu)x_n\end{pmatrix}$$

Das Distributivgesetz in $\mathbb{R}$ wird in jeder Komponente angewendet, und nach Definition der Addition von Vektoren wird wieder auseinandergezogen:

$$=\begin{pmatrix}\lambda x_1+\mu x_1\\\vdots\\\lambda x_n+\mu x_n\end{pmatrix}=\begin{pmatrix}\lambda x_1\\\vdots\\\lambda x_n\end{pmatrix}+\begin{pmatrix}\mu x_1\\\vdots\\\mu x_n\end{pmatrix}=\lambda\begin{pmatrix}x_1\\\vdots\\x_n\end{pmatrix}+\mu\begin{pmatrix}x_1\\\vdots\\x_n\end{pmatrix}=$$

$$=\lambda X+\mu X$$

b) $$\lambda(X+Y)=\lambda\begin{pmatrix}x_1+y_1\\\vdots\\x_n+y_n\end{pmatrix}=\begin{pmatrix}\lambda(x_1+y_1)\\\vdots\\\lambda(x_n+y_n)\end{pmatrix}$$

Wieder wird das Distributivgesetz in $\mathbb{R}$ angewendet und anschließend wird auseinandergezogen:

$$=\begin{pmatrix}\lambda x_1+\lambda y_1\\\vdots\\\lambda x_n+\lambda y_n\end{pmatrix}=\begin{pmatrix}\lambda x_1\\\vdots\\\lambda x_n\end{pmatrix}+\begin{pmatrix}\lambda y_1\\\vdots\\\lambda y_n\end{pmatrix}=\lambda\begin{pmatrix}x_1\\\vdots\\x_n\end{pmatrix}+\lambda\begin{pmatrix}y_1\\\vdots\\y_n\end{pmatrix}=$$

$$=\lambda X+\lambda Y$$

2.2 Das Skalarprodukt

Für das **Skalarprodukt** von zwei Vektoren aus dem $\mathbb{R}^n$ gilt:

Skalarprodukt

Definition:

$$\begin{pmatrix} x_1 \\ \vdots \\ x_n \end{pmatrix} \cdot \begin{pmatrix} y_1 \\ \vdots \\ y_n \end{pmatrix} := x_1 y_1 + x_2 y_2 + \ldots + x_n y_n$$

Eigenschaften:

(i)	$X \cdot X \geq 0$	positive Definitheit
(ii)	$X \cdot X = 0 \iff X = 0$	
(iii)	$X \cdot Y = Y \cdot X$	Kommutativität
(iv)	$X \cdot (Y + Z) = X \cdot Y + X \cdot Z$	Distributivgesetze
(v)	$(X + Y) \cdot Z = X \cdot Z + Y \cdot Z$	
(vi)	$(\lambda X) \cdot Y = \lambda (X \cdot Y)$	
(vii)	$X \cdot (\lambda Y) = \lambda (X \cdot Y)$	

Es **dient zur** Definition von:

Senkrechtstehen: $X \perp Y \;:\iff X \cdot Y = 0$

Winkel zwischen Vektoren: $\cos \sphericalangle (X, Y) := \frac{X \cdot Y}{\|X\| \, \|Y\|}$

Länge eines Vektors: $\|X\| := \sqrt{X \cdot X} = \sqrt{x_1^2 + \ldots + x_n^2}$

also $X^2 = \|X\|^2$

Abstand zweier Punkte: $d\,(A, B) = \|A - B\|$

Bemerkung: Die Eigenschaften kennzeichnen in der angegebenen Reihenfolge das Skalarprodukt als sog. positiv definite symmetrische Bilinearform im Vektorraum $\mathbb{R}^n$. Vektorräume mit einem "Skalarprodukt" nennt man **euklidische Vektorräume**. (siehe dazu Teil 2)

Wichtige Sätze

1. COSINUSSATZ
$\|X - Y\|^2 = \|X\|^2 + \|Y\|^2 - 2\,\|X\|\,\|Y\|\,\cos \sphericalangle(X, Y)$

2. SATZ DES PYTHAGORAS
(Spezialfall von 1.)
Vektoren $X, Y \in \mathbb{R}^n$ stehen genau dann senkrecht aufeinander, wenn gilt:
$\|X\|^2 + \|Y\|^2 = \|X - Y\|^2$

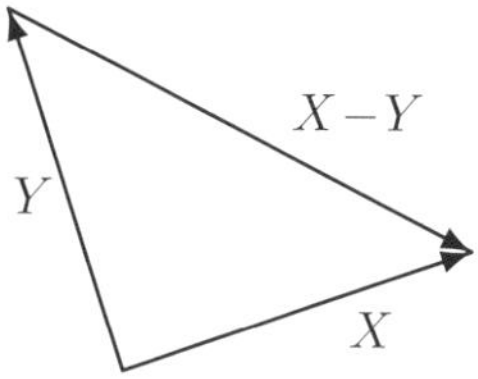

3. CAUCHY-SCHWARZSCHE UNGLEICHUNG
Für beliebige Vektoren $X, Y \in \mathbb{R}^n$ gilt: $|X \cdot Y| \leq \|X\|\,\|Y\|$

4. DREIECKSUNGLEICHUNG
Für beliebige Vektoren $X, Y \in \mathbb{R}^n$ gilt: $\|X + Y\| \leq \|X\| + \|Y\|$

5. Für $X, Y \in \mathbb{R}^n, Y \neq 0$ steht der Vektor $X - \frac{X \cdot Y}{Y \cdot Y} Y$ senkrecht auf Y.

Der *Vektor* $\frac{X \cdot Y}{Y \cdot Y} Y$ heißt **senkrechte Projektion** von X entlang Y.
Die *Zahl* $\frac{X \cdot Y}{Y \cdot Y}$ heißt **Komponente** von X in Richtung Y.

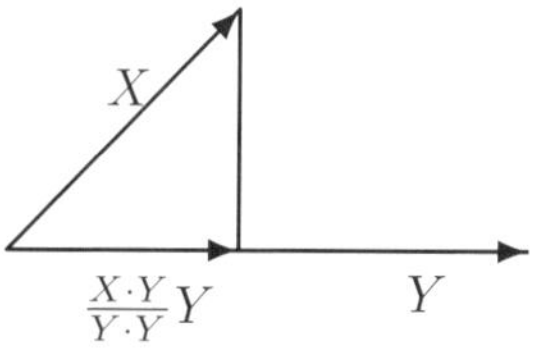

2.2.1 Anwendungen und Eigenschaften des Skalarprodukts

2.2.1

Man berechne die Seitenlängen und Winkel des Dreiecks mit den Eckpunkten:

$$A = \begin{pmatrix} 1 \\ 5 \\ 7 \end{pmatrix}, \quad B = \begin{pmatrix} -1 \\ 3 \\ 6 \end{pmatrix}, \quad C = \begin{pmatrix} 0 \\ 4 \\ 5 \end{pmatrix}$$

Wir nehmen als Seiten des Dreiecks die Vektoren $A-B$, $A-C$ sowie $B-C$ (siehe nebenstehende Skizze). Die Seitenlängen des Dreiecks ergeben sich dann zu: $\|A - B\|$, $\|A - C\|$ und $\|B - C\|$. Man erhält:

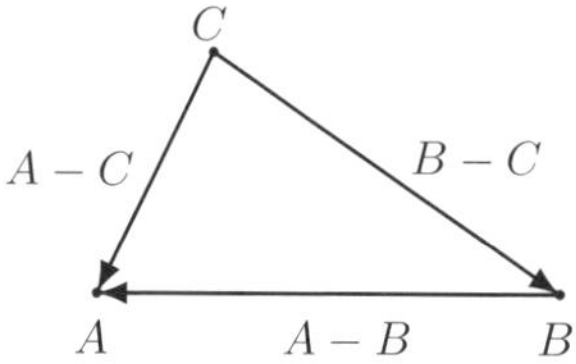

$$\|A - B\| = \left\| \begin{pmatrix} 1 \\ 5 \\ 7 \end{pmatrix} - \begin{pmatrix} -1 \\ 3 \\ 6 \end{pmatrix} \right\| = \left\| \begin{pmatrix} 2 \\ 2 \\ 1 \end{pmatrix} \right\| = \sqrt{2^2 + 2^2 + 1^2} = \sqrt{9} = 3$$

$$\|A - C\| = \left\| \begin{pmatrix} 1 \\ 5 \\ 7 \end{pmatrix} - \begin{pmatrix} 0 \\ 4 \\ 5 \end{pmatrix} \right\| = \left\| \begin{pmatrix} 1 \\ 1 \\ 2 \end{pmatrix} \right\| = \sqrt{1^2 + 1^2 + 2^2} = \sqrt{6}$$

$$\|B-C\| = \left\| \begin{pmatrix} -1 \\ 3 \\ 6 \end{pmatrix} - \begin{pmatrix} 0 \\ 4 \\ 5 \end{pmatrix} \right\| = \left\| \begin{pmatrix} -1 \\ -1 \\ 1 \end{pmatrix} \right\| = \sqrt{3}$$

Wir führen folgende Bezeichnungen zur Winkelberechnung ein:
$\alpha =$ Winkel zwischen den Seiten $B-A$ und $C-A$.
$\beta =$ Winkel zwischen den Seiten $A-B$ und $C-B$.
$\gamma =$ Winkel zwischen den Seiten $A-C$ und $B-C$.
Zur Berechnung der Winkel wird folgende Formel benutzt:

$$\cos\alpha = \frac{(B-A)\cdot(C-A)}{\|B-A\|\,\|C-A\|}$$

(Entsprechend natürlich für β und γ.). Man erhält:

$$\cos\alpha = \frac{6}{3\cdot\sqrt{6}} = \frac{1}{3}\cdot\sqrt{6}$$

Daraus folgt $\alpha \approx 35{,}26°$. Entsprechend berechnet man: $\cos\beta = \frac{3}{3\sqrt{3}} = \frac{1}{3}\sqrt{3}$, also $\beta \approx 54{,}74°$. γ ergibt sich durch Ergänzung auf 180° zu $\gamma = 90°$.

2.2.2

Es seien

$$X = \begin{pmatrix} 2 \\ 3 \\ 1 \\ -1 \\ 1 \end{pmatrix}, \quad Y = \begin{pmatrix} 2 \\ 1 \\ -1 \\ -1 \\ 1 \end{pmatrix}.$$

Man bestimme $X\cdot Y$, $\|X\|$, $\|Y\|$ *und den Winkel zwischen* X *und* Y.

Wir berechnen das Skalarprodukt $X\cdot Y$ und erhalten: $X\cdot Y = 8$.
Für $\|X\|$ und $\|Y\|$ ergibt sich:

$$\|X\| = \sqrt{2^2+3^2+1^2+(-1)^2+1^2} = \sqrt{16} = 4$$

$$\|Y\| = \sqrt{2^2+1^2+(-1)^2+(-1)^2+1^2} = \sqrt{8} = 2\sqrt{2}$$

Für den Winkel zwischen X und Y benutzen wir wieder die Formel:

$$\cos \sphericalangle(X,Y) = \frac{X\cdot Y}{\|X\|\,\|Y\|}$$

$$\cos \sphericalangle(X,Y) = \frac{8}{4\cdot 2\sqrt{2}} = \frac{1}{2}\sqrt{2}$$

Also schließen X und Y einen Winkel von 45° ein.

2.2.3

Man bestimme $\lambda \in \mathbb{R}$ jeweils so, daß X und Y senkrecht stehen.

a) $X = \begin{pmatrix} 1 \\ \lambda \\ -3 \end{pmatrix} \quad Y = \begin{pmatrix} 2 \\ -5 \\ 4 \end{pmatrix}$

b) $X = \begin{pmatrix} 5 \\ \lambda \\ -4 \\ 2 \end{pmatrix} \quad Y = \begin{pmatrix} 1 \\ -3 \\ 2 \\ 2\lambda \end{pmatrix}$

a) X und Y stehen genau dann senkrecht, wenn $X \cdot Y = 0$ gilt. $X \cdot Y = 2 - 5\lambda - 12 = -10 - 5\lambda$. Die Gleichung $-10 - 5\lambda = 0$ besitzt die Lösung $\lambda = -2$. Nur für $\lambda = -2$ stehen X und Y also senkrecht.

b) Wie unter a) ergibt sich hier die Gleichung $5 - 3\lambda - 8 + 4\lambda = 0$. Sie besitzt die Lösung $\lambda = 3$.

2.2.4

Man bestimme alle $\lambda \in \mathbb{R}$, so daß $d(A, B) = \sqrt{26}$ gilt.

$$A = \begin{pmatrix} 2 \\ \lambda \\ -2 \end{pmatrix}, \qquad B = \begin{pmatrix} 3 \\ -1 \\ 1 \end{pmatrix}$$

Es gilt $d(A, B) = \|A - B\|$. Aus $A - B = \begin{pmatrix} -1 \\ \lambda + 1 \\ -3 \end{pmatrix}$ erhält man

$$d(A, B) = \sqrt{1 + (\lambda + 1)^2 + 9}.$$

Aus der sich ergebenden Gleichung $\sqrt{10 + (\lambda + 1)^2} = \sqrt{26}$ folgt $(\lambda + 1)^2 = 16$, also $\lambda_1 = 3$ und $\lambda_2 = -5$.

2.2.5

Im Dreieck mit den Eckpunkten (siehe Aufgabe 1)

$$A = \begin{pmatrix} 1 \\ 5 \\ 7 \end{pmatrix}, \quad B = \begin{pmatrix} -1 \\ 3 \\ 6 \end{pmatrix}, \quad C = \begin{pmatrix} 0 \\ 4 \\ 5 \end{pmatrix}$$

berechne man die Fußpunkte der Höhen.

Die Höhen von A, B, C auf die gegenüberliegenden Seiten werden wie üblich mit h_A, h_B, h_C bezeichnet.

Die senkrechte Projektion von $C - A$ entlang $B - A$ ergibt den Fußpunkt F_C der Höhe h_C. Die senkrechte Projektion von $A - B$ entlang $C - B$ ergibt den Fußpunkt F_A der Höhe h_A. Die senkrechte Projektion von $B - A$ entlang $C - A$ ergibt den Fußpunkt F_B der Höhe h_B.

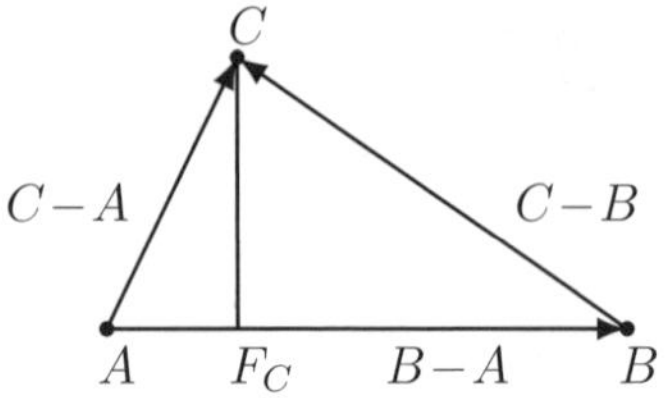

Bezeichnet cY die senkrechte Projektion von X entlang Y, so gilt: $c = \frac{X \cdot Y}{Y \cdot Y}$.
Nach dieser Formel beginnen wir mit der Berechnung von F_C.

$$X = C - A = \begin{pmatrix} -1 \\ -1 \\ -2 \end{pmatrix}, \quad Y = B - A = \begin{pmatrix} -2 \\ -2 \\ -1 \end{pmatrix} \Longrightarrow c = \tfrac{6}{9} = \tfrac{2}{3}$$

Es folgt: $F_C = A + \frac{2}{3}(B - A) = \frac{1}{3}\begin{pmatrix} -1 \\ 11 \\ 19 \end{pmatrix}$

Berechnung von F_A:

$$X = A - B = \begin{pmatrix} 2 \\ 2 \\ 1 \end{pmatrix}, \quad Y = C - B = \begin{pmatrix} 1 \\ 1 \\ -1 \end{pmatrix} \Longrightarrow c = \tfrac{3}{3} = 1$$

Es folgt: $F_A = B + (C - B) = C$
Nach Aufgabe 1 ist dies klar, denn dort wurde gezeigt, daß das Dreieck rechtwinklig ist, wobei der rechte Winkel beim Punkt C liegt. Also muß $F_A = C$ und natürlich auch $F_B = C$ gelten. F_B wird also nicht auf obige Weise berechnet.

2.2.6

Es seien $A, B \in \mathbb{R}^n$. Man zeige:
$2\|A\|^2 + 2\|B\|^2 = \|A + B\|^2 + \|A - B\|^2$

Es wird die Definition der Länge eines Vektors benutzt, ferner die Rechenregeln für das Skalarprodukt.
$\|A + B\|^2 + \|A - B\|^2 = (A + B)^2 + (A - B)^2 =$
$= (A + B) \cdot (A + B) + (A - B) \cdot (A - B) = A^2 + 2AB + B^2 + A^2 - 2AB + B^2$
Hierbei beachte man das Kommutativgesetz des Skalarprodukts!
$= 2\|A\|^2 + 2\|B\|^2$

2.2.7

Es seien $A, B, C \in \mathbb{R}^n$. Man beweise oder widerlege:

a) *A steht genau dann auf allen $X \in \mathbb{R}^n$ senkrecht, wenn $A = 0$ ist.*

b) *Aus $A \cdot B = A \cdot C$ und $A \neq 0$ folgt $B = C$.*

c) *Ist $\|B\| = 1$, so ist $A \cdot B$ die Komponente von A entlang B.*

a) Die Behauptung ist wahr.
Beweis von "$\Longleftarrow$": Es sei $A = 0$. Dann folgt:
$A \cdot X = 0 \cdot X = 0$ für alle $X \in \mathbb{R}^n$.
Beweis von "$\Longrightarrow$":
Es sei $A = \begin{pmatrix} a_1 \\ \vdots \\ a_n \end{pmatrix}$. Steht A auf allen $X \in \mathbb{R}^n$ senkrecht, so insbesondere auf den Vektoren E_i, die an der i-ten Komponente 1 sind und sonst aus lauter Nullen bestehen $(i = 1, ..., n)$.
Es folgt: $A \cdot E_i = a_i = 0$, da A auf E_i senkrecht steht. Da dies für alle i gilt, ist $A = 0$.

b) Diese Behauptung ist falsch.
Setzt man z. B. $A = \begin{pmatrix} 1 \\ 0 \end{pmatrix}, \quad B = \begin{pmatrix} 0 \\ 1 \end{pmatrix}, \quad C = \begin{pmatrix} 0 \\ 2 \end{pmatrix}$,
so gilt $A \cdot B = A \cdot C = 0$, aber $B \neq C$.

c) Dies stimmt wieder.
Die Komponente von A entlang B ist $c = \frac{A \cdot B}{B \cdot B}$. Gilt $\|B\| = 1$, so ist der Nenner des Bruches =1, und die Behauptung ist bewiesen.

2.2.8
Für $X, Y \in \mathbb{R}^n$ gilt:
$\|X - Y\| = \|X + Y\| \quad \Longleftrightarrow \quad X \cdot Y = 0$

$\|X - Y\| = \|X + Y\| \quad \Longleftrightarrow \quad (X - Y)^2 = (X + Y)^2$
Die Skalarprodukte werden ausgerechnet. Es folgt:
$X \cdot X - 2X \cdot Y + Y \cdot Y = X \cdot X + 2X \cdot Y + Y \cdot Y$
Daraus ergibt sich $X \cdot Y = 0$, und umgekehrt impliziert auch $X \cdot Y = 0$ die Gültigkeit der letzten Gleichung. Damit ist die Äquivalenz bewiesen.

2.2.9
Man zeige für $X, Y \in \mathbb{R}^n$:
X und Y stehen genau dann senkrecht aufeinander, wenn für jede reelle Zahl α gilt: $\|X + \alpha Y\| \geq \|X\|$

Beweis von "$\Longrightarrow$":
Stehen X und Y senkrecht aufeinander, so erhält man:

$$\begin{aligned}(X + \alpha Y) \cdot (X + \alpha Y) &= X \cdot X + \alpha\,(X \cdot Y) + \alpha\,(Y \cdot X) + \alpha^2 (Y \cdot Y) \\ &= X \cdot X + \alpha^2 (Y \cdot Y), \quad \text{da } X \cdot Y = 0 \text{ nach Voraussetzung} \\ &\geq X \cdot X, \quad \text{denn } \alpha^2 \geq 0 \text{ und } Y \cdot Y \geq 0\end{aligned}$$

Beweis von "$\Longleftarrow$":
Für $Y = 0$ ist nichts zu zeigen. Wir können also $Y \neq 0$ annehmen und führen

den Beweis nun indirekt.
Angenommen, es gilt $X \cdot Y \neq 0$. Der Vektor $X - \frac{X \cdot Y}{Y^2} Y$ steht senkrecht auf Y. Setzt man $\alpha = -\frac{X \cdot Y}{Y^2}$, so folgt $\alpha \neq 0$, da $X \cdot Y \neq 0$. Nun gilt:
$\|X\|^2 = \|(X + \alpha Y) - \alpha Y\|^2 = \|(X + \alpha Y) + \alpha Y\|^2$
Die letzte Gleichung folgt nach Aufgabe 8, da $X + \alpha Y$ und αY senkrecht aufeinander stehen. Damit kann man mit dem Satz des PYTHAGORAS auch weiterschließen:

$$\begin{aligned}\|X\|^2 &= \|X + \alpha Y\|^2 + \|\alpha Y\|^2 \\ &> \|X + \alpha Y\|^2, \text{ da } \alpha \neq 0 \text{ und } Y \neq 0.\end{aligned}$$

Hieraus folgt $\|X\| > \|X + \alpha Y\|$, im Widerspruch zur Voraussetzung.

2.2.10

$B_1, \ldots, B_m \in \mathbb{R}^n$ seien Einheitsvektoren (das sind Vektoren der Länge 1), die paarweise aufeinander senkrecht stehen, ferner sei $A \in \mathbb{R}^n$ ein beliebiger Vektor und $c_i := A \cdot B_i$ für $i = 1, \ldots, m$.
Sei $X := A - \sum_{i=1}^m c_i B_i$. Man zeige:
X steht senkrecht auf allen B_i $(i = 1, \ldots, m)$.

Wir berechnen $B_i \cdot X$:

$$\begin{aligned}B_i \cdot X &= B_i \cdot (A - \sum_{j=1}^m c_j B_j) = B_i \cdot A - \sum_{j=1}^m c_j \, (B_j \cdot B_i) = \\ &= c_i - \sum_{j \neq i} c_j \, (B_j \cdot B_i) + c_i \, (B_i \cdot B_i) = c_i - c_i = 0,\end{aligned}$$

denn alle Skalarprodukte $B_j \cdot B_i$ für $j \neq i$ sind 0 und $B_i \cdot B_i = 1$, jeweils nach Voraussetzung.

2.2.11

Die Voraussetzungen seien wie in der vorigen Aufgabe. Dann gilt:

$$\sum_{i=1}^m c_i^2 \leq \|A\|^2$$

Es wird der Term $\left\| A - \sum_{j=1}^m c_j B_j \right\|^2$ berechnet. Man erhält:

$$\begin{aligned}\left\| A - \sum_{j=1}^m c_j B_j \right\|^2 &= (A - \sum_{j=1}^m c_i B_j) \cdot (A - \sum_{j=1}^m c_i B_j) \\ &= A \cdot A - 2 \sum_{j=1}^m c_j A \cdot B_j + \sum_{i=1}^m \sum_{j=1}^m c_i c_j B_i \cdot B_j\end{aligned}$$

$$= \quad A \cdot A - 2\sum_{j=1}^{m} c_j^2 + \sum_{j=1}^{m} c_j^2 \quad ,$$

da $B_i \cdot B_j = 0$ für $i \neq j$ und $B_i \cdot B_i = 1$. Also gilt $\quad 0 \leq A \cdot A - \sum_{j=1}^{m} c_j^2$, und daraus folgt die behauptete Ungleichung.

2.2.2 Vektorielle Beweise

In den folgenden Aufgaben werden für einige elementargeometrische Sätze jeweils vektorielle Beweise angegeben. Häufig sind solche Beweise besonders kurz und elegant.

2.2.12
Verbindet man die Seitenmitten eines Vierecks im $\mathbb{R}^n$, so erhält man ein Parallelogramm.

Ein Viereck im $\mathbb{R}^n$ ist gegeben durch 4 Punkte im $\mathbb{R}^n$, von denen keine drei auf einer Geraden liegen (Siehe dazu Vorspann von Abschnitt 2.3).

Wir bezeichnen wie in nebenstehender Skizze die Ecken des Vierecks mit A, B, C und D, sowie die Seitenmitten mit $M_1, \ldots, M_4$.
Zu zeigen ist dann:

$$M_3 - M_4 = M_2 - M_1$$

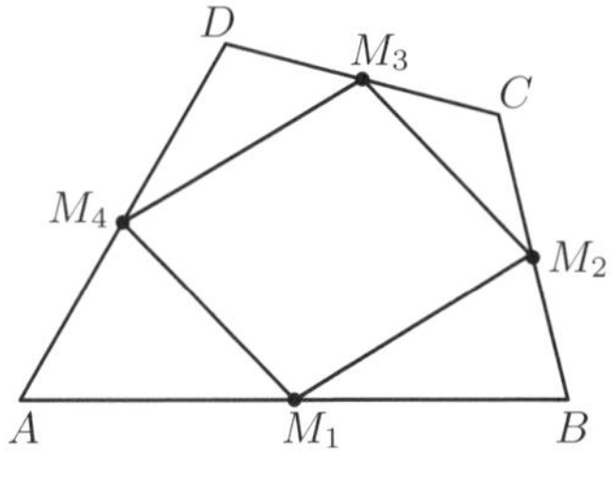

Es gilt:

$$M_1 = A + \frac{1}{2}(B - A) = \frac{1}{2}A + \frac{1}{2}B \qquad M_2 = B + \frac{1}{2}(C - B) = \frac{1}{2}B + \frac{1}{2}C$$

$$M_3 = D + \frac{1}{2}(C - D) = \frac{1}{2}C + \frac{1}{2}D \qquad M_4 = A + \frac{1}{2}(D - A) = \frac{1}{2}A + \frac{1}{2}D$$

Damit folgt:

$$\left.\begin{aligned} M_3 - M_4 &= \tfrac{1}{2}C - \tfrac{1}{2}A \\ M_2 - M_1 &= \tfrac{1}{2}C - \tfrac{1}{2}A \end{aligned}\right\} \quad \Longrightarrow \quad M_3 - M_4 = M_2 - M_1$$

2.2.13

Ein ebenes Viereck ist genau dann ein Parallelogramm, wenn sich die Diagonalen halbieren.

Wir benutzen wie in der vorigen Aufgabe A, B, C und D als Bezeichnungen für die Ecken des Vierecks, sowie S als Bezeichnung für den Schnittpunkt der Diagonalen. Ein Schnittpunkt existiert, da die 4 Punkte nach Voraussetzung in einer Ebene liegen.
Beweis für "$\Longrightarrow$":
Nach Voraussetzung gilt dann: $B - A = C - D$ und somit $C - B = D - A$
Da sich die Diagonalen in genau einem Punkt schneiden, gibt es eindeutig bestimmte reelle Zahlen t_0, t_1 mit:

$$S = A + t_0\,(C - A) = D + t_1\,(B - D)$$

Wir zeigen nun, daß diese Gleichung für $t_0 = t_1 = \frac{1}{2}$ erfüllt ist.

$$A + \frac{1}{2}\,(C - A) = \frac{1}{2}\,(C + A) = \frac{1}{2}\,(D + B),$$

da aus der Voraussetzung $B - A = C - D$ die Gleichung $C + A = D + B$ folgt.
Nun ist aber weiter:

$$\frac{1}{2}\,(D + B) = D + \frac{1}{2}\,(B - D)$$

Wegen der Eindeutigkeit von t_0 und t_1 liegt S also auf den Diagonalenmitten.
Beweis von "$\Longleftarrow$":
Nach Voraussetzung gilt jetzt $S - A = C - S$ und $D - S = S - B$. Zu zeigen ist $B - A = C - D$ und $C - B = D - A$.

$$C - D = C - S + S - D = S - A + B - S = B - A$$

$$D - A = S - A + D - S = C - S + S - B = C - B$$

2.2.14

Ein Parallelogramm ist genau dann ein Rhombus, wenn seine Diagonalen aufeinander senkrecht stehen.

Bezeichnungen werden gemäß nebenstehender Skizze eingeführt. Es werden folgende Abkürzungen benutzt:
$X = B - A$ und $Y = D - A$
Die Diagonalen sind dann $X + Y$ und $X - Y$.

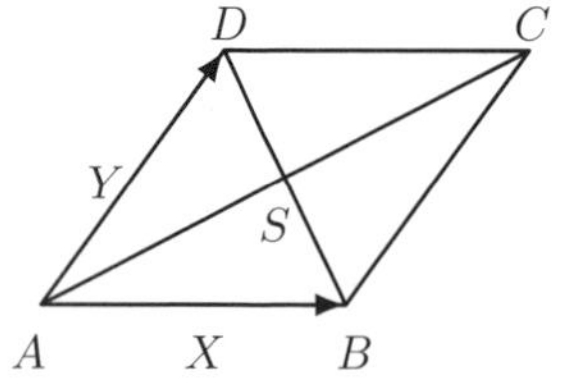

Es folgt:

$$(X+Y)\cdot(X-Y) = \|X\|^2 - X\cdot Y + X\cdot Y - \|Y\|^2 = \|X\|^2 - \|Y\|^2 = 0$$

Hieraus ergibt sich direkt die Behauptung.

2.2.15

Die Höhen eines Dreiecks schneiden sich in einem Punkt.

Es sei S der Schnittpunkt zweier Höhen, etwa von H_A und H_B. Dann ist zu zeigen: Der Vektor $X := C - S$ steht senkrecht auf dem Vektor $Y := A - B$.
Wir führen noch folgende Vektoren ein:
$H_A = S - A$ und $H_B = S - B$.
Dann folgt:

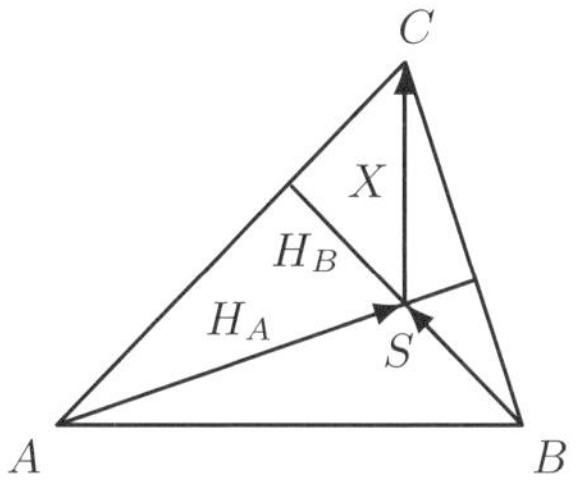

$$H_A \cdot (H_B - X) = 0 \qquad \text{und } H_B \cdot (X - H_A) = 0$$

Addition dieser beiden Gleichungen liefert: $X \cdot (H_B - H_A) = 0$ und wegen $H_B - H_A = Y$ ist damit die Behauptung bewiesen.

2.2.16

(Satz des THALES*)*
Jeder Winkel im Halbkreis ist ein rechter Winkel.

Mit den Bezeichnungen der nebenstehenden Skizze führen wir die folgenden Vektoren ein:
$X := C - A$, $Y := C - B$,
$Z := S - A$ und $R := C - S$
Zu zeigen ist: $X \cdot Y = 0$.
Mit den eingeführten Bezeichnungen gilt $X = Z + R$ und $Y = R - Z$. Es folgt:

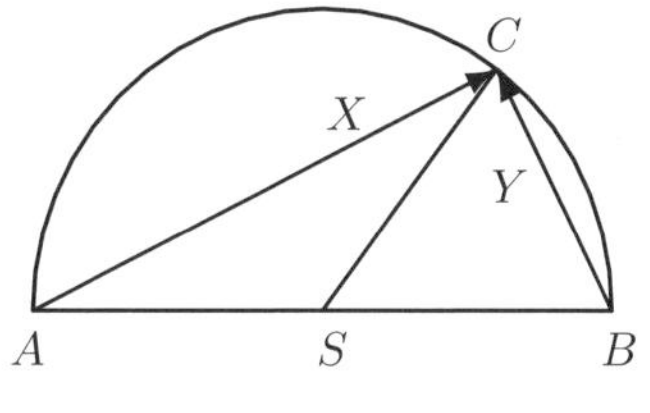

$$X\cdot Y = (Z+R)\cdot(R-Z) = Z\cdot R - \|Z\|^2 + \|R\|^2 - R\cdot Z = \|R\|^2 - \|Z\|^2$$

Dies ist aber 0, da nach Voraussetzung $\|Z\| = \|R\|$ gilt (2 Radien im Halbkreis!).

2.2.17

In einem regelmäßigen Tetraeder stehen gegenüberliegende Seiten senkrecht aufeinander.

Mit den Bezeichnungen der Skizze werden folgende Vektoren eingeführt:

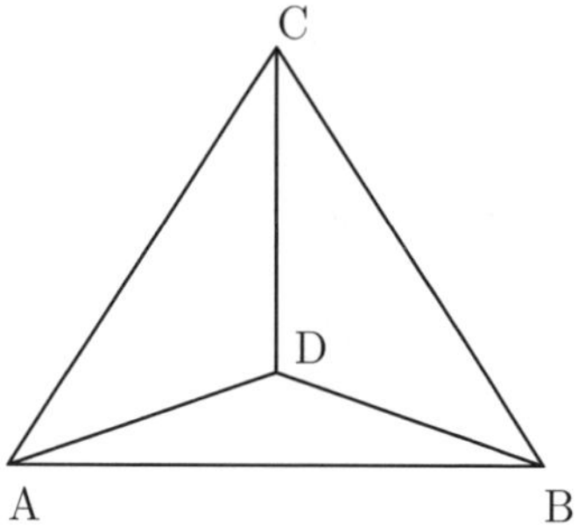

$$\begin{aligned} X &= B - A \\ Y &= D - A \\ Z &= C - A \end{aligned}$$

Zu zeigen ist dann:
$(Z - X) \cdot Y = 0$
Es gilt:

$$(Z-X) \cdot Y = Z \cdot Y - X \cdot Y = \|Z\|\,\|Y\| \cos \sphericalangle(Z,Y) - \|X\|\,\|Y\| \cos \sphericalangle(X,Y) = 0,$$

da im regelmäßigen Tetraeder alle Seiten gleich lang sind und alle Winkel übereinstimmen.

2.2.18

Der Höhenschnittpunkt H, der Schnittpunkt S der Seitenhalbierenden und der Schnittpunkt M der Mittelsenkrechten in einem Dreieck liegen auf einer Geraden. S teilt die Strecke $\overline{HM}$ im Verhältnis $2:1$.

Es wird mit den Bezeichnungen der nebenstehenden Skizze definiert: $X := B - A$, $Y := C - A$ $U := S - H$ und $V := M - S$
Zu zeigen ist dann: $U = 2V$
Zunächst wird gezeigt, daß die Dreiecke A, B, C und A', B', C' ähnlich sind. Es gilt:
$\frac{1}{2}Y + (A' - B') = X + \frac{1}{2}(Y - X)$
Daraus folgt $A' - B' = \frac{1}{2}X$.

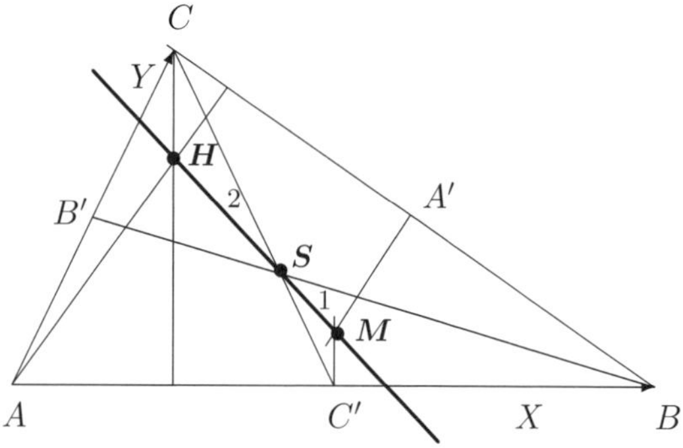

In entsprechender Weise folgt $A' - C' = \frac{1}{2}Y$ und $B' - C' = \frac{1}{2}(Y - X)$. Also sind A, B, C und A', B', C' ähnlich und entsprechende Seiten verhalten sich wie 2:1. Damit erhält man $H - C = 2(C' - M)$, denn diese Vektoren repräsentieren jeweils Strecken von entsprechenden Dreieckspunkten zum jeweiligen Höhenschnittpunkt. (Die Mittelsenkrechten des Dreiecks A, B, C entsprechen den Höhen im Dreieck A', B', C'.)

Nun werden die Vektoren $H-A$, $S-A$ und $M-A$ berechnet.
Man erhält: [1]

$$\begin{aligned} H-A &= Y+(H-C) \\ S-A &= \tfrac{1}{2}X+\tfrac{1}{3}(C-C') = \tfrac{1}{2}X+\tfrac{1}{3}(Y-\tfrac{1}{2}X) = \tfrac{1}{3}X+\tfrac{1}{3}Y \\ M-A &= \tfrac{1}{2}X+(M-C') = \tfrac{1}{2}X-\tfrac{1}{2}(H-C) \end{aligned}$$

Damit kann man U und V berechnen:
$U = S-H = (S-A)-(H-A) = \frac{1}{3}X+\frac{1}{3}Y-(Y+(H-C) = \frac{1}{3}X-\frac{2}{3}Y-(H-C)$
$V = M-S = (M-A)-(S-A) = \frac{1}{2}X-\frac{1}{2}(H-C)-(\frac{1}{3}X+\frac{1}{3}Y) = \frac{1}{2}U$
Also müssen H, S und M auf einer Geraden liegen, und S teilt die Strecke $\overline{HM}$ im Verhältnis 2:1.
Diese Gerade heißt **Eulersche Gerade**.

Weitere Beweise elementargeometrischer Sätze folgen im Abschnitt 2.3.2.

[1]Der Schnittpunkt der Seitenhalbierenden teilt diese im Verhältnis 2:1 (siehe auch Aufgabe 2.3.16)

2.3 Lineare Unabhängigkeit, Basen, Dimension

Ein zentraler Begriff der linearen Algebra ist die lineare Unabhängigkeit von Vektoren.

Lineare Unabhängigkeit

Vektoren $X_1, \ldots, X_m \in \mathbb{R}^n$ heißen **linear unabhängig**, wenn die Gleichung

$$\lambda_1 X_1 + \ldots + \lambda_m X_m = 0 \quad (\lambda_1, \ldots, \lambda_m \in \mathbb{R})$$

nur die Lösung $\lambda_1 = \ldots = \lambda_m = 0$ besitzt.

Lineare Unabhängigkeit von Vektormengen

Eine Teilmenge S eines Vektorraumes V heißt linear unabhängig, wenn je endlich viele Vektoren aus S linear unabhängig sind.

Nicht linear unabhängige Vektoren bzw. Vektormengen heißen **linear abhängig**.

Linearkombination der Vektoren $X_1, \ldots, X_m$	$\lambda_1 X_1 + \ldots + \lambda_m X_m, \quad \lambda_1, \ldots, \lambda_m \in \mathbb{R}$
lineare Hülle von $S \subseteq \mathbb{R}^n$	$L(S) := \{\sum_{i=1}^m \lambda_i X_i \mid X_i \in S, \lambda_i \in \mathbb{R}, m \in \mathbb{N}\}$ $L(\emptyset) := \{0\}$.

Merke: Die lineare Hülle $L(S)$ ist die Menge aller Linearkombinationen von jeweils endlich vielen Vektoren aus S.

Wichtige Sätze über die lineare Hülle

(i) $A \subseteq B \Longrightarrow L(A) \subseteq L(B)$

(ii) $A \subseteq L(A)$

(iii) $L(A) = L(L(A))$

(iv) $L(A) = \bigcup \{L(A_0) \mid A_0 \subseteq A \text{ endlich}\}$

An dieser Stelle wird die Definition eines Unterraumes (des $\mathbb{R}^n$) gegeben, die in Kapitel 3 in allgemeinerer Form wiederkehrt.

Unterraum vom $\mathbb{R}^n$

$U \subseteq \mathbb{R}^n$ heißt **Unterraum**, wenn gilt:

(UR0) $U \neq \emptyset$

(UR1) Aus $X, Y \in U$ folgt stets $X + Y \in U$.

(UR2) Aus $\lambda \in \mathbb{R}, X \in U$ folgt stets $\lambda X \in U$.

Es sei $S \subseteq \mathbb{R}^n$ und U Unterraum. S heißt

Erzeugendensystem von U	$:\Longleftrightarrow$	$U = L(S)$
Basis von U	$:\Longleftrightarrow$	$U = L(S)$ und S ist linear unabhängig
Dimension von U	$:=$	Anzahl der Elemente einer Basis von U.

Die Definition der Dimension ist sinnvoll, da alle Basen von U aus gleich vielen Elementen bestehen.
Schreibweise für die Dimension von U: $\dim U$
Wichtig ist folgender Satz:

Wird ein Unterraum U von m Vektoren erzeugt, so ist jede Teilmenge T von U mit $|T| > m$ linear abhängig.

Dimensionsformel

U_1, U_2 seien Unterräume vom $\mathbb{R}^n$. $U_1 + U_2 := \{X + Y \mid X \in U_1 \wedge Y \in U_2\}$

$$\dim(U_1 + U_2) = \dim U_1 + \dim U_2 - \dim(U_1 \cap U_2)$$

affiner Unterraum

Ist U ein Unterraum des $\mathbb{R}^n$ und $X_0 \in \mathbb{R}^n$, so heißt die Vektormenge

$$X_0 + U := \{X_0 + X \mid X \in U\}$$

affiner Unterraum mit $\dim(X_0 + U) := \dim U$.

Affine Unterräume der Dimension 1 heißen **Geraden** im $\mathbb{R}^n$.
Affine Unterräume der Dimension 2 heißen **Ebenen** im $\mathbb{R}^n$.
(siehe dazu Abschnitt 2.3.3.)

2.3.1 Allgemeine Aufgaben

2.3.1

Man schreibe den Vektor $X = \begin{pmatrix} 1 \\ -2 \\ 5 \end{pmatrix}$ *als Linearkombination der Vektoren*

$$X_1 = \begin{pmatrix} 1 \\ 1 \\ 1 \end{pmatrix},\ X_2 = \begin{pmatrix} 1 \\ 2 \\ 3 \end{pmatrix},\ X_3 = \begin{pmatrix} 2 \\ -1 \\ 1 \end{pmatrix}.$$

Gesucht sind α, β, γ mit

$$\begin{pmatrix} 1 \\ -2 \\ 5 \end{pmatrix} = \alpha \begin{pmatrix} 1 \\ 1 \\ 1 \end{pmatrix} + \beta \begin{pmatrix} 1 \\ 2 \\ 3 \end{pmatrix} + \gamma \begin{pmatrix} 2 \\ -1 \\ 1 \end{pmatrix}.$$

Betrachtet man diese Gleichung komponentenweise, so erhält man das folgende lineare Gleichungssystem:

$$\begin{array}{ccccccc} \alpha & + & \beta & + & 2\gamma & = & 1 \\ \alpha & + & 2\beta & - & \gamma & = & -2 \\ \alpha & + & 3\beta & + & \gamma & = & 5 \end{array}$$

Lineare Gleichungssysteme werden im Abschnitt 2.5 systematisch behandelt. Dieses Gleichungssystem kann man aber auch ohne allgemeine Theorie lösen. Man subtrahiert z. B. die zweite und anschließend die dritte Gleichung jeweils von der ersten Gleichung und erhält:

$$\begin{array}{ccccc} -\beta & + & 3\gamma & = & 3 \\ -2\beta & + & \gamma & = & -4 \end{array}$$

Addiert man nun das -2–fache der ersten Gleichung zur zweiten, so erhält man $-5\gamma = -10$, also $\gamma = 2$. Einsetzen ergibt dann $\beta = 3$ und $\alpha = -6$. Es gilt also:

$$\begin{pmatrix} 1 \\ -2 \\ 5 \end{pmatrix} = -6 \begin{pmatrix} 1 \\ 1 \\ 1 \end{pmatrix} + 3 \begin{pmatrix} 1 \\ 2 \\ 3 \end{pmatrix} + 2 \begin{pmatrix} 2 \\ -1 \\ 1 \end{pmatrix}$$

2.3.2

Es seien $X = \begin{pmatrix} 3 \\ 5 \\ 2 \end{pmatrix}$, $Y = \begin{pmatrix} 4 \\ 0 \\ 1 \end{pmatrix}$, $Z = \begin{pmatrix} 2 \\ 2 \\ 1 \end{pmatrix}$.

Man untersuche, ob $X \in L(Y, Z)$ *gilt.*

Es ist $X \in L(Y, Z)$ genau dann, wenn es $\alpha, \beta \in \mathbb{R}$ gibt mit $X = \alpha Y + \beta Z$. Das ergibt das Gleichungssystem:

$$\begin{array}{ccccc} 4\alpha & + & 2\beta & = & 3 \\ & & 2\beta & = & 5 \\ \alpha & + & \beta & = & 2 \end{array}$$

Aus der zweiten Gleichung folgt $\beta = \frac{5}{2}$, aus der dritten Gleichung damit $\alpha = -\frac{1}{2}$. Diese eindeutige Lösung der letzten beiden Gleichungen müßte nun auch die erste Gleichung erfüllen. Einsetzen zeigt, daß dies stimmt. Also gilt $X \in L(Y, Z)$.

2.3.3

Man untersuche jeweils, ob die gegebenen Vektoren linear unabhängig sind.

$$\text{a)} \quad X_1 = \begin{pmatrix} 1 \\ 2 \end{pmatrix}, \quad X_2 = \begin{pmatrix} -1 \\ 1 \end{pmatrix}$$

$$\text{b)} \quad X_1 = \begin{pmatrix} 1 \\ 0 \\ 0 \end{pmatrix}, \quad X_2 = \begin{pmatrix} 1 \\ 1 \\ 0 \end{pmatrix}, \quad X_3 = \begin{pmatrix} 1 \\ 1 \\ 1 \end{pmatrix}$$

$$\text{c)} \quad X_1 = \begin{pmatrix} 2 \\ -1 \\ 3 \end{pmatrix}, \quad X_2 = \begin{pmatrix} 1 \\ 1 \\ -2 \end{pmatrix}, \quad X_3 = \begin{pmatrix} 3 \\ -3 \\ 8 \end{pmatrix}$$

$$\text{d)} \quad X_1 = \begin{pmatrix} 1 \\ 2 \\ 1 \\ 0 \\ 0 \end{pmatrix}, \quad X_2 = \begin{pmatrix} 1 \\ 1 \\ 0 \\ 1 \\ 1 \end{pmatrix}, \quad X_3 = \begin{pmatrix} 1 \\ 0 \\ 0 \\ 1 \\ 1 \end{pmatrix}$$

Vektoren $X_1, ..., X_n$ sind genau dann linear unabhängig, wenn aus

$$\alpha_1 X_1 + \alpha_2 X_2 + ... + \alpha_n X_n = 0$$

folgt: $\alpha_1 = \alpha_2 = ... = \alpha_n = 0$

a) Sei

$$\alpha_1 \begin{pmatrix} 1 \\ 2 \end{pmatrix} + \alpha_2 \begin{pmatrix} -1 \\ 1 \end{pmatrix} = \begin{pmatrix} 0 \\ 0 \end{pmatrix}.$$

Das ergibt das Gleichungssystem:

$$\begin{array}{rcrcl} \alpha_1 & - & \alpha_2 & = & 0 \\ 2\alpha_1 & + & \alpha_2 & = & 0 \end{array}$$

Addition der Gleichungen liefert $3\alpha_1 = 0$, also $\alpha_1 = 0$, und damit folgt weiter $\alpha_2 = 0$. Aus $\alpha_1 X_1 + \alpha_2 X_2 = 0$ folgt also zwangsweise $\alpha_1 = \alpha_2 = 0$, d. h. die Vektoren sind linear unabhängig.
(Man sagt dann auch: Der Nullvektor läßt sich nur auf triviale Art aus den Vektoren linear kombinieren!)

b) Entsprechend erhält man hier das Gleichungssystem:

$$\begin{array}{rcrcrcl} \alpha_1 & + & \alpha_2 & + & \alpha_3 & = & 0 \\ & & \alpha_2 & + & \alpha_3 & = & 0 \\ & & & & \alpha_3 & = & 0 \end{array}$$

Durch "Rückwärtseinsetzen" folgt aus $\alpha_3 = 0$ sofort auch $\alpha_2 = 0$ und $\alpha_1 = 0$, also sind die Vektoren linear unabhängig.

c) Das Gleichungssystem lautet hier:

$$\begin{array}{rcrcrcl} 2\alpha_1 & + & \alpha_2 & + & 3\alpha_3 & = & 0 \\ -\alpha_1 & + & \alpha_2 & - & 3\alpha_3 & = & 0 \\ 3\alpha_1 & - & 2\alpha_2 & + & 8\alpha_3 & = & 0 \end{array}$$

Wir addieren das 2-fache der zweiten Gleichung zur ersten Gleichung und anschließend das 3-fache der zweiten Gleichung zur dritten Gleichung. Es folgt:

$$\begin{array}{rcrcl} 3\alpha_2 & - & 3\alpha_3 & = & 0 \\ \alpha_2 & - & \alpha_3 & = & 0 \end{array}$$

Dieses Gleichungssystem wird z. B. durch $\alpha_2 = \alpha_3 = 1$ erfüllt. Dazu ergibt sich $\alpha_1 = -2$. Also gilt z. B.

$$-2\begin{pmatrix} 2 \\ -1 \\ 3 \end{pmatrix} + \begin{pmatrix} 1 \\ 1 \\ -2 \end{pmatrix} + \begin{pmatrix} 3 \\ -3 \\ 8 \end{pmatrix} = \begin{pmatrix} 0 \\ 0 \\ 0 \end{pmatrix}.$$

Der Nullvektor kann also auch auf nichttriviale Art aus den Vektoren linear kombiniert werden, und damit sind die Vektoren linear abhängig.

d) Häufig reicht einfaches Hinsehen, um zu entscheiden, ob Vektoren linear abhängig oder linear unabhängig sind. Will man hier bei d) den Nullvektor aus X_1, X_2 und X_3 linear kombinieren, so zeigt die Verteilung der Nullen in den Vektoren, daß X_1 mit dem Vorfaktor $\alpha_1 = 0$ versehen werden muß . In X_2 und X_3 stehen in der dritten Komponente nämlich jeweils Nullen, so daß die 1 in der dritten Komponente von X_1 nur durch $\alpha_1 = 0$ verschwinden kann. Danach zeigt die Betrachtung der zweiten Komponente der Vektoren, daß auch $\alpha_2 = 0$ gelten muß . Schließlich muß dann auch $\alpha_3 = 0$ sein. Die Vektoren sind also linear unabhängig.
Häufig erspart dieses Verfahren umfangreiche Rechnung.

2.3.4

Es seien

$$X_1 = \begin{pmatrix} 1 \\ 1 \\ -1 \\ 2 \end{pmatrix}, \quad X_2 = \begin{pmatrix} 2 \\ 0 \\ 3 \\ 1 \end{pmatrix}, \quad X_3 = \begin{pmatrix} 0 \\ -2 \\ 1 \\ -1 \end{pmatrix},$$

$$Y_1 = \begin{pmatrix} 1 \\ -1 \\ 0 \\ 1 \end{pmatrix} \quad \text{und} \quad Y_2 = \begin{pmatrix} 1 \\ 5 \\ -3 \\ 4 \end{pmatrix}.$$

Man zeige: $Y_1, Y_2 \in L(X_1, X_2, X_3)$ *Ferner gebe man – falls möglich – eine Basis von* $L(X_1, X_2, X_3)$ *an, die die Vektoren* Y_1 *und* Y_2 *enthält.*

Zunächst muß gezeigt werden:
$\exists\, \alpha_i, \beta_i, \gamma_i \in \mathbb{R}$ mit $Y_i = \alpha_i X_1 + \beta_i X_2 + \gamma_i X_3 \ (i = 1, 2)$
Für $i = 1$ ergibt sich das lineare Gleichungssystem:

$$\begin{array}{rcrcrcr} \alpha_1 & + & 2\beta_1 & & & = & 1 \\ \alpha_1 & & & - & 2\gamma_1 & = & -1 \\ -\alpha_1 & + & 3\beta_1 & + & \gamma_1 & = & 0 \\ 2\alpha_1 & + & \beta_1 & - & \gamma_1 & = & 1 \end{array}$$

Addition der letzten beiden Gleichungen ergibt zusammen mit der ersten Gleichung das System

$$\begin{array}{rcrcr} \alpha_1 & + & 2\beta_1 & = & 1 \\ \alpha_1 & + & 4\beta_1 & = & 1 \end{array}$$

mit der Lösung $\beta_1 = 0, \alpha_1 = 1$. Man berechnet dazu z. B. aus der letzten Gleichung $\gamma_1 = 1$ und überprüft, daß auch die zweite Gleichung erfüllt ist. Also gilt $Y_1 = X_1 + X_3$.
Für $i = 2$ erhält man in gleicher Weise oder durch scharfes Hinsehen:

$$Y_2 = X_1 - 2X_3$$

Eine Basis von $L(X_1, X_2, X_3)$, die Y_1 und Y_2 enthält, kann auf verschiedene Arten gefunden werden.

1. Möglichkeit:
Es wird die vorausgehende Rechnung benutzt. Man erkennt, daß sowohl X_1, X_3 als auch Y_1, Y_2 linear unabhängig sind, da zwei Vektoren genau dann linear unabhängig sind, wenn keiner der beiden ein Vielfaches des anderen ist. Also gilt nach obiger Rechnung $L(X_1, X_3) = L(Y_1, Y_2)$. Um eine Basis von $L(X_1, X_2, X_3)$ anzugeben, die Y_1, Y_2 enthält, braucht nur noch überprüft zu werden, ob Y_1, Y_2, X_2 (oder X_1, X_2, X_3) linear unabhängig sind.

Sei dazu $\alpha_1 Y_1 + \alpha_2 Y_2 + \alpha_3 X_2 = 0$, also:

$$\begin{array}{rcrcrcl} \alpha_1 & + & \alpha_2 & + & 2\alpha_3 & = & 0 \\ -\alpha_1 & + & 5\alpha_2 & & & = & 0 \\ & - & 3\alpha_2 & + & 3\alpha_3 & = & 0 \\ \alpha_1 & + & 4\alpha_2 & + & \alpha_3 & = & 0 \end{array}$$

Addition der ersten beiden Gleichungen ergibt zusammen mit der dritten Gleichung das System:

$$\begin{array}{rcrcl} 6\alpha_2 & + & 2\alpha_3 & = & 0 \\ -3\alpha_2 & + & 3\alpha_3 & = & 0 \end{array},$$

das nur die Lösung $\alpha_2 = \alpha_3 = 0$ besitzt. Also ist auch das Ausgangssystem nur durch $\alpha_1 = \alpha_2 = \alpha_3 = 0$ lösbar, d. h. Y_1, Y_2, X_2 sind linear unabhängig und bilden daher wegen $L(X_1, X_2, X_3) = L(Y_1, Y_2, X_2)$ eine Basis von $L(X_1, X_2, X_3)$.

2. Möglichkeit:

Eine andere Möglichkeit, eine Basis von $L(X_1, X_2, X_3)$ zu finden, in der Y_1, Y_2 vorkommen, ist die Anwendung des Austauschsatzes von STEINITZ. (siehe Abschnitt 3.3)

Man startet mit einer Basis von $L(X_1, X_2, X_3)$, also mit X_1, X_2, X_3 (die lineare Unabhängigkeit dieser Vektoren muß dabei erst nachgeprüft werden). Dann stellt man Y_1 als Linearkombination von X_1, X_2, X_3 dar, wobei hier (siehe vorn) $Y_1 = X_1 + X_3$ ist. Y_1 kann jetzt gegen jeden Vektor ausgetauscht werden, der in dieser Linearkombination mit einem Vorfaktor $\neq 0$ vorkommmt. Wir tauschen z. B. gegen X_1 aus, und erhalten Y_1, X_2, X_3 als neue Basis von $L(X_1, X_2, X_3)$. Das Verfahren wird iteriert, Y_2 wird jetzt also als Linearkombination von Y_1, X_2, X_3 dargestellt. Wieder unter Benutzung der vorn erzielten Ergebnisse folgt:

$$Y_2 = X_1 - 2X_3 = (Y_1 - X_3) - 2X_3 = Y_1 - 3X_3$$

Y_2 kann wieder gegen jeden Vektor der Basis Y_1, X_2, X_3 ausgetauscht werden, der mit Vorfaktor $\neq 0$ in dieser Linearkombination vorkommt. Man muß also gegen X_3 austauschen, da ja Y_1 in der Basis bleiben soll. Damit erhält man Y_1, Y_2, X_2 als Basis von $L(X_1, X_2, X_3)$.

2.3.5

Man bestimme die Dimension des Raumes $L(X_1, X_2, X_3)$, *wobei*

$$X_1 = \begin{pmatrix} 0 \\ 1 \\ 1 \\ 1 \end{pmatrix}, \quad X_2 = \begin{pmatrix} -1 \\ 1 \\ -1 \\ 1 \end{pmatrix}, \quad X_3 = \begin{pmatrix} 2 \\ 1 \\ 0 \\ 1 \end{pmatrix}$$

Man sieht, daß X_1, X_2 linear unabhängig sind, denn 2 Vektoren sind genau

dann linear abhängig, wenn einer der Vektoren ein Vielfaches des anderen ist. Das ist bei X_1, X_2 nicht der Fall. Damit folgt: $2 \leq \dim L(X_1, X_2, X_3) \leq 3$
Es braucht nur noch untersucht zu werden, ob X_1, X_2, X_3 linear unabhängig sind. Sei dazu $\alpha_1 X_1 + \alpha_2 X_2 + \alpha_3 X_3 = 0$, also

$$\begin{array}{rcrcrcl} & - & \alpha_2 & + & 2\alpha_3 & = & 0 \\ \alpha_1 & + & \alpha_2 & + & \alpha_3 & = & 0 \\ \alpha_1 & - & \alpha_2 & & & = & 0 \\ \alpha_1 & + & \alpha_2 & + & \alpha_3 & = & 0 \end{array}$$

Die 2. und 4. Gleichung sind identisch. Wir subtrahieren die dritte Gleichung von der zweiten Gleichung, übernehmen die erste Gleichung und erhalten:

$$\begin{array}{rcrcl} -\alpha_2 & + & \alpha_3 & = & 0 \\ 2\alpha_2 & + & \alpha_3 & = & 0 \end{array}$$

Hieraus folgt $\alpha_2 = \alpha_3 = 0$, und damit weiter $\alpha_1 = 0$. Also läßt sich der Nullvektor nur trivial aus X_1, X_2, X_3 linear kombinieren. X_1, X_2, X_3 sind daher linear unabhängig und es gilt:

$$\dim L(X_1, X_2, X_3) = 3$$

2.3.6

Es seien

$$X_1 = \begin{pmatrix} 1 \\ 1 \\ 2 \\ 1 \end{pmatrix}, \quad X_2 = \begin{pmatrix} 0 \\ -2 \\ 1 \\ 0 \end{pmatrix}, \quad X_3 = \begin{pmatrix} 1 \\ -1 \\ 3 \\ 1 \end{pmatrix},$$

$$Y_1 = \begin{pmatrix} 3 \\ 1 \\ 7 \\ 3 \end{pmatrix}, \quad Y_2 = \begin{pmatrix} -3 \\ 2 \\ -5 \\ -1 \end{pmatrix}, \quad Y_3 = \begin{pmatrix} 0 \\ 3 \\ 2 \\ 2 \end{pmatrix}.$$

Ferner seien $U_1 = L(X_1, X_2, X_3)$ und $U_2 = L(Y_1, Y_2, Y_3)$. Man bestimme jeweils die Dimension und eine Basis von U_1, U_2, $U_1 \cap U_2$ sowie $U_1 + U_2$.

Wie in Aufgabe 5 folgt $2 \leq \dim U_1 \leq 3$.
Aus $\alpha_1 X_1 + \alpha_2 X_2 + \alpha_3 X_3 = 0$ erhält man das Gleichungssystem:

$$\begin{array}{rcrcrcl} \alpha_1 & & & + & \alpha_3 & = & 0 \\ \alpha_1 & - & 2\alpha_2 & - & \alpha_3 & = & 0 \\ 2\alpha_1 & + & \alpha_2 & + & 3\alpha_3 & = & 0 \\ \alpha_1 & & & + & \alpha_3 & = & 0 \end{array}$$

Addition des 2-fachen der dritten Gleichung zur zweiten Gleichung ergibt:

$$5\alpha_1 + 5\alpha_3 = 0.$$

Setzt man also z. B. $\alpha_1 = 1, \alpha_3 = -1$ und dann $\alpha_2 = 1$, so hat man den Nullvektor aus X_1, X_2, X_3 nichttrivial linear kombiniert. Es folgt: $\dim U_1 = 2$ Eine Basis von U_1 ist z. B. durch X_1, X_2 gegeben, da diese Vektoren linear unabhängig sind.
Entsprechend sieht man zunächst $2 \leq \dim U_2 \leq 3$ und erhält durch ähnliche Rechnung wie eben $\dim U_2 = 2$.
(Man kann auch durch scharfes Hinsehen $Y_1 + Y_2 - Y_3 = 0$ erkennen.)
Z. B. bilden Y_2, Y_3 eine Basis von U_2.
Als nächstes werden wir Dimension und eine Basis von $U_1 + U_2$ bestimmen. Aus dem Vorhergehenden folgt: $2 \leq \dim(U_1 + U_2)$ Man erkennt leicht, daß Y_2, Y_3, X_2 linear unabhängig sind (betrachte dazu die erste Komponente der Vektoren!). Also muß gelten:

$$3 \leq \dim(U_1 + U_2) \leq 4 = \dim \mathbb{R}^4$$

Es bleibt zu untersuchen, ob Y_2, Y_3, X_1, X_2 linear unabhängig sind.
Sei dazu $\alpha_1 Y_2 + \alpha_2 Y_3 + \alpha_3 X_1 + \alpha_4 X_2 = 0$. Es folgt:

$$\begin{array}{rcrcrcrcl} -3\alpha_1 & & & + & \alpha_3 & & & = & 0 \\ 2\alpha_1 & + & 3\alpha_2 & + & \alpha_3 & - & 2\alpha_4 & = & 0 \\ -5\alpha_1 & + & 2\alpha_2 & + & 2\alpha_3 & + & \alpha_4 & = & 0 \\ -\alpha_1 & + & 2\alpha_2 & + & \alpha_3 & & & = & 0 \end{array}$$

Das 2-fache der dritten Gleichung zur zweiten Gleichung addiert liefert mit der ersten und letzten Gleichung das System:

$$\begin{array}{rcrcrcl} -3\alpha_1 & & & + & \alpha_3 & = & 0 \\ -8\alpha_1 & + & 7\alpha_2 & + & 5\alpha_3 & = & 0 \\ -\alpha_1 & + & 2\alpha_2 & + & \alpha_3 & = & 0 \end{array}$$

Nun wird das (-2)–fache der zweiten Gleichung zum 7-fachen der dritten Gleichung addiert. Zusammen mit der ersten Gleichung erhält man:

$$\begin{array}{rcrcl} -3\alpha_1 & + & \alpha_3 & = & 0 \\ 9\alpha_1 & - & 3\alpha_3 & = & 0 \end{array}$$

Man erkennt, daß dieses System (und damit auch das Ausgangssystem) nichttrivial lösbar ist (z. B. durch $\alpha_1 = 1, \alpha_3 = 3, \alpha_2 = -1, \alpha_4 = 1$). Y_2, Y_3, X_1, X_2 sind damit linear abhängig. Also gilt $\dim(U_1 + U_2) = 3$, und Y_2, Y_3, X_2 ist eine Basis von $U_1 + U_2$.
Nach der Dimensionsformel gilt:

$$\dim(U_1 + U_2) = \dim U_1 + \dim U_2 - \dim(U_1 \cap U_2),$$

und damit ergibt sich hier $\dim(U_1 \cap U_2) = 1$.
Um eine Basis von $U_1 \cap U_2$ zu bestimmen, muß ein Vektor Z gefunden werden, der in U_1 und in U_2 liegt. Das führt mit den Basen von U_1 bzw. U_2 auf den Ansatz

$$\alpha_1 X_1 + \alpha_2 X_2 = \alpha_3 Y_2 + \alpha_4 Y_3$$

und damit auf das Gleichungssystem:

$$\begin{array}{rcrcrcrcl} \alpha_1 & & & + & 3\alpha_3 & & & = & 0 \\ \alpha_1 & - & 2\alpha_2 & - & 2\alpha_3 & - & 3\alpha_4 & = & 0 \\ 2\alpha_1 & + & \alpha_2 & + & 5\alpha_3 & - & 2\alpha_4 & = & 0 \\ \alpha_1 & & & + & \alpha_3 & - & 2\alpha_4 & = & 0 \end{array}$$

Da man weiß , daß dieses System nichttrivial lösbar sein muß , versuche man einfach, durch freie Wahl von α_1 eine Lösung zu erhalten. Setzt man z. B. $\alpha_1 = 3$ so erhält man mit $\alpha_3 = -1, \alpha_4 = 1$ und $\alpha_2 = 1$ eine Lösung des Gleichungssystems. Es gilt also:

$$Z = 3X_1 + X_2 = \begin{pmatrix} 3 \\ 1 \\ 7 \\ 3 \end{pmatrix} \in U_1 \cap U_2$$

und wegen $\dim(U_1 \cap U_2) = 1$ ist $\{Z\}$ eine Basis von $U_1 \cap U_2$.

Diese Aufgabe zeigt, daß bei der Behandlung von linearer Unabhängigkeit der Umgang mit linearen Gleichungssystemen außerordentlich wichtig ist. Im Abschnitt 2.5 werden solche Systeme ausführlich behandelt.

2.3.7

Es seien S und X Teilmengen des $\mathbb{R}^n$. Man zeige:

a) $S \subseteq L(X) \implies L(S) \subseteq L(X)$

b) $L(L(S) \cap L(X)) = L(S) \cap L(X)$

c) $L(S \cup X) = L(L(S) \cup L(X))$

Für die lineare Hülle $L(X)$ sind die folgenden beiden Rechenregeln bekannt. (siehe Vorspann zu diesem Abschnitt!)

$$A \subseteq B \Longrightarrow L(A) \subseteq L(B) \quad \text{und} \quad L(L(X)) = L(X)$$

a) Aus $S \subseteq L(X)$ folgt $L(S) \subseteq L(L(X))$, und wegen $L(L(X)) = L(X)$ ist die Behauptung bewiesen.

b) Ist U ein Unterraum vom $\mathbb{R}^n$, so gilt $L(U) = U$. $L(S)$ und $L(X)$ sind

Unterräume, ferner ist der Durchschnitt von zwei Unterräumen wieder ein Unterraum. Also ist $L(S) \cap L(X)$ ein Unterraum und damit gilt:

$$L(L(S) \cap L(X)) = L(S) \cap L(X)$$

c) Wegen $S \cup X \subseteq L(S) \cup L(X)$ folgt zunächst:

$$L(S \cup X) \subseteq L(L(S) \cup L(X))$$

Andererseits ist $L(S) \subseteq L(S \cup X)$ und $L(X) \subseteq L(S \cup X)$. Damit gilt auch $L(S) \cup L(X) \subseteq L(S \cup X)$. Wieder liefert die Anwendung der ersten Regel:

$$L(L(S) \cup L(X)) \subseteq L(L(S \cup X)) = L(S \cup X)$$

Aus beiden Inklusionen folgt die Gleichheit.

2.3.8

Man beweise oder widerlege die folgende Behauptung:
Im $\mathbb{R}^3$ *seien 3 Vektoren* A_1, A_2, A_3 *gegeben, je 2 von ihnen mögen linear unabhängig sein. Dann ist* $\{A_1, A_2, A_3\}$ *linear unabhängig.*

Die Behauptung ist falsch. Man betrachte die folgenden drei Vektoren:

$$A_1 = \begin{pmatrix} 1 \\ 0 \\ 0 \end{pmatrix}, \quad A_2 = \begin{pmatrix} 0 \\ 1 \\ 0 \end{pmatrix}, \quad A_3 = \begin{pmatrix} 1 \\ 1 \\ 0 \end{pmatrix}$$

Je zwei dieser Vektoren sind linear unabhängig, aber alle drei sind linear abhängig, da A_3 die Summe der ersten beiden Vektoren ist.
(Die 3 Vektoren liegen in einer Ebene, aber je 2 von ihnen spannen diese Ebene auf.)

2.3.9

Seien $A_1, \ldots, A_m \in \mathbb{R}^n$ *und sei* $B_i = \sum_{j=1}^{i} A_j$ *für* $i = 1, \ldots, m$. *Man beweise:*

a) $\{A_1, \ldots, A_m\}$ *ist genau dann linear unabhängig, wenn* $\{B_1, \ldots, B_m\}$ *linear unabhängig ist.*

b) *Sind* $A_1, \ldots, A_m$ *linear abhängig, so sind auch je* m *der Vektoren* $A_1, \ldots, A_m, B_m$ *linear abhängig.*

a) Sei zunächst $\{A_1, \ldots, A_m\}$ linear unabhängig. Behauptung: Dann ist auch $\{B_1, \ldots, B_m\}$ linear unabhängig.
Es sei $\lambda_1 B_1 + \ldots + \lambda_m B_m = 0$. Nun wird die Definition der Vektoren B_i verwendet. Es folgt:

$$\lambda_1 A_1 + \lambda_2 (A_1 + A_2) + \ldots + \lambda_m (A_1 + A_2 + \ldots + A_m) = 0$$

$$\lambda_m A_m + (\lambda_m + \lambda_{m-1})A_{m-1} + \ldots + (\lambda_m + \lambda_{m-1} + \ldots + \lambda_1)A_1 = 0$$

Da $\{A_1, \ldots, A_m\}$ linear unabhängig ist, sind alle Koeffizienten in der links stehenden Linearkombination gleich 0. Daraus folgt aber sukzessive

$$\lambda_m = 0 \ , \ \lambda_{m-1} = 0 \ , \ \ldots \ , \lambda_1 = 0,$$

also ist auch $\{B_1, \ldots, B_m\}$ linear unabhängig.
Es folgt der Beweis der anderen Richtung.
Sei $\lambda_1 A_1 + \ldots + \lambda_m A_m = 0$. Nach Definition der Vektoren B_i gilt $A_1 = B_1$ und $A_i = B_i - B_{i-1}$ für $i = 2, \ldots, m$. Damit erhält man:

$$\lambda_1 B_1 + \lambda_2 (B_2 - B_1) + \ldots + \lambda_m (B_m - B_{m-1}) = 0$$

$$\lambda_m B_m + (\lambda_{m-1} - \lambda_m)B_{m-1} + \ldots + (\lambda_1 - \lambda_2)B_1 = 0$$

Auch hieraus folgt wegen der linearen Unabhängigkeit von $\{B_1, \ldots, B_m\}$ wieder sukzessive:

$$\lambda_m = 0 \ , \ \lambda_{m-1} = 0 \ , \ \ldots \ , \lambda_1 = 0$$

b) Es seien $A_1, \ldots, A_m$ linear abhängig, und o. B. d. A. der Vektor A_1 linear kombinierbar aus den restlichen Vektoren, d. h. $A_1 \in L(A_2, \ldots, A_m)$. Nach Definition von B_m ist dann auch $B_m \in L(A_2, \ldots, A_m)$.
Damit gilt $A_1, \ldots, A_m, B_m \in L(A_2, \ldots, A_m)$, wobei dieser lineare Raum von $m - 1$ Vektoren erzeugt wird. In solch einem Raum sind aber je m Vektoren linear abhängig (siehe Vorspann).

2.3.10
Seien $X_1, \ldots, X_m \in \mathbb{R}^n, m \geq 2$. *Seien ferner* $\alpha, \beta \in \{1, \ldots, m\}$.
Man zeige:
$\{X_1 - X_\alpha, \ldots, X_{\alpha-1} - X_\alpha, X_{\alpha+1} - X_\alpha, \ldots, X_m - X_\alpha\}$ *linear unabhängig* $\Longleftrightarrow$
$\{X_1 - X_\beta, \ldots, X_{\beta-1} - X_\beta, X_{\beta+1} - X_\beta, \ldots, X_m - X_\beta\}$ *linear unabhängig*

Für $m = 2$ sind die beiden Mengen einelementig, und die Vektoren unterscheiden sich höchstens um das Vorzeichen. Daher ist die Behauptung trivial. Sei also $m \geq 3$. Wir zeigen die Richtung von links nach rechts. Da die Behauptung symmetrisch in α und β ist, reicht diese eine Richtung zum Beweis der Äquivalenz aus. Sei

$$\sum_{i \neq \beta} \lambda_i (X_i - X_\beta) = 0.$$

Wir müssen zeigen, daß alle $\lambda_i = 0$ sind. Es folgt:

$$\lambda_\alpha (X_\alpha - X_\beta) + \sum_{i \neq \alpha, \beta} \lambda_i (X_i - X_\beta) = 0$$

$$\lambda_\alpha(X_\beta - X_\alpha) + \sum_{i\neq\alpha,\beta} \lambda_i(X_\beta - X_\alpha) - \sum_{i\neq\alpha,\beta} \lambda_i(X_i - X_\alpha) = 0$$

$$(\lambda_\alpha + \sum_{i\neq\alpha,\beta} \lambda_i)\,(X_\beta - X_\alpha) + \sum_{i\neq\alpha,\beta} (-\lambda_i)\,(X_i - X_\alpha) = 0$$

Die hier vorkommenden Vektoren sind nach Voraussetzung linear unabhängig, also gilt:

$$\lambda_i = 0 \text{ für } i \neq \alpha, \beta \text{ und } \quad (\lambda_\alpha + \sum_{i\neq\alpha,\beta} \lambda_i) = 0$$

Aus $\lambda_i = 0$ für $i \neq \alpha, \beta$ folgt dann aber aus der letzten Gleichung auch $\lambda_\alpha = 0$, und damit ist die Behauptung bewiesen.

2.3.11

$E_1, \ldots, E_m$ seien Vektoren $\neq 0$ im $\mathbb{R}^n$, die paarweise aufeinander senkrecht stehen. Dann sind $E_1, \ldots, E_m$ linear unabhängig. (Insbesondere muß also $m \leq n$ sein.)

Es sei $\lambda_1 E_1 + \ldots + \lambda_m E_m = 0$. Diese Vektorgleichung wird auf beiden Seiten der Reihe nach mit $E_1, \ldots, E_m$ skalar multipliziert. Daraus folgt nacheinander $\lambda_1 = 0, \lambda_2 = 0, \ldots, \lambda_m = 0$, da $E_i \cdot E_j = 0$ für $i \neq j$.

2.3.12

Welche der folgenden Mengen sind Unterräume des $\mathbb{R}^3$?

a) $\{\begin{pmatrix} x_1 \\ x_2 \\ x_3 \end{pmatrix} \mid \sum_{i=1}^{3} x_i^2 = 0\}$ **b)** $\{\begin{pmatrix} x_1 \\ x_2 \\ x_3 \end{pmatrix} \mid 3x_3 - x_2 = 2x_1 + 4x_2\}$

c) $\{\begin{pmatrix} x_1 \\ x_2 \\ x_3 \end{pmatrix} \mid 2x_1 - x_2 + x_3 = 1\}$

a) $U = \{\begin{pmatrix} x_1 \\ x_2 \\ x_3 \end{pmatrix} \mid \sum_{i=1}^{3} x_i^2 = 0\}$ ist ein Unterraum, da $U = \{\begin{pmatrix} 0 \\ 0 \\ 0 \end{pmatrix}\}$. Nur für den Nullvektor ist nämlich die Summe der Komponentenquadrate gleich 0.

b) Es gilt:

$$U = \{\begin{pmatrix} x_1 \\ x_2 \\ x_3 \end{pmatrix} \mid 3x_3 - x_2 = 2x_1 + 4x_2\} = \{\begin{pmatrix} x_1 \\ x_2 \\ x_3 \end{pmatrix} \mid 2x_1 + 5x_2 - 3x_3 = 0\}$$

U ist ein Unterraum, wie man entweder durch Nachweis der Unterraum-Axiome (UR0),(UR1) und (UR2) einsieht, oder daran erkennt, daß U im $\mathbb{R}^3$ eine

Ebene durch den Nullpunkt darstellt.

c) $U = \{\begin{pmatrix} x_1 \\ x_2 \\ x_3 \end{pmatrix} \mid 2x_1 - x_2 + x_3 = 1\}$ ist kein Unterraum.

Aus den Unterraumaxiomen folgt nämlich:

Für jeden Unterraum U gilt $0 \in U$.

Hier gilt $0 \notin U$, also ist U kein Unterraum.

2.3.13

Welche der folgenden Mengen sind Unterräume des $\mathbb{R}^n$?

a) $\{\begin{pmatrix} x_1 \\ \vdots \\ x_n \end{pmatrix} \mid x_1 = 0\}$ **b)** $\{\begin{pmatrix} x_1 \\ \vdots \\ x_n \end{pmatrix} \mid \sum_{i=1}^{n-1} x_i = x_n\}$

c) $\{\begin{pmatrix} x_1 \\ \vdots \\ x_n \end{pmatrix} \mid \sum_{i=1}^{n} x_i = 1\}$

a) und **b)**:

$U_a := \{\begin{pmatrix} x_1 \\ \vdots \\ x_n \end{pmatrix} \mid x_1 = 0\}$ und $U_b := \{\begin{pmatrix} x_1 \\ \vdots \\ x_n \end{pmatrix} \mid \sum_{i=1}^{n-1} x_i = x_n\}$ sind Unterräume des $\mathbb{R}^n$. Wir beweisen das stellvertretend für U_b:

1. $U_b \neq \emptyset$, denn $0 \in U_b$, da 0 die Bedingung $\sum_{i=1}^{n-1} x_i = x_n$ erfüllt.
2. (UR1) ist erfüllt. Seien nämlich $X, Y \in U_b$. Dann gilt $\sum_{i=1}^{n-1} x_i = x_n$ und $\sum_{i=1}^{n-1} y_i = y_n$. Es gilt $X + Y = \begin{pmatrix} x_1 + y_1 \\ \vdots \\ x_n + y_n \end{pmatrix}$ und damit folgt

$$\sum_{i=1}^{n-1}(x_i + y_i) = \sum_{i=1}^{n-1} x_i + \sum_{i=1}^{n-1} y_i = x_n + y_n, \text{ also } X + Y \in U_b.$$

3. (UR2) ist erfüllt. Sei $X \in U_b$ und $\lambda \in \mathbb{R}$. Es folgt $\lambda X = \begin{pmatrix} \lambda x_1 \\ \vdots \\ \lambda x_n \end{pmatrix}$ und man erhält $\sum_{i=1}^{n-1} \lambda x_i = \lambda \sum_{i=1}^{n-1} x_i = \lambda x_n$, d. h. $\lambda X \in U_b$.

c) $U = \{\begin{pmatrix} x_1 \\ \vdots \\ x_n \end{pmatrix} \mid \sum_{i=1}^{n} x_i = 1\}$ ist kein Unterraum, denn $0 \notin U$.

2.3.2 Weitere vektorielle Beweise

Die folgenden Aufgaben sollen unter Benutzung der linearen Unabhängigkeit vektoriell behandelt werden.

2.3.14

Verbindet man eine Ecke eines Parallelogramms geradlinig mit dem Mittelpunkt einer nicht von dieser Ecke ausgehenden Seite, so teilt diese Verbindungsgerade eine der beiden Diagonalen des Parallelogramms. Man zeige, daß die Diagonale im Verhältnis $1:2$ *geteilt wird.*

Mit den Bezeichnungen der nebenstehenden Skizze sei $X := B - A$ und $Y := D - A$. Gesucht ist das Teilungsverhältnis $\|B - S\| : \|S - D\|$. Es wird der Vektor $S - A$ auf zwei verschiedene Arten mit Hilfe der Vektoren X und Y dargestellt.

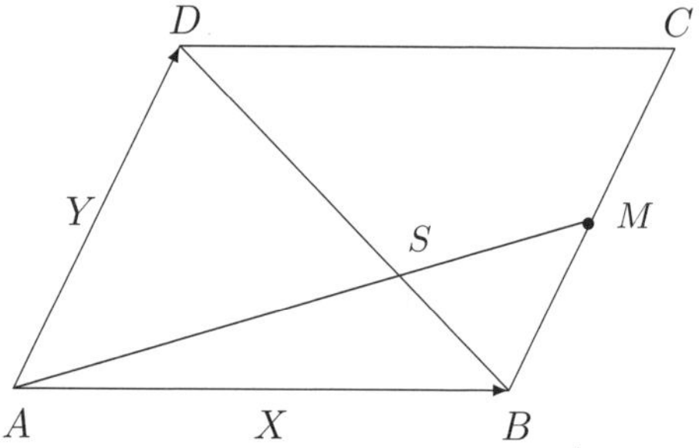

1. $S - A$ ist ein Vielfaches des Vektors $M - A$, also $S - A = \mu\,(X + \frac{1}{2}Y)$ für ein gewisses μ mit $0 < \mu < 1$.

2. S liegt auf der Parallelogrammdiagonalen, also $S - A = X + \lambda\,(Y - X)$ für ein gewisses λ mit $0 < \lambda < 1$.
Es ergibt sich die Gleichung

$$\mu\,(X + \tfrac{1}{2}Y) = X + \lambda\,(Y - X).$$

Hieraus erhält man eine Linearkombination des Nullvektors aus den Vektoren X und Y, nämlich:

$$(\mu + \lambda - 1)\,X + (\tfrac{1}{2}\mu - \lambda)\,Y = 0.$$

Da X und Y linear unabhängig sind, folgt hieraus:

$$\mu + \lambda - 1 = 0 \text{ und } \tfrac{1}{2}\mu - \lambda = 0.$$

Dieses Gleichungssystem hat die Lösung $\lambda = \frac{1}{3}$ und $\mu = \frac{2}{3}$. Wegen $S = A + X + \lambda\,(Y - X) = B + \lambda\,(D - B)$ ergibt sich das gesuchte Teilungsverhältnis als $\lambda : (1 - \lambda)$, also als 1:2.

2.3.15
Die Seitenhalbierenden eines Dreiecks schneiden sich in einem Punkt. Der Schnittpunkt (Schwerpunkt des Dreiecks) teilt die Seitenhalbierenden im Verhältnis 2 : 1.

Mit den Vektoren $X := B - A$ und $Y := C - A$ gilt:

$S_2 - A = X + \frac{1}{2}(Y - X)$

$S_3 - B = \frac{1}{2}Y - X$

$S_1 - C = \frac{1}{2}X - Y$

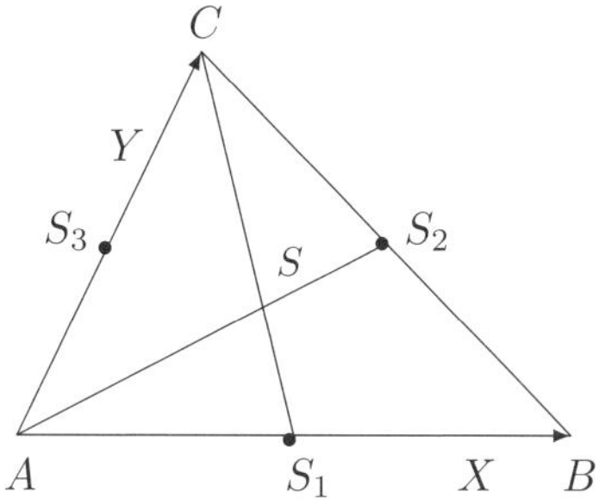

Es wird nun der Schnittpunkt S von $S_1 - C$ und $S_2 - A$ in Abhängigkeit von X und Y dargestellt und dann gezeigt, daß auch die dritte Seitenhalbierende durch S verläuft.

Für $S - A$ gilt:

$$(*) \qquad S - A = \lambda(S_2 - A) = Y + \mu(S_1 - C).$$

Wir setzen die oben angegebenen Darstellungen für $S_2 - A$ und $S_1 - C$ ein, sortieren nach X und Y, und erhalten:

$$(\tfrac{1}{2}\lambda + \mu - 1)\,Y + (\tfrac{1}{2}\lambda - \tfrac{1}{2}\mu)\,X = 0.$$

Setzt man hierin die Vorfaktoren 0, so ergibt sich $\lambda = \mu = \frac{2}{3}$. Zu zeigen bleibt: Es gibt ein ν mit $X + \nu(S_3 - B) = \frac{2}{3}(S_2 - A)$. Setzt man $\nu = \frac{2}{3}$, so gilt diese Gleichheit.

Hierdurch ist gleichzeitig gezeigt worden, daß der Schnittpunkt die Seitenhalbierenden im Verhältnis 2:1 teilt.

Außerdem ergibt sich nun aus (*) mit $\lambda = \frac{2}{3}$ für den Schwerpunkt S:

$$\begin{aligned} S - A &= \tfrac{2}{3}(S_2 - A) = \tfrac{2}{3}(X + \tfrac{1}{2}(Y - X)) \\ &= \tfrac{2}{3}((B - A) + \tfrac{1}{2}(C - B)), \quad \text{also} \quad . \\ S &= \tfrac{1}{3}(A + B + C) \end{aligned}$$

2.3.16
P und Q seien beliebige Punkte auf parallelen Seiten eines Parallelogramms. R und S seien die Schnittpunkte der Verbindungsgeraden mit den Gegenecken. Dann liegt der Diagonalenschnittpunkt M des Parallelogramms auf der Geraden durch R und S.

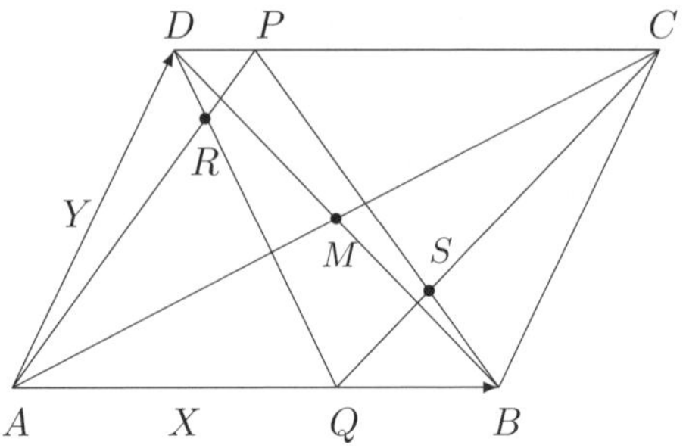

Wir wählen A als Ursprung O und setzen $X := B$ und $Y := D$. Nun werden zunächst die Vektoren R und S mittels X und Y dargestellt, woraus man $S - R$ erhält. Anschließend wird dann gezeigt, daß

$$M - A = \tfrac{1}{2}(X + Y)$$

die Darstellung $R + \lambda(S - R)$ besitzt.

Zahlen α und β seien noch definiert durch $Q = \alpha X$ und $P = Y + \beta X$. Dann erhält man für R einmal die Darstellung $R = \alpha X + r(Y - \alpha X)$ und zum anderen $R = s(Y + \beta X)$, mit gewissen $r, s \in \mathbb{R}$. Das liefert die folgende Darstellung des Nullvektors:

$$(\alpha - \alpha r - \beta s)X + (r - s)Y = 0$$

Da X und Y linear unabhängig sind, müssen die Vorfaktoren 0 sein, und daraus ergibt sich $r = s = \frac{\alpha}{\alpha+\beta}$. Also gilt:

$$R = \frac{\alpha}{\alpha + \beta}Y + \frac{\alpha\beta}{\alpha + \beta}X \tag{2.1}$$

In entsprechender Weise erhält man für S:

$$S = (1 - \frac{(1-\alpha)(1-\beta)}{2 - (\alpha + \beta)})X + \frac{1 - \alpha}{2 - (\alpha + \beta)}Y \tag{2.2}$$

Aus (2.1) und (2.2) folgt durch Differenzenbildung:

$$S - R = \frac{\alpha+\beta-2\alpha\beta}{(\alpha+\beta)(2-(\alpha+\beta))}X + \frac{\beta-\alpha}{(\alpha+\beta)(2-(\alpha+\beta))}Y\,.$$

Mit

$$\begin{aligned} M - R &= \frac{1}{2}X + \frac{1}{2}Y - \frac{\alpha\beta}{\alpha + \beta}X - \frac{\alpha}{\alpha + \beta}Y \\ &= \frac{\alpha + \beta - 2\alpha\beta}{2(\alpha + \beta)}X + \frac{\beta - \alpha}{2(\alpha + \beta)}Y \end{aligned}$$

erkennt man nun

$$M - R = \frac{2 - (\alpha + \beta)}{2}(S - R),$$

also besitzt M die oben angegebene Darstellung, und damit liegt der Diagonalenschnittpunkt des Parallelogramms auf der Geraden durch R und S.

2.3.17

Man zeige:

a) *Die Winkelhalbierenden eines Dreiecks schneiden sich in einem Punkt.*

b) *Dieser Schnittpunkt ist der Mittelpunkt des Inkreises.*

a) Als Vorbemerkung sei erwähnt, daß zu zwei Vektoren X und Y der Vektor $\frac{1}{\|X\|}X + \frac{1}{\|Y\|}Y$ ein Vektor in Richtung der Winkelhalbierenden des Winkels zwischen X und Y ist.

Mit den Vektoren $X := B - A$ und $Y := C - A$ werden wir den Schnittpunkt von zwei Winkelhalbierenden mittels X und Y darstellen, und dann zeigen, daß auch die dritte Winkelhalbierende durch diesen Schnittpunkt geht. S sei der Schnittpunkt der Winkelhalbierenden der Vektoren X, Y und $-X, Y - X$.

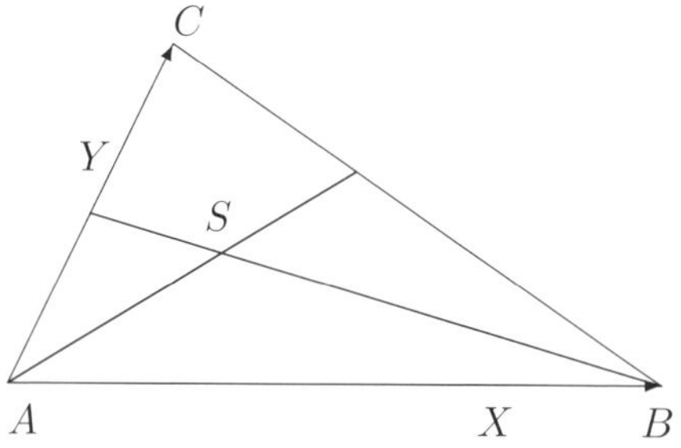

Dann gibt es also α, β mit:

$$S - A = \alpha\,(\frac{1}{\|X\|}\,X + \frac{1}{\|Y\|}\,Y) = X + \beta\,(-\frac{1}{\|X\|}\,X + \frac{Y - X}{\|Y - X\|})$$

Zur Abkürzung benutzen wir die Bezeichnungen $c := \|X\|$, $b := \|Y\|$ und $a := \|Y - X\|$. Es ergibt sich die folgende Darstellung des Nullvektors:

$$(1 - \frac{\alpha}{c} - \frac{\beta}{c} - \frac{\beta}{a})\,X + (\frac{\beta}{a} - \frac{\alpha}{b})\,Y = 0$$

Setzt man die Vorfaktoren gleich 0, so erhält man als Lösung dieses Gleichungssystems $\alpha = \frac{bc}{a+b+c}$ und $\beta = \frac{ac}{a+b+c}$. Damit gilt:

$$S - A = \frac{b}{a + b + c}\,X + \frac{c}{a + b + c}\,Y$$

Setzt man nun $\gamma = \frac{ab}{a+b+c}$, so rechnet man leicht nach:

$$S - A = Y + \gamma\,(-\frac{Y}{\|Y\|} + \frac{X - Y}{\|X - Y\|})$$

Also verläuft auch die dritte Winkelhalbierende durch S.

b) Um zu zeigen, daß der Schnittpunkt der Winkelhalbierenden der Mittelpunkt des Inkreises ist, wird folgendes gezeigt:

Sei T ein Punkt auf der Winkelhalbierenden von $\sphericalangle(X,Y)$ und F_1 die Projektion von T auf X sowie F_2 die Projektion von T auf Y, so gilt: $\|T-F_1\| = \|T-F_2\|$ Sei o. B. d. A. $\|X\| = \|Y\| = 1$, dann ist $X+Y$ ein Vektor in Richtung der Winkelhalbierenden und der Punkt T darauf hat die Form $T = \lambda(X+Y)$. Nach der Formel für die Projektion erhält man die Fußpunkte F_1 und F_2 durch $F_1 = (\lambda(X+Y)\cdot X)X$ und $F_2 = (\lambda(X+Y)\cdot Y)Y$. Nun berechnet man:

$$\begin{aligned}\|F_1 - T\|^2 &= \|\lambda X + (\lambda X\cdot Y)X - \lambda X - \lambda Y\|^2 = \|(\lambda X\cdot Y)X - \lambda Y\|^2 \\ &= \lambda^2(X\cdot Y)^2 - 2\lambda^2(X\cdot Y)^2 + \lambda^2\end{aligned}$$

Hierbei beachte man $X\cdot X = Y\cdot Y = 1$, da $\|X\| = \|Y\| = 1$!
Entsprechend folgt:

$$\begin{aligned}\|F_2 - T\|^2 &= \|(\lambda Y + \lambda X\cdot Y)Y - \lambda X - \lambda Y\|^2 = \|(\lambda X\cdot Y)Y - \lambda X\|^2 \\ &= \lambda^2(X\cdot Y)^2 - 2\lambda^2(X\cdot Y)^2 + \lambda^2\end{aligned}$$

Als Folgerung erhält man: Der Schnittpunkt S der Winkelhalbierenden hat von allen drei Seiten den gleichen Abstand, ist also der Mittelpunkt des Inkreises.

2.3.18

Gegeben sei ein Tetraeder. Jede Verbindungsgerade einer Ecke des Tetraeders mit dem Schwerpunkt der gegenüberliegenden Seitenfläche heißt Schwerelinie des Tetraeders.

a) *Man zeige, daß sich die vier Schwerelinien in einem Punkt schneiden und gebe diesen (in Abhängigkeit der Seitenvektoren) an.*

b) *Unter welchem Winkel schneiden sich zwei Schwerelinien eines regelmäßigen Tetraeders?*

a) Aus Aufgabe 15 ist für den Schwerpunkt S eines Dreiecks mit den Eckpunkten A, B, C die Darstellung $S = \frac{1}{3}(A+B+C)$ bekannt.
Betrachtet man im Tetraeder die Schwerelinien durch A und durch B, so gilt für Punkte P auf der Schwerelinie durch A
$P = A + \lambda(\frac{1}{3}(B+C+D) - A)$
und für Punkte P' auf der Schwerelinie durch B:
$P' = B + \mu(\frac{1}{3}(A+C+D) - B)$
Setzt man $\lambda = \mu = \frac{3}{4}$, so folgt $P = P'$. Damit hat man für den Schnittpunkt S dieser beiden Schwerelinien erhalten:

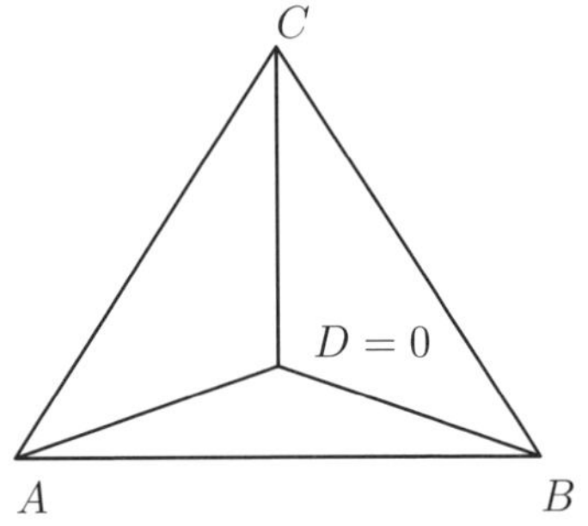

$$S = A + \frac{3}{4}\,(\frac{1}{3}\,(B + C + D - A) = \frac{1}{4}\,(A + B + C + D)$$

Aus Symmetriegründen folgt, daß auch die anderen beiden Schwerelinien durch S gehen.

b) Wir setzen o. B. d. A. $D = 0$. Dann sind die Seiten durch A, B und C gegeben und da hier ein regelmäßiger Tetraeder vorausgesetzt wird, gilt:

$\|A\| = \|B\| = \|C\| =: a$ und $\sphericalangle(A, B) = \sphericalangle(A, C) = \sphericalangle(B, C)$.

Daraus folgt $A \cdot B = A \cdot C = B \cdot C =: b$. Der gesuchte Winkel wird berechnet als $\sphericalangle(S, A - S)$.

Es gilt $A - S = \frac{3}{4}A - \frac{1}{4}B - \frac{1}{4}C$ und $\cos\sphericalangle(S, A - S) = \frac{S \cdot (A-S)}{\|S\|\,\|A-S\|}$.

Man erhält zunächst:

$$\|S\|^2 = \frac{1}{16}\,(A + B + C) \cdot (A + B + C) = \frac{1}{16}\,(3a^2 + 6b)$$

Benutzt man $\sphericalangle(A, B) = 60°$, so erhält man aus $\cos\sphericalangle(A, B) = \frac{A \cdot B}{\|A\|\,\|B\|}$ die Gleichung $\frac{1}{2} = \frac{b}{a^2}$, also $2b = a^2$. Es ist daher $\|S\|^2 = \frac{3}{8}\,a^2$. Aus Symmetriegründen folgt $\|S\| = \|A - S\|$. Nun wird noch das Skalarprodukt $S \cdot (A - S)$ berechnet.

$$S \cdot (A - S) = \frac{1}{16}\,(A + B + C) \cdot (3A - B - C) = \frac{1}{8}\,a^2$$

Es folgt:

$$\cos\sphericalangle(S, A - S) = \frac{S \cdot (A-S)}{\|S\|\,\|A-S\|} = \frac{1}{3} \quad \Longrightarrow \quad \sphericalangle(S, A - S) \approx 70,53°$$

2.3.3 Aufgaben zur elementaren Vektorrechnung

In diesem Abschnitt werden Geraden und Ebenen im $\mathbb{R}^3$ behandelt. Dies sind affine Unterräume der Dimension 1 bzw. 2 des $\mathbb{R}^3$, die in Abschnitt 2.3 in der Form

$$X_0 + U, \quad U \text{ Unterraum des } \mathbb{R}^3$$

geschrieben wurden. Wir verwenden in diesem Abschnitt für Darstellungen von Geraden und Ebenen die übliche Schreibweise:

	Gerade
Parameterdarstellung	$g: \quad X = A + \lambda B, \quad \lambda \in \mathbb{R}$

	Ebene
Parameterdarstellung	$E: \quad X = A + \lambda B + \mu C, \quad \lambda, \mu \in \mathbb{R}$
Normalendarstellung	$E: \quad \begin{pmatrix} x \\ y \\ z \end{pmatrix} \cdot N = d$
Koordinatendarstellung	$E: \quad ax + by + cz = d$

Man beachte folgenden wichtigen Zusammenhang: Bildet man mit den in der Koordinatendarstellung vorkommenden Zahlen a, b, c den Vektor $\begin{pmatrix} a \\ b \\ c \end{pmatrix}$, so steht dieser senkrecht auf E – ist also ein Normalenvektor –, wie man an der Normalendarstellung erkennt.

Weitere Aufgaben zur elementaren Vektorrechnung folgen im Abschnitt 2.7 über das Kreuzprodukt.
Zur besseren Übersicht wird eine Tabelle angegeben, aus der auf einen Blick ersichtlich ist, wo Standardaufgaben zu finden sind.

Übersicht über die Aufgaben

Thema			behandelt in den Aufgaben
Geradengleichung			2.3.19, 2.7.9
Ebenengleichung mit Umrechnungen			2.3.19, 2.3.20, 2.3.21, 2.7.7
Schnitt			
Gerade	–	Gerade	2.3.29, 2.7.9
Gerade	–	Ebene	2.3.22, 2.3.29
Ebene	–	Ebene	2.3.31
Abstände			
Punkt	–	Gerade	2.7.8
Punkt	–	Ebene	2.3.25, 2.3.26, 2.3.27, 2.7.11, 2.7.12
Gerade	–	Gerade	2.7.11, 2.7.12
Gerade	–	Ebene	2.3.32
Ebene	–	Ebene	2.3.27
Lot			
Punkt	auf	Gerade	2.3.24, 2.7.8
Punkt	auf	Ebene	2.3.26, 2.3.28
Gerade	auf	Gerade	2.7.10
Spiegelung			
Punkt	an	Gerade	2.3.24
Punkt	an	Ebene	2.3.28
Gerade	an	Ebene	2.7.15
Schnittwinkel			
Gerade	–	Gerade	2.3.29
Gerade	–	Ebene	2.7.15
Ebene	–	Ebene	2.3.30

Bei den folgenden Aufgaben wird auch jeweils angegeben, welches spezielle Problem der Vektorrechnung behandelt wird.

2.3.19

Aufstellen von Parameterdarstellungen

Gegeben seien die Punkte

$$A = \begin{pmatrix}3\\5\\2\end{pmatrix}, \quad B = \begin{pmatrix}4\\0\\1\end{pmatrix}, \quad C = \begin{pmatrix}2\\2\\1\end{pmatrix}.$$

a) *Man gebe Parameterdarstellungen für die Gerade durch A und B sowie für die Ebene E durch A, B und C an.*

b) *Man untersuche, ob die Punkte $P = \begin{pmatrix}0\\0\\0\end{pmatrix}$ und $Q = \begin{pmatrix}-1\\2\\1\end{pmatrix}$ in der Ebene E liegen.*

a) Um eine Parameterdarstellung der Geraden g durch A und B aufzustellen, benötigt man einen Punkt der Geraden, sowie einen Vektor in Richtung der Geraden (**Richtungsvektor** der Geraden). Ein Punkt ist durch A (bzw. durch B) gegeben. Einen Richtungsvektor erhält man durch $A - B$. Damit kann man eine Parameterdarstellung in folgender Weise angeben:

$$g: \quad X = \begin{pmatrix}3\\5\\2\end{pmatrix} + \lambda \begin{pmatrix}-1\\5\\1\end{pmatrix}, \quad \lambda \in \mathbb{R}$$

Für die Ebene E, die A, B und C enthält, geht man in entsprechender Weise vor. Vektoren, die E aufspannen, sind z. B. durch $A - B$ und $A - C$ gegeben. Also lautet eine Parameterdarstellung:

$$E: \quad X = \begin{pmatrix}3\\5\\2\end{pmatrix} + \lambda \begin{pmatrix}-1\\5\\1\end{pmatrix} + \mu \begin{pmatrix}1\\3\\1\end{pmatrix}, \quad \lambda, \mu \in \mathbb{R}$$

b) Ein Punkt P liegt genau dann in E, wenn es reelle Zahlen λ, μ gibt, mit

$$P = \begin{pmatrix}3\\5\\2\end{pmatrix} + \lambda \begin{pmatrix}-1\\5\\1\end{pmatrix} + \mu \begin{pmatrix}1\\3\\1\end{pmatrix}.$$

Für den gegebenen Punkt P erhält man daraus das lineare Gleichungssystem:

$$\begin{array}{rcrcr} -\lambda & + & \mu & = & -3 \\ 5\lambda & + & 3\mu & = & -5 \\ \lambda & + & \mu & = & -2 \end{array}$$

Dieses Gleichungssystem besitzt die Lösung $\lambda = -\frac{5}{2}$ und $\mu = \frac{1}{2}$. Also liegt P in E.

Für Q erhält man das Gleichungssystem:

$$\begin{array}{rcrcr} -\lambda & + & \mu & = & -4 \\ 5\lambda & + & 3\mu & = & -3 \\ \lambda & + & \mu & = & -1 \end{array}$$

Dieses Gleichungssystem besitzt keine Lösung, also liegt Q nicht in E.

2.3.20

Aufstellen von Koordinatendarstellungen

Man bestimme eine Koordinatendarstellung der Ebene E, die

a) *durch* $X_0 = \begin{pmatrix}1\\2\\3\end{pmatrix}$ *verläuft und auf* $N = \begin{pmatrix}-2\\3\\1\end{pmatrix}$ *senkrecht steht.*

(**Punkt–Richtungsform**)

b) *von den Koordinatenachsen in* $\begin{pmatrix}a\\0\\0\end{pmatrix}, \begin{pmatrix}0\\b\\0\end{pmatrix}, \begin{pmatrix}0\\0\\c\end{pmatrix}$ *durchstoßen wird.*

$(a, b, c \neq 0)$

(**Achsenabschnittsform**)

a) In der Normalendarstellung $X \cdot N = d$ ergibt sich d durch Einsetzen eines Punktes der Ebene in die linke Seite der Gleichung. Es ist also $d = X_0 \cdot N$.

Damit folgt hier $X_0 \cdot N = \begin{pmatrix}1\\2\\3\end{pmatrix} \cdot \begin{pmatrix}-2\\3\\1\end{pmatrix} = 7$, also

$$E: \quad -2x + 3y + z = 7.$$

b) Eine Parameterdarstellung von E ist z. B.

$$E: \quad X = \begin{pmatrix}a\\0\\0\end{pmatrix} + \lambda \begin{pmatrix}-a\\b\\0\end{pmatrix} + \mu \begin{pmatrix}-a\\0\\c\end{pmatrix}, \quad \lambda, \mu \in \mathbb{R}.$$

Man erkennt, daß der Vektor $N = \begin{pmatrix}bc\\ac\\ab\end{pmatrix}$ auf beiden Richtungsvektoren senkrecht steht. (Dieser Vektor ist wegen $a, b, c \neq 0$ nicht der Nullvektor!)

Da $\begin{pmatrix}a\\0\\0\end{pmatrix}$ ein Punkt von E ist, folgt $\begin{pmatrix}a\\0\\0\end{pmatrix} \cdot N = abc$. Also gilt:

$$E \;:\; bc\,x + ac\,y + ab\,z = abc \qquad \text{oder}$$

$$E \;:\; \frac{x}{a} + \frac{y}{b} + \frac{z}{c} = 1 \qquad \textbf{Achsenabschnittsform}$$

2.3.21

Umrechnung von Ebenendarstellungen

a) *Man gebe für* $E: \; x + 2y - 3z = 5$ *eine Parameterdarstellung an.*

b) *Für die Ebene aus Aufgabe* 19 *bestimme man eine Koordinatendarstellung.*

a) Eine Möglichkeit zur Aufstellung einer Parameterdarstellung von E besteht darin, aus der gegebenen Gleichung drei nicht auf einer Geraden liegende Punkte zu bestimmen, z. B. $A = \begin{pmatrix} 5 \\ 0 \\ 0 \end{pmatrix}$, $B = \begin{pmatrix} 1 \\ 2 \\ 0 \end{pmatrix}$ und $C = \begin{pmatrix} 0 \\ 1 \\ -1 \end{pmatrix}$, und dann wie bei Aufgabe 19 zu verfahren.

Einfacher ist es aber, die gegebene Koordinatendarstellung als lineares Gleichungssystem aufzufassen und dessen Lösung aufzuschreiben (siehe dazu auch Abschnitt 2.5.). Wählt man hier $y = \lambda$ und $z = \mu$, so folgt $x = 5 - 2\lambda + 3\mu$, also

$$\begin{aligned} X &= \begin{pmatrix} x \\ y \\ z \end{pmatrix} = \begin{pmatrix} 5 - 2\lambda + 3\mu \\ \lambda \\ \mu \end{pmatrix} = \\ &= \begin{pmatrix} 5 \\ 0 \\ 0 \end{pmatrix} + \lambda \begin{pmatrix} -2 \\ 1 \\ 0 \end{pmatrix} + \mu \begin{pmatrix} 3 \\ 0 \\ 1 \end{pmatrix}, \quad \lambda, \mu \in \mathbb{R} \end{aligned}$$

b) 1. Lösungsweg:

Es muß ein Vektor gesucht werden, der auf der Ebene

$$E: \; X = \begin{pmatrix} 3 \\ 5 \\ 2 \end{pmatrix} + \lambda \begin{pmatrix} -1 \\ 5 \\ 1 \end{pmatrix} + \mu \begin{pmatrix} 1 \\ 3 \\ 1 \end{pmatrix}, \quad \lambda, \mu \in \mathbb{R}$$

senkrecht steht, also auf den beiden Vektoren $\begin{pmatrix} -1 \\ 5 \\ 1 \end{pmatrix}$ und $\begin{pmatrix} 1 \\ 3 \\ 1 \end{pmatrix}$.

Nennt man solch einen Vektor $N = \begin{pmatrix} a \\ b \\ c \end{pmatrix}$, so muß also gelten:

$$\begin{aligned} -a + 5b + c &= 0 \\ a + 3b + c &= 0 \end{aligned}$$

Dieses Gleichungssystem wird z. B. durch $a = -1$, $b = -1$, $c = 4$ gelöst. Also steht der Vektor $\begin{pmatrix} -1 \\ -1 \\ 4 \end{pmatrix}$ senkrecht auf E. Durch Skalarmultiplikation von

$$E: \quad \begin{pmatrix} x \\ y \\ z \end{pmatrix} = \begin{pmatrix} 3 \\ 5 \\ 2 \end{pmatrix} + \lambda \begin{pmatrix} -1 \\ 5 \\ 1 \end{pmatrix} + \mu \begin{pmatrix} 1 \\ 3 \\ 1 \end{pmatrix}$$

mit $N = \begin{pmatrix} -1 \\ -1 \\ 4 \end{pmatrix}$ ergibt sich die folgende Normalendarstellung von E:

$$E: \quad \begin{pmatrix} x \\ y \\ z \end{pmatrix} \cdot N = \begin{pmatrix} 3 \\ 5 \\ 2 \end{pmatrix} \cdot N$$

Durch Ausrechnung der Skalarprodukte erhält man unter Benutzung von

$$\begin{pmatrix} 3 \\ 5 \\ 2 \end{pmatrix} \cdot N = \begin{pmatrix} 3 \\ 5 \\ 2 \end{pmatrix} \cdot \begin{pmatrix} -1 \\ -1 \\ 4 \end{pmatrix} = 0$$

die Koordinatendarstellung

$$E: \quad -x - y + 4z = 0.$$

Die Ebene geht also durch den Nullpunkt; dies wurde in Aufgabe 19 auch schon gezeigt.
Einen Vektor, der auf E senkrecht steht, also einen *Normalenvektor* von E, erhält man auch unter Benutzung des *Kreuzprodukts* (siehe dazu Abschnitt 2.7.).
2. Lösungsweg:
Die gegebene Parameterdarstellung wird als Gleichungssystem geschrieben:

$$\begin{array}{rcrcrcr} x &=& 3 &-& \lambda &+& \mu \\ y &=& 5 &+& 5\lambda &+& 3\mu \\ z &=& 2 &+& \lambda &+& \mu \end{array}$$

Nun werden λ und μ aus diesem System eliminiert. Löst man z. B. die erste Gleichung nach μ auf und setzt $\mu = x - 3 + \lambda$ in die letzten beiden Gleichungen ein, so folgt:

$$\begin{array}{rcrcrcl} y &=& 5 &+& 5\lambda &+& 3\,(x - 3 + \lambda) \\ z &=& 2 &+& \lambda &+& x - 3 + \lambda \end{array}$$

Die zweite dieser Gleichungen ergibt $2\lambda = z - x + 1$, und Einsetzen in die erste Gleichung ergibt:

$$y = -4 + 3x + 4\,(z - x + 1) \qquad \text{oder} \qquad -x - y + 4z = 0$$

2.3.22

Durchstoßpunkt: Gerade - Ebene

Gegeben sind die Gerade $g: \quad X = \begin{pmatrix} -1 \\ -3 \\ 0 \end{pmatrix} + \lambda \begin{pmatrix} 1 \\ 3 \\ 1 \end{pmatrix}, \quad \lambda \in \mathbb{R}$ *und*

die Ebene $E: \quad X = \begin{pmatrix} -1 \\ 2 \\ 4 \end{pmatrix} + \alpha \begin{pmatrix} -1 \\ 1 \\ 1 \end{pmatrix} + \beta \begin{pmatrix} -3 \\ 2 \\ 4 \end{pmatrix}, \quad \alpha, \beta \in \mathbb{R}.$

Wo durchstößt g die Ebene E?

Der Durchstoßpunkt D liegt sowohl in der Ebene E als auch auf der Geraden g. Daher muß sich D mittels E und mittels g darstellen lassen. Also existieren Zahlen λ, α, β mit:

$$\begin{pmatrix} -1 \\ -3 \\ 0 \end{pmatrix} + \lambda \begin{pmatrix} 1 \\ 3 \\ 1 \end{pmatrix} = \begin{pmatrix} -1 \\ 2 \\ 4 \end{pmatrix} + \alpha \begin{pmatrix} -1 \\ 1 \\ 1 \end{pmatrix} + \beta \begin{pmatrix} -3 \\ 2 \\ 4 \end{pmatrix}$$

Daraus ergibt sich das folgende Gleichungssystem:

$$\begin{array}{rcrcrcr} -\alpha & - & 3\beta & - & \lambda & = & 0 \\ \alpha & + & 2\beta & - & 3\lambda & = & -5 \\ \alpha & + & 4\beta & - & \lambda & = & -4 \end{array}$$

Addition der ersten beiden Gleichungen sowie der ersten und dritten Gleichung führt auf:

$$\begin{array}{rcrcr} -\beta & - & 4\lambda & = & -5 \\ \beta & - & 2\lambda & = & -4 \end{array}$$

Daraus erhält man leicht $\lambda = \frac{3}{2}$, womit sich der Durchstoßpunkt D schon berechnen läßt. Es folgt:

$$D = \begin{pmatrix} -1 \\ -3 \\ 0 \end{pmatrix} + \frac{3}{2} \begin{pmatrix} 1 \\ 3 \\ 1 \end{pmatrix} = \frac{1}{2} \begin{pmatrix} 1 \\ 3 \\ 3 \end{pmatrix}$$

2.3.23

Durch eine Ebene erzeugte Halbräume

Es sei $E: \quad x - 2y + z = 3.$

Man untersuche, ob $A = \begin{pmatrix} 1 \\ 1 \\ 1 \end{pmatrix}$ *und* $B = \begin{pmatrix} 4 \\ 2 \\ -1 \end{pmatrix}$ *bezogen auf E in demselben Halbraum liegen.*

Es wird die Gerade g durch A und B betrachtet, und zwar deren Parameterdarstellung

$$g: \quad X = A + \lambda\,(B - A), \quad \lambda \in \mathbb{R}.$$

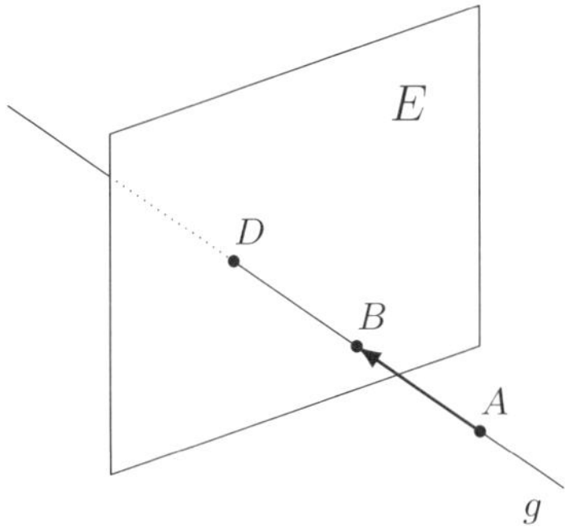

Ausgehend von dieser Darstellung gilt:
A und B liegen genau dann bezogen auf E in verschiedenen Halbräumen, wenn zum Durchstoßpunkt D von g durch E ein Parameter λ mit $0 < \lambda < 1$ gehört.

Daher wird der Durchstoßpunkt D von g durch E berechnet. Man erhält:

$$g: \quad X = \begin{pmatrix} 1 \\ 1 \\ 1 \end{pmatrix} + \lambda \begin{pmatrix} 3 \\ 1 \\ -2 \end{pmatrix}, \quad \lambda \in \mathbb{R}$$

Für den Durchstoßpunkt von g durch E muß gelten:

$$1 + 3\lambda - 2\,(1 + \lambda) + (1 - 2\lambda) = 3; \qquad \text{also} \qquad \lambda = -3$$

Hier liegt genau die Situation der Skizze vor, d. h. A und B liegen bezogen auf E in demselben Halbraum.

2.3.24

Lot auf eine Gerade, Spiegelung: Punkt an Gerade

Es sei $g: \quad X = \begin{pmatrix} -3 \\ -3 \\ 1 \end{pmatrix} + \lambda \begin{pmatrix} 1 \\ 7 \\ 3 \end{pmatrix}, \quad \lambda \in \mathbb{R},$ *sowie* $A = \begin{pmatrix} 2 \\ 3 \\ 5 \end{pmatrix}.$

a) *Man bestimme diejenige Gerade g' durch A, die g senkrecht schneidet. (Lotgerade)*

b) *Man bestimme den Lotfußpunkt des Lotes von A auf g, sowie den Spiegelpunkt A' von A an g.*

a) Die gesuchte Gerade liegt in der zu g senkrechten Ebene E durch den Punkt A. Der Richtungsvektor von g ist ein Normalenvektor dieser Ebene E, also folgt:

$$E: \quad x + 7y + 3z = 38$$

(Die rechte Seite ergibt sich durch Einsetzen des Punktes A in den Term $x + 7y + 3z$.)
Diese Ebene wird nun mit der Geraden g zum Schnitt gebracht. Der Schnittpunkt ist ein zweiter Punkt der gesuchten Geraden, und damit kann man sie bestimmen. Der Schnittpunkt von g und E muß Geraden- und Ebenengleichung

erfüllen. Also erfüllt das λ aus der Geradengleichung die lineare Gleichung

$$(-3+\lambda)+7\,(-3+7\lambda)+3\,(1+3\lambda)=38$$

Es folgt $59\lambda = 59$, also $\lambda = 1$. Damit durchstößt g im Punkt

$$D = \begin{pmatrix} -3 \\ -3 \\ 1 \end{pmatrix} + \begin{pmatrix} 1 \\ 7 \\ 3 \end{pmatrix} = \begin{pmatrix} -2 \\ 4 \\ 4 \end{pmatrix}$$

die Ebene E. Die gesuchte Gerade g' geht durch die Punkte A und D. Also lautet sie:

$$g': \quad X = \begin{pmatrix} 2 \\ 3 \\ 5 \end{pmatrix} + \mu \begin{pmatrix} -4 \\ 1 \\ -1 \end{pmatrix}$$

b) Der Lotfußpunkt des Lotes von A auf g ist der unter a) berechnete Durchstoßpunkt D. Der Spiegelpunkt A' von A an g ergibt sich zu:

$$A' = A + 2\,(D-A) = \begin{pmatrix} 2 \\ 3 \\ 5 \end{pmatrix} + 2 \begin{pmatrix} -4 \\ 1 \\ -1 \end{pmatrix} = \begin{pmatrix} -6 \\ 5 \\ 3 \end{pmatrix}$$

2.3.25

Abstand Ursprung – Ebene, HESSEsche Normalenform

Es sei $E: \quad ax+by+cz=d$ *mit* $d>0$. *Man zeige:*

Der Normalenvektor $N = \begin{pmatrix} a \\ b \\ c \end{pmatrix}$ *ist vom Ursprung zur Ebene hin gerichtet und der Abstand* l *des Ursprungs von der Ebene* E *ist*

$$l = \frac{d}{\sqrt{a^2+b^2+c^2}}.$$

Der Abstand l des Ursprungs von der Ebene E ist die Länge der senkrechten Projektion eines Vektors X zu einem Ebenenpunkt entlang N. Nach Abschnitt 2.2 gilt $l = \|\frac{X\cdot N}{N\cdot N}N\|$. Wegen $X\cdot N = d > 0$ ist die Komponente von X in Richtung N positiv und daher der Normalenvektor N vom Ursprung zur Ebene gerichtet.

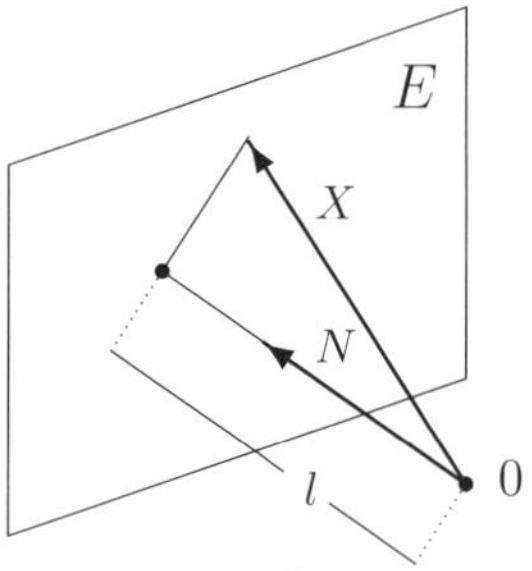

Aus der angegebenen Formel folgt ferner:

$$l = \frac{d}{\sqrt{a^2+b^2+c^2}}.$$

Eine Ebenendarstellung $E: \quad ax+by+cz=d$ mit $d>0$ und für die außerdem $\sqrt{a^2+b^2+c^2}=1$ gilt, bei der also der Normalenvektor ein *Einheitsvektor* ist, heißt **HESSEsche Normalenform** von E.

2.3.26

Abstand Punkt - Ebene

Es sei $E: \quad ax+by+cz=d$ *eine Ebene,* $N=\begin{pmatrix} a \\ b \\ c \end{pmatrix}$ *Normalenvektor von* E *und* $P=\begin{pmatrix} p_1 \\ p_2 \\ p_3 \end{pmatrix}$ *ein Punkt. Die Gerade* $g: \ X=P+\lambda N, \quad \lambda \in \mathbb{R}$ *geht dann durch* P *und ist senkrecht zu* E*. (Sie heißt* **Lotgerade**.*)*

Man zeige:

a) *Für den Lotfußpunkt* $F \in E$ *des Lotes von* P *auf* E *gilt:*

$$F=P+\frac{d-N\cdot P}{N^2}N$$

b) *Der Abstand von* P *zu* E *ist*

$$\|P-F\|=\frac{|d-N\cdot P|}{\|N\|}.$$

a) Es gilt:

$$P+\lambda N \in E \iff (P+\lambda N)\cdot N=d \iff \lambda N^2=d-P\cdot N$$

Diese Gleichung ist genau für den Parameterwert

$$\lambda=\frac{d-P\cdot N}{N^2}$$

erfüllt. Damit ergibt sich außer der Eindeutigkeit auch der angegebene Lotfußpunkt.

b) Für einen beliebigen Punkt $X \in E$ gilt:

$$\begin{aligned} \|P-X\|^2 &= \|P-F\|^2+\|F-X\|^2 \qquad \text{PYTHAGORAS} \\ &\geq \|P-F\|^2=\left(\frac{|d-N\cdot P|}{N^2}\right)^2\|N\|^2=\left(\frac{|d-N\cdot P|}{\|N\|}\right)^2 \end{aligned}$$

Der Abstand $\|P-X\|$, $X \in E$, wird also für $X=F$ minimal und hat den angegebenen Wert.

2.3.27

Abstand paralleler Ebenen

Gegeben seien die parallelen Ebenen
$E_1: \quad x+y+z=1$ *und* $E_2: \quad 2x+2y+2z=-4.$
Man berechne ihren Abstand l

a) *mittels der* HESSEschen *Normalenform.*

b) *durch Anwendung der Formel für den Abstand Punkt – Ebene.*

E_1 und E_2 sind parallel, da die Normalenvektoren linear abhängig sind.
a) Die Ebenen besitzen die HESSEschen Normalenformen

$$\begin{aligned} E_1 &: \quad \frac{x}{\sqrt{3}}+\frac{y}{\sqrt{3}}+\frac{z}{\sqrt{3}}=\frac{1}{\sqrt{3}} \\ E_2 &: \quad -\frac{x}{\sqrt{3}}-\frac{y}{\sqrt{3}}-\frac{z}{\sqrt{3}}=\frac{2}{\sqrt{3}} \end{aligned}$$

Die Normalenvektoren in dieser Darstellung sind jeweils vom Ursprung zur Ebene gerichtet. Da sie unterschiedliches Vorzeichen besitzen, liegt der Ursprung zwischen den Ebenen, und ihr Abstand ergibt sich als Summe der Einzelabstände zum Ursprung.
Der Abstand ist damit $\frac{1}{\sqrt{3}}+\frac{2}{\sqrt{3}}=\sqrt{3}$.

b) Es wird der Abstand eines beliebigen Punktes von E_2, z. B. des Punktes $P=\begin{pmatrix}-1\\-1\\0\end{pmatrix} \in E_2$, zur Ebene E_1 berechnet. E_1 besitzt den Normalenvektor $N=\begin{pmatrix}1\\1\\1\end{pmatrix}$, und es ist $E_1: \; X \cdot N = 1$.
Damit liefert die Formel aus Aufgabe 26 für den Abstand l der Ebenen:

$$l=\frac{|1-(-2)|}{\sqrt{3}}=\sqrt{3}$$

2.3.28

Lot auf eine Ebene, Spiegelung: Punkt an Ebene

a) *Welcher Punkt der Ebene* $E: \quad -2x+2y+z=6$ *hat vom Punkt* $P=\begin{pmatrix}2\\2\\2\end{pmatrix}$ *minimalen Abstand?*

b) *Man bestimme den Spiegelpunkt von* P *an* E.

a) Zur Bestimmung des Lotfußpunktes F des Lots von P auf die Ebene E kann die Formel aus der Aufgabe 26 a) genommen werden. Mit den angepaßten Bezeichnungen erhält man:

$$\begin{aligned} F &= \begin{pmatrix} 2 \\ 2 \\ 2 \end{pmatrix} + \frac{6 - \begin{pmatrix} -2 \\ 2 \\ 1 \end{pmatrix} \cdot \begin{pmatrix} 2 \\ 2 \\ 2 \end{pmatrix}}{\begin{pmatrix} -2 \\ 2 \\ 1 \end{pmatrix} \cdot \begin{pmatrix} -2 \\ 2 \\ 1 \end{pmatrix}} \begin{pmatrix} -2 \\ 2 \\ 1 \end{pmatrix} \\ &= \begin{pmatrix} 2 \\ 2 \\ 2 \end{pmatrix} + \frac{4}{9} \begin{pmatrix} -2 \\ 2 \\ 1 \end{pmatrix} = \frac{1}{9} \begin{pmatrix} 10 \\ 26 \\ 22 \end{pmatrix} \end{aligned}$$

b) Der Spiegelpunkt P' von P an E ergibt sich wie folgt:

$$P' = P + 2\,(F - P) = \begin{pmatrix} 2 \\ 2 \\ 2 \end{pmatrix} + 2 \cdot \frac{1}{9} \begin{pmatrix} -8 \\ 8 \\ 4 \end{pmatrix} = \frac{1}{9} \begin{pmatrix} 2 \\ 34 \\ 26 \end{pmatrix}$$

2.3.29

Windschiefe, parallele und sich schneidende Geraden

Gegeben seien die Geraden

$$g_1 : \quad X = \begin{pmatrix} 1 \\ 0 \\ -2 \end{pmatrix} + \alpha \begin{pmatrix} -1 \\ -1 \\ 2 \end{pmatrix}, \qquad g_2 : \quad X = \begin{pmatrix} 2 \\ 1 \\ -1 \end{pmatrix} + \beta \begin{pmatrix} 2 \\ 2 \\ -4 \end{pmatrix}$$

$$g_3 : \quad X = \begin{pmatrix} 0 \\ -1 \\ 3 \end{pmatrix} + \gamma \begin{pmatrix} 1 \\ -1 \\ 0 \end{pmatrix}, \quad \alpha, \beta, \gamma \in \mathbb{R}.$$

Man untersuche für $1 \le i < j \le 3$ jeweils, ob g_i und g_j windschief sind, parallel sind oder sich schneiden. Falls sie sich schneiden, berechne man Schnittpunkt und Schnittwinkel.

Geraden sind genau dann parallel, wenn die Richtungsvektoren linear abhängig ist. Dies ist bei g_1 und g_2 der Fall. Für die verbleibenden Fälle wird untersucht, ob g_1, g_3 bzw. g_2, g_3 sich schneiden. Bei g_1, g_3 stellt man fest, daß die für einen Schnittpunkt sich ergebende Gleichung

$$\begin{pmatrix} 1 \\ 0 \\ -2 \end{pmatrix} + \alpha \begin{pmatrix} -1 \\ -1 \\ 2 \end{pmatrix} = \begin{pmatrix} 0 \\ -1 \\ 3 \end{pmatrix} + \gamma \begin{pmatrix} 1 \\ -1 \\ 0 \end{pmatrix}$$

keine Lösung besitzt. Bei g_2, g_3 erhält man für einen eventuell existierenden Schnittpunkt die Gleichung

$$\begin{pmatrix} 2 \\ 1 \\ -1 \end{pmatrix} + \beta \begin{pmatrix} 2 \\ 2 \\ -4 \end{pmatrix} = \begin{pmatrix} 0 \\ -1 \\ 3 \end{pmatrix} + \gamma \begin{pmatrix} 1 \\ -1 \\ 0 \end{pmatrix},$$

und das sich daraus ergebende Gleichungssystem besitzt die Lösung $\beta = -1$ und $\gamma = 0$. Also schneiden sich g_2 und g_3 im Punkte $S = \begin{pmatrix} 0 \\ -1 \\ 3 \end{pmatrix}$.

Als Schnittwinkel von Geraden wird der Winkel zwischen Richtungsvektoren der Geraden bezeichnet, falls dieser $\leq 90°$ ist. Im anderen Falle bezeichnet man den Ergänzungswinkel zu 180° als Schnittwinkel der Geraden.
Wir nennen die Richtungsvektoren der Geraden Y und Z, und erhalten:

$$\cos \sphericalangle(Y, Z) = \frac{Y \cdot Z}{\|Y\| \, \|Z\|} = 0$$

Also schneiden sich g_2 und g_3 unter einem Winkel von 90°.

2.3.30
Winkel zwischen Ebenen
Unter welchem Winkel schneiden sich die Ebenen $E_1 : \quad 2x - 3y + z = 4$ *und*

$$E_2 : \quad X = \begin{pmatrix} 1 \\ 2 \\ 3 \end{pmatrix} + \lambda \begin{pmatrix} -1 \\ 2 \\ 3 \end{pmatrix} + \mu \begin{pmatrix} 0 \\ 1 \\ -1 \end{pmatrix}, \quad \lambda, \mu \in \mathbb{R}?$$

Als Schnittwinkel von Ebenen wird der Winkel zwischen Normalenvektoren der Ebene bezeichnet, falls dieser $\leq 90°$ ist. Im anderen Falle bezeichnet man den Ergänzungswinkel zu 180° als Schnittwinkel der Ebenen.
Normalenvektoren der Ebenen E_1 und E_2 seien N_1 und N_2. Aus der Darstellung von E_1 ergibt sich $N_1 = \begin{pmatrix} 2 \\ -3 \\ 1 \end{pmatrix}$. Ein Normalenvektor N_2 von E_2 muß auf den Vektoren $\begin{pmatrix} -1 \\ 2 \\ 3 \end{pmatrix}$ und $\begin{pmatrix} 0 \\ 1 \\ -1 \end{pmatrix}$ senkrecht stehen. Wählt man die letzten beiden Komponenten zu 1, so steht jeder solche Vektor auf dem zweiten senkrecht. Mit erster Komponente 5 ist dann ohne Rechnung ein Vektor gefunden worden, der auf beiden angegebenen Vektoren senkrecht steht, nämlich $N_2 = \begin{pmatrix} 5 \\ 1 \\ 1 \end{pmatrix}$. Für

den Schnittwinkel folgt:

$$\cos \sphericalangle (N_1, N_2) = \frac{\begin{pmatrix} 2 \\ -3 \\ 1 \end{pmatrix} \cdot \begin{pmatrix} 5 \\ 1 \\ 1 \end{pmatrix}}{\sqrt{14}\,\sqrt{27}} = \frac{8}{\sqrt{14 \cdot 27}} \approx 0,4115$$

Damit beträgt der Schnittwinkel der Ebenen ungefähr $65,70°$.

2.3.31

Schnittgerade von Ebenen

Man berechne die Schnittgerade der Ebenen aus der vorigen Aufgabe.

Setzt man die Darstellung für X aus

$$E_2: \quad X = \begin{pmatrix} 1 \\ 2 \\ 3 \end{pmatrix} + \lambda \begin{pmatrix} -1 \\ 2 \\ 3 \end{pmatrix} + \mu \begin{pmatrix} 0 \\ 1 \\ -1 \end{pmatrix}, \quad \lambda, \mu \in \mathbb{R}$$

in der Ebenengleichung für $E_1: \ 2x - 3y + 4z = 4$ ein, so erhält man

$$2\,(1-\lambda) - 3\,(2 + 2\lambda + \mu) + (3 + 3\lambda - \mu) = 4,$$

also $-5\lambda - 4\mu = 5$, oder $\lambda = -\frac{4}{5}\,\mu - 1$. Ersetzt man in der Gleichung für E_2 nun λ gemäß dieser Beziehung, so hat man eine Parameterdarstellung der Schnittgeraden von E_1 und E_2 erhalten, nämlich

$$g: \quad X = \begin{pmatrix} 1 \\ 2 \\ 3 \end{pmatrix} - (1 + \frac{4}{5}\mu) \begin{pmatrix} -1 \\ 2 \\ 3 \end{pmatrix} + \mu \begin{pmatrix} 0 \\ 1 \\ -1 \end{pmatrix}$$

oder

$$g: \quad X = \begin{pmatrix} 2 \\ 0 \\ 0 \end{pmatrix} + \mu \cdot \frac{1}{5} \begin{pmatrix} 4 \\ -3 \\ -17 \end{pmatrix} = \begin{pmatrix} 2 \\ 0 \\ 0 \end{pmatrix} + \alpha \begin{pmatrix} 4 \\ -3 \\ -17 \end{pmatrix}, \quad \alpha \in \mathbb{R}.$$

2.3.32

Man untersuche, ob $g: \ X = \begin{pmatrix} 1 \\ 1 \\ 1 \end{pmatrix} + \alpha \begin{pmatrix} 2 \\ 1 \\ -1 \end{pmatrix}, \quad \alpha \in \mathbb{R}$ *und*

$E: \ X = \begin{pmatrix} 4 \\ -1 \\ 3 \end{pmatrix} + \beta \begin{pmatrix} 1 \\ 3 \\ -2 \end{pmatrix} + \gamma \begin{pmatrix} -1 \\ 2 \\ -1 \end{pmatrix}, \quad \beta, \gamma \in \mathbb{R}$

parallel verlaufen.

Wenn ja, bestimme man den Abstand von g *zu* E.

g und E verlaufen genau dann parallel, wenn der Richtungsvektor von g eine Linearkombination der gegebenen Ebenenvektoren ist. Aus dem Ansatz

$$\begin{pmatrix} 2 \\ 1 \\ -1 \end{pmatrix} = a \begin{pmatrix} 1 \\ 3 \\ -2 \end{pmatrix} + b \begin{pmatrix} -1 \\ 2 \\ -1 \end{pmatrix}$$

erhält man durch "Hinsehen" sofort $a = 1$ und $b = -1$. Also sind g und E parallel.

Der Abstand von g und E berechnet sich dann als Abstand eines beliebigen Punktes der Geraden g zur Ebene E. Dazu wird die Formel aus Aufgabe 26 verwendet. Es muß aber zunächst eine Koordinatendarstellung von E bestimmt werden. Mit einem der in Aufgabe 21 erläuterten Verfahren erhält man

$$E \, : \, x + 3y + 5z = 16.$$

Die genannte Formel liefert nun:

$$l = \frac{|16 - \begin{pmatrix} 1 \\ 1 \\ 1 \end{pmatrix} \cdot \begin{pmatrix} 1 \\ 3 \\ 5 \end{pmatrix}|}{\| \begin{pmatrix} 1 \\ 3 \\ 5 \end{pmatrix} \|} = \frac{7}{\sqrt{35}} = \frac{1}{5}\sqrt{35}$$

2.4 Matrizen

Eine $m \times n-$Matrix $\mathbf{A} = (a_{ij})$ über $\mathbb{R}$ ist ein rechteckiges Zahlenschema der Form

$$\begin{pmatrix} a_{11} & a_{12} & \dots & a_{1n} \\ a_{21} & a_{22} & \dots & a_{2n} \\ \vdots & \vdots & \ddots & \vdots \\ a_{m1} & a_{m2} & \dots & a_{mn} \end{pmatrix},$$

wobei die a_{ij} reelle Zahlen sind.
Matrizen ermöglichen häufig eine kompakte Schreibweise, z. B. bei Gleichungssystemen. Dazu werden Rechenoperationen mit Matrizen benötigt.

Rechenoperationen für Matrizen

Summe
$\mathbf{A} = (a_{ij})$ und $\mathbf{B} = (b_{ij})$ seien $m \times n-$Matrizen.

$$\mathbf{A} + \mathbf{B} := \begin{pmatrix} a_{11} + b_{11} & \dots & a_{1n} + b_{1n} \\ \vdots & \ddots & \vdots \\ a_{m1} + b_{m1} & \dots & a_{mn} + b_{mn} \end{pmatrix}$$

Multiplikation mit einem Skalar

$$c\mathbf{A} = c \begin{pmatrix} a_{11} & \dots & a_{1n} \\ \vdots & \ddots & \vdots \\ a_{m1} & \dots & a_{mn} \end{pmatrix} := \begin{pmatrix} ca_{11} & \dots & ca_{1n} \\ \vdots & \ddots & \vdots \\ ca_{m1} & \dots & ca_{mn} \end{pmatrix}$$

Produkt
$\mathbf{A}$ sei $m \times n-$Matrix, $\mathbf{B}$ sei $n \times r-$Matrix. Dann ist $\mathbf{AB}$ diejenige $m \times r-$Matrix

$$\mathbf{AB} = (c_{ij}) \text{ mit } c_{ij} = \sum_{k=1}^{n} a_{ik} b_{kj}, \quad i = 1, \dots, m, \;\; j = 1, \dots, r.$$

Veranschaulichung von **AB**

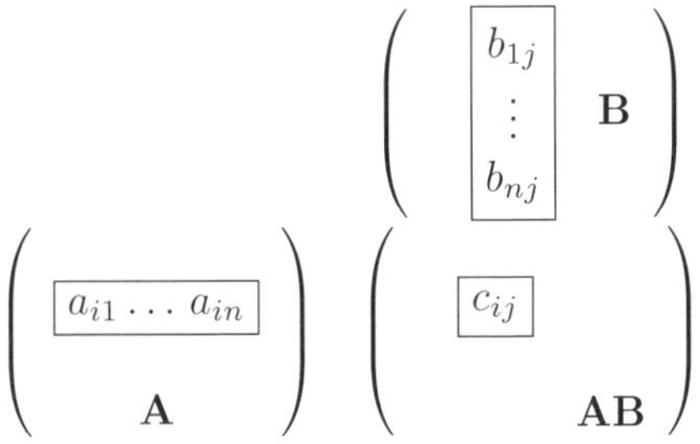

$$c_{ij} = a_{i1} \cdot b_{1j} + \ldots + a_{in} \cdot b_{nj}$$

Ein wichtiger Begriff ist der **Rang** einer Matrix, da dieser häufig in Sätzen über Matrizen als Entscheidungskriterium dient.

Rang einer Matrix

Die Zeilen bzw. Spalten einer $m \times n$–Matrix $\mathbf{A}$ erzeugen jeweils einen Unterraum vom $\mathbb{R}^n$ bzw. $\mathbb{R}^m$. Die Dimensionen dieser Räume heißen **Zeilenrang** von $\mathbf{A}$ bzw. **Spaltenrang** von $\mathbf{A}$. Es gilt:

$$\text{Zeilenrang} = \text{Spaltenrang} =: \textbf{Rang}\,\mathbf{A}$$

Eine Abkürzung für Rang $\mathbf{A}$ ist: rg $\mathbf{A}$

Wir listen einige häufig benutzte spezielle Matrizen auf:

Spezielle Matrizen

Einheitsmatrix ($n \times n$–Matrix)

$$\mathbf{E} = \begin{pmatrix} 1 & 0 & \dots & 0 \\ 0 & 1 & \dots & 0 \\ \vdots & & \ddots & \vdots \\ 0 & 0 & \dots & 1 \end{pmatrix}$$

Nullmatrix ($m \times n$–Matrix)

$$\mathbf{0} = \begin{pmatrix} 0 & \dots & 0 \\ \vdots & \dots & \vdots \\ 0 & \dots & 0 \end{pmatrix}$$

obere Dreiecksmatrix

$$\mathbf{A} = \begin{pmatrix} a_{11} & a_{12} & \dots & a_{1n} \\ 0 & a_{22} & \dots & a_{2n} \\ \vdots & & \ddots & \vdots \\ 0 & 0 & \dots & a_{nn} \end{pmatrix}$$

Rechenregeln für Matrizen

Alle Matrizen seien so gewählt, daß die Rechenoperationen definiert sind.

$\mathbf{A} + \mathbf{B} = \mathbf{B} + \mathbf{A}$ $\qquad$ $\mathbf{A} + (\mathbf{B} + \mathbf{C}) = (\mathbf{A} + \mathbf{B}) + \mathbf{C}$

$(\mathbf{AB})\mathbf{C} = \mathbf{A}(\mathbf{BC})$

$\mathbf{A} + \mathbf{0} = \mathbf{0} + \mathbf{A} = \mathbf{A}$ $\qquad$ $\mathbf{AE} = \mathbf{EA}$

$\mathbf{A}(\mathbf{B} + \mathbf{C}) = \mathbf{AB} + \mathbf{AC}$ $\qquad$ $(\mathbf{A} + \mathbf{B})\mathbf{C} = \mathbf{AC} + \mathbf{BC}$

Fortsetzung **Spezielle Matrizen**

Matrix mit **Zeilenstufenform**

$\mathbf{A} =$ 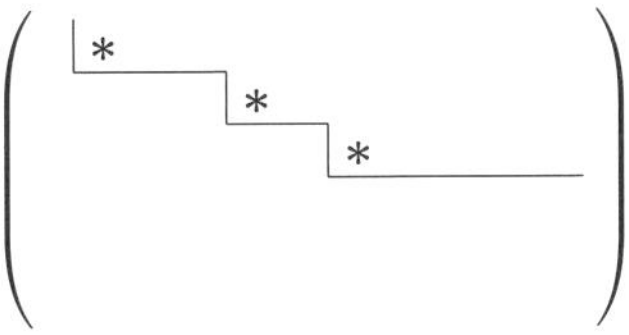

Hierbei bezeichnet * reelle Zahlen $\neq 0$. Die Sterne markieren die "Stufenränder"; darunter stehen nur Nullen.

Transponierte Matrix $\mathbf{A}^\top$

$$\mathbf{A} = \begin{pmatrix} a_{11} & a_{12} & a_{13} & \dots & a_{1n} \\ a_{21} & a_{22} & a_{23} & \dots & a_{2n} \\ \vdots & & & \ddots & \vdots \\ a_{m1} & a_{m2} & a_{m3} & \dots & a_{mn} \end{pmatrix} \qquad \mathbf{A}^\top = \begin{pmatrix} a_{11} & a_{21} & \dots & a_{m1} \\ a_{12} & a_{22} & \dots & a_{m2} \\ a_{13} & a_{23} & \dots & a_{m3} \\ \vdots & & \ddots & \vdots \\ a_{1n} & a_{2n} & \dots & a_{mn} \end{pmatrix}$$

Inverse Matrix $\mathbf{A}^{-1}$

Ist $\mathbf{A}$ eine $n \times n$–Matrix und existiert eine Matrix $\mathbf{B}$ mit $\mathbf{AB} = \mathbf{BA} = \mathbf{E}$, so heißt **B inverse Matrix** zu **A**.

Schreibweise: $\mathbf{B} = \mathbf{A}^{-1}$

Existiert $\mathbf{A}^{-1}$, so heißt **A invertierbar** oder **nicht–singulär**.

2.4.1

Für die Matrizen

$$\mathbf{A} = \begin{pmatrix} 3 & 4 & -2 \\ 4 & -1 & 1 \\ 2 & 2 & -3 \\ 1 & 5 & 2 \end{pmatrix}, \quad \mathbf{B} = \begin{pmatrix} 4 & 3 \\ 1 & 2 \\ 7 & -5 \end{pmatrix} \quad \textit{und } \mathbf{C} = \begin{pmatrix} 1 & 2 & 3 & 4 \\ 5 & 6 & 7 & 8 \end{pmatrix}$$

berechne man alle Matrizenprodukte aus je zwei Faktoren, soweit diese Produkte definiert sind.

Definiert sind die Matrizenprodukte **AB**, **BC** und **CA**. Das erste Produkt berechnen wir nach dem im Vorspann stehenden Multiplikationsschema:

$$\begin{array}{cc} & \begin{pmatrix} 4 & 3 \\ 1 & 2 \\ 7 & -5 \end{pmatrix} \\ \begin{pmatrix} 3 & 4 & -2 \\ 4 & -1 & 1 \\ 2 & 2 & -3 \\ 1 & 5 & 2 \end{pmatrix} & \begin{pmatrix} 2 & 27 \\ 22 & 5 \\ -11 & 25 \\ 23 & 3 \end{pmatrix} = \mathbf{AB} \end{array}$$

Die übrigen Produkte werden in eine Zeile geschrieben:

$$\mathbf{BC} = \begin{pmatrix} 4 & 3 \\ 1 & 2 \\ 7 & -5 \end{pmatrix} \begin{pmatrix} 1 & 2 & 3 & 4 \\ 5 & 6 & 7 & 8 \end{pmatrix} = \begin{pmatrix} 19 & 26 & 33 & 40 \\ 11 & 14 & 17 & 20 \\ -18 & -16 & -14 & -12 \end{pmatrix}$$

$$\mathbf{CA} = \begin{pmatrix} 1 & 2 & 3 & 4 \\ 5 & 6 & 7 & 8 \end{pmatrix} \begin{pmatrix} 3 & 4 & -2 \\ 4 & -1 & 1 \\ 2 & 2 & -3 \\ 1 & 5 & 2 \end{pmatrix} = \begin{pmatrix} 21 & 28 & -1 \\ 61 & 68 & -9 \end{pmatrix}$$

2.4.2

Für $\mathbf{A} = \begin{pmatrix} 1 & 2 \\ 3 & 4 \end{pmatrix}$ *und* $\mathbf{B} = \begin{pmatrix} 3 & 4 \\ 5 & 6 \end{pmatrix}$ *berechne man* **AB** *und* **BA**.

Man erhält:

$$\mathbf{AB} = \begin{pmatrix} 1 & 2 \\ 3 & 4 \end{pmatrix} \begin{pmatrix} 3 & 4 \\ 5 & 6 \end{pmatrix} = \begin{pmatrix} 13 & 16 \\ 29 & 36 \end{pmatrix}$$

$$\mathbf{BA} = \begin{pmatrix} 3 & 4 \\ 5 & 6 \end{pmatrix} \begin{pmatrix} 1 & 2 \\ 3 & 4 \end{pmatrix} = \begin{pmatrix} 15 & 22 \\ 23 & 34 \end{pmatrix}$$

Das Matrizenprodukt ist also **nicht** kommutativ!

2.4.3

Man berechne sämtliche Potenzen $\mathbf{A}^n$ *und* $\mathbf{B}^k$ $(k, n \in \mathbb{N})$ *der Matrizen*

$$\mathbf{A} = \begin{pmatrix} 4 & 12 & 8 \\ -7 & -6 & -8 \\ 4 & -3 & 2 \end{pmatrix} \quad \textit{und} \quad \mathbf{B} = \begin{pmatrix} -9 & 4 & -2 \\ -25 & 11 & -5 \\ -5 & 2 & 0 \end{pmatrix}.$$

Wir beginnen mit der Berechnung von $\mathbf{A}^2$:

$$\mathbf{A}^2 = \begin{pmatrix} 4 & 12 & 8 \\ -7 & -6 & -8 \\ 4 & -3 & 2 \end{pmatrix} \begin{pmatrix} 4 & 12 & 8 \\ -7 & -6 & -8 \\ 4 & -3 & 2 \end{pmatrix} = \begin{pmatrix} -36 & -48 & -48 \\ -18 & -24 & -24 \\ 45 & 60 & 60 \end{pmatrix}$$

Für $\mathbf{A}^3$ ergibt sich dann:

$$\mathbf{A}^3 = 3\begin{pmatrix} -12 & -16 & -16 \\ -6 & -8 & -8 \\ 15 & 20 & 20 \end{pmatrix}\begin{pmatrix} 4 & 12 & 8 \\ -7 & -6 & -8 \\ 4 & -3 & 2 \end{pmatrix} = \begin{pmatrix} 0 & 0 & 0 \\ 0 & 0 & 0 \\ 0 & 0 & 0 \end{pmatrix}$$

Damit gilt $\mathbf{A}^n = \mathbf{0}$ für $n \geq 3$.
Bei $\mathbf{B}$ gehen wir entsprechend vor:

$$\mathbf{B}^2 = \begin{pmatrix} -9 & 4 & -2 \\ -25 & 11 & -5 \\ -5 & 2 & 0 \end{pmatrix}\begin{pmatrix} -9 & 4 & -2 \\ -25 & 11 & -5 \\ -5 & 2 & 0 \end{pmatrix} = \begin{pmatrix} -9 & 4 & -2 \\ -25 & 11 & -5 \\ -5 & 2 & 0 \end{pmatrix}$$

Damit gilt $\mathbf{B}^k = \mathbf{B}$ für alle $k \geq 1$.

2.4.4

Man berechne die Matrizenprodukte

$$(a_1 \;\; a_2 \;\; a_3)\begin{pmatrix} b_1 \\ b_2 \\ b_3 \end{pmatrix} \quad \textit{und} \quad \begin{pmatrix} a_1 \\ a_2 \\ a_3 \end{pmatrix}(b_1 \;\; b_2 \;\; b_3).$$

Das erste Matrizenprodukt ergibt eine 1×1–Matrix, also im Prinzip eine Zahl:

$$(a_1 \;\; a_2 \;\; a_3)\begin{pmatrix} b_1 \\ b_2 \\ b_3 \end{pmatrix} = a_1b_1 + a_2b_2 + a_3b_3$$

Das zweite Matrizenprodukt ergibt eine 3×3 Matrix.

$$\begin{pmatrix} a_1 \\ a_2 \\ a_3 \end{pmatrix}(b_1 \;\; b_2 \;\; b_3) = \begin{pmatrix} a_1b_1 & a_1b_2 & a_1b_3 \\ a_2b_1 & a_2b_2 & a_2b_3 \\ a_3b_1 & a_3b_2 & a_3b_3 \end{pmatrix}$$

2.4.5

Sei $n \in \mathbb{N}$ *und* $\mathbf{A}, \mathbf{B}$ *seien* $n \times n$*–Matrizen, für die* $\mathbf{AB} = \mathbf{BA}$ *gilt. Man zeige:*

$$\mathbf{A}^r\mathbf{B}^s = \mathbf{B}^s\mathbf{A}^r \qquad \textit{für alle } r, s \in \mathbb{N}$$

$$\mathbf{A}^r\mathbf{B}^s = \underbrace{\mathbf{AA}\cdots\mathbf{A}}_{r}\underbrace{\mathbf{BB}\cdots\mathbf{B}}_{s}$$

Das Matrizenprodukt ist assoziativ. Wir können also zunächst innen $\mathbf{AB}$ berechnen. Nach Voraussetzung gilt $\mathbf{AB} = \mathbf{BA}$. Damit folgt:

$$\mathbf{A}^r\mathbf{B}^s = \underbrace{\mathbf{AA}\cdots\mathbf{A}}_{r-1}\mathbf{BA}\underbrace{\mathbf{BB}\cdots\mathbf{B}}_{s-1}$$

In entsprechender Weise lassen sich alle **B**'s nach vorn schieben, womit man schließlich erhält:

$$\mathbf{A}^r\mathbf{B}^s = \mathbf{B}^s\mathbf{A}^r$$

2.4.6

Eine $n \times n$*–Matrix* $\mathbf{A} = (a_{ij})$ *heißt* **Diagonalmatrix**, *falls* $a_{ij} = 0$ *für* $i \neq j$ *gilt.*

$\mathbf{A}$ *und* $\mathbf{B}$ *seien* $n \times n$*–Diagonalmatrizen. Man zeige:*

a) $\mathbf{AB}$ *und* $\mathbf{BA}$ *sind Diagonalmatrizen.*

b) $\mathbf{AB} = \mathbf{BA}$

c) $\mathbf{A}^k$ *ist Diagonalmatrix für jedes* $k \in \mathbb{N}$.
Man gebe $\mathbf{A}^k$ *explizit an.*

Es seien $\mathbf{A} = (a_{ij})$ und $\mathbf{B} = (b_{ij})$ Diagonalmatrizen.
a) Sei $\mathbf{AB} = (c_{ij})$. Wir berechnen c_{kl} für $k \neq l$.

$$c_{kl} = \sum_i a_{ki}b_{il} = a_{kk}b_{kl},$$

da alle anderen $a_{ki} = 0$ sind. Wegen $k \neq l$ gilt aber $b_{kl} = 0$, d. h. $c_{kl} = 0$. Damit ist **AB** Diagonalmatrix.
Der Beweis für **BA** verläuft entsprechend.
b) Nach a) sind $\mathbf{AB} = (c_{ij})$ und $\mathbf{BA} = (d_{ij})$ Diagonalmatrizen. Wir berechnen c_{kk} und d_{kk} für $k = 1, \ldots, n$. Es gilt

$$c_{kk} = \sum_i a_{ki}b_{ik} = a_{kk}b_{kk},$$

da **A** und **B** Diagonalmatrizen sind. Aus dem gleichen Grund gilt:

$$d_{kk} = \sum_i b_{ki}a_{ik} = b_{kk}a_{kk}$$

Man erkennt direkt, daß $c_{kk} = d_{kk}$ gilt, also folgt $\mathbf{AB} = \mathbf{BA}$.
c) Aus b) folgt, daß $\mathbf{A}^2 = \mathbf{AA} = (c_{ij})$ Diagonalmatrix ist mit $c_{ll} = a_{ll}^2$ für $l = 1, \ldots, n$. Durch vollständige Induktion erhält man nun leicht:
$\mathbf{A}^k = (c_{ij})$ ist Diagonalmatrix mit $c_{ll} = a_{ll}^k$ für $l = 1, \ldots, n$.

2.4.7

Man bestimme den Rang der folgenden Matrizen:

a) $\mathbf{A} = \begin{pmatrix} 1 & 2 & -1 & 0 \\ 2 & 6 & -3 & -3 \\ 3 & 10 & -5 & -6 \end{pmatrix}$ b) $\mathbf{A} = \begin{pmatrix} 1 & 3 \\ 0 & -2 \\ 5 & -1 \\ -2 & 3 \end{pmatrix}$

c) $\mathbf{A} = \begin{pmatrix} 2 & 3 & -4 & -7 & -3 \\ 3 & 8 & 1 & -7 & -8 \\ 1 & 4 & 3 & -1 & -4 \\ 1 & 3 & 1 & -2 & -3 \end{pmatrix}$

Der Rang einer Matrix ist die Dimension des von den Zeilenvektoren (oder Spaltenvektoren) der Matrix aufgespannten Unterraumes. Der Rang einer Matrix ändert sich nicht, wenn man eine der folgenden Umformungen mit Zeilen bzw. mit Spalten einer Matrix durchführt.

Elementare (Zeilen-)Umformungen

1. Vertauschen von Zeilen.
2. Multiplikation einer Zeile mit einer Zahl $\neq 0$.
3. Addition eines Vielfachen einer Zeile zu einer anderen Zeile.

Solche elementaren Umformungen werden häufig gebraucht, z.B. bei der Rangbestimmung, beim Lösen linearer Gleichungssysteme und bei der Matrixinvertierung.
Zur Rangbestimmung wird die Matrix durch elementare Umformungen auf Zeilenstufenform gebracht. Dann läßt sich ihr Rang direkt ablesen.

a)

$$\begin{pmatrix} 1 & 2 & -1 & 0 \\ 2 & 6 & -3 & -3 \\ 3 & 10 & -5 & -6 \end{pmatrix} \rightsquigarrow \begin{pmatrix} 1 & 2 & -1 & 0 \\ 0 & 2 & -1 & -3 \\ 0 & 4 & -2 & -6 \end{pmatrix} \rightsquigarrow \begin{pmatrix} 1 & 2 & -1 & 0 \\ 0 & 2 & -1 & -3 \\ 0 & 0 & 0 & 0 \end{pmatrix}$$

Der Rang der Matrix ist also 2.

b) Hier erkennt man direkt, daß die Spaltenvektoren der Matrix linear unabhängig sind. Da Spalten- und Zeilenrang gleich sind und gleich dem Rang der Matrix sind, folgt: $rg\,(\mathbf{A}) = 2$

c) Wir gehen wie in a) vor:

$$\begin{pmatrix} 2 & 3 & -4 & -7 & -3 \\ 3 & 8 & 1 & -7 & -8 \\ 1 & 4 & 3 & -1 & -4 \\ 1 & 3 & 1 & -2 & -3 \end{pmatrix} \rightsquigarrow \begin{pmatrix} 1 & 3 & 1 & -2 & -3 \\ 0 & -3 & -6 & -3 & 3 \\ 0 & -1 & -2 & -1 & 1 \\ 0 & 1 & 2 & 1 & -1 \end{pmatrix} \rightsquigarrow \begin{pmatrix} 1 & 3 & 1 & -2 & -3 \\ 0 & 1 & 2 & 1 & -1 \\ 0 & 0 & 0 & 0 & 0 \\ 0 & 0 & 0 & 0 & 0 \end{pmatrix}$$

Der Rang der Matrix ist ebenfalls 2.

2.4.8

Für welche Werte des Parameters a ist die folgende Matrix nicht-singulär, für welche singulär?

$$\mathbf{A} = \begin{pmatrix} 5 & -4 & a-1 & 1 \\ 1 & 0 & 2 & -1 \\ a & -3 & 3a & 2 \\ 2 & -2 & -1 & 1 \end{pmatrix}$$

Man kann hier den Rang der Matrix $\mathbf{A}$ in Abhängigkeit des Parameters a berechnen. Es folgt:

$$\begin{pmatrix} 5 & -4 & a-1 & 1 \\ 1 & 0 & 2 & -1 \\ a & -3 & 3a & 2 \\ 2 & -2 & -1 & 1 \end{pmatrix} \rightsquigarrow \begin{pmatrix} 1 & 0 & 2 & -1 \\ 0 & -2 & -5 & 3 \\ 0 & -4 & a-11 & 6 \\ 0 & -3 & a & a+2 \end{pmatrix} \rightsquigarrow$$

$$\begin{pmatrix} 1 & 0 & 2 & -1 \\ 0 & 1 & \frac{5}{2} & -\frac{3}{2} \\ 0 & 0 & a+\frac{15}{2} & a-\frac{5}{2} \\ 0 & 0 & a-1 & 0 \end{pmatrix}$$

Man erkennt, daß der Rang dieser Matrix für $a = 1$ nur 3 ist, also ist die Matrix $\mathbf{A}$ für $a = 1$ singulär. Gilt dagegen $a \neq 1$, so kann man die letzte Zeile der letzten Matrix durch $a - 1$ teilen und das $-(a + \frac{15}{2})$ fache dieser Zeile dann zur vorletzten Zeile addieren. Vertauscht man außerdem die beiden letzten Zeilen, so entsteht die folgende Matrix:

$$\begin{pmatrix} 1 & 0 & 2 & -1 \\ 0 & 1 & \frac{5}{2} & -\frac{3}{2} \\ 0 & 0 & 1 & 0 \\ 0 & 0 & 0 & a-\frac{5}{2} \end{pmatrix}$$

Diese Matrix hat für $a = \frac{5}{2}$ den Rang 3, sonst den Rang 4. Also ist $\mathbf{A}$ genau für $a = 1$ und $a = \frac{5}{2}$ singulär, sonst aber nicht-singulär.

2.4.9

Man zeige für Matrizen $\mathbf{A}, \mathbf{B}$, *deren Produkt definiert ist:*

$$(\mathbf{AB})^\top = \mathbf{B}^\top \mathbf{A}^\top$$

Es sei $\mathbf{A} = (a_{ij})$ und $\mathbf{B} = (b_{ij})$, ferner $(\mathbf{AB})^\top = (c_{ij})$ und $\mathbf{B}^\top \mathbf{A}^\top = (d_{ij})$.

c_{kl} ergibt sich dann als Skalarprodukt von Zeile l aus $\mathbf{A}$ mit Spalte k aus $\mathbf{B}$. Es folgt:

$$c_{kl} = \sum_i a_{li} \cdot b_{ik}$$

d_{kl} ergibt sich als Skalarprodukt von Zeile k aus $\mathbf{B}^\top$ mit Spalte l aus $\mathbf{A}^\top$, also als Skalarprodukt von Spalte k aus $\mathbf{B}$ mit Zeile l aus $\mathbf{A}$. Damit folgt:

$$d_{kl} = \sum_i b_{ik} \cdot a_{li}$$

Es gilt also $c_{kl} = d_{kl}$, und das liefert die Gleichung $(\mathbf{AB})^\top = \mathbf{B}^\top\mathbf{A}^\top$.

2.4.10

Eine quadratische Matrix $\mathbf{A}$ *über* K *heißt nilpotent, wenn es ein* $1 \le r \in \mathbb{N}$ *gibt mit* $\mathbf{A}^r = \mathbf{0}$.
Es seien $\mathbf{A}, \mathbf{B} \in K^{(n,n)}$. *Man zeige:*

a) *Sind* $\mathbf{A}, \mathbf{B}$ *symmetrisch, so gilt:*
$\mathbf{A} \cdot \mathbf{B} = \mathbf{B} \cdot \mathbf{A} \iff \mathbf{A} \cdot \mathbf{B}$ *symmetrisch*

b) *Sind* $\mathbf{A}, \mathbf{B}$ *nilpotent und ist* $\mathbf{A} \cdot \mathbf{B} = \mathbf{B} \cdot \mathbf{A}$, *so sind* $\mathbf{A} \cdot \mathbf{B}$ *und* $\mathbf{A} + \mathbf{B}$ *nilpotent.*
Kann hier auf die Voraussetzung $\mathbf{A} \cdot \mathbf{B} = \mathbf{B} \cdot \mathbf{A}$ *verzichtet werden?*

c) *Ist* $\mathbf{A}$ *invertierbar,* $\mathbf{B}$ *nilpotent und* $\mathbf{A} \cdot \mathbf{B} = \mathbf{B} \cdot \mathbf{A}$, *so ist* $\mathbf{A} + \mathbf{B}$ *invertierbar.*
Hinweis: Zeigen Sie zunächst den Hilfssatz:
Ist $\mathbf{C}$ *nilpotent, so ist* $\mathbf{C} + \mathbf{E}$ *invertierbar.*

a)

"$\Longrightarrow$" $\quad (\mathbf{A} \cdot \mathbf{B})^\top = \mathbf{B}^\top \cdot \mathbf{A}^\top = \mathbf{B} \cdot \mathbf{A} = \mathbf{A} \cdot \mathbf{B}$

"$\Longleftarrow$" $\quad \mathbf{A} \cdot \mathbf{B} = (\mathbf{A} \cdot \mathbf{B})^\top = \mathbf{B}^\top \cdot \mathbf{A}^\top = \mathbf{B} \cdot \mathbf{A}$

b) Da $\mathbf{A}, \mathbf{B}$ nilpotent sind, gibt es $r, k \in \mathbb{N}$ mit $r, k \ge 1$ und $\mathbf{A}^r = \mathbf{B}^k = \mathbf{0}$. Dann gilt

$$\begin{aligned}(\mathbf{A} \cdot \mathbf{B})^r = \underbrace{(\mathbf{A} \cdot \mathbf{B}) \cdot (\mathbf{A} \cdot \mathbf{B}) \cdot \ldots \cdot (\mathbf{A} \cdot \mathbf{B})}_{r\text{-mal}} &= \mathbf{A}^r \cdot \mathbf{B}^r \quad \text{da } \mathbf{A} \cdot \mathbf{B} = \mathbf{B} \cdot \mathbf{A} \\ &= \mathbf{0} \quad \text{da } \mathbf{A}^r = \mathbf{0}\end{aligned}$$

Also ist $\mathbf{A} \cdot \mathbf{B}$ nilpotent.

Bemerkung für Teil c) dieser Aufgabe:

Der Beweis zeigt übrigens, daß hier als Voraussetzung reicht, daß eine der Matrizen $\mathbf{A}, \mathbf{B}$ nilpotent ist.

$$(\mathbf{A} + \mathbf{B})^{r+k} = \mathbf{A}^{r+k} + \binom{r+k}{1}\mathbf{A}^{r+k-1}\mathbf{B} + \ldots + \binom{r+k}{r+k-1}\mathbf{A}\mathbf{B}^{r+k-1} + \mathbf{B}^{r+k}$$

$$= \sum_{i=0}^{r+k} \binom{r+k}{i} \mathbf{A}^{r+k-i}\mathbf{B}^i \quad \text{da } \mathbf{A}\cdot\mathbf{B} = \mathbf{B}\cdot\mathbf{A}$$

Für i mit $0 \le i \le r+k$ ist $i \ge k$ oder $r+k-i \ge r$. Also ist $\mathbf{A}^{r+k-i} = \mathbf{0}$ oder $\mathbf{B}^i = \mathbf{0}$, d.h. $(\mathbf{A}+\mathbf{B})^{r+k} = \mathbf{0}$. $\mathbf{A}+\mathbf{B}$ ist also nilpotent.
Auf die Voraussetzung kann nicht verzichtet werden. Gegenbeispiel:

$$\mathbf{A} = \begin{pmatrix} 0 & 1 \\ 0 & 0 \end{pmatrix} \;,\quad \mathbf{B} = \begin{pmatrix} 0 & 0 \\ 1 & 0 \end{pmatrix} \;,\quad \mathbf{A}^2 = \mathbf{B}^2 = \mathbf{0} \;,\quad \mathbf{A}+\mathbf{B} = \begin{pmatrix} 0 & 1 \\ 1 & 0 \end{pmatrix}$$

und weiter $(\mathbf{A}+\mathbf{B})^2 = \mathbf{E}$, also $(\mathbf{A}+\mathbf{B})^n \ne \mathbf{0}$ für alle n.

c) Zunächst wird der Hilfssatz bewiesen.
Sei etwa $\mathbf{C}^k = \mathbf{0}$. Dann gilt (geometrische Reihe!)

$$(\mathbf{E}+\mathbf{C})(\mathbf{E}-\mathbf{C}+\mathbf{C}^2 \mp \ldots + (-1)^{k-1}\mathbf{C}^{k-1}) = \mathbf{E} + (-1)^{k-1}\mathbf{C}^k = \mathbf{E}\,.$$

damit ist $\mathbf{C}+\mathbf{E}$ invertierbar.
Nun wird wie folgt geschlossen:
Wegen $\mathbf{AB} = \mathbf{BA}$ gilt auch $\mathbf{A}^{-1}\mathbf{B} = \mathbf{BA}^{-1}$. Da $\mathbf{B}$ nilpotent ist, folgt nach der Bemerkung in b), daß $\mathbf{A}^{-1}\mathbf{B}$ nilpotent ist. Nach dem Hilfssatz ist damit $\mathbf{E}+\mathbf{A}^{-1}\mathbf{B}$ invertierbar, und da $\mathbf{A}$ invertierbar ist, dann auch $\mathbf{A}(\mathbf{E}+\mathbf{A}^{-1}\mathbf{B}) = \mathbf{A}+\mathbf{B}$.

2.4.11

Ist $f(x) = a_nx^n + a_{n-1}x^{n-1} + \ldots + a_1x + a_0,\;\; a_i \in \mathbb{R}$ ein Polynom und $\mathbf{A}$ eine $n \times n$–Matrix, so ist $f(\mathbf{A})$ definiert durch:

$$f(\mathbf{A}) := a_n\mathbf{A}^n + a_{n-1}\mathbf{A}^{n-1} + \ldots + a_1\mathbf{A} + a_0\mathbf{E}$$

Für $f(x) = x^3 - 4x^2 + 4x - 1$ und $\mathbf{A} = \begin{pmatrix} 1 & 0 & 1 \\ 2 & 1 & -1 \\ 1 & 0 & 2 \end{pmatrix}$ berechne man $f(\mathbf{A})$.

Zunächst werden die Potenzen $\mathbf{A}^2$ und $\mathbf{A}^3$ berechnet.

$$\mathbf{A}^2 = \begin{pmatrix} 1 & 0 & 1 \\ 2 & 1 & -1 \\ 1 & 0 & 2 \end{pmatrix}\begin{pmatrix} 1 & 0 & 1 \\ 2 & 1 & -1 \\ 1 & 0 & 2 \end{pmatrix} = \begin{pmatrix} 2 & 0 & 3 \\ 3 & 1 & -1 \\ 3 & 0 & 5 \end{pmatrix}$$

$$\mathbf{A}^3 = \begin{pmatrix} 2 & 0 & 3 \\ 3 & 1 & -1 \\ 3 & 0 & 5 \end{pmatrix}\begin{pmatrix} 1 & 0 & 1 \\ 2 & 1 & -1 \\ 1 & 0 & 2 \end{pmatrix} = \begin{pmatrix} 5 & 0 & 8 \\ 4 & 1 & 0 \\ 8 & 0 & 13 \end{pmatrix}$$

Damit ergibt sich:

$$f(\mathbf{A}) = \begin{pmatrix} 5 & 0 & 8 \\ 4 & 1 & 0 \\ 8 & 0 & 13 \end{pmatrix} - 4\begin{pmatrix} 2 & 0 & 3 \\ 3 & 1 & -1 \\ 3 & 0 & 5 \end{pmatrix} + 4\begin{pmatrix} 1 & 0 & 1 \\ 2 & 1 & -1 \\ 1 & 0 & 2 \end{pmatrix} - \begin{pmatrix} 1 & 0 & 0 \\ 0 & 1 & 0 \\ 0 & 0 & 1 \end{pmatrix}$$

Dieses ist gerade die Nullmatrix.

2.4.12

Es sei $\mathbf{A}$ *eine* $m \times n-$*Matrix. Dann sind die folgenden Aussagen äquivalent:*

(i) $rg\,\mathbf{A} = 1$

(ii) es gibt $0 \neq X \in \mathbb{R}^m$ *und* $0 \neq Y \in \mathbb{R}^n$ *mit* $\mathbf{A} = X \cdot Y^\top$.

$\operatorname{rg}\mathbf{A} = 1$ ist äquivalent dazu, daß ein Vektor $Y \neq 0$ des $\mathbb{R}^n$ existiert mit $\mathbf{A} = \begin{pmatrix} \alpha_1 Y^\top \\ \vdots \\ \alpha_m Y^\top \end{pmatrix}$, wobei $(\alpha_1, \ldots, \alpha_m) \neq (0, \ldots, 0)$ ist. Mit $X = \begin{pmatrix} \alpha_1 \\ \vdots \\ \alpha_m \end{pmatrix} \neq 0$ und $Y^\top = (y_1 \ldots y_n)$ gilt dann

$$X \cdot Y^\top = \begin{pmatrix} \alpha_1 \\ \vdots \\ \alpha_m \end{pmatrix} (y_1 \ldots y_n) = \begin{pmatrix} \alpha_1 y_1 & \ldots & \alpha_1 y_n \\ \vdots & & \vdots \\ \alpha_m y_1 & \ldots & \alpha_m y_n \end{pmatrix} = \begin{pmatrix} \alpha_1 Y^\top \\ \vdots \\ \alpha_m Y^\top \end{pmatrix} = \mathbf{A}\,.$$

Als Beispiel:

$$\begin{pmatrix} 1 \\ 2 \\ -3 \end{pmatrix} \cdot (2\ 1\ -1) = \begin{pmatrix} 2 & 1 & -1 \\ 4 & 2 & -2 \\ -6 & -3 & 3 \end{pmatrix}$$

Das Matrizenprodukt $X \cdot Y^\top =: XY^\top$ wird häufig als **dyadisches Produkt** der Vektoren X und Y bezeichnet. Wir behalten aber die übliche Vektorschreibweise für X und $Y^\top$ bei auch wenn wir die Vektoren als Matrizen interpretieren, verzichten also auf den Fettdruck.

2.4.13

Es seien $X, Y, Z \in \mathbb{R}^n$. *Dann gilt:*

a) $X(Y^\top Z) = (XY^\top)Z = (XZ^\top)Y = X(Z^\top Y)$

b) *Es ist* $Y^\top Z = Z^\top Y \in \mathbb{R}$ *und daher*

$$X(Y^\top Z) = (Y^\top Z)X = (Z^\top Y)X\,.$$

c) $(XY^\top)^2 = (Y^\top X)(XY^\top)$

d) *Für* $X \neq 0$ *und* $Y \neq 0$ *gilt* $rg(XY^\top) = 1$.

a) $X(Y^\top Z) = (XY^\top)Z$ und $(XZ^\top)Y = X(Z^\top Y)$ gelten nach dem Assoziativgesetz der Matrizenmultiplikation.
Da $Y^\top Z \in \mathbb{R}$ ist, gilt $Y^\top Z = (Y^\top Z)^\top = Z^\top Y$. Daher ist $X(Y^\top Z) = X(Z^\top Y) = (XZ^\top)Y$, wobei die letzte Gleichung wieder nach dem Assoziativgesetz der Matrizenmultiplikation gilt.
b) ist klar nach a).
c) Es ist $(XY^\top)^2 = (XY^\top)(XY^\top) = X(Y^\top X)Y^\top$ wieder nach dem Assoziativgesetz. Da $Y^\top X \in \mathbb{R}$ ist, kann man diese reelle Zahl aus der Mitte nach vorn ziehen, und damit ergibt sich die Behauptung.
d) Dies ist die Richtung (ii) $\Longrightarrow$ (i) aus der vorigen Aufgabe.

2.5 Lineare Gleichungssysteme

Ein lineares Gleichungssystem (kurz LGS) hat folgendes Aussehen:

$$\begin{array}{ccccccccc} a_{11}x_1 & + & a_{12}x_2 & + & \dots & + & a_{1n}x_n & = & b_1 \\ a_{21}x_1 & + & a_{22}x_2 & + & \dots & + & a_{2n}x_n & = & b_2 \\ \vdots & & & & & & \vdots & & \vdots \\ a_{m1}x_1 & + & a_{m2}x_2 & + & \dots & + & a_{mn}x_n & = & b_m \end{array}$$

Mit Hilfe von Matrizen schreibt man dieses System kurz in der Form:

$$\mathbf{A}X = B$$

Die $m \times n-$Matrix $\mathbf{A}$ heißt Koeffizientenmatrix des linearen Gleichungssystems, die Matrix $(\mathbf{A}|B)$, bei der neben $\mathbf{A}$ rechts als $n+1-$te Spalte der Vektor der rechten Seite des Gleichungssystems angefügt wird, heißt **erweiterte Matrix** des LGS.
Wichtig ist folgendes Lösungskriterium für lineare Gleichungssysteme:

Lösungskriterium für LGS

Ein lineares Gleichungssystem $\mathbf{A}X = B$ ist genau dann lösbar, wenn der Rang der Koeffizientenmatrix $\mathbf{A}$ gleich dem Rang der erweiterten Matrix ist.
Die Lösungsmenge ist ein affiner Unterraum der Dimension $n - rg\,\mathbf{A}$.

Bezeichnungen

Ein lineares Gleichungssystem $\mathbf{A}X = B$ heißt

homogen	$\Longleftrightarrow$	$B = 0$
inhomogen	$\Longleftrightarrow$	$B \neq 0$
quadratisch	$\Longleftrightarrow$	$n = m$

Für quadratische Systeme ist das folgende Kriterium wichtig.

Eindeutige Lösbarkeit

Ein quadratisches LGS ist eindeutig lösbar genau dann, wenn $rg\,\mathbf{A} = n$ gilt.

Ein LGS löst man mit dem GAUSS'schen Eliminationsverfahren. Dieses wird in der ersten Aufgabe erläutert.

2.5.1

Man löse die folgenden linearen Gleichungssysteme mit dem GAUSS*'schen Eliminationsverfahren.*

a)
$$\begin{array}{rcrcrcr} x_1 & & & + & 2x_3 & = & 1 \\ 3x_1 & + & 2x_2 & + & x_3 & = & 0 \\ 4x_1 & + & x_2 & + & 3x_3 & = & 0 \end{array}$$

b)
$$\begin{array}{rcrcrcrcr} x_1 & + & x_2 & - & x_3 & - & x_4 & = & 1 \\ 2x_1 & + & 5x_2 & - & 7x_3 & - & 5x_4 & = & -2 \\ 2x_1 & - & x_2 & + & x_3 & + & 3x_4 & = & 4 \\ 5x_1 & + & 2x_2 & - & 4x_3 & + & 2x_4 & = & 6 \end{array}$$

c)
$$\begin{array}{rcrcrcr} & & 2x_2 & - & x_3 & = & -1 \\ 2x_1 & + & x_2 & - & x_3 & = & 1 \end{array}$$

d)
$$2x_1 - x_2 + 3x_3 = 7$$

e)
$$\begin{array}{rcrcrcrcr} x_1 & - & x_2 & & & + & x_5 & = & 3 \\ x_1 & + & x_2 & - & 3x_4 & & & = & 6 \\ 2x_1 & - & x_2 & + & x_4 & - & x_5 & = & 5 \\ -x_1 & + & 2x_2 & - & 2x_4 & - & x_5 & = & -1 \end{array}$$

f)
$$\begin{array}{rcrcr} x_2 & + & x_5 & = & 2 \\ x_4 & + & x_5 & = & -1 \\ x_2 & + & x_6 & = & 1 \end{array}$$

Das GAUSS'sche Eliminationsverfahren besteht darin, die erweiterte Matrix $(\mathbf{A}|B)$ durch elementare Zeilenumformungen (siehe Seite 91) auf Zeilenstufenform zu bringen. Dann kann entweder von unten nach oben nach den Variablen an den Stufenrändern aufgelöst werden, oder die entsprechenden Spaltenvektoren werden von rechts nach links ebenfalls durch elementare Zeilenumformungen zu Einheitsvektoren umgewandelt, damit man die Lösung des Gleichungssystems sofort ablesen kann. Wir werden beide Möglichkeiten vorführen.
Die Rechnungen werden in einem Schema der folgenden Art durchgeführt:

$\boxed{a \neq 0}$	r_1	α
	r_2	β
$\boxed{a \neq 0}$	r_1	
. . . .	.	

Im linken Teil des Schemas steht die Koeffizientenmatrix des Gleichungssystems; r_i sind die rechten Seiten des Gleichungssystems. Im rechten Teil des Schemas stehen Additionsanweisungen. Dies bedeutet hier z. B. , daß die unterste Gleichung sich ergibt als α-faches der ersten Gleichung plus β-faches der zweiten Gleichung. Ein $\square$ bezeichnet die Gleichung, mit der jeweils gearbeitet wird und die im nächsten Block übernommen wird. Die dadurch gekennzeichnete Variable wird beim Verfahren jeweils eliminiert. Deshalb muß dieser Koeffizient $\neq 0$ sein. $\square$ markiert damit auch die Variablen an den Stufenrändern.

a)

$\boxed{1}$	0	2	1	-3	-4	
3	2	1	0	1		
4	1	3	0		1	
$\boxed{1}$	0	2	1			
0	2	-5	-3	1		
0	$\boxed{1}$	-5	-4	-2		
$\boxed{1}$	0	2	1			1
0	$\boxed{1}$	-5	-4		1	
0	0	$\boxed{5}$	5	$\frac{1}{5}$	1	$-\frac{2}{5}$

An dieser Stelle erkennt man zunächst, daß das LGS eindeutig lösbar ist. Nun kann man ausgehend von der letzten Gleichung $5x_3 = 5$ zunächst x_3, dann aus $x_2 - 5x_3 = -4$ die Variable x_2 und schließlich aus $x_1 + 2x_3 = 1$ noch x_1 berechnen. Es läßt sich aber auch durch weitere elementare Umformungen, die im letzten Kasten schon angegeben sind, links die Einheitsmatrix erzeugen, nämlich:

1	0	0	-1
0	1	0	1
0	0	1	1

Hieran liest man direkt die eindeutige Lösung des linearen Gleichungssystems ab:

$$X = \begin{pmatrix} x_1 \\ x_2 \\ x_3 \end{pmatrix} = \begin{pmatrix} -1 \\ 1 \\ 1 \end{pmatrix}$$

b)

$\boxed{1}$	1	−1	−1	1	−2	−2	−5
2	5	−7	−5	−2	1		
2	−1	1	3	4		1	
5	2	−4	2	6			1
$\boxed{1}$	1	−1	−1	1			
0	$\boxed{3}$	−5	−3	−4	1	1	
0	−3	3	5	2	1		
0	−3	1	7	1		1	
$\boxed{1}$	1	−1	−1	1			
0	$\boxed{3}$	−5	−3	−4			
0	0	$\boxed{-2}$	2	−2	−2		
0	0	−4	4	−3	1		
$\boxed{1}$	1	−1	−1	1			
0	$\boxed{3}$	−5	−3	−4			
0	0	$\boxed{-2}$	2	−2			
0	0	0	0	1			

Man erkennt, daß die Koeffizientenmatrix **A** den Rang 3 hat, die erweiterte Matrix aber den Rang 4. Das LGS besitzt also keine Lösung.

c) Vertauscht man die Gleichungen, so erkennt man, daß die Matrix schon Zeilenstufenform hat. Wir bringen noch auf Einheitsform:

$\boxed{2}$	1	−1	1		$\frac{1}{2}$
0	$\boxed{2}$	−1	−1	$\frac{1}{2}$	$-\frac{1}{4}$
$\boxed{1}$	0	$-\frac{1}{4}$	$\frac{3}{4}$		
0	$\boxed{1}$	$-\frac{1}{2}$	$-\frac{1}{2}$		

Hieraus liest man als allgemeine Lösung ab:

$$X = \begin{pmatrix} \frac{3}{4} \\ -\frac{1}{2} \\ 0 \end{pmatrix} + \lambda \begin{pmatrix} \frac{1}{4} \\ \frac{1}{2} \\ 1 \end{pmatrix} = \begin{pmatrix} 1 \\ 0 \\ 1 \end{pmatrix} + \mu \begin{pmatrix} 1 \\ 2 \\ 4 \end{pmatrix} \qquad (\mu \in \mathbb{R} \text{ beliebig})$$

d) Hier können zwei Variablen als freie Parameter gewählt werden. Um die Rechnung einfach zu gestalten, setzen wir $x_1 = \lambda, x_3 = \mu$.
Dann folgt $x_2 = -7 + 2\lambda + 3\mu$. Allgemeine Lösung:

$$X = \begin{pmatrix} 0 \\ -7 \\ 0 \end{pmatrix} + \lambda \begin{pmatrix} 1 \\ 2 \\ 0 \end{pmatrix} + \mu \begin{pmatrix} 0 \\ 3 \\ 1 \end{pmatrix} \qquad (\lambda, \mu \in \mathbb{R} \text{ beliebig})$$

Man beachte, daß hierbei nichts anderes geschehen ist als die Umwandlung einer Koordinatendarstellung einer Ebene in eine Parameterdarstellung dieser Ebene.

e)

$\boxed{1}$	-1	0	0	1	3	-1	-2	1
1	1	0	-3	0	6	1		
2	-1	0	1	-1	5		1	
-1	2	0	-2	-1	-1			1
$\boxed{1}$	-1	0	0	1	3			
0	2	0	-3	-1	3	1		
0	$\boxed{1}$	0	1	-3	-1	-2	-1	
0	1	0	-2	0	2		1	
$\boxed{1}$	-1	0	0	1	3			
0	$\boxed{1}$	0	1	-3	-1			
0	0	0	$\boxed{-5}$	5	5	$-\frac{1}{5}$	$-\frac{3}{5}$	
0	0	0	-3	3	3		1	
$\boxed{1}$	-1	0	0	1	3			
0	$\boxed{1}$	0	1	-3	-1	1		
0	0	0	$\boxed{1}$	-1	-1	-1		
0	0	0	0	0	0			

1. Lösungsweg:

Die nicht am Stufenrand stehenden Variablen x_3 und x_5 werden als freie Parameter gesetzt: $x_3 = \lambda,\ x_5 = \mu$

Von unten nach oben wird nach den am Stufenrand stehenden Variablen aufgelöst:

$$x_4 - x_5 = -1 \quad \Longrightarrow \quad x_4 = -1 + \mu$$
$$x_2 + x_4 - 3x_5 = -1 \quad \Longrightarrow \quad x_2 = -1 - (-1 + \mu) + 3\mu = 2\mu$$
$$x_1 - x_2 + x_5 = 3 \quad \Longrightarrow \quad x_1 = 3 + 2\mu - \mu = 3 + \mu$$

Allgemeine Lösung:

$$X = \begin{pmatrix} x_1 \\ x_2 \\ x_3 \\ x_4 \\ x_5 \end{pmatrix} = \begin{pmatrix} 3 \\ 0 \\ 0 \\ -1 \\ 0 \end{pmatrix} + \lambda \begin{pmatrix} 0 \\ 0 \\ 1 \\ 0 \\ 0 \end{pmatrix} + \mu \begin{pmatrix} 1 \\ 2 \\ 0 \\ 1 \\ 1 \end{pmatrix} \qquad (\lambda, \mu \in \mathbb{R} \text{ beliebig})$$

2. Lösungsweg:

Im letzten Schema werden über den $\boxed{1}$ noch Nullen erzeugt. Die erste Addition ist im letzten Schema schon eingetragen. Man erhält:

x_1	x_2	x_3	x_4	x_5		
$\boxed{1}$	-1	0	0	1	3	1
0	$\boxed{1}$	0	0	-2	0	1
0	0	0	$\boxed{1}$	-1	-1	
0	0	0	0	0	0	
$\boxed{1}$	0	0	0	-1	3	
0	$\boxed{1}$	0	0	-2	0	
0	0	0	$\boxed{1}$	-1	-1	
0	0	0	0	0	0	

Nun kann man noch x_3 und x_4 vertauschen:

x_1	x_2	x_4	x_3	x_5	
$\boxed{1}$	0	0	0	-1	3
0	$\boxed{1}$	0	0	-2	0
0	0	$\boxed{1}$	0	-1	-1
0	0	0	0	0	0

Damit liest man die allgemeine Lösung ab:

$$X = \begin{pmatrix} x_1 \\ x_2 \\ x_3 \\ x_4 \\ x_5 \end{pmatrix} = \begin{pmatrix} 3 \\ 0 \\ 0 \\ -1 \\ 0 \end{pmatrix} + \lambda \begin{pmatrix} 0 \\ 0 \\ 1 \\ 0 \\ 0 \end{pmatrix} + \mu \begin{pmatrix} 1 \\ 2 \\ 0 \\ 1 \\ 1 \end{pmatrix} \quad (\lambda, \mu \in \mathbb{R} \text{ beliebig})$$

f)

0	$\boxed{1}$	0	0	1	0	2	1
0	0	0	1	1	0	-1	
0	1	0	0	0	1	1	-1
0	$\boxed{1}$	0	0	1	0	2	
0	0	0	$\boxed{1}$	1	0	-1	
0	0	0	0	$\boxed{1}$	-1	1	

Wir setzen $x_1 = \alpha$, $x_3 = \beta$, $x_6 = \gamma$ als freie Parameter und erhalten:
$x_5 = 1 + \gamma$, $x_4 = -1 - (1 + \gamma) = -2 - \gamma$, $x_2 = 2 - (1 + \gamma) = 1 - \gamma$
Allgemeine Lösung:

$$X = \begin{pmatrix} x_1 \\ \vdots \\ x_6 \end{pmatrix} = \begin{pmatrix} 0 \\ 1 \\ 0 \\ -2 \\ 1 \\ 0 \end{pmatrix} + \alpha \begin{pmatrix} 1 \\ 0 \\ 0 \\ 0 \\ 0 \\ 0 \end{pmatrix} + \beta \begin{pmatrix} 0 \\ 0 \\ 1 \\ 0 \\ 0 \\ 0 \end{pmatrix} + \gamma \begin{pmatrix} 0 \\ -1 \\ 0 \\ -1 \\ 1 \\ 1 \end{pmatrix} \quad (\alpha, \beta, \gamma \in \mathbb{R} \text{ beliebig})$$

2.5.2
Man bestimme (in Abhängigkeit von $a \in \mathbb{R}$) die Lösungsmenge der folgenden linearen Gleichungssysteme:

a)
$$\begin{array}{rcrcrcl} ax_1 & + & 4x_2 & + & ax_3 & = & 1 \\ & - & 2x_2 & + & 4x_3 & = & 3 \\ 2x_1 & + & ax_2 & + & 6x_3 & = & 4 \end{array}$$

b)
$$\begin{array}{rcrcrcl} -ax_1 & - & x_2 & + & (a-1)x_3 & = & 0 \\ 2ax_1 & + & (a+3)x_2 & + & 3x_3 & = & 0 \\ ax_1 & + & x_2 & + & x_3 & = & 0 \end{array}$$

a) Wir gehen wie in Aufgabe 1 vor und bringen die zugehörige Matrix auf Zeilenstufenform. Im ersten Schema beginnen wir mit der dritten Gleichung, da im Kästchen etwas von Null verschiedenes stehen muß . Nähme man dafür a, so wäre schon eine Fallunterscheidung nötig.

$\boxed{2}$	a	6	4	$-a$	
a	4	a	1	2	
0	-2	4	3		
$\boxed{2}$	a	6	4		
0	$\boxed{-2}$	4	3	-1	$-a$
0	$8-a^2$	$-4a$	$2-4a$		-1
$\boxed{2}$	a	6	4		
0	$\boxed{2}$	-4	-3		
0	$(a+4)(a-2)$	0	$a-2$		

An dieser Stelle wird eine Fallunterscheidung gemacht.
1. Fall: $a = -4$
Das LGS besitzt keine Lösung, da der Rang der Koeffizientenmatrix kleiner als der Rang der erweiterten Matrix ist.
2. Fall: $a = 2$
Dann hat die letzte Matrix Zeilenstufenform, und die letzte Zeile besteht aus lauter Nullen. Es wird also x_3 als freier Parameter λ gesetzt und dann nach x_2 und x_1 aufgelöst.
$x_2 = -\frac{3}{2} + 2\lambda, \quad x_1 = 2 - x_2 - 3x_3 = \frac{7}{2} - 5\lambda$
Allgemeine Lösung:

$$X = \begin{pmatrix} \frac{7}{2} \\ -\frac{3}{2} \\ 0 \end{pmatrix} + \lambda \begin{pmatrix} -5 \\ 2 \\ 1 \end{pmatrix} \quad (\lambda \in \mathbb{R} \text{ beliebig})$$

3.Fall: $a \neq -4 \wedge a \neq 2$
Hier kann man, ausgehend von der letzten Gleichung, eine eindeutige Lösung

berechnen. Man erhält $x_2 = \frac{1}{a+4}$. Die vorletzte Gleichung $2x_2 - 4x_3 = -3$ ergibt dann

$$x_3 = \frac{3}{4} + \frac{1}{2} \cdot \frac{1}{a+4} = \frac{3a+14}{4\,(a+4)}$$

Schließlich folgt:

$$x_1 = 2 - \frac{a}{2}\,x_2 - 3x_3 = 2 - \frac{a}{2\,(a+4)} - \frac{3\,(3a+14)}{4\,(a+4)} = \frac{-3a-10}{4\,(a+4)}$$

Lösung:

$$\begin{pmatrix} x_1 \\ x_2 \\ x_3 \end{pmatrix} = \left(\frac{-3a-10}{4\,(a+4)}, \frac{1}{a+4}, \frac{3a+14}{4\,(a+4)}\right)^{\top}$$

b) Wir gehen entsprechend a) vor. Da es sich hier aber um ein homogenes LGS handelt, braucht die rechte Seite nicht mitgeführt zu werden. Sie bleibt nämlich bei allen elementaren Umformungen stets 0.

$-a$	-1	$a-1$	1	
$2a$	$a+3$	3		-1
a	$\boxed{1}$	1	1	$a+3$
a	$\boxed{1}$	1		
0	0	a		
$a\,(a+1)$	0	a		

Hier bot sich an, zunächst x_2 zu eliminieren; es wurde also nicht systematisch auf Zeilenstufenform gebracht. An der letzten Matrix sind alle Fälle erkennbar, so daß jetzt eine Fallunterscheidung folgt:

1. Fall: $a \neq 0 \wedge a \neq -1$

Dann hat die letzte Matrix den Rang 3, das LGS ist also eindeutig lösbar, und zwar nur durch den Nullvektor, da es ein homogenes LGS ist.

2. Fall: $a = -1$

Die Matrix hat den Rang 2, denn es gilt in diesem Fall $a\,(a+1) = 0$.

Wir wählen $x_1 = \lambda$ als freien Parameter und erhalten weiter $x_3 = 0$ sowie $x_2 = x_1 - x_3 = \lambda$. Allgemeine Lösung:

$$X = \begin{pmatrix} x_1 \\ x_2 \\ x_3 \end{pmatrix} = \lambda \begin{pmatrix} 1 \\ 1 \\ 0 \end{pmatrix} \qquad (\lambda \in \mathbb{R} \text{ beliebig})$$

3. Fall: $a = 0$

Die Matrix hat den Rang 1. Freie Parameter sind dann $x_1 = \lambda$, $x_3 = \mu$. Es folgt $x_2 = -x_3 = -\mu$. Allgemeine Lösung:

$$X = \begin{pmatrix} x_1 \\ x_2 \\ x_3 \end{pmatrix} = \lambda \begin{pmatrix} 1 \\ 0 \\ 0 \end{pmatrix} + \mu \begin{pmatrix} 0 \\ -1 \\ 1 \end{pmatrix} \qquad (\lambda, \mu \in \mathbb{R} \text{ beliebig})$$

2.5.3

Man gebe jeweils ein lineares Gleichungssystem an, das den angegebenen Unterraum als Lösungsmenge besitzt.

a) $L\left(\begin{pmatrix}1\\1\\2\end{pmatrix}, \begin{pmatrix}3\\1\\-2\end{pmatrix}\right)$ **b)** $\begin{pmatrix}2\\1\\3\end{pmatrix} + L\left(\begin{pmatrix}1\\2\\3\end{pmatrix}\right)$

c) $\begin{pmatrix}3\\2\\4\\1\\0\end{pmatrix} + L\left(\begin{pmatrix}1\\1\\0\\1\\1\end{pmatrix}, \begin{pmatrix}1\\0\\1\\0\\1\end{pmatrix}, \begin{pmatrix}0\\1\\-1\\1\\0\end{pmatrix}\right)$

a) Der Lösungsraum ist eine durch die Vektoren $\begin{pmatrix}1\\1\\2\end{pmatrix}$ und $\begin{pmatrix}3\\1\\-2\end{pmatrix}$ aufgespannte Ebene. Ein gesuchtes LGS kann also als Koordinatendarstellung dieser Ebene angegeben werden. Z. B. ist $\begin{pmatrix}2\\-4\\1\end{pmatrix}$ ein Normalenvektor dieser Ebene. (Das verifiziert man sofort mit Hilfe des Skalarprodukts!) Also besitzt z. B. das LGS

$$2x_1 - 4x_2 + x_3 = 0$$

die angegebene Lösungsmenge.

b) Die angegebene Lösung $\begin{pmatrix}2\\1\\3\end{pmatrix} + \lambda\begin{pmatrix}1\\2\\3\end{pmatrix}$ läßt sich auch schreiben als $\begin{pmatrix}0\\-3\\-3\end{pmatrix} + \mu\begin{pmatrix}1\\2\\3\end{pmatrix}$. Den angegebenen Punkt erhält man nämlich mit $\lambda = -2$. Berücksichtigt man nun, wie man aus dem Endschema beim GAUSS'schen Eliminationsverfahren die Lösungsmenge eines LGS erhält und kehrt dieses um, so erkennt man, daß das folgende Endschema des GAUSS'schen Eliminationsverfahrens zur angegebenen Form der Lösungsmenge führt.

x_2	x_3	x_1	
1	0	-2	-3
0	1	-3	-3
0	0	0	0

Ein mögliches LGS lautet also:

$$\begin{array}{rcrcrcr} -2x_1 & + & x_2 & & & = & -3 \\ -3x_1 & & & + & x_3 & = & -3 \end{array}$$

c) Zunächst wird die Dimension des im Lösungsraum angegebenen Unterraumes bestimmt. Dazu wird der Rang der aus den vorkommenden Vektoren gebildeten Matrix bestimmt.

1	1	0	1	1	1		
0	–1	1	–1	0	1	–1	1
0	1	–1	1	0			
1	0	1	0	1			
0	1	–1	1	0			
0	0	0	0	0			

Es gilt also:

$$L(\begin{pmatrix}1\\1\\0\\1\\1\end{pmatrix}, \begin{pmatrix}1\\0\\1\\0\\1\end{pmatrix}, \begin{pmatrix}0\\1\\-1\\1\\0\end{pmatrix}) = L(\begin{pmatrix}1\\0\\1\\0\\1\end{pmatrix}, \begin{pmatrix}0\\1\\-1\\1\\0\end{pmatrix})$$

Die Dimension des Unterraumes ist 2. Da die ersten beiden Komponenten (und auch die letzten beiden Komponenten) der jetzt angegebenen Basisvektoren Einheitsvektoren entsprechen, wird nun eine spezielle Lösung des angegebenen Lösungsraumes mit Nullen z. B. an den letzten beiden Komponenten erzeugt.

Aus $\begin{pmatrix}3\\2\\4\\1\\0\end{pmatrix} + \lambda \begin{pmatrix}1\\0\\1\\0\\1\end{pmatrix} + \mu \begin{pmatrix}0\\1\\-1\\1\\0\end{pmatrix}$ erhält man mit $\lambda = 0$ und $\mu = -1$ die spezielle Lösung $\begin{pmatrix}3\\1\\5\\0\\0\end{pmatrix}$. Also läßt sich die angegebene Lösungsmenge auch schreiben in der Form:

$$X = \begin{pmatrix}3\\1\\5\\0\\0\end{pmatrix} + \alpha \begin{pmatrix}0\\1\\-1\\1\\0\end{pmatrix} + \beta \begin{pmatrix}1\\0\\1\\0\\1\end{pmatrix} \qquad (\alpha, \beta \in \mathbb{R} \text{ beliebig})$$

Zu dieser Lösungsmenge gehört das folgende Endschema des GAUSS'schen Eliminationsverfahrens:

1	0	0	0	–1	3
0	1	0	–1	0	1
0	0	1	1	–1	5

Ein mögliches LGS mit der angegebenen Lösungsmenge lautet also:

$$\begin{array}{ccccccccc} x_1 & & & & & - & x_5 & = & 3 \\ & x_2 & & - & x_4 & & & = & 1 \\ & & x_3 & + & x_4 & - & x_5 & = & 5 \end{array}$$

2.5.4

a) *Man zeige: Jeder affine Unterraum X_0+U von $\mathbb{R}^n$ ist Lösungsraum eines linearen Gleichungssystems.*

b) *Man bestimme nach der in a) dargestellten Methode eine Lösung für die Aufgabe 2.5.3 c).*

a) Es sei $\dim U = m$.

1. Fall: $m = 0$

Dann leistet ein lineares Gleichungssystem $\mathbf{A}X = \mathbf{A}X_0$ mit invertierbarer Matrix $\mathbf{A}$ das Verlangte, (das System ist eindeutig lösbar durch X_0).

2. Fall: $m = n$

$\mathbf{0}X = 0$ ist ein Gleichungssystem, das den ganzen $\mathbb{R}^n$ als Lösungsraum besitzt.

3. Fall: $1 \leq m < n$

Sei $A_1, \ldots, A_m$ eine Basis von U. Das lineare Gleichungssystem $\mathbf{A}X = 0$ mit $\mathbf{A} = \begin{pmatrix} A_1^\top \\ \vdots \\ A_m^\top \end{pmatrix}$ hat einen Lösungsraum der Dimension $n-m$, da $A_1, \ldots, A_m$ linear unabhängig sind. Sei $(B_1, \ldots, B_{n-m})$ eine Basis dieses Lösungsraumes.

Setze $\mathbf{B} = \begin{pmatrix} B_1^\top \\ \vdots \\ B_{n-m}^\top \end{pmatrix}$. Wegen Rang $\mathbf{B} = n-m$ hat der Lösungsraum von $\mathbf{B}X = 0$ die Dimension $n-(n-m) = m$. Jedes A_i ist aber Lösung von $\mathbf{B}X = 0$, denn

$$\mathbf{B}A_i = \begin{pmatrix} B_1^\top \\ \vdots \\ B_{n-m}^\top \end{pmatrix} A_i = \begin{pmatrix} B_1^\top A_i \\ \vdots \\ B_{n-m}^\top A_i \end{pmatrix} = \begin{pmatrix} A_i^\top B_1 \\ \vdots \\ A_i^\top B_{n-m} \end{pmatrix} = 0$$

nach Wahl der B_j. Also ist $U = L(A_1, \ldots, A_m)$ der Lösungsraum von $\mathbf{B}X = 0$. Mit $B := \mathbf{B}X_0$ ist $X_0 + U$ der Lösungsraum von $\mathbf{B}X = B$.

b) Wir lösen zunächst $\mathbf{A}X = 0$ mit $\mathbf{A} = \begin{pmatrix} 1 & 1 & 0 & 1 & 1 \\ 1 & 0 & 1 & 0 & 1 \\ 0 & 1 & -1 & 1 & 0 \end{pmatrix}$.

$\boxed{1}$	1	0	1	1	-1
1	0	1	1	1	1
0	1	-1	1	0	
$\boxed{1}$	1	0	1	1	
0	$\boxed{-1}$	1	-1	0	1
0	1	-1	1	0	1
$\boxed{1}$	1	0	1	1	
0	$\boxed{-1}$	1	-1	0	
0	0	0	0	0	

Mit $x_3 = \lambda$, $x_4 = \mu$, $x_5 = \nu$ folgt $x_2 = \lambda - \mu$ und $x_1 = -\lambda + \mu - \mu - \nu = -\lambda - \nu$. Lösung des obigen LGS ist also

$$X = \lambda \begin{pmatrix} -1 \\ 1 \\ 1 \\ 0 \\ 0 \end{pmatrix} + \mu \begin{pmatrix} 0 \\ -1 \\ 0 \\ 1 \\ 0 \end{pmatrix} + \nu \begin{pmatrix} -1 \\ 0 \\ 0 \\ 0 \\ 1 \end{pmatrix}, \quad (\lambda, \mu, \nu \in \mathbb{R}).$$

Wir setzen also

$$\mathbf{B} = \begin{pmatrix} -1 & 1 & 1 & 0 & 0 \\ 0 & -1 & 0 & 1 & 0 \\ -1 & 0 & 0 & 0 & 1 \end{pmatrix} \quad \text{und} \quad B = \mathbf{B} \begin{pmatrix} 3 \\ 2 \\ 4 \\ 1 \\ 0 \end{pmatrix} = \begin{pmatrix} 3 \\ -1 \\ -3 \end{pmatrix}.$$

Dann besitzt $\mathbf{B}X = B$ die angegebene Lösungsmenge; das ist das LGS

$$\begin{array}{rcrcrcrcrcr} -x_1 & + & x_2 & + & x_3 & & & & & = & 3 \\ & - & x_2 & & & + & x_4 & & & = & -1 \\ -x_1 & & & & & & & + & x_5 & = & -3 \end{array}.$$

2.5.5

$\mathbf{A} = (a_{ij})$ *sei* $m \times n-$*Matrix mit* $a_{ij} \in \mathbb{Z}$ *für alle* i, j. *Das Gleichungssystem* $\mathbf{A}X = 0$ *besitze eine nicht-triviale Lösung. Man zeige, daß es dann auch eine nicht-triviale Lösung* $X = \begin{pmatrix} x_1 \\ \vdots \\ x_n \end{pmatrix}$ *gibt mit* $x_i \in \mathbb{Z}$ *für* $i = 1, \ldots, n$.

Bestimmt man für das LGS eine nicht-triviale Lösung mit dem GAUSS'schen Eliminationsverfahren und wählt dabei die auftretenden freien Parameter rational, so erhält man eine rationale nicht-triviale Lösung $\begin{pmatrix} x_1 \\ \vdots \\ x_n \end{pmatrix}$ des Systems. Die elementaren Umformungen lassen sich nämlich so durchführen, daß man während der Rechnung nicht aus $\mathbb{Q}$ gelangt. Jedes Vielfache von $X = \begin{pmatrix} x_1 \\ \vdots \\ x_n \end{pmatrix}$ ist auch eine Lösung. Multipliziert man die Lösung mit dem kleinsten gemeinsamen Vielfachen aller Nenner von X, so besteht die erhaltene Lösung nur aus ganzen Zahlen.

In der folgenden Aufgabe wird ein Verfahren zur Invertierung von Matrizen behandelt. Dieses Verfahren wird hier zunächst beschrieben.

Invertierung von Matrizen

Gegeben ist eine $n \times n-$Matrix $\mathbf{A}$, gesucht eine Matrix $\mathbf{X}$ mit

$$\mathbf{AX} = \mathbf{E}.$$

Faßt man diese Gleichung auf als n Gleichungssysteme $\mathbf{A}X_i = E_i$ (X_i, E_i sind die i–te Spalte von $\mathbf{X}$ bzw. $\mathbf{E}$), so lassen sich die Systeme simultan lösen: Neben die Matrix wird die Einheitsmatrix geschrieben, und dann wird in diesem Schema durch elementare Zeilenumformungen links die Einheitsmatrix erzeugt. Hat man sie erhalten, so steht rechts die gesuchte inverse Matrix. Ist links die Einheitsmatrix nicht erzeugbar, so ist die Ausgangsmatrix nicht invertierbar.

2.5.6

Man bestimme gegebenenfalls die inverse Matrix von $\mathbf{A}$*:*

a) $\mathbf{A} = \begin{pmatrix} 1 & 2 \\ 2 & 3 \end{pmatrix}$ **b)** $\mathbf{A} = \begin{pmatrix} 1 & 2 & -4 \\ 2 & 5 & -9 \\ -1 & 1 & 2 \end{pmatrix}$

c) $\mathbf{A} = \begin{pmatrix} 2 & 3 & 4 \\ 3 & 4 & 5 \\ 4 & 5 & 6 \end{pmatrix}$ **d)** $\mathbf{A} = \begin{pmatrix} 7 & -2 & -3 \\ -5 & 1 & 2 \\ -3 & 1 & 1 \end{pmatrix}$

e) $\mathbf{A} = \begin{pmatrix} 1 & 0 & 1 & 0 \\ 0 & 1 & 1 & 0 \\ 1 & 1 & 0 & 1 \\ 1 & 1 & 1 & 0 \end{pmatrix}$

Bei der Durchführung des angegebenen Verfahrens wird wieder mit einem dreigeteilten Schema gearbeitet, wobei im rechten Teil die Rechenanleitungen stehen, die den nächsten Block ergeben.

a)

1	2	1	0	-2	
2	3	0	1	1	
1	2	1	0	1	
0	-1	-2	1	2	-1
1	0	-3	2		
0	1	2	-1		

$$\mathbf{A}^{-1} = \begin{pmatrix} -3 & 2 \\ 2 & -1 \end{pmatrix}$$

Hinweis: Eine Merkregel zur Invertierung von 2×2–Matrizen wird in Aufgabe 2.6.17 bewiesen. Wir geben sie hier aber schon an:

Merkregel zum Invertieren 2–reihiger Matrizen

$$\begin{pmatrix} a & b \\ c & d \end{pmatrix}^{-1} = \frac{1}{D} \begin{pmatrix} d & -b \\ -c & a \end{pmatrix}, \text{ wobei } D = ad - bc$$

b)

1	2	−4	1	0	0	−2	1
2	5	−9	0	1	0	1	
−1	1	2	0	0	1		1
1	2	−4	1	0	0		
0	1	−1	−2	1	0	−3	
0	3	−2	1	0	1	1	
1	2	−4	1	0	0	1	
0	1	−1	−2	1	0		1
0	0	1	7	−3	1	4	1
1	2	0	29	−12	4	1	
0	1	0	5	−2	1	−2	
0	0	1	7	−3	1		
1	0	0	19	−8	2		
0	1	0	5	−2	1		
0	0	1	7	−3	1		

$$\mathbf{A}^{-1} = \begin{pmatrix} 19 & -8 & 2 \\ 5 & -2 & 1 \\ 7 & -3 & 1 \end{pmatrix}$$

c)

2	3	4	1	0	0	−3	−2
3	4	5	0	1	0	2	
4	5	6	0	0	1		1
2	3	4	1	0	0		
0	−1	−2	−3	2	0		
0	−1	−2	−2	0	1		

Hieran erkennt man, daß die gegebene Matrix **A** nicht invertierbar ist, denn die jetzt links stehende Matrix läßt sich durch Zeilenumformungen nicht zur Einheitsmatrix umformen, da die letzten beiden Zeilen linear abhängig sind.

d)

7	−2	−3	1	0	0	5	3	
−5	1	2	0	1	0	7		
−3	1	1	0	0	1		7	
7	−2	−3	1	0	0			
0	−3	−1	5	7	0	1		
0	1	−2	3	0	7	3		
7	−2	−3	1	0	0	1		
0	−3	−1	5	7	0		1	
0	0	−7	14	7	21	$-\frac{3}{7}$	$-\frac{1}{7}$	$-\frac{1}{7}$
7	−2	0	−5	−3	−9	1		
0	−3	0	3	6	−3	$-\frac{2}{3}$	$-\frac{1}{3}$	
0	0	1	−2	−1	−3			
7	0	0	−7	−7	−7	$\frac{1}{7}$		
0	1	0	−1	−2	1			
0	0	1	−2	−1	−3			
1	0	0	−1	−1	−1			
0	1	0	−1	−2	1			
0	0	1	−2	−1	−3			

$$\mathbf{A}^{-1} = \begin{pmatrix} -1 & -1 & -1 \\ -1 & -2 & 1 \\ -2 & -1 & -3 \end{pmatrix}$$

e)

1	0	1	0	1	0	0	0	−1	−1
0	1	1	0	0	1	0	0		
1	1	0	1	0	0	1	0	1	
1	1	1	0	0	0	0	1		1
1	0	1	0	1	0	0	0		
0	1	1	0	0	1	0	0	−1	−1
0	1	−1	1	−1	0	1	0	1	
0	1	0	0	−1	0	0	1		1
1	0	1	0	1	0	0	0		
0	1	1	0	0	1	0	0		
0	0	−2	1	−1	−1	1	0		1
0	0	−1	0	−1	−1	0	1	−1	−2
1	0	1	0	1	0	0	0		1
0	1	1	0	0	1	0	0	1	
0	0	1	0	1	1	0	−1	−1	−1
0	0	0	1	1	1	1	−2		
1	0	0	0	0	−1	0	1		
0	1	0	0	−1	0	0	1		
0	0	1	0	1	1	0	−1		
0	0	0	1	1	1	1	−2		

$$\mathbf{A}^{-1} = \begin{pmatrix} 0 & -1 & 0 & 1 \\ -1 & 0 & 0 & 1 \\ 1 & 1 & 0 & -1 \\ 1 & 1 & 1 & -2 \end{pmatrix}$$

2.5.7

Man untersuche jeweils, ob **A** *und* **B** *denselben Rang haben. Wenn ja, gebe man invertierbare Matrizen* **S** *und* **T** *derart an, daß* $\mathbf{A} = \mathbf{SBT}$ *ist.*

a) $\mathbf{A} = \begin{pmatrix} 2 & -6 \\ -2 & 4 \end{pmatrix} \quad \mathbf{B} = \begin{pmatrix} 1 & -1 \\ 0 & 1 \end{pmatrix}$

b) $\mathbf{A} = \begin{pmatrix} 1 & -1 & 1 \\ 3 & -1 & 3 \\ 1 & 0 & 1 \end{pmatrix} \quad \mathbf{B} = \begin{pmatrix} 1 & -2 & 1 \\ 2 & 0 & 1 \\ -3 & -2 & 0 \end{pmatrix}$

a) Man erkennt direkt, daß der Rang beider Matrizen 2 ist. Damit sind **A** und **B** invertierbare Matrizen. Wählt man also $\mathbf{S} = \mathbf{B}^{-1}$ und $\mathbf{T} = \mathbf{A}$, so gilt die geforderte Gleichung. Man erhält: $\mathbf{B}^{-1} = \begin{pmatrix} 1 & 1 \\ 0 & 1 \end{pmatrix}$ (das läßt sich im Kopf ausrechnen!)

b) Die Rangbestimmung wird jeweils wie üblich durchgeführt.

$$\mathbf{A} \rightsquigarrow \begin{pmatrix} 1 & -1 & 1 \\ 0 & 2 & 0 \\ 0 & 1 & 0 \end{pmatrix} \rightsquigarrow \begin{pmatrix} 1 & -1 & 1 \\ 0 & 2 & 0 \\ 0 & 0 & 0 \end{pmatrix}$$

Der Rang von **A** ist also 2.

$$\mathbf{B} \rightsquigarrow \begin{pmatrix} 1 & -2 & 1 \\ 0 & 4 & -1 \\ 0 & -8 & 3 \end{pmatrix} \rightsquigarrow \begin{pmatrix} 1 & -2 & 1 \\ 0 & 4 & -1 \\ 0 & 0 & 1 \end{pmatrix}$$

Der Rang von **B** ist 3. Die Angabe von **S** und **T** entfällt damit.

Der Fall, daß **A** und **B** gleichen aber nicht vollen Rang besitzen, wird im Abschnitt 4.3 behandelt.

2.5.8

Es sei $\mathbf{A} = \begin{pmatrix} 2 & 1 & -1 \\ -1 & 1 & 1 \\ 3 & 2 & -1 \end{pmatrix}$ *und* $\mathbf{B} = \begin{pmatrix} 2 & 0 & 1 \\ -1 & 1 & 1 \\ -3 & 2 & -1 \end{pmatrix}$. *Man löse die Matrizengleichungen* $\mathbf{AX} = \mathbf{B}$ *und* $\mathbf{XB} = \mathbf{A}$, *falls diese eindeutig lösbar sind.*

Die Matrizengleichungen sind genau dann eindeutig lösbar, wenn (im 1. Fall) **A** und (im 2. Fall) **B** invertierbar sind. Dann gilt:

$\mathbf{AX} = \mathbf{B}$ hat die Lösung $\mathbf{X} = \mathbf{A}^{-1}\mathbf{B}$.

$\mathbf{XB} = \mathbf{A}$ hat die Lösung $\mathbf{X} = \mathbf{AB}^{-1}$.

Zur Berechnung von **X** kann man im 1. Fall auch wie folgt vorgehen. Bei der Gleichung $\mathbf{AX} = \mathbf{B}$ schreibe man neben die Matrix **A** die Matrix **B** und bringe in diesem Schema den linken Teil auf die Einheitsmatrix. Dann steht rechts die gesuchte Matrix **X**.

2	1	−1	2	0	1	1	
−1	1	1	−1	1	1	2	3
3	2	−1	−3	2	−1		1
−1	1	1	−1	1	1		
0	3	1	0	2	3	−5	
0	5	2	−6	5	2	3	
−1	1	1	−1	1	1		1
0	3	1	0	2	3	1	
0	0	1	−18	5	−9	−1	−1
−1	1	0	17	−4	10	−1	
0	3	1	0	2	3	$\frac{1}{3}$	$\frac{1}{3}$
0	0	1	−18	5	9		
1	0	0	−11	3	−6		
0	1	0	6	−1	4		
0	0	1	−18	5	−9		

Die Matrizengleichung $\mathbf{AX} = \mathbf{B}$ hat also die Lösung:

$$\mathbf{X} = \begin{pmatrix} -11 & 3 & -6 \\ 6 & -1 & 4 \\ -18 & 5 & -9 \end{pmatrix}$$

Im 2. Fall $\mathbf{XB} = \mathbf{A}$ betrachte man die durch Transponieren entstehende Gleichung $\mathbf{B}^\top \mathbf{X}^\top = \mathbf{A}^\top$ (beachte hierbei die Aufgabe 2.4.9!) und gehe dann wie im ersten Fall vor.

2	−1	−3	2	−1	3	1		
0	1	2	1	1	2			
1	1	−1	−1	1	−1	−2		
1	1	−1	−1	1	−1			
0	1	2	1	1	2	3		
0	−3	−1	4	−3	5	1		
1	1	−1	−1	1	−1	5		
0	1	2	1	1	2		5	
0	0	5	7	0	11	1	−2	
5	5	0	2	5	7	$\frac{1}{5}$		
0	5	0	−9	5	−12	$-\frac{1}{5}$	$\frac{1}{5}$	
0	0	5	7	0	11			$\frac{1}{5}$
1	0	0	$\frac{11}{5}$	0	$\frac{18}{5}$			
0	1	0	$-\frac{9}{5}$	1	$-\frac{12}{5}$			
0	0	1	$\frac{7}{5}$	0	$\frac{11}{5}$			

Die Matrizengleichung $\mathbf{XB} = \mathbf{A}$ hat also die Lösung:

$$\mathbf{X} = \begin{pmatrix} \frac{11}{5} & -\frac{9}{5} & \frac{7}{5} \\ 0 & 1 & 0 \\ \frac{18}{5} & -\frac{12}{5} & \frac{11}{5} \end{pmatrix}$$

2.5.9

Sei $\mathbf{A} = \begin{pmatrix} 2 & 0 & 0 \\ 1 & 2 & 0 \\ 0 & 0 & -1 \end{pmatrix}$. *Man berechne* $\mathbf{A}^3 - 3\mathbf{A}^2 + 4\mathbf{E}$ *und verwende das Ergebnis zur Berechnung von* $\mathbf{A}^{-1}$.

Zunächst erhält man:

$$\mathbf{A}^2 = \begin{pmatrix} 2 & 0 & 0 \\ 1 & 2 & 0 \\ 0 & 0 & -1 \end{pmatrix} \begin{pmatrix} 2 & 0 & 0 \\ 1 & 2 & 0 \\ 0 & 0 & -1 \end{pmatrix} = \begin{pmatrix} 4 & 0 & 0 \\ 4 & 4 & 0 \\ 0 & 0 & 1 \end{pmatrix}$$

$$\mathbf{A}^3 = \begin{pmatrix} 4 & 0 & 0 \\ 4 & 4 & 0 \\ 0 & 0 & 1 \end{pmatrix} \begin{pmatrix} 2 & 0 & 0 \\ 1 & 2 & 0 \\ 0 & 0 & -1 \end{pmatrix} = \begin{pmatrix} 8 & 0 & 0 \\ 12 & 8 & 0 \\ 0 & 0 & -1 \end{pmatrix}$$

$$\mathbf{A}^3 - 3\mathbf{A}^2 + 4\mathbf{E} = \begin{pmatrix} 8 & 0 & 0 \\ 12 & 8 & 0 \\ 0 & 0 & -1 \end{pmatrix} - \begin{pmatrix} 12 & 0 & 0 \\ 12 & 12 & 0 \\ 0 & 0 & 3 \end{pmatrix} + \begin{pmatrix} 4 & 0 & 0 \\ 0 & 4 & 0 \\ 0 & 0 & 4 \end{pmatrix} = \mathbf{0}$$

Aus $\mathbf{A}^3 - 3\mathbf{A}^2 + 4\mathbf{E} = \mathbf{0}$ folgt $4\mathbf{E} = 3\mathbf{A}^2 - \mathbf{A}^3$ oder:

$$\mathbf{E} = \mathbf{A}\,(\frac{3}{4}\,\mathbf{A} - \frac{1}{4}\,\mathbf{A}^2)$$

Also gilt:

$$\mathbf{A}^{-1} = \frac{3}{4}\,\mathbf{A} - \frac{1}{4}\,\mathbf{A}^2 = \begin{pmatrix} \frac{1}{2} & 0 & 0 \\ -\frac{1}{4} & \frac{1}{2} & 0 \\ 0 & 0 & -1 \end{pmatrix}$$

2.5.10

Man gebe jeweils $2 \times 2-$*Matrizen* $\mathbf{A}$ *und* $\mathbf{B}$ *an mit:*
(α) $rg\,(\mathbf{A} + \mathbf{B}) < min\{rg\,(\mathbf{A}), rg\,(\mathbf{B})\}$
(β) $rg\,(\mathbf{A} + \mathbf{B}) = rg\,(\mathbf{A}) = rg\,(\mathbf{B})$
(γ) $rg\,(\mathbf{A} + \mathbf{B}) > max\{rg\,(\mathbf{A}), rg\,(\mathbf{B})\}$

(α) Wähle z. B. $\mathbf{A} = \begin{pmatrix} 1 & 0 \\ 0 & 0 \end{pmatrix}$ und $\mathbf{B} = -\mathbf{A}$.

(β) Hier kann man z. B. $\mathbf{A} = \mathbf{B} = \begin{pmatrix} 1 & 0 \\ 0 & 0 \end{pmatrix}$ wählen.

(γ) Setze hier z. B. $\mathbf{A} = \begin{pmatrix} 1 & 0 \\ 0 & 0 \end{pmatrix}$ und $\mathbf{B} = \begin{pmatrix} 0 & 0 \\ 0 & 1 \end{pmatrix}$.

2.5.11

Man zeige: Ist $\mathbf{A}$ eine $n \times n$–Matrix und gilt für alle $n \times n$–Matrizen $\mathbf{B}$ die Gleichung $\mathbf{AB} = \mathbf{BA}$, so gibt es ein $\alpha \in \mathbb{R}$ mit $\mathbf{A} = \alpha\mathbf{E}$.

Wir betrachten nur den Fall $n \geq 2$. Sonst ist nichts zu zeigen.
Es sei $\mathbf{A} = (a_{ij})$. Wir zeigen zunächst, daß alle Elemente außerhalb der Hauptdiagonale von $\mathbf{A}$ Null sein müssen. Betrachte dazu ein Element a_{kl} mit $k \neq l$. $\mathbf{A}$ soll mit allen Matrizen $\mathbf{B}$ vertauschbar sein. Wir betrachten die spezielle Matrix $\mathbf{B} = (b_{ij})$ mit $b_{ll} = 1$ und $b_{ij} = 0$ sonst. Im Produkt $\mathbf{AB}$ steht an der Stelle (k, l) die Zahl a_{kl}, im Produkt $\mathbf{BA}$ steht an dieser Stelle 0, da $k \neq l$. Also gilt $a_{kl} = 0$ für $k \neq l$.
Es bleibt zu zeigen, daß die Diagonalelemente von $\mathbf{A}$ alle gleich sind. Betrachte dazu Indizes k, l mit $k \neq l$. Nun multipliziere man $\mathbf{A}$ mit der speziellen Matrix $\mathbf{B} = (b_{ij})$, wobei $b_{kl} = 1$ und $b_{ij} = 0$ sonst. Im Produkt $\mathbf{AB}$ steht an der Stelle (k, l) dann gerade a_{kk}, im Produkt $\mathbf{BA}$ dagegen a_{ll}. Da die Produkte gleich sein sollen, muß gelten: $a_{kk} = a_{ll}$
Damit müssen in $\mathbf{A}$ alle Diagonalelemente übereinstimmen, d. h. es gibt ein $\alpha \in \mathbb{R}$ mit $\mathbf{A} = \alpha\mathbf{E}$.

2.5.12

$\mathbf{A}$ sei eine $m \times n$–Matrix. Man zeige:
Entweder besitzt das Gleichungssystem $\mathbf{A}X = B$ eine Lösung, oder das Gleichungssystem $\mathbf{A}^\top Y = 0$, $\mathbf{B}^\top Y = 1$ besitzt eine Lösung.

Zu zeigen ist:
1. $\mathbf{A}X = B$ lösbar $\Longrightarrow$ $\mathbf{A}^\top Y = 0$, $\mathbf{B}^\top Y = 1$ nicht lösbar
2. $\mathbf{A}X = B$ nicht lösbar $\Longrightarrow$ $\mathbf{A}^\top Y = 0$, $\mathbf{B}^\top Y = 1$ lösbar

Zu 1) Sei $\mathbf{A}X = B$ lösbar.
Annahme: Auch $\mathbf{A}^\top Y = 0$, $\mathbf{B}^\top Y = 1$ ist lösbar. Dann folgt:

$$1 = \mathbf{B}^\top Y = (\mathbf{A}X)^\top Y = (\mathbf{X}^\top \mathbf{A}^\top) Y = \mathbf{X}^\top(\mathbf{A}^\top Y) = \mathbf{X}^\top 0 = 0$$

Dies ist ein Widerspruch.
Zu 2) Sei $\mathbf{A}X = B$ nicht lösbar.
Ist $rg\,\mathbf{A} = r$ und bezeichnet $(\mathbf{A}|B)$ die erweiterte Matrix, so gilt wegen der Nicht–Lösbarkeit $rg\,(\mathbf{A}|B) = r + 1$. Für die Ränge gilt ferner $rg\,\mathbf{A} = rg\,\mathbf{A}^\top$ und

$$rg\,(\mathbf{A}|B) = rg\,(\mathbf{A}|B)^\top = rg \begin{pmatrix} \mathbf{A}^\top \\ B^\top \end{pmatrix}.$$

Nun betrachte man das Gleichungssystem $\mathbf{A}^\top Y = 0,\ \mathbf{B}^\top Y = 1$. Die Koeffizientenmatrix dieses Systems lautet $\begin{pmatrix} \mathbf{A}^\top \\ B^\top \end{pmatrix}$, hat also den Rang $r+1$. Die erweiterte Matrix dieses Gleichungssystems lautet $\begin{pmatrix} \mathbf{A}^\top & 0 \\ B^\top & 1 \end{pmatrix}$. Wegen $r = rg\,\mathbf{A}^\top = rg\,(\mathbf{A}|0)$ hat auch diese Matrix den Rang $r+1$. Also ist das Gleichungssystem $\mathbf{A}^\top Y = 0,\ \mathbf{B}^\top Y = 1$ lösbar.

2.5.13

Sind $\mathbf{A}, \mathbf{B}$ *invertierbare* $n \times n$*–Matrizen, so ist auch* $\mathbf{AB}$ *invertierbar, und es gilt* $(\mathbf{AB})^{-1} = \mathbf{B}^{-1}\mathbf{A}^{-1}$.

Wir berechnen das Matrizenprodukt $(\mathbf{AB})(\mathbf{B}^{-1}\mathbf{A}^{-1})$. Unter Ausnutzung der Assoziativität der Matrizenmultiplikation folgt:

$$(\mathbf{AB})(\mathbf{B}^{-1}\mathbf{A}^{-1}) = \mathbf{A}(\mathbf{BB}^{-1})\mathbf{A}^{-1} = \mathbf{AEA}^{-1} = \mathbf{AA}^{-1} = \mathbf{E}$$

Entsprechend folgt $(\mathbf{B}^{-1}\mathbf{A}^{-1})(\mathbf{AB}) = \mathbf{E}$. Also ist eine Matrix $\mathbf{C}$ gefunden mit $(\mathbf{AB})\mathbf{C} = \mathbf{C}(\mathbf{AB}) = \mathbf{E}$, d. h. $\mathbf{AB}$ ist invertierbar. Wegen $\mathbf{C} = \mathbf{B}^{-1}\mathbf{A}^{-1}$ folgt die zweite Behauptung.

2.5.14

$\mathbf{A}$ *sei* $n \times n$*–Matrix. Man zeige, daß es eindeutig bestimmte Matrizen* $\mathbf{B}$ *und* $\mathbf{C}$ *derart gibt, daß* $\mathbf{B}$ *symmetrisch ist,* $\mathbf{C}$ *schiefsymmetrisch ist und* $\mathbf{A} = \mathbf{B} + \mathbf{C}$ *gilt.*
(Eine $n \times n$*–Matrix* $\mathbf{A}$ *heißt* **symmetrisch**, *falls* $\mathbf{A} = \mathbf{A}^\top$ *gilt, und* **schiefsymmetrisch**, *falls* $\mathbf{A} = -\mathbf{A}^\top$*.)*

Wir müssen die *Existenz* und die *Eindeutigkeit* von $\mathbf{B}$ und $\mathbf{C}$ zeigen.
Existenz: Wir setzen $\mathbf{B} = \frac{1}{2}(\mathbf{A} + \mathbf{A}^\top)$. Diese Matrix ist symmetrisch, da $(\mathbf{A} + \mathbf{A}^\top)^\top = \mathbf{A}^\top + (\mathbf{A}^\top)^\top = \mathbf{A} + \mathbf{A}^\top$. Ferner wird $\mathbf{C} = \frac{1}{2}(\mathbf{A} - \mathbf{A}^\top)$ gesetzt. $\mathbf{C}$ ist schiefsymmetrisch, wie man entsprechend nachrechnet. Nun gilt:

$$\mathbf{B} + \mathbf{C} = \frac{1}{2}(\mathbf{A} + \mathbf{A}^\top) + \frac{1}{2}(\mathbf{A} - \mathbf{A}^\top) = \mathbf{A}$$

Eindeutigkeit: Angenommen es gilt $\mathbf{A} = \mathbf{B}_1 + \mathbf{C}_1 = \mathbf{B}_2 + \mathbf{C}_2$, wobei $\mathbf{B}_1$ und $\mathbf{B}_2$ symmetrisch sind und $\mathbf{C}_1$ sowie $\mathbf{C}_2$ schiefsymmetrisch. Ferner sei $\mathbf{B}_1 \neq \mathbf{B}_2$ oder $\mathbf{C}_1 \neq \mathbf{C}_2$. Aus der Annahme folgt durch Subtraktion
(*) $\quad \mathbf{0} = (\mathbf{B}_1 - \mathbf{B}_2) + (\mathbf{C}_1 - \mathbf{C}_2)$.
Dabei ist $\mathbf{B}_1 - \mathbf{B}_2$ wieder eine symmetrische Matrix und $\mathbf{C}_1 - \mathbf{C}_2$ eine schiefsymmetrische Matrix, wie man sofort mittels der Definition einsieht.
In $\mathbf{D} = (d_{ij}) := \mathbf{B}_1 - \mathbf{B}_2$ muß dann $d_{ii} = 0$ für alle i gelten, da die schiefsymmetrische Matrix $\mathbf{C}_1 - \mathbf{C}_2$ Nullen auf der Hauptdiagonale besitzt und sonst als

Summe dieser Matrizen nicht die Nullmatrix entstehen könnte. Angenommen es ist ein $d_{ij} \neq 0$ für $i \neq j$. Wegen $d_{ij} = d_{ji}$ muß dann in $\mathbf{F} = (f_{ij}) := \mathbf{C}_1 - \mathbf{C}_2$ wegen (*) $f_{ij} = -d_{ij}$ und $f_{ji} = -d_{ji}$ gelten. Dies ist aber wegen $d_{ij} = d_{ji} \neq 0$ ein Widerspruch zur Schiefsymmetrie von $\mathbf{F}$. Damit muß $\mathbf{B}_1 = \mathbf{B}_2$ gelten. Die Annahme $\mathbf{C}_1 \neq \mathbf{C}_2$ führt entsprechend zum Widerspruch.

2.5.15

Man zeige: Das Gleichungssystem $\mathbf{A}X = 0$, bei dem $\mathbf{A}$ eine schiefsymmetrische $3 \times 3-$Matrix ist, besitzt eine nicht–triviale Lösung.

Die Matrix $\mathbf{A}$ hat wegen der Schiefsymmetrie das Aussehen:

$$\mathbf{A} = \begin{pmatrix} 0 & a & b \\ -a & 0 & c \\ -b & -c & 0 \end{pmatrix}$$

Für $\mathbf{A} = \mathbf{0}$ ist die Aussage klar. Für $\mathbf{A} \neq \mathbf{0}$ kann man nun entweder zeigen, daß $\mathbf{A}$ den Rang 2 besitzt (dazu ist eine Fallunterscheidung für a, b, c notwendig), oder direkt eine nicht–triviale Lösung angeben. Der zweite Weg ist einfacher. Wählt man nämlich $x_2 = -b$ und $x_3 = a$, so ist die erste Gleichung erfüllt. Mit $x_1 = c$ sind dann auch die anderen beiden Gleichungen erfüllt. Da nach Voraussetzung $\mathbf{A} \neq \mathbf{0}$ ist, liefert

$$\begin{pmatrix} x_1 \\ x_2 \\ x_3 \end{pmatrix} = \begin{pmatrix} c \\ -b \\ a \end{pmatrix}$$

eine nicht–triviale Lösung von $\mathbf{A}X = 0$.

Ein weiterer (kürzerer) Beweisgang geht wie folgt:
Ist $\mathbf{A}$ schiefsymmetrisch, so ist $\mathbf{A} = -\mathbf{A}^\top$.
Also folgt $|\mathbf{A}| = (-1)^3|\mathbf{A}^\top| = -|\mathbf{A}^\top|$, d.h. $|\mathbf{A}| = 0$. Daher hat $\mathbf{A}X = 0$ eine nicht-triviale Lösung.

2.6 Determinanten

Determinanten von $n \times n-$Matrizen über $\mathbb{R}$ (allgemeiner über einem Körper K) werden **induktiv** definiert.

Definition der Determinante

1. $\mathbf{A} = \begin{pmatrix} a & b \\ c & d \end{pmatrix} \implies \det \mathbf{A} := \begin{vmatrix} a & b \\ c & d \end{vmatrix} := ad - bc$

2. Ist $\mathbf{A} = (a_{ij})$ eine $n \times n-$Matrix mit $n \geq 3$, so ist
$$\det \mathbf{A} := \sum_{j=1}^{n} (-1)^{1+j} \cdot a_{1j} \cdot \det(\mathbf{A}_{1j}),$$
wobei $\mathbf{A}_{1j}$ diejenige Matrix ist, die aus $\mathbf{A}$ durch Streichung der ersten Zeile und j-ten Spalte entsteht.

Die Berechnung einer Determinante kann häufig durch Ausnutzung der folgenden Eigenschaften vereinfacht werden.

Eigenschaften der Determinante

1. Das Vorzeichen der Determinante ändert sich, wenn man zwei Zeilen (Spalten) vertauscht.

2. Der Wert der Determinante ändert sich nicht, wenn man ein Vielfaches einer Zeile (Spalte) zu einer anderen Zeile (Spalte) addiert.

3. Aus einer Zeile (Spalte) kann ein gemeinsamer Faktor vor die Determinante gezogen werden.
Insbesondere ist also $\det r\mathbf{A} = r^n \det \mathbf{A}$.

Die Eigenschaften 1. - 3. beschreiben die Wirkung elementarer Umformungen (siehe Seite 91) an $\mathbf{A}$ auf $\det \mathbf{A}$.

4. Nennt man die Regel 2. in der induktiven Definition die *Entwicklung nach der ersten Zeile*, so kann man diese Regel ersetzen durch Entwicklung nach einer beliebigen Zeile oder Spalte.

5. $\det \mathbf{A} = 0$ gilt genau dann, wenn die Zeilen (Spalten) von $\mathbf{A}$ linear abhängig sind.

6. $\det \mathbf{A} = \det \mathbf{A}^\top$ $\qquad$ $\det \mathbf{AB} = \det \mathbf{A} \cdot \det \mathbf{B}$

7. Bezeichnet man mit γ_n die Menge der Permutationen der Menge $\{1, \ldots, n\}$ und für $\pi \in \gamma_n$ das *Vorzeichen* von π durch
$sgn(\pi) = \begin{cases} 1 & \text{falls } \pi \text{ gerade Permutation} \\ -1 & \text{falls } \pi \text{ ungerade Permutation} \end{cases}$, so gilt:
$$\det \mathbf{A} = \sum_{\pi \in \gamma_n} sgn(\pi) \cdot a_{1\pi(1)} \cdot a_{2\pi(2)} \cdot \ldots \cdot a_{n\pi(n)}$$

Als Anwendungen von Determinanten seien hier die folgenden vier Sätze erwähnt.

Wichtige Sätze

1. Im $\mathbb{R}^2$ ist der Betrag der Determinante det $\mathbf{A}$ gleich dem Flächeninhalt des von den Zeilen- (Spalten-) Vektoren der Matrix $\mathbf{A}$ aufgespannten Parallelogramms.

2. Im $\mathbb{R}^3$ ist der Betrag der Determinante det $\mathbf{A}$ gleich dem Volumen des von den Zeilen- (Spalten-) Vektoren der Matrix $\mathbf{A}$ aufgespannten Spats.

3. Ist $\mathbf{A}X = B$ quadratisches LGS mit n Unbekannten und $\det \mathbf{A} \neq 0$, so besitzt es genau eine Lösung, und diese berechnet sich durch:

$$x_i = \frac{\det\,(A_1|\ldots|A_{i-1}|B|A_{i+1}|\ldots|A_n)}{\det \mathbf{A}} \qquad i = 1, \ldots, n$$

(Cramersche Regel)

4. $\mathbf{A}$ ist invertierbar genau dann, wenn $\det \mathbf{A} \neq 0$.
$\mathbf{A}^{-1} = (c_{ij})$ läßt sich dann berechnen durch:

$$c_{ij} = \frac{(-1)^{i+j} \cdot \det \mathbf{A}_{ji}}{\det \mathbf{A}}$$

Dabei entsteht die Matrix $\mathbf{A}_{ji}$ aus $\mathbf{A}$ durch Streichung der j–ten Zeile und i–ten Spalte.

2.6.1

Man berechne die folgenden Determinanten:

a) $\begin{vmatrix} 1 & 3 \\ 2 & 5 \end{vmatrix}$ b) $\begin{vmatrix} 2 & -2 \\ -2 & 2 \end{vmatrix}$ c) $\begin{vmatrix} 4 & 7 \\ -8 & 12 \end{vmatrix}$

d) $\begin{vmatrix} 3 & 1 & 2 \\ 4 & 1 & 3 \\ -1 & 1 & 5 \end{vmatrix}$ e) $\begin{vmatrix} 5 & -2 & 8 \\ -7 & 11 & 3 \\ 2 & -9 & -11 \end{vmatrix}$ f) $\begin{vmatrix} 1 & 0 & 1 \\ 1 & 1 & 0 \\ 0 & 1 & 1 \end{vmatrix}$

a) Die Determinante ergibt sich zu:

$$\begin{vmatrix} 1 & 3 \\ 2 & 5 \end{vmatrix} = 1 \cdot 5 - 3 \cdot 2 = -1$$

b) Entsprechend folgt:

$$\begin{vmatrix} 2 & -2 \\ -2 & 2 \end{vmatrix} = 2 \cdot 2 - (-2) \cdot (-2) = 0$$

c)
$$\begin{vmatrix} 4 & 7 \\ -8 & 12 \end{vmatrix} = 4 \cdot 12 - 7 \cdot (-8) = 104$$

d) Nach Definition einer 3-reihigen Determinante erhalten wir:

$$\begin{vmatrix} 3 & 1 & 2 \\ 4 & 1 & 3 \\ -1 & 1 & 5 \end{vmatrix} = 3 \cdot \begin{vmatrix} 1 & 3 \\ 1 & 5 \end{vmatrix} - 1 \cdot \begin{vmatrix} 4 & 3 \\ -1 & 5 \end{vmatrix} + 2 \cdot \begin{vmatrix} 4 & 1 \\ -1 & 1 \end{vmatrix}$$

$$= 3 \cdot (1 \cdot 5 - 3 \cdot 1) - (4 \cdot 5 - 3 \cdot (-1)) + 2 \cdot (4 \cdot 1 - 1 \cdot (-1)) = 15 - 9 - 20 - 3 + 8 + 2 = -7$$

e) Die Berechnung unter d) zeigt, daß eine 3-reihige Determinante nach der folgenden Regel von SARRUS berechnet werden kann. Wie im folgenden Schema angedeutet (die ersten beiden Spalten rechts anfügen!),

Regel von SARRUS

(nur für 3–reihige Determinanten!)

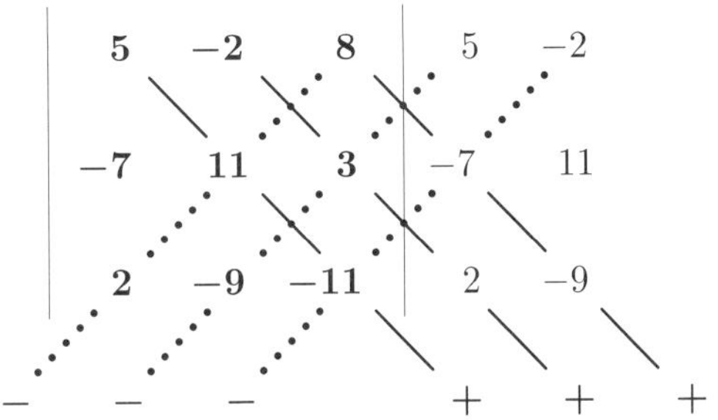

addiert man die Produkte der sog. Hauptdiagonalglieder,
also $5 \cdot 11 \cdot (-11)$, $(-2) \cdot 3 \cdot 2$, $8 \cdot (-7) \cdot (-9)$ und
subtrahiert die Produkte der sog. Nebendiagonalglieder,
also $8 \cdot 11 \cdot 2$, $5 \cdot 3 \cdot (-9)$, $(-2) \cdot (-7) \cdot (-11)$.

Damit erhält man:

$$\begin{vmatrix} 5 & -2 & 8 \\ -7 & 11 & 3 \\ 2 & -9 & -11 \end{vmatrix} = -605 - 12 + 504 - 176 - (-135) - (-154) = 0$$

f) Entsprechend e) folgt hier: $\begin{vmatrix} 1 & 0 & 1 \\ 1 & 1 & 0 \\ 0 & 1 & 1 \end{vmatrix} = 1 + 0 + 1 - 0 - 0 - 0 = 2$

2.6.2

Man berechne die folgenden Determinanten:

a) $\begin{vmatrix} 2 & 1 & 0 & -2 \\ 1 & 3 & 3 & -1 \\ 3 & 2 & 4 & -3 \\ 2 & -2 & 2 & 3 \end{vmatrix}$ **b)** $\begin{vmatrix} 1 & 0 & -3 & 0 & 9 \\ 3 & 7 & 10 & 3 & 17 \\ 4 & 0 & 11 & 0 & 1 \\ 6 & 0 & 8 & 0 & -3 \\ 5 & 1 & 6 & -1 & 8 \end{vmatrix}$

a) Wir wenden hier zunächst die vorn angegebene Eigenschaft 2 an. Es wird daher das (-2)-fache der zweiten Spalte zur ersten Spalte addiert und dann das 2-fache der zweiten Spalte zur letzten Spalte. Damit folgt:

$$\begin{vmatrix} 2 & 1 & 0 & -2 \\ 1 & 3 & 3 & -1 \\ 3 & 2 & 4 & -3 \\ 2 & -2 & 2 & 3 \end{vmatrix} = \begin{vmatrix} 0 & 1 & 0 & 0 \\ -5 & 3 & 3 & 5 \\ -1 & 2 & 4 & 1 \\ 6 & -2 & 2 & -1 \end{vmatrix}$$

Nun entwickeln wir die Determinante nach der ersten Zeile und erhalten damit weiter:

$$= (-1) \cdot \begin{vmatrix} -5 & 3 & 5 \\ -1 & 4 & 1 \\ 6 & 2 & -1 \end{vmatrix}$$

Diese Determinante kann wie in Aufgabe 1 e) weiter berechnet werden:

$$\begin{aligned} &= (-1)\,((-5) \cdot 4 \cdot (-1) + 3 \cdot 1 \cdot 6 + 5 \cdot (-1) \cdot 2 \\ &\qquad - 5 \cdot 4 \cdot 6 - 3 \cdot (-1) \cdot (-1) - (-5) \cdot 1 \cdot 2) \\ &= (-1)\,(20 + 18 - 10 - 120 - 3 + 10) = 85 \end{aligned}$$

b) Wir verfahren wie eben, addieren das 3-fache der letzten Zeile zur 2. Zeile und erhalten dadurch in der vierten Spalte vier Nullen.

$$\begin{vmatrix} 1 & 0 & -3 & 0 & 9 \\ 3 & 7 & 10 & 3 & 17 \\ 4 & 0 & 11 & 0 & 1 \\ 6 & 0 & 8 & 0 & -3 \\ 5 & 1 & 6 & -1 & 8 \end{vmatrix} = \begin{vmatrix} 1 & 0 & -3 & 0 & 9 \\ 18 & 10 & 28 & 0 & 41 \\ 4 & 0 & 11 & 0 & 1 \\ 6 & 0 & 8 & 0 & -3 \\ 5 & 1 & 5 & -1 & 8 \end{vmatrix} =$$

Nun wird erst nach der vierten Spalte und anschließend nach der zweiten Spalte entwickelt:

$$= -(-1) \cdot \begin{vmatrix} 1 & 0 & -3 & 9 \\ 18 & 10 & 28 & 41 \\ 4 & 0 & 11 & 1 \\ 6 & 0 & 8 & -3 \end{vmatrix} = 10 \cdot \begin{vmatrix} 1 & -3 & 9 \\ 4 & 11 & 1 \\ 6 & 8 & -3 \end{vmatrix} =$$

Die Regel von SARRUS liefert weiter:

$$= 10 \cdot (-33 - 18 + 288 - 594 - 8 - 36) = -4010$$

2.6.3

Man bestimme diejenigen reellen Zahlen a, für die die Determinante 0 wird.

$$\begin{vmatrix} a+1 & a & 3 & 2-a \\ a+2 & 2 & 8 & a \\ 2 & 1 & 3 & 1 \\ -a & -1 & a-5 & 1-a \end{vmatrix}$$

Wir erzeugen durch elementare Umformungen in der dritten Zeile 3 Nullen und entwickeln dann nach der dritten Zeile:

$$\begin{vmatrix} a+1 & a & 3 & 2-a \\ a+2 & 2 & 8 & a \\ 2 & 1 & 3 & 1 \\ -a & -1 & a-5 & 1-a \end{vmatrix} = \begin{vmatrix} -a+1 & a & 3-3a & 2-2a \\ a-2 & 2 & 2 & a-2 \\ 0 & 1 & 0 & 0 \\ -a+2 & -1 & a-2 & 2-a \end{vmatrix} =$$

$$= - \begin{vmatrix} 1-a & 3(1-a) & 2(1-a) \\ a-2 & 2 & a-2 \\ 2-a & -(2-a) & 2-a \end{vmatrix} =$$

Aus der ersten und dritten Zeile werden nun die gemeinsamen Faktoren vor die Determinante gezogen, und die verbleibende dreizeilige Determinante wird dann mit der Regel von SARRUS berechnet.

$$= -(1-a)\,(2-a) \begin{vmatrix} 1 & 3 & 2 \\ a-2 & 2 & a-2 \\ 1 & -1 & 1 \end{vmatrix} =$$

$= -(1-a)\,(2-a)\,(2+3(a-2)-2(a-2)-4+(a-2)-3(a-2))$
$= (1-a)\,(2-a)a$

Die Determinante ist also genau dann 0 wenn $a=0$ oder $a=1$ oder $a=2$ ist.

2.6.4

Man berechne die folgende n-reihige Determinante $(n \geq 2)$

$$\begin{vmatrix} x & 1 & . & . & . & 1 \\ 1 & x & . & . & . & 1 \\ & & & . & & \\ & & & . & & \\ & & & . & & \\ 1 & . & . & . & 1 & x \end{vmatrix} =: f(x)$$

und gebe insbesondere $f(0)$ *und alle Nullstellen von* f *an.*

Zur Berechnung der Determinante wird zunächst die letzte Zeile von jeder Zeile subtrahiert, anschließend werden alle Spalten zur letzten Spalte addiert. Man erhält:

$$\begin{vmatrix} x & 1 & . & . & . & 1 \\ 1 & x & . & . & . & 1 \\ & & . & & & \\ & & . & & & \\ & & . & & & \\ 1 & . & . & . & 1 & x \end{vmatrix} = \begin{vmatrix} x-1 & 0 & . & . & 0 & 1-x \\ 0 & x-1 & . & . & . & 1-x \\ . & & & & & . \\ . & & & & 0 & . \\ 0 & & . & . & 0 \;\; x-1 & 1-x \\ 1 & & . & . & 1 \;\; 1 & x \end{vmatrix} =$$

$$= \begin{vmatrix} x-1 & 0 & . & . & . & 0 \\ 0 & x-1 & 0 & . & . & 0 \\ . & & & & & . \\ . & & & & & . \\ 0 & . & . & 0 & x-1 & 0 \\ 1 & . & . & 1 & 1 & x+(n-1) \end{vmatrix}$$

Da hier oberhalb der Hauptdiagonalen nur Nullen stehen, ergibt sich die Determinante als Produkt der Hauptdiagonalglieder. Dies erkennt man durch sukzessive Entwicklung nach der ersten Zeile, anschließend nach der zweiten Zeile usw. , oder durch Anwendung der vorn genannten Eigenschaft 7 der Determinante. Es folgt also:

$$f(x) = (x-1)^{n-1} \cdot (x + (n-1))$$

1 und $1-n$ sind damit die einzigen Nullstellen von f.
Ferner gilt: $f(0) = (-1)^{n-1} \cdot (n-1)$

2.6.5

A *sei* $n \times n-$*Matrix, und es gebe eine Zerlegung von* **A** *in vier Teilmatrizen*

$$\mathbf{A} = \begin{pmatrix} \mathbf{B}_{11} & \mathbf{B}_{12} \\ \mathbf{B}_{21} & \mathbf{B}_{22} \end{pmatrix},$$

so daß $\mathbf{B}_{11}$ *und* $\mathbf{B}_{22}$ *quadratische Matrizen sind und* $\mathbf{B}_{12}$ *oder* $\mathbf{B}_{21}$ *eine Nullmatrix ist. Dann gilt:*

$$det\,\mathbf{A} = det\,\mathbf{B}_{11} \cdot det\,\mathbf{B}_{22}$$

Es sei o.B.d.A. $\mathbf{B}_{21} = \mathbf{0}$. (Sonst transponiere man!) Durch elementare Umformungen bringe man $(\mathbf{B}_{11}, \mathbf{B}_{12})$ auf obere Dreiecksform:

$$\begin{pmatrix} d_{11} & & & & \\ 0 & d_{22} & & & \\ . & . & & & \mathbf{D}_{12} \\ 0 & . & . & d_{kk} & \end{pmatrix}$$

Dazu seien r Zeilenvertauschungen nötig. Es folgt:

$$\det \mathbf{B}_{11} = (-1)^r \cdot d_{11} \cdot d_{22} \cdot \ldots \cdot d_{kk}$$

Nun bringe man $\mathbf{B}_{22}$ auf obere Dreiecksform.

$$\begin{pmatrix} d_{k+1,k+1} & & & \\ 0 & & & \\ . & & & \\ 0 & . \; . & 0 & d_{nn} \end{pmatrix}$$

Im Teil $\mathbf{B}_{21}$ ändert sich dabei nichts, da $\mathbf{B}_{21} = \mathbf{0}$. Benötigt man dazu s Zeilenvertauschungen, so folgt:

$$\det \mathbf{B}_{22} = (-1)^s \cdot d_{k+1,k+1} \cdot \ldots \cdot d_{nn}$$

Insgesamt wurden dann $r + s$ Zeilenvertauschungen vorgenommen, also:

$$\det \mathbf{A} = (-1)^{r+s} \cdot d_{11} \cdot d_{22} \cdot \ldots \cdot d_{nn} = \det \mathbf{B}_{11} \cdot \det \mathbf{B}_{22}$$

2.6.6

$\mathbf{A}_n = (a_{ik})$ *sei* $n \times n-$*Matrix mit*

$$a_{ik} = \begin{cases} 1, & \textit{falls } i = k+1 \textit{ oder } i = k-1 \\ 0, & \textit{sonst} \end{cases}.$$

Man zeige: $\quad \det \mathbf{A}_n = \begin{cases} 0, & \textit{falls } n \textit{ ungerade} \\ (-1)^{\frac{n}{2}}, & \textit{falls } n \textit{ gerade} \end{cases}$

Die Matrix $\mathbf{A}_n$ hat folgendes Aussehen:

$$\mathbf{A}_n = \begin{pmatrix} 0 & 1 & 0 & 0 & . & . & . & 0 \\ 1 & 0 & 1 & 0 & . & . & . & 0 \\ 0 & 1 & 0 & 1 & . & . & . & 0 \\ . & & & & & & & . \\ . & & & & & & & . \\ . & & & & & & 0 & 1 \\ 0 & . & . & . & . & 0 & 1 & 0 \end{pmatrix}$$

Wir beweisen die Behauptung durch vollständige Induktion über n.

$n = 1 \qquad \mathbf{A}_1 = (0), \qquad$ also $\det \mathbf{A}_1 = 0$.

$n = 2 \qquad \mathbf{A}_2 = \begin{pmatrix} 0 & 1 \\ 1 & 0 \end{pmatrix}, \qquad$ also $\det \mathbf{A}_2 = -1 = (-1)^{\frac{2}{2}}$.

Sei $n \geq 3$. Die Behauptung gelte für alle $k < n$.

Man subtrahiere nun die erste Zeile von der dritten Zeile und die erste Spalte von der dritten Spalte. Dadurch geht $\mathbf{A}_n$ über in $\mathbf{A}_n^*$ mit:

$$\mathbf{A}_n^* = \begin{pmatrix} 0 & 1 & 0 & . & . & . & . & 0 \\ 1 & 0 & 0 & . & . & . & . & 0 \\ 0 & 0 & 0 & 1 & & & & . \\ 0 & 0 & 1 & 0 & . & . & . & 0 \\ . & & & & & & & . \\ . & & & & & & & 1 \\ 0 & . & . & . & . & 0 & 1 & 0 \end{pmatrix}$$

Es gilt det $\mathbf{A}_n =$ det $\mathbf{A}_n^*$ und unter Benutzung von Aufgabe 5 folgt weiter:

$$\det \mathbf{A}_n = \det \begin{pmatrix} 0 & 1 \\ 1 & 0 \end{pmatrix} \cdot \det \mathbf{A}_{n-2} = -\det \mathbf{A}_{n-2}$$

a) Sei n ungerade.
Dann ist auch $n-2$ ungerade. Nach Induktionsvoraussetzung gilt also

$$\det \mathbf{A}_n = -\det \mathbf{A}_{n-2} = 0.$$

b) Sei n gerade.
Dann ist auch $n-2$ gerade. (Beachte hier $n \geq 3$!) Nach Induktionsvoraussetzung gilt dann:

$$\det \mathbf{A}_n = -\det \mathbf{A}_{n-2} = -(-1)^{\frac{n-2}{2}} = (-1)^{\frac{n-2}{2}+1} = (-1)^{\frac{n}{2}}$$

2.6.7
Sei $\mathbf{H} := \begin{pmatrix} \mathbf{A} & \mathbf{B} \\ \mathbf{C} & \mathbf{D} \end{pmatrix}$ *die Zerlegung einer $n \times n$–Matrix in vier Teilmatrizen, wobei* $\mathbf{A}$ *und* $\mathbf{D}$ *quadratisch sind.* $\mathbf{A}$ *sei invertierbar. Dann gilt:*

$$\det \mathbf{H} = \det \mathbf{A} \cdot \det(\mathbf{D} - \mathbf{C}\mathbf{A}^{-1}\mathbf{B})$$

(Beachte: Aufgabe 5 ist eine Spezialisierung hiervon!).

Es sei $\mathbf{A}$ eine $m \times m$–Matrix und $\mathbf{B}$ eine $m \times r$–Matrix. Dann ist $\mathbf{C}$ eine $r \times m$–Matrix und $\mathbf{D}$ eine $r \times r$–Matrix. Wir betrachten nun die $r \times m$–Matrix $\mathbf{U} = -\mathbf{C}\mathbf{A}^{-1}$. Bildet man im unteren Teil von $\mathbf{H}$ die Matrix $(\mathbf{C}+\mathbf{U}\mathbf{A}|\mathbf{D}+\mathbf{U}\mathbf{B})$, so hat man in der Matrix $\mathbf{H}$ lediglich elementare Umformungen durchgeführt. Die erste Zeile von $(\mathbf{C}+\mathbf{U}\mathbf{A}|\mathbf{D}+\mathbf{U}\mathbf{B})$ ist nämlich nur die erste Zeile von $(\mathbf{C}|\mathbf{D})$ plus eine gewisse Linearkombination der Zeilen von $(\mathbf{A}|\mathbf{B})$. Durch elementare Umformungen geht also die Matrix $\begin{pmatrix} \mathbf{A} & \mathbf{B} \\ \mathbf{C} & \mathbf{D} \end{pmatrix}$ über in die Matrix

$\begin{pmatrix} \mathbf{A} & \mathbf{B} \\ \mathbf{C}+\mathbf{UA} & \mathbf{D}+\mathbf{UB} \end{pmatrix}$. Berücksichtigt man $\mathbf{U} = -\mathbf{CA}^{-1}$, so folgt:

$$\det\begin{pmatrix} \mathbf{A} & \mathbf{B} \\ \mathbf{C} & \mathbf{D} \end{pmatrix} = \det\begin{pmatrix} \mathbf{A} & \mathbf{B} \\ \mathbf{0} & \mathbf{D}-\mathbf{CA}^{-1}\mathbf{B} \end{pmatrix}$$

Die Anwendung von Aufgabe 5 liefert nun die Behauptung.

2.6.8

Mit der Methode aus Aufgabe 7 berechne man die folgende Determinante:

$$\begin{vmatrix} -1 & 0 & -1 & 0 & 2 \\ 2 & 3 & 0 & 0 & 1 \\ 3 & -6 & 8 & 2 & -4 \\ 0 & 0 & -1 & -3 & -10 \\ 1 & 3 & 0 & 4 & 9 \end{vmatrix}$$

Wir nennen die Matrix $\mathbf{H}$ und setzen hier: $\mathbf{A} = \begin{pmatrix} -1 & 0 \\ 2 & 3 \end{pmatrix}$,

$$\mathbf{B} = \begin{pmatrix} -1 & 0 & 2 \\ 0 & 0 & 1 \end{pmatrix}, \mathbf{C} = \begin{pmatrix} 3 & -6 \\ 0 & 0 \\ 1 & 3 \end{pmatrix}, \mathbf{D} = \begin{pmatrix} 8 & 2 & -4 \\ -1 & -3 & -10 \\ 0 & 4 & 9 \end{pmatrix}$$

Dann folgt:

$$|\mathbf{A}| = -3, \quad \mathbf{A}^{-1} = \frac{1}{3}\begin{pmatrix} -3 & 0 \\ 2 & 1 \end{pmatrix}, \quad \mathbf{CA}^{-1}\mathbf{B} = \begin{pmatrix} 7 & 0 & -16 \\ 0 & 0 & 0 \\ -1 & 0 & 3 \end{pmatrix}$$

$$|\mathbf{D}-\mathbf{CA}^{-1}\mathbf{B}| = \begin{vmatrix} 1 & 2 & 12 \\ -1 & -3 & -10 \\ 1 & 4 & 6 \end{vmatrix} = 2$$

Damit folgt:

$$|\mathbf{H}| = |\mathbf{A}| \cdot |\mathbf{D}-\mathbf{CA}^{-1}\mathbf{B}| = (-3)\cdot(2) = -6$$

2.6.9

Man zeige:

$$\begin{vmatrix} 1 & 1 & 0 & 0 & . & . & . & 0 \\ -1 & 1 & 2^2 & 0 & . & . & . & 0 \\ 0 & -1 & 1 & 3^2 & 0 & . & . & 0 \\ . & & & & & & & . \\ . & & & & & & & . \\ . & & & & & & & . \\ 0 & . & . & . & 0 & -1 & 1 & (n-1)^2 \\ 0 & . & . & . & 0 & 0 & -1 & 1 \end{vmatrix} = n!$$

Die gegebene Matrix bezeichnen wir mit $\mathbf{M}_1$. Für $i = 2, \ldots, n$ entstehe die Matrix $\mathbf{M}_i$ aus $\mathbf{M}_{i-1}$, indem die Zeile $i-1$ von $\mathbf{M}_{i-1}$ mit $\frac{1}{i-1}$ multipliziert wird und zur Zeile i von $\mathbf{M}_{i-1}$ addiert wird. $\mathbf{M}_2$ und $\mathbf{M}_3$ lauten also:

$$\mathbf{M}_2 = \begin{pmatrix} 1 & 1 & 0 & 0 & . & . & 0 \\ 0 & 2 & 2^2 & 0 & . & . & 0 \\ 0 & -1 & 1 & 3^2 & 0 & . & 0 \\ & & & . & & & \\ & & & . & & & \\ & & & . & & & \end{pmatrix} \qquad \mathbf{M}_3 = \begin{pmatrix} 1 & 1 & 0 & 0 & . & . & 0 \\ 0 & 2 & 2^2 & 0 & . & . & 0 \\ 0 & 0 & 3 & 3^2 & 0 & . & 0 \\ 0 & 0 & -1 & 1 & 4^2 & . & 0 \\ & & & . & & & \\ & & & . & & & \end{pmatrix}$$

Man erkennt, daß die Fortführung dieser Methode schließlich auf die folgende Matrix führt:

$$\mathbf{M}_n = \begin{pmatrix} 1 & 1 & 0 & . & . & 0 \\ 0 & 2 & . & . & . & . \\ 0 & 0 & 3 & . & . & . \\ & & . & & & \\ & & . & & & \\ 0 & 0 & . & . & . & n \end{pmatrix}$$

Man erhält:

$$\det \mathbf{M}_1 = \det \mathbf{M}_n = 1 \cdot 2 \cdot \ldots \cdot n = n!$$

2.6.10

(Vandermondesche Determinante)
Seien $a_1, \dots, a_n \in \mathbb{R}, n \in \mathbb{N}, n \geq 2$ *und*

$$D_n := \begin{vmatrix} 1 & a_1 & a_1^2 & \dots & a_1^{n-1} \\ 1 & a_2 & a_2^2 & \dots & a_2^{n-1} \\ \vdots & & & & \vdots \\ 1 & a_n & a_n^2 & \dots & a_n^{n-1} \end{vmatrix}.$$

Man zeige:

$$D_n = \prod_{1 \leq j < i \leq n} (a_i - a_j)$$

Der Beweis wird durch **vollständige Induktion** über n geführt.
Induktionsanfang: $n = 2:$ $D_2 = a_2 - a_1$

Induktionsschluß : Die Formel gelte für $n-1$.
Wir ziehen nun von jeder Spalte, und zwar angefangen von der letzten bis zur zweiten, jeweils die mit a_1 multiplizierte vorausgehende Spalte ab. Bis auf das erste Element werden dadurch alle Elemente der ersten Zeile zu 0 und man erhält:

$$D_n = \begin{vmatrix} 1 & 0 & 0 & . \; . \; . & 0 \\ 1 & a_2 - a_1 & a_2^2 - a_1 a_2 & . \; . \; . & a_2^{n-1} - a_1 a_2^{n-2} \\ . & & & & . \\ . & & & & . \\ 1 & a_n - a_1 & a_n^2 - a_1 a_n & . \; . \; . & a_n^{n-1} - a_1 a_n^{n-2} \end{vmatrix}$$

Zieht man noch die erste Zeile von allen folgenden ab, so verschwinden auch alle übrigen Elemente der ersten Spalte, und man kann aus der i-ten Zeile $(i = 2, 3, \dots, n)$ den Faktor $a_i - a_1$ herausziehen. Das ergibt:

$$D_n = \prod_{i=2}^{n} (a_i - a_1) \begin{vmatrix} 1 & 0 & 0 & 0 & . \; . \; . & 0 \\ 0 & 1 & a_2 & a_2^2 & . \; . \; . & a_2^{n-2} \\ 0 & 1 & a_3 & a_3^2 & . \; . \; . & a_3^{n-2} \\ . & & & & & . \\ . & & & & & . \\ 0 & 1 & a_n & a_n^2 & . \; . \; . & a_n^{n-2} \end{vmatrix}$$

Die nach Entwicklung nach der ersten Zeile übrigbleibende Determinante ist gerade die Vandermondesche Determinante D_{n-1}, auf die die Induktionsvoraussetzung anwendbar ist. Man erhält:

$$D_n = \prod_{i=2}^{n} (a_i - a_1) \cdot \prod_{2 \leq k < i \leq n} (a_i - a_k) = \prod_{1 \leq k < i \leq n} (a_i - a_k)$$

2.6.11
Es seien $\beta_1, \ldots, \beta_n$ paarweise verschiedene reelle Zahlen.
Man zeige für die folgende Matrix $\mathbf{A}$, daß $\det \mathbf{A}$ ein Polynom vom Grade n ist und bestimme den Koeffizienten a_n dieses Polynoms.

$$\mathbf{A} = \begin{pmatrix} (\beta_1+x)^n & (\beta_1+x)^{n-1} & \ldots & \beta_1+x \\ (\beta_2+x)^n & (\beta_2+x)^{n-1} & \ldots & \beta_2+x \\ \vdots & & & \vdots \\ (\beta_n+x)^n & (\beta_n+x)^{n-1} & \ldots & \beta_n+x \end{pmatrix}$$

Zieht man aus der Zeile i den Faktor $\beta_i + x$ heraus, so folgt:

$$\det \mathbf{A} = \left(\prod_{i=1}^{n}(\beta_i+x)\right) \cdot \begin{vmatrix} (\beta_1+x)^{n-1} & (\beta_1+x)^{n-2} & \ldots & \beta_1+x & 1 \\ (\beta_2+x)^{n-1} & (\beta_2+x)^{n-2} & \ldots & \beta_2+x & 1 \\ \vdots & & & & \vdots \\ (\beta_n+x)^{n-1} & (\beta_n+x)^{n-2} & \ldots & \beta_n+x & 1 \end{vmatrix}$$

Die letzte Spalte dieser Determinante wird durch $n-1$ Vertauschungen mit benachbarten Spalten nach links gebracht, entsprechend dann wiederum die letzte Spalte durch $n-2$ Vertauschungen mit benachbarten Spalten zur 2.–ten Spalte gemacht usw. . Dadurch erhält man durch $\sum\limits_{k=1}^{n-1} k = \binom{n}{2}$ Spaltenvertauschungen gerade eine VANDERMONDE–Determinante. Also folgt:

$$\begin{aligned} \det \mathbf{A} &= (-1)^{\binom{n}{2}} \left(\prod_{i=1}^{n}(\beta_i+x)\right) \cdot \begin{vmatrix} 1 & \beta_1+x & (\beta_1+x)^2 & \ldots & (\beta_1+x)^{n-1} \\ 1 & \beta_2+x & (\beta_2+x)^2 & \ldots & (\beta_2+x)^{n-1} \\ \vdots & & & & \vdots \\ 1 & \beta_n+x & (\beta_n+x)^2 & \ldots & (\beta_n+x)^{n-1} \end{vmatrix} \\ &= (-1)^{\binom{n}{2}} \left(\prod_{i=1}^{n}(\beta_i+x)\right) \cdot \prod_{1\le i<j\le n} ((\beta_j+x)-(\beta_i+x)) \\ &= (-1)^{\binom{n}{2}} \left(\prod_{i=1}^{n}(\beta_i+x)\right) \cdot \prod_{1\le i<j\le n} (\beta_j-\beta_i) \end{aligned}$$

Das letzte Produkt besteht aus genau $\binom{n}{2}$ Faktoren, also gilt:

$$\det \mathbf{A} = \left(\prod_{i=1}^{n}(\beta_i+x)\right) \cdot \underbrace{\left(\prod_{1\le i<j\le n} (\beta_i-\beta_j)\right)}_{=a_n}$$

$\det \mathbf{A}$ ist damit ein Polynom vom Grade n; der Koeffizient a_n ist gegeben durch das rechts stehende Produkt.

2.6.12
Man zeige:

$$\begin{vmatrix} 1^n & 2^n & 3^n & \dots & (n+1)^n \\ 2^n & 3^n & 4^n & \dots & (n+2)^n \\ \vdots & & & & \vdots \\ (n+1)^n & (n+2)^n & (n+3)^n & \dots & (2n+1)^n \end{vmatrix} = (-1)^{\binom{n+1}{2}} \cdot (n!)^{n+1}$$

Bezeichnen wir die zugehörige Matrix mit $\mathbf{A} = (a_{ij})$, so gilt $a_{ij} = (i+j-1)^n$. Nach dem binomischen Satz gilt

$$(i + (j-1))^n = \sum_{k=1}^{n+1} \binom{n}{k-1} i^{k-1} (j-1)^{n+1-k} .$$

Also läßt sich die Matrix $\mathbf{A}$ als Produkt schreiben, nämlich

$$\mathbf{A} = \begin{pmatrix} \binom{n}{0} \cdot 1^0 & \binom{n}{1} \cdot 1^1 & \dots & \binom{n}{n} \cdot 1^n \\ \binom{n}{0} \cdot 2^0 & \binom{n}{1} \cdot 2^1 & \dots & \binom{n}{n} \cdot 2^n \\ \vdots & & & \vdots \\ \binom{n}{0} \cdot (n+1)^0 & \binom{n}{1} \cdot (n+1)^1 & \dots & \binom{n}{n} \cdot (n+1)^n \end{pmatrix} \cdot \begin{pmatrix} 0 & 1^n & 2^n & \dots & n^n \\ \vdots & & & & \vdots \\ 0 & 1^1 & 2^1 & \dots & n^1 \\ 1 & 1^0 & 2^0 & \dots & n^0 \end{pmatrix} .$$

Beim Übergang zur Determinante wird der Determinantenmultiplikationssatz angewendet, aus der ersten Determinante werden die Binomialkoeffizienten als Faktoren herausgezogen, und die zweite Determinante wird nach der ersten Spalte entwickelt. Es folgt:

$$\det \mathbf{A} = \left(\prod_{i=0}^{n} \binom{n}{i} \right) \cdot \begin{vmatrix} 1 & 1^1 & \dots & 1^n \\ 1 & 2^1 & \dots & 2^n \\ \vdots & & & \vdots \\ 1 & (n+1)^1 & \dots & (n+1)^n \end{vmatrix} \cdot (-1)^{n+2} \cdot \begin{vmatrix} 1^n & 2^n & \dots & n^n \\ \vdots & & & \vdots \\ 1^1 & 2^1 & \dots & n^1 \end{vmatrix}$$

Die erste Determinante ist eine VANDERMONDE–Determinante. Bei der zweiten Determinante wird aus Spalte i der Faktor i herausgezogen, dann transponiert. Anschließend liefern $\binom{n}{2}$ Spaltenvertauschungen eine VANDERMONDE–Determinante. Also:

$$\det A = \left(\prod_{i=0}^{n} \binom{n}{i} \right) \cdot \left(\prod_{1 \le i < j \le n+1} (j-i) \right) \cdot (-1)^{n+2} \cdot n! \cdot \begin{vmatrix} 1^{n-1} & \dots & 1^1 & 1 \\ 2^{n-1} & \dots & 2^1 & 1 \\ \vdots & & & \vdots \\ n^{n-1} & \dots & n^1 & 1 \end{vmatrix}$$

$$= \left(\prod_{i=0}^{n} \binom{n}{i} \right) \cdot \left(\prod_{1 \le i < j \le n+1} (j-i) \right) \cdot (-1)^{n+2} \cdot n! \cdot (-1)^{\binom{n}{2}} \left(\prod_{1 \le i < j \le n} (j-i) \right)$$

Nun gilt aber $\prod_{1 \leq i < j \leq n+1} (j-i) = \prod_{k=1}^{n} k!$ und $\binom{n}{k} = \frac{n!}{k!(n-k)!}$. Benutzt man dies und faßt die Vorzeichenfaktoren zusammen, so erhält man:

$$\det \mathbf{A} = (-1)^{\binom{n+1}{2}} \cdot (n!)^{n+2} \cdot \frac{\prod_{k=1}^{n} k! \cdot \prod_{l=1}^{n-1} l!}{\prod_{k=1}^{n} k! \cdot \prod_{l=1}^{n} l!} = (-1)^{\binom{n+1}{2}} \cdot (n!)^{n+1}$$

2.6.13

Anwendung für die Vandermondesche Determinante
Man zeige: Sind $n+1$ sog. Stützstellen $(x_i, y_i) \in \mathbb{R}^2$ $(i = 0, 1, \ldots, n)$ gegeben und ist dabei $x_i \neq x_j$ für $i \neq j$, so gibt es genau ein Polynom der Form

$$p(x) = \sum_{i=0}^{n} a_i x^i \text{ mit } p(x_k) = y_k \text{ für } k = 0, 1, \ldots, n.$$

Ist $p(x) = \sum_{i=0}^{n} a_i x^i$ ein Polynom mit $p(x_k) = y_k$ für $k = 0, 1, 2, \ldots, n$, so kann man diese Gleichungen in Matrizenform wie folgt schreiben:

$$\begin{pmatrix} 1 & x_0 & . & . & . & x_0^n \\ 1 & x_1 & . & . & . & x_1^n \\ . & & & & & . \\ . & & & & & . \\ 1 & x_n & . & . & . & x_n^n \end{pmatrix} \begin{pmatrix} a_0 \\ a_1 \\ . \\ . \\ a_n \end{pmatrix} = \begin{pmatrix} y_0 \\ y_1 \\ . \\ . \\ y_n \end{pmatrix}$$

Schreibt man diese Gleichung in der Form $\mathbf{V}A = Y$, so folgt:
Es gibt genau dann ein Polynom der gesuchten Form, wenn es genau ein $A \in \mathbb{R}^{n+1}$ gibt mit $\mathbf{V}A = Y$.
Das Gleichungssystem $\mathbf{V}X = Y$ ist eindeutig lösbar genau dann , wenn $\mathbf{V}$ invertierbar ist. $\mathbf{V}$ ist invertierbar genau dann, wenn $|\mathbf{V}| \neq 0$ gilt. $|\mathbf{V}|$ ergibt sich als Vandermonde Determinante zu:

$$|\mathbf{V}| = \prod_{0 \leq k < i \leq n} (x_i - x_k)$$

Dies ist $\neq 0$, da nach Voraussetzung die x_i paarweise verschieden sind.

2.6.14

Man untersuche,ob folgenden Permutationen gerade oder ungerade sind und stelle sie in Zykelschreibweise und als Produkt von Transpositionen dar.

a) $\sigma = \begin{pmatrix} 1 & 2 & 3 & 4 \\ 4 & 3 & 2 & 1 \end{pmatrix}$ **b)** $\tau = \begin{pmatrix} 1 & 2 & 3 & 4 & 5 & 6 & 7 \\ 3 & 6 & 5 & 2 & 1 & 7 & 4 \end{pmatrix}$

Üblicherweise definiert man für $\pi \in \mathcal{S}_n$

$$sgn\,\pi = \prod_{1\leq i<j\leq n} \frac{\pi(i)-\pi(j)}{i-j}$$

und π heißt gerade, falls $\operatorname{sgn}\pi = 1$ bzw. ungerade, falls $\operatorname{sgn}\pi = -1$. Der obige Term ist nämlich 1 oder-1, da jede Differenz $i-j$ des Nenners in der Form $i-j$ oder $j-i$ auch als ein Zähler auftritt (denn π ist als Permutation eine bijektive Abbildung).
Häufig nennt man (i,j) mit $i<j$ einen **Fehlstand** von π, falls $\pi(i)>\pi(j)$. Ist a die Anzahl der Fehlstände von π, so ist $\operatorname{sgn}\pi = (-1)^a$, wie sich aus obigem Produkt sofort ergibt.
a) Hier erhält man

$$sgn\,\sigma = \frac{4-3}{1-2}\cdot\frac{4-2}{1-3}\cdot\frac{4-1}{1-4}\cdot\frac{3-2}{2-3}\cdot\frac{3-1}{2-4}\cdot\frac{2-1}{3-4} = 1\,.$$

Jedes Paar (i,j) mit $i<j$ ist hier ein Fehlstand, also $\operatorname{sgn}\sigma = (-1)^6 = 1$.
Die Zykelschreibweise von σ lautet: $\sigma = (1\ 4)\ (2\ 3)$
Da σ aus zwei Zykeln der Länge 2 besteht und dies nach Definition gerade Transpositionen sind, ist diese Zykelschreibweise gleichzeitig eine Darstellung von σ als Produkt von Transpositionen.

b) Das Produkt aufzuschreiben ist hier sehr mühsam. Daher notieren wir die Fehlstände. Dies sind

$$(1,4),(1,5),(2,3),(2,4),(2,5),(2,7),(3,4),(3,5),(3,7),(4,5),(6,7)\,,$$

also gilt $\operatorname{sgn}\tau = (-1)^{11} = -1$.
Die Zykelschreibweise von τ lautet: $\tau = (1\ 3\ 5)\,(2\ 6\ 7\ 4)$
Eine Darstellung als Produkt von Transpositionen erhält man z. B. durch Anwendung des folgenden Satzes:
Ist $(a_1\ a_2\ \ldots\ a_k)$ ein Zykel einer Permutation, so ist $(a_1\ a_k)\,(a_1\ a_{k-1})\ \ldots\ (a_1\ a_2)$ eine Darstellung dieses Zykels als Produkt von Transpositionen.
Beachtet man, daß diese Produkte als Hintereinanderausführung von Abbildungen von rechts nach links ausgeführt werden, so ergibt sich der Beweis dieses Satzes durch einfaches Ausrechnen des Produkts von Transpositionen.
Wir wenden nun diesen Satz an und erhalten für τ die folgende Darstellung:

$$\tau = (1\ 5)\,(1\ 3)\,(2\ 4)\,(2\ 7)\,(2\ 6)$$

Es gilt der folgende Satz:
Die Anzahl der Transpositionen in einer Darstellung von σ als Produkt von Transpositionen ist stets gerade (bei geraden Permutationen σ) oder stets ungerade (bei ungeraden Permutationen σ).

So hätte man aus der Produktdarstellung durch Transpositionen bei σ und τ auch das Vorzeichen ablesen können.

2.6.15

Für die folgenden Permutationen $\sigma, \tau \in \mathcal{S}_6$ *berechne man* $\sigma \circ \tau$, $\tau \circ \sigma$, σ^{-1}, τ^{-1} *sowie* σ^{33}.

$$\sigma = \begin{pmatrix} 1 & 2 & 3 & 4 & 5 & 6 \\ 4 & 1 & 6 & 5 & 2 & 3 \end{pmatrix} \qquad \tau = \begin{pmatrix} 1 & 2 & 3 & 4 & 5 & 6 \\ 3 & 4 & 1 & 5 & 6 & 2 \end{pmatrix}$$

Bei der Hintereinanderausführung $\sigma \circ \tau$ bildet man der Reihe nach zunächst 1, 2 usw. mittels τ ab und anschließend die Bilder mittels σ. Z. B. überführt τ die 1 in die 3 und σ die 3 in die 6. Also gilt $(\sigma \circ \tau)(1) = 6$. Verfährt man entsprechend für 2,3,4,5 und 6, so erhält man:

$$\sigma \circ \tau = \begin{pmatrix} 1 & 2 & 3 & 4 & 5 & 6 \\ 6 & 5 & 4 & 2 & 3 & 1 \end{pmatrix} \quad \text{und } \tau \circ \sigma = \begin{pmatrix} 1 & 2 & 3 & 4 & 5 & 6 \\ 5 & 3 & 2 & 6 & 4 & 1 \end{pmatrix}$$

σ^{-1} und τ^{-1} erhält man einfach durch Vertauschen der Zeilen in σ bzw. τ und anschließendes Sortieren, so daß die erste Zeile wieder in natürlicher Reihenfolge erscheint. Also:

$$\sigma^{-1} = \begin{pmatrix} 1 & 2 & 3 & 4 & 5 & 6 \\ 2 & 5 & 6 & 1 & 4 & 3 \end{pmatrix} \qquad \tau^{-1} = \begin{pmatrix} 1 & 2 & 3 & 4 & 5 & 6 \\ 3 & 6 & 1 & 2 & 4 & 5 \end{pmatrix}$$

Um σ^{33} zu berechnen, schreibt man σ zunächst in Zykelschreibweise:
$\sigma = (1\ 4\ 5\ 2)\,(3\ 6)$ Bildet man nun σ^4 (4 ist hier das kleinste gemeinsame Vielfache der Zykellängen!), so erhält man die Identität. Also gilt auch $\sigma^{32} = id$ und es ist $\sigma^{33} = \sigma$.

2.6.16

Man löse das folgende lineare Gleichungssystem mit der CRAMER*schen Regel.*

$$\begin{array}{rcrcrcl} 3x_1 & - & x_2 & + & 5x_3 & = & 1 \\ -x_1 & + & 2x_2 & + & x_3 & = & 1 \\ -2x_1 & + & 4x_2 & + & 3x_3 & = & 1 \end{array}$$

Wir berechnen zunächst die Determinante der Koeffizientenmatrix des Gleichungssystems, da diese auch darüber Auskunft gibt, ob das LGS überhaupt eine eindeutige Lösung besitzt.

$$\begin{vmatrix} 3 & -1 & 5 \\ -1 & 2 & 1 \\ -2 & 4 & 3 \end{vmatrix} = 18 + 2 - 20 + 20 - 12 - 3 = 5$$

Wir können das LGS also mit der CRAMERschen Regel lösen und erhalten:

$$x_1 = \frac{1}{5}\begin{vmatrix} 1 & -1 & 5 \\ 1 & 2 & 1 \\ 1 & 4 & 3 \end{vmatrix} = \frac{14}{5} \qquad x_2 = \frac{1}{5}\begin{vmatrix} 3 & 1 & 5 \\ -1 & 1 & 1 \\ -2 & 1 & 3 \end{vmatrix} = \frac{12}{5}$$

$$x_3 = \frac{1}{5}\begin{vmatrix} 3 & -1 & 1 \\ -1 & 2 & 1 \\ -2 & 4 & 1 \end{vmatrix} = -1$$

2.6.17

Man zeige, daß das folgende Gleichungssystem für beliebiges $n \in \mathbb{N}$ eindeutig lösbar über $\mathbb{Q}$ ist, und berechne für $n \geq 2$ die Lösung mit der CRAMER*schen Regel.*

$$\begin{array}{ccccccccccccc} & & x_2 & + & x_3 & + & x_4 & + \ldots + & x_{n-1} & + & x_n & = & -1 \\ x_1 & & & + & x_3 & + & x_4 & + \ldots + & x_{n-1} & + & x_n & = & -1 \\ x_1 & + & x_2 & & & + & x_4 & + \ldots + & x_{n-1} & + & x_n & = & -1 \\ \vdots & & & & & & & \vdots & & & & & \vdots \\ x_1 & + & x_2 & + & x_3 & + & x_4 & + \ldots + & x_{n-1} & & & = & -1 \end{array}$$

Schreibt man das Gleichungssystem in der Form $\mathbf{A}X = B$, so folgt durch Subtraktion der letzten Zeile von allen anderen Zeilen und anschliessender Addition der ersten $n-1$ Zeilen zur letzten Zeile:

$$\det \mathbf{A} = \begin{vmatrix} 0 & 1 & 1 & \ldots & 1 & 1 \\ 1 & 0 & 1 & \ddots & 1 & 1 \\ \vdots & & & & & \vdots \\ & & & & & 1 \\ 1 & 1 & 1 & \ldots & 1 & 0 \end{vmatrix} = \begin{vmatrix} -1 & 0 & \ldots & 0 & 1 \\ 0 & -1 & \ldots & 0 & 1 \\ \vdots & & & & \vdots \\ 0 & 0 & \ldots & -1 & 1 \\ 1 & 1 & \ldots & 1 & 0 \end{vmatrix}$$

$$= \begin{vmatrix} -1 & 0 & \ldots & 0 & 1 \\ 0 & -1 & \ldots & 0 & 1 \\ \vdots & & & & \vdots \\ 0 & 0 & \ldots & -1 & 1 \\ 0 & 0 & \ldots & 0 & n-1 \end{vmatrix} = (-1)^{n-1} \cdot (n-1)$$

Ersetzt man die i–te Spalte von $\mathbf{A}$ durch B und nennt die entstehende Matrix $\mathbf{A}_i$, so folgt, indem man zunächst die i–te Spalte zu allen anderen Spalten addiert und dann alle Spalten außer der i–ten von der i–ten Spalte subtrahiert:

$$\det \mathbf{A}_i = \begin{vmatrix} 0 & 1 & \dots & 1 & -1 & 1 & \dots & 1 \\ 1 & 0 & & & -1 & & & \\ \vdots & & & & & & & \vdots \\ & & & 0 & -1 & & & \\ & & & & -1 & & & \\ \vdots & & & & & & & \vdots \\ 1 & 1 & \dots & 1 & -1 & 1 & \dots & 0 \\ & & & & i & & & \end{vmatrix}$$

$$= \begin{vmatrix} -1 & & & -1 & & & \\ & \ddots & & \vdots & & O & \\ & & -1 & & & & \\ & & & -1 & & & \\ & O & & & -1 & & \\ & & & \vdots & & \ddots & \\ & & & -1 & & & -1 \end{vmatrix} = \begin{vmatrix} -1 & & O \\ & \ddots & \\ O & & -1 \end{vmatrix} = (-1)^n$$

Es folgt: $\quad x_i = \dfrac{(-1)^n}{(-1)^{n-1}(n-1)} = -\dfrac{1}{n-1} \quad$ für alle i.

2.6.18

Sei $(a, b, c, d) \in \mathbb{R}^4$, $(a, b, c, d) \neq (0, 0, 0, 0)$. Sei

$$\mathbf{A} = \begin{pmatrix} a & b & c & d \\ -b & a & d & -c \\ -c & -d & a & b \\ -d & c & -b & a \end{pmatrix}, X = \begin{pmatrix} x_1 \\ x_2 \\ x_3 \\ x_4 \end{pmatrix}, B = \begin{pmatrix} a \\ 0 \\ 0 \\ d \end{pmatrix}$$

Im Falle der Lösbarkeit löse man das lineare Gleichungssystem $\mathbf{A}X=B$.

Durch Betrachtung der Matrix **A** erkennt man:

$$\mathbf{A} \cdot \mathbf{A}^\top = (a^2 + b^2 + c^2 + d^2) \begin{pmatrix} 1 & 0 & 0 & 0 \\ 0 & 1 & 0 & 0 \\ 0 & 0 & 1 & 0 \\ 0 & 0 & 0 & 1 \end{pmatrix}$$

Also gilt $\mathbf{A}^{-1} = \frac{1}{a^2+b^2+c^2+d^2} \cdot \mathbf{A}^\top$, d. h. das LGS ist eindeutig lösbar. Aus $\mathbf{A}X = B$ folgt $X = \mathbf{A}^{-1}B$, und mit der Formel für $\mathbf{A}^{-1}$ erhält man:

$$\begin{pmatrix} x_1 \\ x_2 \\ x_3 \\ x_4 \end{pmatrix} = \mathbf{A}^{-1} \begin{pmatrix} a \\ 0 \\ 0 \\ d \end{pmatrix} = \frac{1}{a^2+b^2+c^2+d^2} \cdot \mathbf{A}^\top \begin{pmatrix} a \\ 0 \\ 0 \\ d \end{pmatrix} =$$

$$= \frac{1}{a^2+b^2+c^2+d^2} \cdot \begin{pmatrix} a & -b & -c & -d \\ b & a & -d & c \\ c & d & a & -b \\ d & -c & b & a \end{pmatrix} \begin{pmatrix} a \\ 0 \\ 0 \\ d \end{pmatrix} =$$

$$= \frac{1}{a^2+b^2+c^2+d^2} \cdot \begin{pmatrix} a^2-b^2 \\ ab+cd \\ ac-bd \\ 2ad \end{pmatrix}$$

2.6.19

Wenn möglich, invertiere man die folgenden Matrizen. Man benutze dann die explizite Formel zur Berechnung von $\mathbf{A}^{-1}$.

$$\mathbf{A} = \begin{pmatrix} 3 & -1 & 5 \\ -1 & 2 & 1 \\ -2 & 4 & 3 \end{pmatrix} \quad \mathbf{B} = \begin{pmatrix} 1 & 0 & 1 \\ 1 & 1 & 0 \\ -1 & 1 & 0 \end{pmatrix} \quad \mathbf{C} = \begin{pmatrix} 2 & 3 & 1 \\ -1 & 0 & -2 \\ 0 & -3 & 3 \end{pmatrix}$$

Mittels der Regel von Sarrus folgt $\det \mathbf{A} = 5$, also ist $\mathbf{A}$ invertierbar. Wir schreiben hier die explizite Formel zur Berechnung von $\mathbf{A}^{-1}$ einmal vollständig aus:

$$\mathbf{A}^{-1} = \frac{1}{5} \begin{pmatrix} \begin{vmatrix} 2 & 1 \\ 4 & 3 \end{vmatrix} & -\begin{vmatrix} -1 & 5 \\ 4 & 3 \end{vmatrix} & \begin{vmatrix} -1 & 5 \\ 2 & 1 \end{vmatrix} \\ -\begin{vmatrix} -1 & 1 \\ -2 & 3 \end{vmatrix} & \begin{vmatrix} 3 & 5 \\ -2 & 3 \end{vmatrix} & -\begin{vmatrix} 3 & 5 \\ -1 & 1 \end{vmatrix} \\ \begin{vmatrix} -1 & 2 \\ -2 & 4 \end{vmatrix} & -\begin{vmatrix} 3 & -1 \\ -2 & 4 \end{vmatrix} & \begin{vmatrix} 3 & -1 \\ -1 & 2 \end{vmatrix} \end{pmatrix} =$$

$$= \frac{1}{5} \begin{pmatrix} 2 & 23 & -11 \\ 1 & 19 & -8 \\ 0 & -10 & 5 \end{pmatrix}$$

Bei der Matrix $\mathbf{B}$ erhält man in entsprechender Weise $\det \mathbf{B} = 2$ und

$$\mathbf{B}^{-1} = \frac{1}{2} \begin{pmatrix} 0 & 1 & -1 \\ 0 & 1 & 1 \\ 2 & -1 & 1 \end{pmatrix}$$

Bei $\mathbf{C}$ gilt $\det \mathbf{C} = 0$, also ist $\mathbf{C}$ nicht invertierbar.

2.6.20

Man beweise für invertierbare 2–reihige Matrizen $\mathbf{A}$*:*

$$\begin{pmatrix} a & b \\ c & d \end{pmatrix}^{-1} = \frac{1}{det\,\mathbf{A}} \begin{pmatrix} d & -b \\ -c & a \end{pmatrix}$$

Die Formel ergibt sich direkt durch Anwendung der expliziten Formel zur Berechnung von $\mathbf{A}^{-1}$.

2.6.21

Man berechne den Flächeninhalt des Dreiecks mit den Eckpunkten

$$A = \begin{pmatrix} 1 \\ 2 \end{pmatrix}, \quad B = \begin{pmatrix} 7 \\ 2 \end{pmatrix}, \quad C = \begin{pmatrix} 3 \\ 6 \end{pmatrix}$$

Das Dreieck wird von den Vektoren $B - A$ und $C - A$ aufgespannt. Sein Flächeninhalt ist gleich der Hälfte des Flächeninhalts des von $B - A$ und $C - A$ aufgespannten Parallelogramms. Es gilt:

$$B - A = \begin{pmatrix} 6 \\ 0 \end{pmatrix}, \quad C - A = \begin{pmatrix} 2 \\ 4 \end{pmatrix}$$

Der Flächeninhalt des Parallelogramms ergibt sich als Betrag der Determinante aus diesen Vektoren. Also folgt für den Flächeninhalt des Dreiecks:

$$F = \frac{1}{2} \left| \begin{vmatrix} 6 & 2 \\ 0 & 4 \end{vmatrix} \right| = 12$$

2.7 Das Kreuzprodukt

Das **Kreuzprodukt** (oder **Vektorprodukt**) $X \times Y$ von zwei Vektoren X, Y ist im $\mathbb{R}^3$ definiert.

Kreuzprodukt

Definition

$$\begin{pmatrix} x_1 \\ x_2 \\ x_3 \end{pmatrix} \times \begin{pmatrix} y_1 \\ y_2 \\ y_3 \end{pmatrix} := \begin{pmatrix} x_2y_3 - x_3y_2 \\ x_3y_1 - x_1y_3 \\ x_1y_2 - x_2y_1 \end{pmatrix}$$

Eigenschaften

1. Es gilt $X \times Y = 0$ genau dann, wenn X und Y linear abhängig sind.
2. $X \times Y$ steht senkrecht auf X und auf Y.
3. Die Länge von $X \times Y$ ist gleich dem Flächeninhalt des von X und Y aufgespannten Parallelogramms, also

$$\|X \times Y\| = \|X\| \, \|Y\| \sin \sphericalangle(X, Y)$$

4. Die Vektoren $X, Y, X \times Y$ bilden in dieser Reihenfolge ein Rechtssystem.

Dabei sagt man:
X, Y, Z bilden ein Rechtssystem $\iff$ $\det(X|Y|Z) > 0$
Statt Rechtssystem sagt man auch: X, Y, Z sind positiv orientiert.

Rechenregeln für das Kreuzprodukt siehe Aufgaben 5 und 6.

Spatprodukt

$(X \times Y) \cdot Z$ heißt **Spatprodukt** der Vektoren X, Y, Z.
Es gilt:

$$(X \times Y) \cdot Z = \det(X, Y, Z)$$

Damit ist der Betrag des Spatprodukts gleich dem Volumen des von den Vektoren X, Y, Z aufgespannten Spats. (siehe auch Abschnitt 2.6. Determinanten!) newpage

2.7.1 Eigenschaften und Rechengesetze des Kreuzprodukts

2.7.1

Man berechne die folgenden Kreuzprodukte:

a) $\begin{pmatrix}1\\1\\2\end{pmatrix} \times \begin{pmatrix}2\\-1\\3\end{pmatrix}$ b) $\begin{pmatrix}-2\\3\\7\end{pmatrix} \times \begin{pmatrix}11\\-9\\4\end{pmatrix}$

c) $\begin{pmatrix}1\\0\\1\end{pmatrix} \times \begin{pmatrix}0\\1\\1\end{pmatrix}$ d) $\begin{pmatrix}2\\1\\-1\end{pmatrix} \times \begin{pmatrix}-4\\-2\\2\end{pmatrix}$

a) Benutzt man die oben gegebene Definition für das Kreuzprodukt, so folgt:

$$\begin{pmatrix}1\\1\\2\end{pmatrix} \times \begin{pmatrix}2\\-1\\3\end{pmatrix} = \begin{pmatrix}3-(-2)\\4-3\\(-1)-2\end{pmatrix} = \begin{pmatrix}5\\1\\-3\end{pmatrix}$$

b) Das Bildungsgesetz für das Kreuzprodukt kann man sich leicht merken, wenn man eine "*symbolische Determinantenschreibweise*" benutzt. Man bildet eine *Determinante*, deren erste Spalte z. B. mit $i \quad j \quad k$ bezeichnet wird, die zweite und dritte Spalte bilden die gegebenen Vektoren. Rechnet man diese Determinante mit der Regel von SARRUS aus, so schreibt man den Faktor vor i als erste Komponente des Kreuzprodukts, den Faktor vor j als zweite Komponente und den Faktor vor k als dritte Komponente. Wir können also z. B. schreiben:

$$\begin{pmatrix}-2\\3\\7\end{pmatrix} \times \begin{pmatrix}11\\-9\\4\end{pmatrix} = \begin{vmatrix} i & -2 & 11\\ j & 3 & -9\\ k & 7 & 4\end{vmatrix} = \begin{pmatrix}75\\85\\-15\end{pmatrix}$$

Man beachte aber: **Der Term in der Mitte ist keine echte Determinante, die Schreibweise wird nur symbolisch benutzt!**

c) $$\begin{pmatrix}1\\0\\1\end{pmatrix} \times \begin{pmatrix}0\\1\\1\end{pmatrix} = \begin{vmatrix} i & 1 & 0\\ j & 0 & 1\\ k & 1 & 1\end{vmatrix} = \begin{pmatrix}-1\\-1\\1\end{pmatrix}$$

d) $$\begin{pmatrix}2\\1\\-1\end{pmatrix} \times \begin{pmatrix}-4\\-2\\2\end{pmatrix} = \begin{vmatrix} i & 2 & -4\\ j & 1 & -2\\ k & -1 & 2\end{vmatrix} = \begin{pmatrix}0\\0\\0\end{pmatrix}$$

Das Kreuzprodukt ergibt hier den Nullvektor, da die gegebenen Vektoren linear abhängig sind.

2.7.2

Läßt sich $\alpha \in \mathbb{R}$ *so bestimmen, daß der Vektor* $\begin{pmatrix} 1 \\ \alpha \\ 6 \end{pmatrix}$ *senkrecht auf den Vektoren* $\begin{pmatrix} 1 \\ 1 \\ -1 \end{pmatrix}$ *und* $\begin{pmatrix} 2 \\ -4 \\ 3 \end{pmatrix}$ *steht?*

Jeder Vektor, der senkrecht zu zwei linear unabhängigen Vektoren steht, ist ein Vielfaches des Kreuzprodukts dieser Vektoren. Es wird also zunächst das Kreuzprodukt der gegebenen Vektoren gebildet.

$$\begin{pmatrix} 1 \\ 1 \\ -1 \end{pmatrix} \times \begin{pmatrix} 2 \\ -4 \\ 3 \end{pmatrix} = \begin{vmatrix} i & 1 & 2 \\ j & 1 & -4 \\ k & -1 & 3 \end{vmatrix} = \begin{pmatrix} -1 \\ -5 \\ -6 \end{pmatrix}$$

Wählt man also $\alpha = 5$, so gilt:

$$\begin{pmatrix} 1 \\ 5 \\ 6 \end{pmatrix} = (-1) \begin{pmatrix} 1 \\ 1 \\ -1 \end{pmatrix} \times \begin{pmatrix} 2 \\ -4 \\ 3 \end{pmatrix}$$

Also erfüllt dieses α die gestellte Bedingung.

2.7.3

Man berechne den Flächeninhalt des Dreiecks mit den Eckpunkten

$$A = \begin{pmatrix} 1 \\ -1 \\ 2 \end{pmatrix}, \quad B = \begin{pmatrix} 7 \\ 4 \\ 3 \end{pmatrix}, \quad C = \begin{pmatrix} 5 \\ 2 \\ 1 \end{pmatrix}.$$

Das Dreieck wird aufgespannt von den Vektoren $B - A$ und $C - A$. Nach Eigenschaft 3 des Kreuzprodukts ist sein Flächeninhalt F gegeben durch:

$$\frac{1}{2} \|(B - A) \times (C - A)\|$$

$$F = \frac{1}{2} \| \begin{pmatrix} 6 \\ 5 \\ 1 \end{pmatrix} \times \begin{pmatrix} 4 \\ 3 \\ -1 \end{pmatrix} \| = \frac{1}{2} \| \begin{vmatrix} i & 6 & 4 \\ j & 5 & 3 \\ k & 1 & -1 \end{vmatrix} \| = \frac{1}{2} \| \begin{pmatrix} -8 \\ 10 \\ -2 \end{pmatrix} \| = \frac{1}{2}\sqrt{168}$$

2.7.4

Es seien $A = \begin{pmatrix}1\\1\\1\end{pmatrix}$ *und* $B = \begin{pmatrix}0\\-1\\1\end{pmatrix}$, *und* E *die Ebene, die den Ursprung, sowie* A *und* B *enthält.*
Man bestimme einen Punkt C *auf der Geraden durch den Ursprung, die senkrecht zur Ebene* E *verläuft so, daß das Dreieck mit den Eckpunkten* A, B, C *den Flächeninhalt* $\sqrt{\frac{63}{2}}$ *hat.*

Die Gerade g durch den Ursprung und senkrecht zu E lautet:

$$g: \quad X = \lambda\left(\begin{pmatrix}1\\1\\1\end{pmatrix} \times \begin{pmatrix}0\\-1\\1\end{pmatrix}\right) = \lambda\begin{pmatrix}2\\-1\\-1\end{pmatrix}$$

Wir benutzen wieder die Formel

$$F = \frac{1}{2}\|(B-A)\times(C-A)\|$$

für den Flächeninhalt des Dreiecks mit den Eckpunkten A, B, C und erhalten:

$$\sqrt{\frac{63}{2}} = \frac{1}{2}\|\begin{pmatrix}-1\\-2\\0\end{pmatrix} \times \begin{pmatrix}2\lambda-1\\-\lambda-1\\-\lambda-1\end{pmatrix}\| = \frac{1}{2}\|\begin{pmatrix}2\lambda+2\\-\lambda-1\\5\lambda-1\end{pmatrix}\|$$

Dies liefert die Gleichung

$$\sqrt{\frac{63}{2}} = \sqrt{4\lambda^2+8\lambda+4+\lambda^2+2\lambda+1+25\lambda^2-10\lambda+1}$$

oder

$$\sqrt{\frac{63}{2}} = \frac{1}{2}\sqrt{30\lambda^2+6}.$$

Quadrieren führt auf $126 = 30\lambda^2+6$, also auf $\lambda = 2$ oder $\lambda = -2$. Es gibt also zwei Punkte C mit der gesuchten Eigenschaft, nämlich:

$$C_1 = 2\begin{pmatrix}2\\-1\\-1\end{pmatrix} = \begin{pmatrix}4\\-2\\-2\end{pmatrix} \quad \text{und} \quad C_2 = -2\begin{pmatrix}2\\-1\\-1\end{pmatrix} = \begin{pmatrix}-4\\2\\2\end{pmatrix}$$

2.7.5

Man beweise die folgenden Regeln für das Kreuzprodukt:

a) $X \times Y = -(Y \times X)$

b) $X \times (Y+Z) = X \times Y + X \times Z$

c) $(X \times Y) \times Z = (X \cdot Z)Y - (Y \cdot Z)X$

a) Es wird die Definition des Kreuzprodukts verwendet:

$$\begin{aligned} X \times Y &= \begin{pmatrix} x_1 \\ x_2 \\ x_3 \end{pmatrix} \times \begin{pmatrix} y_1 \\ y_2 \\ y_3 \end{pmatrix} = \begin{pmatrix} x_2y_3 - x_3y_2 \\ x_3y_1 - x_1y_3 \\ x_1y_2 - x_2y_1 \end{pmatrix} = -\begin{pmatrix} y_2x_3 - y_3x_2 \\ y_3x_1 - y_1x_3 \\ y_1x_2 - y_2x_1 \end{pmatrix} \\ &= -Y \times X \end{aligned}$$

b) Auch hier wird mit der Definition des Kreuzprodukts gearbeitet und die rechte und linke Seite der zu beweisenden Gleichung berechnet.

$$\begin{aligned} X \times (Y + Z) &= \begin{pmatrix} x_2(y_3 + z_3) - x_3(y_2 + z_2) \\ x_3(y_1 + z_1) - x_1(y_3 + z_3) \\ x_1(y_2 + z_2) - x_2(y_1 + z_1) \end{pmatrix} \\ X \times Y + X \times Z &= \begin{pmatrix} x_2y_3 - x_3y_2 \\ x_3y_1 - x_1y_3 \\ x_1y_2 - x_2y_1 \end{pmatrix} + \begin{pmatrix} x_2z_3 - x_3z_2 \\ x_3z_1 - x_1z_3 \\ x_1z_2 - x_2z_1 \end{pmatrix} \end{aligned}$$

Faßt man hier komponentenweise zusammen und klammert aus, so ergibt sich gerade $X \times (Y + Z)$.

c)

$$\begin{aligned} (X \times Y) \times Z &= \begin{pmatrix} x_2y_3 - x_3y_2 \\ x_3y_1 - x_1y_3 \\ x_1y_2 - x_2y_1 \end{pmatrix} \times \begin{pmatrix} z_1 \\ z_2 \\ z_3 \end{pmatrix} = \\ &= \begin{pmatrix} (x_3y_1 - x_1y_3)\, z_3 - (x_1y_2 - x_2y_1)\, z_2 \\ (x_1y_2 - x_2y_1)\, z_1 - (x_2y_3 - x_3y_2)\, z_3 \\ (x_2y_3 - x_3y_2)\, z_2 - (x_3y_1 - x_1y_3)\, z_1 \end{pmatrix} = \\ &= \begin{pmatrix} (x_2z_2 + x_3z_3)\, y_1 - (y_2z_2 + y_3z_3)\, x_1 \\ (x_1z_1 + x_3z_3)\, y_2 - (y_1z_1 + y_3z_3)\, x_2 \\ (x_1z_1 + x_2z_2)\, y_3 - (y_1z_1 + y_2z_2)\, x_3 \end{pmatrix} \end{aligned}$$

In den Komponenten wird jeweils 0 addiert und zwar in der i−ten Komponente in der Form $x_iz_iy_i - y_iz_ix_i$ $(i = 1, 2, 3)$. Verteilt man dies auf die beiden Klammern, so steht in der ersten Klammer jeweils $X \cdot Z$, in der zweiten Klammer jeweils $Y \cdot Z$. Aufspaltung liefert dann:

$$(X \times Y) \times Z = (X \cdot Z)\, Y - (Y \cdot Z)\, X$$

2.7.6

Man beweise die folgenden Sätze über das Kreuzprodukt:

a) $(X \times Y) \cdot Z = (Y \times Z) \cdot X = (Z \times X) \cdot Y$

b) $(X \times Y) \cdot (U \times V) = (X \cdot U)\,(Y \cdot V) - (X \cdot V)\,(Y \cdot U)$

c) $X \times (Y \times Z) + Y \times (Z \times X) + Z \times (X \times Y) = 0$

a) Wie bei der vorigen Aufgabe rechnet man einfach gemäß der Definition von Kreuzprodukt und Skalarprodukt jeweils aus und erhält die Gleichheit.

b) Hier kann man Regeln anwenden.

$$\begin{aligned}
(X \times Y) \cdot (U \times V) &= (Y \times (U \times V)) \cdot X && \text{nach a)} \\
&= -X \cdot ((U \times V) \times Y) && \text{nach 5. a)} \\
&= -X \cdot ((U \cdot Y)V - (V \cdot Y)U) && \text{nach 5. c)} \\
&= -(U \cdot Y)(X \cdot V) + (V \cdot Y)(X \cdot U) \\
&= (X \cdot U)(Y \cdot V) - (X \cdot V)(Y \cdot U)
\end{aligned}$$

c) Hier wenden wir Aufgabe 5 a) und c) an:

$$X \times (Y \times Z) + Y \times (Z \times X) + Z \times (X \times Y) =$$

$$= -(Y \times Z) \times X - (Z \times X) \times Y - (X \times Y) \times Z =$$

$$= (Z \cdot X)Y - (Y \cdot X)Z + (X \cdot Y)Z - (Z \cdot Y)X + (Y \cdot Z)X - (X \cdot Z)Y =$$

$$= 0,$$

da das Skalarprodukt kommutativ ist.

2.7.2 Weitere Aufgaben zur elementaren Vektorrechnung

Hier werden Aufgaben zur Vektorrechnung im $\mathbb{R}^3$ behandelt, bei denen das Kreuzprodukt benutzt werden kann. Die Aufgaben sind wieder mit Hinweisen zur Problemstellung versehen worden.
Es wird noch einmal auf die Übersichtstabelle für die behandelten Grundaufgaben der elementaren Vektorrechnung in Abschnitt 2.3.3 hingewiesen.

2.7.7
Umrechnung von Ebenendarstellungen
Man gebe für die Ebene

$$E: \quad X = \begin{pmatrix} 1 \\ 2 \\ 1 \end{pmatrix} + \lambda \begin{pmatrix} 1 \\ -1 \\ 2 \end{pmatrix} + \mu \begin{pmatrix} -2 \\ 1 \\ 3 \end{pmatrix}, \quad \lambda, \mu \in \mathbb{R}$$

eine Koordinatendarstellung an.

Mittels des Kreuzproduktes wird ein Normalenvektor N von E bestimmt.

$$N = \begin{pmatrix} 1 \\ -1 \\ 2 \end{pmatrix} \times \begin{pmatrix} -2 \\ 1 \\ 3 \end{pmatrix} = \begin{vmatrix} i & 1 & -2 \\ j & -1 & 1 \\ k & 2 & 3 \end{vmatrix} = \begin{pmatrix} -5 \\ -7 \\ -1 \end{pmatrix}$$

Wir wählen $-N$ als Normalenvektor und nehmen den Punkt $\begin{pmatrix} 1 \\ 2 \\ 1 \end{pmatrix}$ aus E zur Berechnung der rechten Seite einer Koordinatendarstellung von E. Damit folgt:

$$E: \quad 5x + 7y + z = 20$$

2.7.8
Abstand Punkt - Gerade

Man zeige, daß der Abstand d eines Punktes P von der Geraden $g: \quad X = A + \lambda B$ gegeben ist durch die Formel

$$d = \frac{\|B \times (P - A)\|}{\|B\|},$$

und berechne damit den Abstand von

$$P = \begin{pmatrix} 1 \\ 2 \\ 3 \end{pmatrix} \text{ zu } g: \quad X = \begin{pmatrix} 1 \\ 0 \\ 1 \end{pmatrix} + \lambda \begin{pmatrix} 0 \\ 2 \\ -1 \end{pmatrix}, \ \lambda \in \mathbb{R}.$$

Betrachtet man das Parallelogramm, gebildet aus den Vektoren B und $P-A$, so erkennt man, daß der Abstand des Punktes P von der Geraden g gegeben ist durch die Höhe d in dem Parallelogramm bezogen auf die Grundseite B. Die Fläche dieses Parallelogramms ist

$$\|B \times (P - A)\|.$$

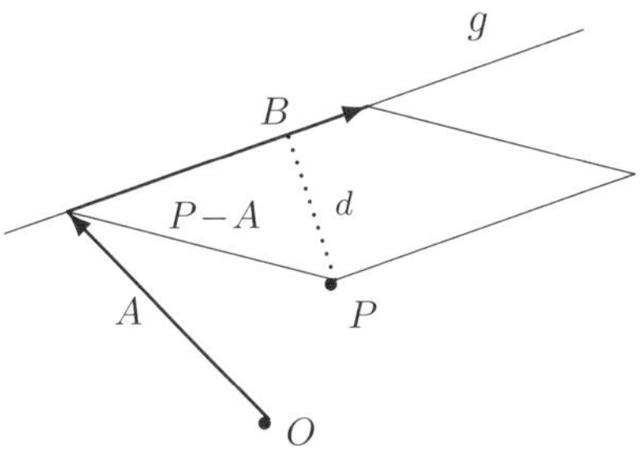

Da sich andererseits die Fläche eines Parallelogramms durch

Grundseite · zugehörige Höhe

berechnet, folgt:

$$\text{Höhe} = d = \frac{\|B \times (P - A)\|}{\|B\|}$$

Im Beispiel ergibt sich:

$$d = \frac{\left\| \begin{pmatrix} 0 \\ 2 \\ -1 \end{pmatrix} \times \begin{pmatrix} 0 \\ 2 \\ 2 \end{pmatrix} \right\|}{\left\| \begin{pmatrix} 0 \\ 2 \\ -1 \end{pmatrix} \right\|} = \frac{\left\| \begin{pmatrix} 6 \\ 0 \\ 0 \end{pmatrix} \right\|}{\sqrt{5}} = \frac{6}{5}\sqrt{5}$$

2.7.9

Geraden im Raum

Gegeben seien die Geraden

$$g_1: \quad X = \begin{pmatrix} 1 \\ 0 \\ 1 \end{pmatrix} + \lambda \begin{pmatrix} 0 \\ 2 \\ -1 \end{pmatrix} \quad \textit{und } g_2: \quad X = \begin{pmatrix} 2 \\ 2 \\ 1 \end{pmatrix} + \mu \begin{pmatrix} 1 \\ 2 \\ 1 \end{pmatrix},$$

sowie der Punkt $A = \begin{pmatrix} 3 \\ 2 \\ 1 \end{pmatrix}$. *Man bestimme eine Gerade* g *durch* A, *die sowohl* g_1 *als auch* g_2 *schneidet.*

Die Gerade g_2 und der Punkt A liegen in einer Ebene E. Diese Ebene wird aufgespannt von den Vektoren $\begin{pmatrix} 1 \\ 2 \\ 1 \end{pmatrix}$ und $\begin{pmatrix} 3 \\ 2 \\ 1 \end{pmatrix} - \begin{pmatrix} 2 \\ 2 \\ 1 \end{pmatrix} = \begin{pmatrix} 1 \\ 0 \\ 0 \end{pmatrix}$. Wir geben eine Koordinatendarstellung von E an, berechnen also das Kreuzprodukt der beiden angegebenen Vektoren.

$$\begin{pmatrix} 1 \\ 2 \\ 1 \end{pmatrix} \times \begin{pmatrix} 1 \\ 0 \\ 0 \end{pmatrix} = \begin{vmatrix} i & 1 & 1 \\ j & 2 & 0 \\ k & 1 & 0 \end{vmatrix} = \begin{pmatrix} 0 \\ 1 \\ -2 \end{pmatrix}$$

E lautet also in Koordinatendarstellung: $E: \quad y - 2z = 0$, da $A \in E$ sein muß . Die gesuchte Gerade muß in dieser Ebene E verlaufen und außerdem noch die Gerade g_1 schneiden. Daher bestimmen wir nun den Durchstoßpunkt D von g_1 durch E und erhalten dann die gesuchte Gerade als Gerade durch D und A. Für D muß gelten $2\lambda - 2(1-\lambda) = 0$, also $\lambda = \frac{1}{2}$. Es folgt:

$$D = \begin{pmatrix} 1 \\ 0 \\ 1 \end{pmatrix} + \frac{1}{2} \begin{pmatrix} 0 \\ 2 \\ -1 \end{pmatrix} = \frac{1}{2} \begin{pmatrix} 2 \\ 2 \\ 1 \end{pmatrix}$$

Damit ergibt sich die gesuchte Gerade g zu:

$$g: \quad X = \begin{pmatrix} 3 \\ 2 \\ 1 \end{pmatrix} + \lambda \begin{pmatrix} 4 \\ 2 \\ 1 \end{pmatrix}$$

Diese Gerade ist nicht parallel zu g_2, schneidet g_2 also tatsächlich.

2.7.10

Gemeinsames Lot windschiefer Geraden

Man zeige, daß die Geraden

$$g_1: \quad X = \begin{pmatrix} 2 \\ -3 \\ -1 \end{pmatrix} + \lambda \begin{pmatrix} 1 \\ 0 \\ 1 \end{pmatrix} \quad \textit{und} \quad g_2: \quad X = \begin{pmatrix} -3 \\ 4 \\ 1 \end{pmatrix} + \mu \begin{pmatrix} 2 \\ 2 \\ 1 \end{pmatrix}$$

windschief sind und bestimme einen Punkt A auf g_1 sowie einen Punkt B auf g_2 so, daß die Gerade durch A und B auf g_1 und g_2 senkrecht steht. Mit Hilfe von A und B berechne man den Abstand von g_1 und g_2.

Die Geraden sind nicht parallel, da die Richtungsvektoren linear unabhängig sind. Sie haben auch keinen Punkt gemeinsam, wie man nachrechnen kann. Also sind sie windschief.

Ein Richtungsvektor der Geraden, die sowohl g_1 als auch g_2 senkrecht schneidet, muß auf den beiden gegebenen Richtungsvektoren senkrecht stehen. Ein Richtungsvektor kann also als Kreuzprodukt dieser beiden Vektoren berechnet werden. Es gilt:

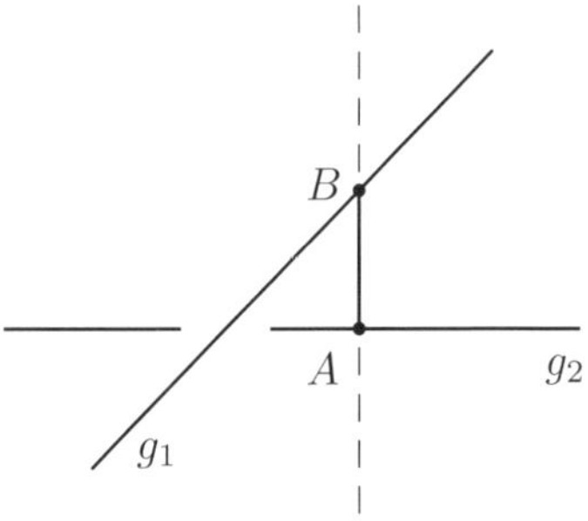

$$\begin{pmatrix} 1 \\ 0 \\ 1 \end{pmatrix} \times \begin{pmatrix} 2 \\ 2 \\ 1 \end{pmatrix} = \begin{vmatrix} i & 1 & 2 \\ j & 0 & 2 \\ k & 1 & 1 \end{vmatrix} = \begin{pmatrix} -2 \\ 1 \\ 2 \end{pmatrix}$$

Die gesuchten Punkte A und B ergeben sich mit Hilfe von Parameterwerten λ und μ, sowie einem Parameterwert α, die folgender Bedingung genügen müssen:

$$\begin{pmatrix} 2 \\ -3 \\ -1 \end{pmatrix} + \lambda \begin{pmatrix} 1 \\ 0 \\ 1 \end{pmatrix} + \alpha \begin{pmatrix} -2 \\ 1 \\ 2 \end{pmatrix} = \begin{pmatrix} -3 \\ 4 \\ 1 \end{pmatrix} + \mu \begin{pmatrix} 2 \\ 2 \\ 1 \end{pmatrix}$$

Diese Gleichung liefert das LGS

$$\begin{array}{rcrcrcr} \lambda & - & 2\alpha & - & 2\mu & = & -5 \\ & & \alpha & - & 2\mu & = & 7 \\ \lambda & + & 2\alpha & - & \mu & = & 2 \end{array}$$

Gleichung 1 minus Gleichung 3 liefert zusammen mit Gleichung 2 das System:

$$\begin{array}{rcrcr} -4\alpha & - & \mu & = & -7 \\ \alpha & - & 2\mu & = & 7 \end{array}$$

Hieraus erhält man $\alpha = \frac{7}{3}$ und $\mu = -\frac{7}{3}$. Dazu ergibt sich durch Einsetzen $\lambda = -5$. Es folgt:

$$A = \begin{pmatrix} 2 \\ -3 \\ -1 \end{pmatrix} - 5 \begin{pmatrix} 1 \\ 0 \\ 1 \end{pmatrix} = \begin{pmatrix} -3 \\ -3 \\ -6 \end{pmatrix}, \; B = \begin{pmatrix} -3 \\ 4 \\ 1 \end{pmatrix} - \frac{7}{3} \begin{pmatrix} 2 \\ 2 \\ 1 \end{pmatrix} = \frac{1}{3} \begin{pmatrix} -23 \\ -2 \\ -4 \end{pmatrix}$$

Der Abstand von g_1 und g_2 ergibt sich als $\|A - B\|$, also:

$$\|A - B\| = \|\frac{1}{3} \begin{pmatrix} 14 \\ -7 \\ -14 \end{pmatrix}\| = \frac{21}{3} = 7$$

2.7.11

Abstand windschiefer Geraden

Es seien $g_1 : \quad X = A_1 + \lambda B_1$ und $g_2 : \quad X = A_2 + \mu B_2$ zwei windschiefe Geraden. Man zeige, daß der Abstand d von g_1 und g_2 gegeben ist durch:

$$d = \frac{|(B_1 \times B_2) \cdot (A_1 - A_2)|}{\|B_1 \times B_2\|}$$

Sind die Geraden g_1 und g_2 windschief, so spannen die Vektoren B_1, B_2 sowie der Verbindungsvektor zweier Punkte der Geraden, hier also z. B. $A_1 - A_2$ einen Spat auf. Der Betrag des Spatprodukts $(B_1 \times B_2) \cdot (A_1 - A_2)$ gibt das Volumen dieses Spats an.
Andererseits berechnet sich das Volumen eines Spats durch

Grundfläche · zugehörige Höhe.

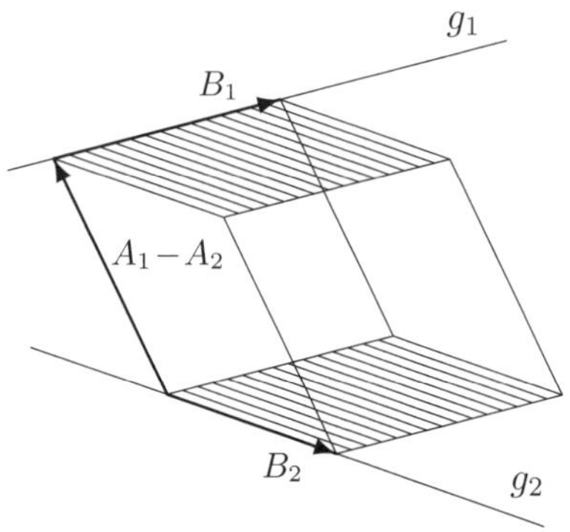

Wählt man als Grundfläche das von B_1 und B_2 aufgespannte Parallelogramm, so gibt die zugehörige Höhe gerade den gesuchten Abstand von g_1 und g_2 an. Unter Berücksichtigung von Eigenschaft 2 des Kreuzprodukts ergibt sich die angegebene Formel für den Abstand windschiefer Geraden.

2.7.12

Abstand von Geraden

Gegeben sind die drei Geraden

$$g_1 : X = \begin{pmatrix} 2 \\ -3 \\ -1 \end{pmatrix} + \lambda \begin{pmatrix} 1 \\ 0 \\ 1 \end{pmatrix}, \qquad g_2 : X = \begin{pmatrix} -3 \\ 4 \\ 1 \end{pmatrix} + \mu \begin{pmatrix} 2 \\ 2 \\ 1 \end{pmatrix},$$

$$g_3 : X = \begin{pmatrix} 8 \\ 1 \\ 3 \end{pmatrix} + \rho \begin{pmatrix} 4 \\ 4 \\ 2 \end{pmatrix}.$$

Für $1 \leq i < j \leq 3$ berechne man den Abstand von g_i und g_j.

Die Geraden g_1 und g_2 sind nicht parallel. Ihr Abstand wird mit der Formel aus der vorigen Aufgabe berechnet. Sollten die Geraden nicht windschief sein, sondern sich schneiden, so ergibt sich auch dies aus der Formel, denn dann sind die Vektoren, die das Spatprodukt bilden, linear abhängig und das Spatprodukt (und damit auch der Abstand) ergibt sich zu 0. Für den Zähler in der Formel erhält man:

$$\begin{aligned} |(B_1 \times B_2) \cdot (A_1 - A_2)| &= |(\begin{pmatrix} 1 \\ 0 \\ 1 \end{pmatrix} \times \begin{pmatrix} 2 \\ 2 \\ 1 \end{pmatrix}) \cdot (\begin{pmatrix} 2 \\ -3 \\ -1 \end{pmatrix} - \begin{pmatrix} -3 \\ 4 \\ 1 \end{pmatrix})| = \\ &= |\begin{pmatrix} -2 \\ 1 \\ 2 \end{pmatrix} \cdot \begin{pmatrix} 5 \\ -7 \\ -2 \end{pmatrix}| = 21 \end{aligned}$$

Es folgt: $d = \frac{21}{3} = 7$ (siehe Aufgabe 10)

Bei g_1 und g_3 wird entsprechend vorgegangen.

$$|(\begin{pmatrix} 1 \\ 0 \\ 1 \end{pmatrix} \times \begin{pmatrix} 4 \\ 4 \\ 2 \end{pmatrix}) \cdot (\begin{pmatrix} 2 \\ -3 \\ -1 \end{pmatrix} - \begin{pmatrix} 8 \\ 1 \\ 3 \end{pmatrix})| = |\begin{pmatrix} -4 \\ 2 \\ 4 \end{pmatrix} \cdot \begin{pmatrix} -6 \\ -4 \\ -4 \end{pmatrix}| = 0$$

g_1 und g_3 schneiden sich also, ihr Abstand ist daher gleich 0.

Die Geraden g_2 und g_3 sind parallel, da ihre Richtungsvektoren linear abhängig sind. Ihr Abstand berechnet sich als Abstand eines beliebigen Punktes von g_3 zu g_2. Dazu wird die Formel aus Aufgabe 8 benutzt.

$$\begin{aligned} d &= \frac{\|B \times (P - A)\|}{\|B\|} = \frac{1}{3} \| \begin{pmatrix} 2 \\ 2 \\ 1 \end{pmatrix} \times (\begin{pmatrix} 8 \\ 1 \\ 3 \end{pmatrix} - \begin{pmatrix} -3 \\ 4 \\ 1 \end{pmatrix}) \| = \\ &= \frac{1}{3} \| \begin{pmatrix} 2 \\ 2 \\ 1 \end{pmatrix} \times \begin{pmatrix} 11 \\ -3 \\ 2 \end{pmatrix} \| = \frac{7}{3} \| \begin{pmatrix} 1 \\ 1 \\ -4 \end{pmatrix} \| = \frac{7}{3} \sqrt{18} \approx 9,9 \end{aligned}$$

2.7.13

Volumen eines Spats

Man berechne das Volumen des von den Vektoren X, Y und Z aufgespannten Spats:

$$X = \begin{pmatrix} 2 \\ 1 \\ 2 \end{pmatrix}, \quad Y = \begin{pmatrix} 1 \\ 3 \\ -1 \end{pmatrix}, \quad Z = \begin{pmatrix} 5 \\ 1 \\ -3 \end{pmatrix}$$

Das Volumen des Spats ergibt sich als Betrag der Determinante aus den drei Vektoren.

$$\begin{vmatrix} 2 & 1 & 2 \\ 1 & 3 & -1 \\ 5 & 1 & -3 \end{vmatrix} = -18 - 5 + 2 - 30 + 2 + 3 = -46$$

Für das Volumen V folgt: $V = 46$

2.7.14

Volumen eines Tetraeders

a) *Man zeige, daß das Volumen des von X, Y und Z aufgespannten Tetraeders $\frac{1}{6}$ des Volumens des von X, Y und Z aufgespannten Spats beträgt.*

b) *Man berechne das Volumen des Tetraeders mit den Eckpunkten*

$$A = \begin{pmatrix} 2 \\ 3 \\ 3 \end{pmatrix}, \; B = \begin{pmatrix} 4 \\ -1 \\ 4 \end{pmatrix}, \; C = \begin{pmatrix} 1 \\ 1 \\ -2 \end{pmatrix} \; \textit{und } D = \begin{pmatrix} 5 \\ 1 \\ 0 \end{pmatrix}.$$

Wir orientieren uns an der nebenstehenden Skizze. Der Körper mit den Eckpunkten A, B, C, D, F, G besitzt das halbe Spatvolumen und wird in drei Tetraeder mit den Eckpunkten A, B, C, D sowie D, F, G, C und D, B, F, C zerlegt. $ABCD$ und $DFGC$ haben kongruente Grundflächen (nämlich ABC bzw. DFG) und gleiche Höhen. Ebenso haben $ABCD$ und $DBFC$ kongruente Grundflächen (nämlich ABD und DBF) und gleiche Höhen.

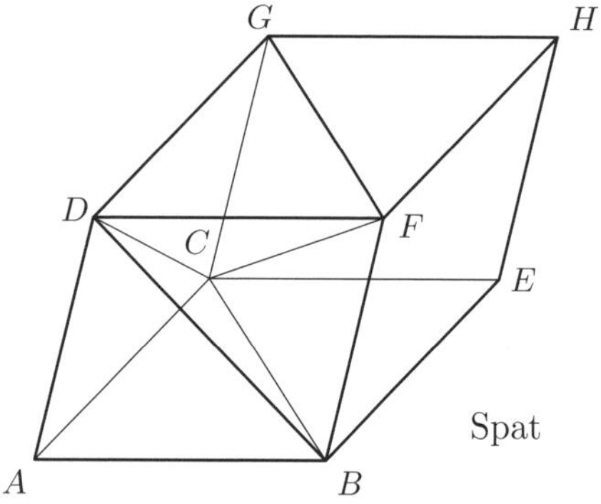

Spat

Die drei Tetraeder haben demnach gleiche Volumina. Das Volumen der einzelnen Tetraeder beträgt also $\frac{1}{6}$ des Spatvolumens.

b) Es wird die eben bewiesene Formel benutzt, wobei als aufspannende Vektoren $B-A$, $C-A$ und $D-A$ genommen werden. Damit folgt:

$$V = \frac{1}{6}\left|\begin{vmatrix} 2 & -4 & 1 \\ -1 & -2 & -5 \\ 3 & -2 & -3 \end{vmatrix}\right| = \frac{1}{6}|12+60+2+6-20+12| = 12$$

2.7.15
Spiegelung einer Geraden an einer Ebene

Man spiegele die Gerade $g:\ X = \begin{pmatrix} 0 \\ 1 \\ 2 \end{pmatrix} + \lambda \begin{pmatrix} -1 \\ 2 \\ 3 \end{pmatrix},\ \lambda \in \mathbb{R}$

an der Ebene $E:\ 2x - y + z = 7$.
Welchen Winkel schließen g *und* E *ein?*

Es werden zwei Punkte der Spiegelgeraden g' bestimmt. Ist g nicht parallel zu E, so kann man als einen Punkt A von g' den Durchstoßpunkt von g durch E nehmen. Setzt man X aus der Geradengleichung in die Ebenengleichung ein, so folgt $-2\lambda-(1+2\lambda)+(2+3\lambda)=7$. Für den Durchstoßpunkt ist also $\lambda=-6$, d. h.

$$A = \begin{pmatrix} 0 \\ 1 \\ 2 \end{pmatrix} - 6\begin{pmatrix} -1 \\ 2 \\ 3 \end{pmatrix} = \begin{pmatrix} 6 \\ -11 \\ -16 \end{pmatrix}$$

ist der Durchstoßpunkt von g durch E. Es muß nun ein weiterer Punkt von g, z. B. $P = \begin{pmatrix} 0 \\ 1 \\ 2 \end{pmatrix}$ an E gespiegelt werden. Die Lotgerade g_l durch P senkrecht zu E lautet:

$$g_l:\ X = \begin{pmatrix} 0 \\ 1 \\ 2 \end{pmatrix} + \mu \begin{pmatrix} 2 \\ -1 \\ 1 \end{pmatrix}$$

Der Parameterwert μ für den Schnittpunkt von g_l und E ergibt sich aus $2\cdot 2\mu-(1-\mu)+(2+\mu)=7$ zu $\mu=1$. Also gilt für den Spiegelpunkt P' von P an E:

$$P' = \begin{pmatrix} 0 \\ 1 \\ 2 \end{pmatrix} + 2\begin{pmatrix} 2 \\ -1 \\ 1 \end{pmatrix} = \begin{pmatrix} 4 \\ -1 \\ 4 \end{pmatrix}$$

Die Spiegelgerade von g an E geht durch A und P', lautet also z. B. :

$$g':\ X = P' + \lambda(P'-A) = \begin{pmatrix} 4 \\ -1 \\ 4 \end{pmatrix} + \lambda \begin{pmatrix} -2 \\ 10 \\ 20 \end{pmatrix} = \begin{pmatrix} 4 \\ -1 \\ 4 \end{pmatrix} + \mu \begin{pmatrix} -1 \\ 5 \\ 10 \end{pmatrix}$$

g und E schließen einen Winkel ein, der halb so groß ist wie der Winkel zwischen g und g'. Man erhält

$$\cos \sphericalangle (g, g') = \frac{\begin{pmatrix} -1 \\ 2 \\ 3 \end{pmatrix} \cdot \begin{pmatrix} -1 \\ 5 \\ 10 \end{pmatrix}}{\sqrt{14} \cdot \sqrt{126}} = \frac{41}{42} \quad \Longrightarrow \quad \sphericalangle (g, g') \approx 12{,}52^\circ$$

und damit beträgt der Winkel zwischen g und E ungefähr $6{,}26^\circ$.

Diesen Schnittwinkel α erhält man auch wie folgt:
Ist N ein Normalenvektor von E und B ein Richtungsvektor von g, so gilt:

$$\alpha = |90^\circ - \sphericalangle (N, B)|$$

Auch so kann man hier (ohne erst g' zu berechnen) den Winkel bestimmen. Es gilt:

$$\cos \sphericalangle (N, B) = \frac{\begin{pmatrix} 2 \\ -1 \\ 1 \end{pmatrix} \cdot \begin{pmatrix} -1 \\ 2 \\ 3 \end{pmatrix}}{\sqrt{6} \cdot \sqrt{14}} = \frac{-1}{\sqrt{84}} \quad \Longrightarrow \quad \sphericalangle (N, B) \approx 96{,}26^\circ$$

Also ist $\alpha \approx 6{,}26^\circ$.

2.8 Lineare Abbildungen in der Ebene und im Raum

In diesem Abschnitt werden Aufgaben zu linearen Abbildungen $\varphi : \mathbb{R}^n \longrightarrow \mathbb{R}^n$ speziell für $n = 2$ und $n = 3$ behandelt.

Lineare Abbildung

Eine Abbildung $\varphi : \mathbb{R}^n \longrightarrow \mathbb{R}^m$ heißt **linear**, wenn gilt:

(LA1) $\varphi(X + Y) = \varphi(X) + \varphi(Y)$ für alle $X, Y \in \mathbb{R}^n$

(LA2) $\varphi(\lambda X) = \lambda\varphi(X)$ für alle $X \in \mathbb{R}^n$ und $\lambda \in \mathbb{R}$

In diesem Abschnitt wird nur der Spezialfall $n = m = 2$ (oder 3) behandelt. Zum allgemeinen Fall siehe Abschnitt 4.3.

Eine Basis vom $\mathbb{R}^n$ ist in Abschnitt 2.3 als $n-$elementige *Menge* definiert worden. In diesem und im nächsten Abschnitt werden wir Basen stets als *geordnet* ansehen, d. h. die Reihenfolge der Vektoren muß berücksichtigt werden.

Lineare Abbildungen und Matrizen

Zu jeder $n \times n-$Matrix $\mathbf{A} = (a_{ij})$ definiert

$$\Phi_{\mathbf{A}} : \begin{cases} \mathbb{R}^n & \longrightarrow & \mathbb{R}^n \\ X & \longmapsto & \mathbf{A}X \end{cases}$$

eine lineare Abbildung.

Zu jeder linearen Abbildung $\Psi : \mathbb{R}^n \longrightarrow \mathbb{R}^n$ existiert eine $n \times n-$Matrix $\mathbf{A}$ mit $\Psi = \Phi_{\mathbf{A}}$.

Dabei ist $\mathbf{A} = \big(\Psi(E_1), \Psi(E_2), \ldots, \Psi(E_n)\big)$

Merke:

Die Spalten der Matrix A sind die Bilder $\Psi(E_i)$ der kanonischen Basisvektoren E_i des $\mathbb{R}^n$.

Wichtige lineare Abbildungen sind **Drehungen** um den Ursprung, sowie **Projektionen** auf Geraden bzw. Ebenen durch den Ursprung und **Spiegelungen** an Geraden bzw. Ebenen durch den Ursprung.

Drehung

Ist $\Phi_{\mathbf{A}} : \mathbb{R}^n \longrightarrow \mathbb{R}^n$ gegeben durch eine Matrix $\mathbf{A}$ mit

(DR1) $\mathbf{A}^\top\mathbf{A} = \mathbf{E}$, also $\mathbf{A}^{-1} = \mathbf{A}^\top$

(DR2) $\det \mathbf{A} = 1$,

so heißt **A Drehmatrix**.

Gilt für **A** nur (DR1), so heißt **A orthogonale Matrix**.

Ist $\mathbf{A}$ eine Drehmatrix, so nennt man die aus den Spaltenvektoren $A_1, \ldots, A_n$ der Matrix $\mathbf{A}$ gebildete Basis eine **cartesische Basis.**
Ist $B = (B_1, \ldots, B_n)$ eine beliebige cartesische Basis, so existieren zu jedem $X \in \mathbb{R}^n$ eindeutig bestimmte $\alpha_1, \ldots, \alpha_n \in \mathbb{R}$ mit

$$X = \alpha_1 B_1 + \ldots + \alpha_n B_n.$$

Die Abbildung $K_B : \mathbb{R}^n \longrightarrow \mathbb{R}^n$ mit $K_B(X) := \begin{pmatrix} \alpha_1 \\ \vdots \\ \alpha_n \end{pmatrix}$ ist linear. $K_B(X)$ heißt **Koordinatenvektor** von X bezüglich der Basis B.
Bei einer **Basistransformation** werden die Koordinatenvektoren der Vektoren $X \in \mathbb{R}^n$ in einer neuen Basis B dargestellt.

Matrix $\mathbf{M}_B(\Phi)$

Eine Matrix $\mathbf{M}$ **repräsentiert** die lineare Abbildung Φ bezüglich einer Basis B, wenn gilt:

$$K_B(\Phi(X)) = \mathbf{M}\, K_B(X) \qquad \text{für alle } X \in \mathbb{R}^n$$

Diese Matrix $\mathbf{M}$ wird mit $\mathbf{M}_B(\Phi)$ bezeichnet, und heißt **Abbildungsmatrix** von Φ bezüglich B.

Noch allgemeinere Abbildungsmatrizen $\mathbf{M}_B^A(\phi)$ werden in Abschnitt 4.3 behandelt.
Es besteht folgender Zusammenhang zwischen Matrizen, die die gleiche lineare Abbildung nur zu unterschiedlichen Basen repräsentieren:

Transformationsformel

$\Phi_{\mathbf{A}} : \mathbb{R}^n \longrightarrow \mathbb{R}^n$ sei lineare Abbildung, $B = (B_1, \ldots, B_n)$ eine Basis des $\mathbb{R}^n$ und $\mathbf{B}$ die daraus gebildete Matrix $\mathbf{B} = (B_1|\ldots|B_n)$. Es gilt:

$$\mathbf{M}_B(\Phi_{\mathbf{A}}) = \mathbf{B}^{-1}\mathbf{A}\mathbf{B}$$

Hierzu siehe auch Abschnitt 4.3. Diese Formel ist ein Spezialfall einer dort auftretenden allgemeineren Transformationsformel.
Es ist ein Hauptproblem der linearen Algebra, für eine Matrix $\mathbf{A}$ eine Basis B derart zu finden, daß $\mathbf{M}_B(\Phi_{\mathbf{A}})$ möglichst einfache Gestalt hat. Darauf wird in den Aufgaben eingegangen.
Eine Motivation für die gekünstelt wirkende Definition der Matrizenmultiplikation wird gegeben durch den folgenden Zusammenhang:

Hintereinanderausführung von linearen Abbildungen

Sind $\Phi_{\mathbf{A}}, \Phi_{\mathbf{C}} : \mathbb{R}^n \longrightarrow \mathbb{R}^n$ lineare Abbildungen, so gilt $\Phi_{\mathbf{A}} \circ \Phi_{\mathbf{C}} = \Phi_{\mathbf{AC}}$, d.h. zur linearen Abbildung $\Phi_{\mathbf{A}} \circ \Phi_{\mathbf{C}}$ gehört die Matrix $\mathbf{AC}$.

2.8.1

Man untersuche jeweils, ob Drehmatrizen vorliegen.

a) $\frac{1}{2}\sqrt{2}\begin{pmatrix} 1 & 1 \\ -1 & 1 \end{pmatrix}$ **b)** $\frac{1}{2}\sqrt{2}\begin{pmatrix} 1 & 1 \\ 1 & -1 \end{pmatrix}$

c) $\frac{1}{3}\sqrt{2}\begin{pmatrix} \sqrt{2}+2 & \sqrt{2}-\sqrt{3}-1 & \sqrt{2}+\sqrt{3}-1 \\ \sqrt{2}+\sqrt{3}-1 & \sqrt{2}+2 & \sqrt{2}-\sqrt{3}-1 \\ \sqrt{2}-\sqrt{3}-1 & \sqrt{2}+\sqrt{3}-1 & \sqrt{2}+2 \end{pmatrix}$

a) Die Matrix **A** ist eine Drehmatrix, denn es gilt:

$$\text{(DR1)}: \quad \mathbf{A}^\top\mathbf{A} = \tfrac{1}{2}\sqrt{2}\begin{pmatrix} 1 & -1 \\ 1 & 1 \end{pmatrix}\tfrac{1}{2}\sqrt{2}\begin{pmatrix} 1 & 1 \\ -1 & 1 \end{pmatrix} = \tfrac{1}{2}\begin{pmatrix} 2 & 0 \\ 0 & 2 \end{pmatrix} = \mathbf{E}$$

$$\text{(DR2)}: \quad |\mathbf{A}| = (\tfrac{1}{2}\sqrt{2})^2\begin{vmatrix} 1 & 1 \\ -1 & 1 \end{vmatrix} = \tfrac{1}{2}\cdot 2 = 1$$

b) **A** ist keine Drehmatrix, da $|\mathbf{A}| = -1$.

c) Es wird die Gültigkeit von (DR1) und (DR2) überprüft. Die langwierige, aber einfache Rechnung zeigt, daß beide Gesetze gelten. **A** ist also eine Drehmatrix.

2.8.2

Es sei B die Basis

$$B = \left(\begin{pmatrix} 1 \\ 1 \\ 2 \end{pmatrix}, \begin{pmatrix} 1 \\ -1 \\ 0 \end{pmatrix}, \begin{pmatrix} 1 \\ 1 \\ -1 \end{pmatrix}\right) \text{ und } X_1 = \begin{pmatrix} 6 \\ 0 \\ -3 \end{pmatrix}, \; X_2 = \begin{pmatrix} 0 \\ -1 \\ -\frac{5}{2} \end{pmatrix}.$$

Man bestimme die Koordinatenvektoren $K_B(X_1)$ und $K_B(X_2)$.

Gesucht sind reelle Zahlen $\alpha_i, \beta_i, \gamma_i \;\; (i = 1, 2)$ mit

$$X_1 = \begin{pmatrix} 6 \\ 0 \\ -3 \end{pmatrix} = \alpha_1\begin{pmatrix} 1 \\ 1 \\ 2 \end{pmatrix} + \beta_1\begin{pmatrix} 1 \\ -1 \\ 0 \end{pmatrix} + \gamma_1\begin{pmatrix} 1 \\ 1 \\ -1 \end{pmatrix}$$

$$X_2 = \begin{pmatrix} 0 \\ -1 \\ -\frac{5}{2} \end{pmatrix} = \alpha_2\begin{pmatrix} 1 \\ 1 \\ 2 \end{pmatrix} + \beta_2\begin{pmatrix} 1 \\ -1 \\ 0 \end{pmatrix} + \gamma_2\begin{pmatrix} 1 \\ 1 \\ -1 \end{pmatrix}$$

Es werden die zugehörigen linearen Gleichungssysteme gelöst und zwar gleich simultan mit beiden rechten Seiten, da die elementaren Umformungen zur Lösung der Gleichungssysteme in beiden Fällen gleich sind.

α_i	β_i	γ_i				
1	$\boxed{1}$	1	6	0	1	
1	-1	1	0	-1	1	
2	0	-1	-3	$-\frac{5}{2}$		
1	$\boxed{1}$	1	6	0	1	
2	0	2	6	-1		1
2	0	$\boxed{-1}$	-3	$-\frac{5}{2}$	1	2
3	$\boxed{1}$	0	3	$-\frac{5}{2}$		
$\boxed{6}$	0	0	0	-6		
2	0	$\boxed{-1}$	-3	$-\frac{5}{2}$		

Hieraus folgt für $K_B(X_1)$:
$\alpha_1 = 0, \quad \gamma_1 = 3 \quad \beta_1 = 3$

$$K_B(X_1) = \begin{pmatrix} 0 \\ 3 \\ 3 \end{pmatrix}$$

Für $K_B(X_2)$ folgt:
$\alpha_2 = -1$
$\gamma_2 = \frac{5}{2} + 2\alpha_2 = \frac{1}{2}$
$\beta_2 = -\frac{5}{2} - 3\alpha_2 = \frac{1}{2}$

$$K_B(X_2) = \begin{pmatrix} -1 \\ \frac{1}{2} \\ \frac{1}{2} \end{pmatrix}$$

2.8.3

Gegeben seien die Basis $B = \left(\begin{pmatrix} 1 \\ 1 \\ 1 \end{pmatrix}, \begin{pmatrix} 1 \\ 2 \\ 1 \end{pmatrix}, \begin{pmatrix} 1 \\ 0 \\ 0 \end{pmatrix} \right)$ *und die Matrix*

$$\mathbf{A} = \begin{pmatrix} 1 & 1 & 0 \\ 1 & -1 & 0 \\ 1 & 1 & 1 \end{pmatrix}.$$

a) *Man berechne die Matrix* $\mathbf{M}_B\left(\Phi_{\mathbf{A}}\right)$.

b) *Für* $X = \begin{pmatrix} 1 \\ 3 \\ 2 \end{pmatrix}$ *verifiziere man die Gleichung*

$$K_B\left(\Phi_{\mathbf{A}}\left(X\right)\right) = \mathbf{M}_B\left(\Phi_{\mathbf{A}}\right) \cdot K_B\left(X\right).$$

a)
1. Lösungsweg:

Ist $\mathbf{B}$ die aus der Basis B gebildete Matrix $\begin{pmatrix} 1 & 1 & 1 \\ 1 & 2 & 0 \\ 1 & 1 & 0 \end{pmatrix}$, so folgt

$$M_B(\Phi_{\mathbf{A}}) = \mathbf{B}^{-1}\mathbf{A}\mathbf{B}.$$

Berechnung von $\mathbf{B}^{-1}$ mittels der expliziten Formel (siehe Aufgabe 2.6.17):

$$|\mathbf{B}| = 1 - 2 = -1 \;: \quad \mathbf{B}^{-1} = -\begin{pmatrix} 0 & 1 & -2 \\ 0 & -1 & 1 \\ -1 & 0 & 1 \end{pmatrix} = \begin{pmatrix} 0 & -1 & 2 \\ 0 & 1 & -1 \\ 1 & 0 & -1 \end{pmatrix}$$

$$\begin{aligned}\mathbf{M}_B(\Phi_\mathbf{A}) &= \begin{pmatrix} 0 & -1 & 2 \\ 0 & 1 & -1 \\ 1 & 0 & -1 \end{pmatrix} \begin{pmatrix} 1 & 1 & 0 \\ 1 & -1 & 0 \\ 1 & 1 & 1 \end{pmatrix} \begin{pmatrix} 1 & 1 & 1 \\ 1 & 2 & 0 \\ 1 & 1 & 0 \end{pmatrix} = \\ &= \begin{pmatrix} 1 & 3 & 2 \\ 0 & -2 & -1 \\ 0 & 0 & -1 \end{pmatrix} \begin{pmatrix} 1 & 1 & 1 \\ 1 & 2 & 0 \\ 1 & 1 & 0 \end{pmatrix} = \begin{pmatrix} 6 & 9 & 1 \\ -3 & -5 & 0 \\ -1 & -1 & 0 \end{pmatrix}\end{aligned}$$

2. Lösungsweg:
$\mathbf{M}_B(\Phi_\mathbf{A})$ repräsentiert die lineare Abbildung $\Phi_\mathbf{A}$ bezüglich der Basis B. Also gilt:

$$K_B(\Phi_\mathbf{A}(X)) = \mathbf{M}_B(\Phi_\mathbf{A}) \cdot K_B(X) \quad \text{für alle } X \in \mathbb{R}^n$$

Wählt man für X einen Basisvektor aus B, so ist $K_B(X)$ ein kanonischer Einheitsvektor E_i und die Formel zeigt die wichtige Tatsache:
Die Spalten von $\mathbf{M}_B(\Phi_\mathbf{A})$ sind die Koordinatenvektoren bezüglich B der Bilder der Basisvektoren aus B.
Wir bilden also zunächst die Vektoren aus B mittels $\Phi_\mathbf{A}$ ab und erhalten:

$$\begin{aligned}\Phi_\mathbf{A}\begin{pmatrix} 1 \\ 1 \\ 1 \end{pmatrix} &= \begin{pmatrix} 1 & 1 & 0 \\ 1 & -1 & 0 \\ 1 & 1 & 1 \end{pmatrix}\begin{pmatrix} 1 \\ 1 \\ 1 \end{pmatrix} = \begin{pmatrix} 2 \\ 0 \\ 3 \end{pmatrix} \\ \Phi_\mathbf{A}\begin{pmatrix} 1 \\ 2 \\ 1 \end{pmatrix} &= \begin{pmatrix} 1 & 1 & 0 \\ 1 & -1 & 0 \\ 1 & 1 & 1 \end{pmatrix}\begin{pmatrix} 1 \\ 2 \\ 1 \end{pmatrix} = \begin{pmatrix} 3 \\ -1 \\ 4 \end{pmatrix} \\ \Phi_\mathbf{A}\begin{pmatrix} 1 \\ 0 \\ 0 \end{pmatrix} &= \begin{pmatrix} 1 & 1 & 0 \\ 1 & -1 & 0 \\ 1 & 1 & 1 \end{pmatrix}\begin{pmatrix} 1 \\ 0 \\ 0 \end{pmatrix} = \begin{pmatrix} 1 \\ 1 \\ 1 \end{pmatrix}\end{aligned}$$

Diese Bildvektoren werden nun in der Basis B dargestellt:

$$\begin{aligned}\begin{pmatrix} 2 \\ 0 \\ 3 \end{pmatrix} &= \alpha\begin{pmatrix} 1 \\ 1 \\ 1 \end{pmatrix} + \beta\begin{pmatrix} 1 \\ 2 \\ 1 \end{pmatrix} + \gamma\begin{pmatrix} 1 \\ 0 \\ 0 \end{pmatrix} \quad \Longrightarrow \quad \begin{pmatrix} \alpha \\ \beta \\ \gamma \end{pmatrix} = \begin{pmatrix} 6 \\ -3 \\ -1 \end{pmatrix} \\ \begin{pmatrix} 3 \\ -1 \\ 4 \end{pmatrix} &= \alpha\begin{pmatrix} 1 \\ 1 \\ 1 \end{pmatrix} + \beta\begin{pmatrix} 1 \\ 2 \\ 1 \end{pmatrix} + \gamma\begin{pmatrix} 1 \\ 0 \\ 0 \end{pmatrix} \quad \Longrightarrow \quad \begin{pmatrix} \alpha \\ \beta \\ \gamma \end{pmatrix} = \begin{pmatrix} 9 \\ -5 \\ -1 \end{pmatrix} \\ \begin{pmatrix} 1 \\ 1 \\ 1 \end{pmatrix} &= \alpha\begin{pmatrix} 1 \\ 1 \\ 1 \end{pmatrix} + \beta\begin{pmatrix} 1 \\ 2 \\ 1 \end{pmatrix} + \gamma\begin{pmatrix} 1 \\ 0 \\ 0 \end{pmatrix} \quad \Longrightarrow \quad \begin{pmatrix} \alpha \\ \beta \\ \gamma \end{pmatrix} = \begin{pmatrix} 1 \\ 0 \\ 0 \end{pmatrix}\end{aligned}$$

Hierbei wurden teilweise die Ergebnisse von oben übernommen. Sonst müssen jeweils Gleichungssysteme gelöst werden.
Die Spalten ergeben zusammen wieder die Matrix $\mathbf{M}_B(\Phi_\mathbf{A})$.

b) Zunächst gilt:

$$\Phi_{\mathbf{A}}(X) = \begin{pmatrix} 1 & 1 & 0 \\ 1 & -1 & 0 \\ 1 & 1 & 1 \end{pmatrix} \begin{pmatrix} 1 \\ 3 \\ 2 \end{pmatrix} = \begin{pmatrix} 4 \\ -2 \\ 6 \end{pmatrix}$$

Für $X = \begin{pmatrix} 1 \\ 3 \\ 2 \end{pmatrix}$ erhält man durch Lösen eines LGS oder "scharfes Hinsehen" $K_B(X) = \begin{pmatrix} 1 \\ 1 \\ -1 \end{pmatrix}$. Mit der in a) berechneten Matrix ergibt sich:

$$\mathbf{M}_B(\Phi_{\mathbf{A}}) \cdot K_B(X) = \begin{pmatrix} 6 & 9 & 1 \\ -3 & -5 & 0 \\ -1 & -1 & 0 \end{pmatrix} \begin{pmatrix} 1 \\ 1 \\ -1 \end{pmatrix} = \begin{pmatrix} 14 \\ -8 \\ -2 \end{pmatrix}$$

Nun verifiziert man

$$\begin{pmatrix} 4 \\ -2 \\ 6 \end{pmatrix} = 14 \begin{pmatrix} 1 \\ 1 \\ 1 \end{pmatrix} - 8 \begin{pmatrix} 1 \\ 2 \\ 1 \end{pmatrix} - 2 \begin{pmatrix} 1 \\ 0 \\ 0 \end{pmatrix},$$

also $K_B(\Phi_{\mathbf{A}}(X)) = \mathbf{M}_B(\Phi_{\mathbf{A}}) \cdot K_B(X)$.

2.8.4

Im $\mathbb{R}^2$ sei die lineare Abbildung Φ_a die senkrechte Projektion auf die durch $y = ax$ gegebene Gerade. Man gebe für eine geschickt gewählte Basis B und dann für die kanonische Basis A die Matrizen $\mathbf{M}_A(\Phi_a)$ und $\mathbf{M}_B(\Phi_a)$ an. Welche Matrix $\mathbf{M}_A(\Phi_a)$ ergibt sich speziell für $a = 2$?

Man wählt zunächst die Basis B so, daß der erste Vektor in Geradenrichtung zeigt und der zweite Vektor senkrecht dazu steht, also z. B.

$$B = (\begin{pmatrix} 1 \\ a \end{pmatrix}, \begin{pmatrix} -a \\ 1 \end{pmatrix}).$$

$\mathbf{M}_B(\Phi_a)$ wird spaltenweise ermittelt:

$$\Phi_a(\begin{pmatrix} 1 \\ a \end{pmatrix}) = \begin{pmatrix} 1 \\ a \end{pmatrix} \text{ und } K_B(\begin{pmatrix} 1 \\ a \end{pmatrix}) = \begin{pmatrix} 1 \\ 0 \end{pmatrix} \quad \text{1. Spalte von } \mathbf{M}_B(\Phi_a)$$

$$\Phi_a(\begin{pmatrix} -a \\ 1 \end{pmatrix}) = \begin{pmatrix} 0 \\ 0 \end{pmatrix} \text{ und } K_B(\begin{pmatrix} 0 \\ 0 \end{pmatrix}) = \begin{pmatrix} 0 \\ 0 \end{pmatrix} \quad \text{2. Spalte von } \mathbf{M}_B(\Phi_a)$$

Somit ist

$$\mathbf{M}_B(\Phi_a) = \begin{pmatrix} 1 & 0 \\ 0 & 0 \end{pmatrix}.$$

Die gesuchte Matrix $\mathbf{M}_A(\Phi_a)$ ist diejenige Matrix, die im Vorspann zu diesem Abschnitt stets mit $\mathbf{A}$ bezeichnet wurde. Wegen $\mathbf{M}_B(\Phi_a) = \mathbf{B}^{-1}\mathbf{A}\mathbf{B}$ folgt $\mathbf{A} = \mathbf{B}\,\mathbf{M}_B(\Phi_a)\,\mathbf{B}^{-1}$.
Aus $\mathbf{B} = \begin{pmatrix} 1 & -a \\ a & 1 \end{pmatrix}$ erhält man $\mathbf{B}^{-1} = \frac{1}{1+a^2}\begin{pmatrix} 1 & a \\ -a & 1 \end{pmatrix}$, also:

$$\begin{aligned}\mathbf{A} &= \begin{pmatrix} 1 & -a \\ a & 1 \end{pmatrix}\begin{pmatrix} 1 & 0 \\ 0 & 0 \end{pmatrix}\frac{1}{1+a^2}\begin{pmatrix} 1 & a \\ -a & 1 \end{pmatrix} = \\ &= \frac{1}{1+a^2}\begin{pmatrix} 1 & 0 \\ a & 0 \end{pmatrix}\begin{pmatrix} 1 & a \\ -a & 1 \end{pmatrix} = \frac{1}{1+a^2}\begin{pmatrix} 1 & a \\ a & a^2 \end{pmatrix}\end{aligned}$$

Speziell für $a = 2$ gibt sich also die Matrix

$$\mathbf{A} = \frac{1}{5}\begin{pmatrix} 1 & 2 \\ 2 & 4 \end{pmatrix}.$$

2.8.5
Im $\mathbb{R}^3$ sei die lineare Abbildung Φ gegeben als senkrechte Projektion auf die Ebene $E: \ x+y+z=0$.
Man gebe für eine geschickt gewählte Basis B und dann für die kanonische Basis A die Matrizen $\mathbf{M}_A(\Phi)$ und $\mathbf{M}_B(\Phi)$ an.

Wir gehen wie bei Aufgabe 4 vor und wählen zunächst als Basis

$$B = (B_1, B_2, B_3) = (\begin{pmatrix} 1 \\ 1 \\ 1 \end{pmatrix}, \begin{pmatrix} -1 \\ 0 \\ 1 \end{pmatrix}, \begin{pmatrix} 1 \\ -2 \\ 1 \end{pmatrix}).$$

Dies sind drei Vektoren, die paarweise aufeinander senkrecht stehen, wobei der erste Vektor ein Normalenvektor der gegebenen Ebene ist, die anderen beiden daher in E liegen.
Somit ist $\Phi(B_1) = 0,\ \Phi(B_2) = B_2,\ \Phi(B_3) = B_3$ und die Koordinatenvektoren der Bilder ergeben spaltenweise die Matrix $\mathbf{M}_B(\Phi)$. Man erhält daher:

$$\mathbf{M}_B(\Phi) = \begin{pmatrix} 0 & 0 & 0 \\ 0 & 1 & 0 \\ 0 & 0 & 1 \end{pmatrix}$$

Ist $\mathbf{A}$ die Matrix von Φ bezüglich der kanonischen Basis, so folgt ebenfalls wieder $\mathbf{A} = \mathbf{B}\,\mathbf{M}_B(\Phi)\,\mathbf{B}^{-1}$.

$$\text{Mit } \mathbf{B} = \begin{pmatrix} 1 & -1 & 1 \\ 1 & 0 & -2 \\ 1 & 1 & 1 \end{pmatrix} \quad \text{folgt } \mathbf{B}^{-1} = \frac{1}{6}\begin{pmatrix} 2 & 2 & 2 \\ -3 & 0 & 3 \\ 1 & -2 & 1 \end{pmatrix} \quad \text{und}$$

$$\begin{aligned} \mathbf{A} &= \frac{1}{6}\begin{pmatrix} 1 & -1 & 1 \\ 1 & 0 & -2 \\ 1 & 1 & 1 \end{pmatrix}\begin{pmatrix} 0 & 0 & 0 \\ 0 & 1 & 0 \\ 0 & 0 & 1 \end{pmatrix}\begin{pmatrix} 2 & 2 & 2 \\ -3 & 0 & 3 \\ 1 & -2 & 1 \end{pmatrix} = \\ &= \frac{1}{6}\begin{pmatrix} 0 & -1 & 1 \\ 0 & 0 & -2 \\ 0 & 1 & 1 \end{pmatrix}\begin{pmatrix} 2 & 2 & 2 \\ -3 & 0 & 3 \\ 1 & -2 & 1 \end{pmatrix} = \frac{1}{3}\begin{pmatrix} 2 & -1 & -1 \\ -1 & 2 & -1 \\ -1 & -1 & 2 \end{pmatrix}. \end{aligned}$$

2.8.6

Im $\mathbb{R}^2$ beschreibe man die Drehung um 30° durch eine Matrix $\mathbf{A}$ und gebe die Bilder von $\begin{pmatrix} 1 \\ 2 \end{pmatrix}$ und $\begin{pmatrix} -3 \\ 5 \end{pmatrix}$ an.

Ist $\Phi_{\mathbf{A}} : \mathbb{R}^2 \longrightarrow \mathbb{R}^2$ eine Drehung um den Winkel φ (im mathematisch positiven Sinn), so ist

$$\Phi_{\mathbf{A}}(E_1) = \begin{pmatrix} \cos\varphi \\ \sin\varphi \end{pmatrix}, \qquad \Phi_{\mathbf{A}}(E_2) = \begin{pmatrix} -\sin\varphi \\ \cos\varphi \end{pmatrix}$$

und somit

$$\mathbf{A} = \begin{pmatrix} \cos\varphi & -\sin\varphi \\ \sin\varphi & \cos\varphi \end{pmatrix},$$

Also erhält man hier die folgende Drehmatrix:

$$\mathbf{A} = \begin{pmatrix} \cos 30^\circ & -\sin 30^\circ \\ \sin 30^\circ & \cos 30^\circ \end{pmatrix} = \begin{pmatrix} \frac{1}{2}\sqrt{3} & -\frac{1}{2} \\ \frac{1}{2} & \frac{1}{2}\sqrt{3} \end{pmatrix} = \frac{1}{2}\begin{pmatrix} \sqrt{3} & -1 \\ 1 & \sqrt{3} \end{pmatrix}$$

Für die gesuchten Bildvektoren gilt:

$$\begin{aligned} \Phi_{\mathbf{A}}\left(\begin{pmatrix} 1 \\ 2 \end{pmatrix}\right) &= \frac{1}{2}\begin{pmatrix} \sqrt{3} & -1 \\ 1 & \sqrt{3} \end{pmatrix}\begin{pmatrix} 1 \\ 2 \end{pmatrix} = \frac{1}{2}\begin{pmatrix} \sqrt{3}-2 \\ 1+2\sqrt{3} \end{pmatrix} \\ \Phi_{\mathbf{A}}\left(\begin{pmatrix} -3 \\ 5 \end{pmatrix}\right) &= \frac{1}{2}\begin{pmatrix} \sqrt{3} & -1 \\ 1 & \sqrt{3} \end{pmatrix}\begin{pmatrix} -3 \\ 5 \end{pmatrix} = \frac{1}{2}\begin{pmatrix} -3\sqrt{3}-5 \\ -3+5\sqrt{3} \end{pmatrix} \end{aligned}$$

2.8.7

Man zeige, daß die folgende Matrix $\mathbf{A}$ *eine Drehmatrix ist.*

$$\mathbf{A} = \begin{pmatrix} \frac{1}{2} & -\frac{1}{2} & -\frac{1}{\sqrt{2}} \\ -\frac{1}{2} & \frac{1}{2} & -\frac{1}{\sqrt{2}} \\ \frac{1}{\sqrt{2}} & \frac{1}{\sqrt{2}} & 0 \end{pmatrix}$$

Man bestimme ferner den Drehwinkel θ *und die Drehachse von* $\Phi_{\mathbf{A}}$ *und gebe eine Basis* B *des* $\mathbb{R}^3$ *an, so daß*

$$\mathbf{M}_B\,(\Phi_{\mathbf{A}}) = \begin{pmatrix} \cos\theta & -\sin\theta & 0 \\ \sin\theta & \cos\theta & 0 \\ 0 & 0 & 1 \end{pmatrix}.$$

Zunächst rechnet man nach, daß $\mathbf{A}\mathbf{A}^\top = \mathbf{E}$ gilt und $\det \mathbf{A} = 1$ ist. Also ist $\mathbf{A}$ eine Drehmatrix. Für den Drehwinkel θ einer Drehung gilt

$$\cos\theta = \frac{1}{2}\,(\mathrm{Spur}\,(\mathbf{A}) - 1),$$

wobei Spur $(\mathbf{A})$ als Summe der Hauptdiagonalglieder von $\mathbf{A}$ definiert ist. Hier folgt also:

$$\cos\theta = \frac{1}{2}\,(\frac{1}{2} + \frac{1}{2} - 1) = 0 \quad\Longrightarrow\quad \theta = \frac{1}{2}\pi \quad \text{oder} \quad \theta = \frac{3}{2}\pi$$

Wählt man eine **cartesische Basis** $B = (B_1, B_2, B_3)$ derart, daß B_3 ein Vektor in Richtung der Drehachse ist, so gilt bei Drehung um die Drehachse

$$\mathbf{M}_B\,(\Phi_{\mathbf{A}}) = \begin{pmatrix} \cos\theta & -\sin\theta & 0 \\ \sin\theta & \cos\theta & 0 \\ 0 & 0 & 1 \end{pmatrix},$$

wobei θ der Drehwinkel ist. Es wird nun zunächst ein Vektor in Richtung der Drehachse berechnet. Für einen solchen Vektor X gilt $\Phi_{\mathbf{A}}\,(X) = X$, da die Drehachse bei der Drehung fix bleibt. Aus $\mathbf{A}X = X$ erkennt man, daß ein Vektor in Richtung der Drehachse durch eine nicht-triviale Lösung des homogenen linearen Gleichungssystems $(\mathbf{A} - \mathbf{E})X = 0$ gegeben ist. Dies ist das LGS

$$(\mathbf{A} - \mathbf{E})X = \begin{pmatrix} -\frac{1}{2} & -\frac{1}{2} & -\frac{1}{\sqrt{2}} \\ -\frac{1}{2} & -\frac{1}{2} & -\frac{1}{\sqrt{2}} \\ \frac{1}{\sqrt{2}} & \frac{1}{\sqrt{2}} & -1 \end{pmatrix} X\,.$$

Nun kann man dieses LGS lösen. Folgende Überlegung ist einfacher: Wegen $(-\frac{1}{2}, -\frac{1}{2}, -\frac{1}{\sqrt{2}}) \perp X$ und $(\frac{1}{\sqrt{2}}, \frac{1}{\sqrt{2}}, -1) \perp X$ folgt, daß das Kreuzprodukt der zweiten und dritten Zeile der Matrix eine Lösung ergibt. Es folgt:

$$X = \begin{pmatrix} -\frac{1}{2} \\ -\frac{1}{2} \\ -\frac{1}{\sqrt{2}} \end{pmatrix} \times \begin{pmatrix} \frac{1}{\sqrt{2}} \\ \frac{1}{\sqrt{2}} \\ -1 \end{pmatrix} = \begin{pmatrix} 1 \\ -1 \\ 0 \end{pmatrix}$$

Dieser Vektor wird nun durch Vektoren Y und Z zu einer Basis aus paarweise aufeinander senkrecht stehenden Vektoren ergänzt. Man kann z. B.

$$Y = \begin{pmatrix} 0 \\ 0 \\ 1 \end{pmatrix} \quad \text{und} \quad Z = X \times Y = \begin{pmatrix} -1 \\ -1 \\ 0 \end{pmatrix}$$

wählen. Um eine cartesische Basis zu erhalten, bei der der Vektor in Richtung der Drehachse an dritter Stelle steht, normieren wir zunächst diese Vektoren und vertauschen dann die Reihenfolge der Vektoren so, daß der aus X abgeleitete Vektor an dritter Stelle steht. Mit der Basis

$$B = (\begin{pmatrix} 0 \\ 0 \\ 1 \end{pmatrix}, \frac{1}{\sqrt{2}} \begin{pmatrix} -1 \\ -1 \\ 0 \end{pmatrix}, \frac{1}{\sqrt{2}} \begin{pmatrix} 1 \\ -1 \\ 0 \end{pmatrix})$$

erhält man

$$\mathbf{M}_B(\Phi_{\mathbf{A}}) = \mathbf{B}^{-1}\mathbf{A}\mathbf{B} =$$

$$= \begin{pmatrix} 0 & 0 & 1 \\ -\frac{1}{\sqrt{2}} & -\frac{1}{\sqrt{2}} & 0 \\ \frac{1}{\sqrt{2}} & -\frac{1}{\sqrt{2}} & 0 \end{pmatrix} \begin{pmatrix} \frac{1}{2} & -\frac{1}{2} & -\frac{1}{2} \\ -\frac{1}{2} & \frac{1}{2} & -\frac{1}{\sqrt{2}} \\ \frac{1}{\sqrt{2}} & \frac{1}{\sqrt{2}} & 0 \end{pmatrix} \begin{pmatrix} 0 & -\frac{1}{\sqrt{2}} & \frac{1}{\sqrt{2}} \\ 0 & -\frac{1}{\sqrt{2}} & -\frac{1}{\sqrt{2}} \\ 1 & 0 & 0 \end{pmatrix}$$

$$= \begin{pmatrix} 0 & -1 & 0 \\ 1 & 0 & 0 \\ 0 & 0 & 1 \end{pmatrix},$$

und damit ist B eine gesuchte Basis, zu der der Winkel $\theta = \frac{1}{2}\pi$ gehört.

(Mit der Basis $B' = (\frac{1}{\sqrt{2}} \begin{pmatrix} -1 \\ -1 \\ 0 \end{pmatrix}, \begin{pmatrix} 0 \\ 0 \\ 1 \end{pmatrix}, \frac{1}{\sqrt{2}} \begin{pmatrix} 1 \\ -1 \\ 0 \end{pmatrix})$ hätte man

$$\begin{pmatrix} 0 & 1 & 0 \\ -1 & 0 & 0 \\ 0 & 0 & 1 \end{pmatrix}$$

erhalten, und der dazu gehörende Winkel wäre $\theta = \frac{3}{2}\pi$ gewesen. Der sich aus $\cos\theta = \frac{1}{2}(\mathrm{Spur}(\mathbf{A}) - 1)$ ergebende Winkel θ ist erst dann eindeutig festgelegt, wenn auch eine Orientierung der Basis gewählt wird. B ist eine positiv orientierte Basis, und in der ist die durch $\mathbf{A}$ gegebene Drehung eine Drehung um

$\frac{1}{2}\pi$. B' dagegen ist negativ orientiert und in dieser Basis muß bei der durch $\mathbf{A}$ gegebenen Drehung um $\frac{3}{2}\pi$ gedreht werden.)

2.8.8

Man bestimme eine $3\times 3-$ *Drehmatrix* $\mathbf{A}$ *so, daß* $\Phi_{\mathbf{A}}$ *den Drehwinkel* $\frac{\pi}{2}$ *und die Drehachse* $L\left(\begin{pmatrix}1\\1\\1\end{pmatrix}\right)$ *besitzt.*

Wir bestimmen zunächst eine Basis B' so, daß die Vektoren paarweise senkrecht stehen und sich ein Vektor in Richtung der Drehachse unter ihnen befindet, also z. B.

$$B' = \left(\begin{pmatrix}1\\1\\1\end{pmatrix}, \begin{pmatrix}1\\-1\\0\end{pmatrix}, \begin{pmatrix}1\\1\\1\end{pmatrix} \times \begin{pmatrix}1\\-1\\0\end{pmatrix}\right) = \left(\begin{pmatrix}1\\1\\1\end{pmatrix}, \begin{pmatrix}1\\-1\\0\end{pmatrix}, \begin{pmatrix}1\\1\\-2\end{pmatrix}\right)$$

Daraus ergibt sich die folgende cartesische Basis B mit einem Vektor in Richtung der Drehachse an dritter Stelle:

$$B = \left(\frac{1}{\sqrt{2}}\begin{pmatrix}1\\-1\\0\end{pmatrix}, \frac{1}{\sqrt{6}}\begin{pmatrix}1\\1\\-2\end{pmatrix}, \frac{1}{\sqrt{3}}\begin{pmatrix}1\\1\\1\end{pmatrix}\right)$$

Dazu gehört (siehe vorige Aufgabe) die Drehmatrix:

$$\mathbf{M}_B(\Phi_{\mathbf{A}}) = \begin{pmatrix} \cos\frac{\pi}{2} & -\sin\frac{\pi}{2} & 0 \\ \sin\frac{\pi}{2} & \cos\frac{\pi}{2} & 0 \\ 0 & 0 & 1 \end{pmatrix} = \begin{pmatrix} 0 & -1 & 0 \\ 1 & 0 & 0 \\ 0 & 0 & 1 \end{pmatrix}$$

Ist $\mathbf{B}$ die aus der Basis B gebildete Matrix, so folgt aus $\mathbf{M}_B\left(\Phi_{\mathbf{A}}\right) = \mathbf{B}^{-1}\mathbf{A}\mathbf{B}$, daß sich die gesuchte Matrix $\mathbf{A}$ ergibt als

$$\mathbf{A} = \mathbf{B}\,\mathbf{M}_B\left(\Phi_{\mathbf{A}}\right)\mathbf{B}^{-1} = \mathbf{B}\,\mathbf{M}_B\left(\Phi_{\mathbf{A}}\right)\mathbf{B}^{\top},$$

denn da B eine cartesische Basis ist, folgt $\mathbf{B}^{-1} = \mathbf{B}^{\top}$.

$$\begin{aligned}\mathbf{A} &= \begin{pmatrix} \frac{1}{\sqrt{2}} & \frac{1}{\sqrt{6}} & \frac{1}{\sqrt{3}} \\ -\frac{1}{\sqrt{2}} & \frac{1}{\sqrt{6}} & \frac{1}{\sqrt{3}} \\ 0 & -\frac{2}{\sqrt{6}} & \frac{1}{\sqrt{3}} \end{pmatrix} \begin{pmatrix} 0 & -1 & 0 \\ 1 & 0 & 0 \\ 0 & 0 & 1 \end{pmatrix} \begin{pmatrix} \frac{1}{\sqrt{2}} & -\frac{1}{\sqrt{2}} & 0 \\ \frac{1}{\sqrt{6}} & \frac{1}{\sqrt{6}} & -\frac{2}{\sqrt{6}} \\ \frac{1}{\sqrt{3}} & \frac{1}{\sqrt{3}} & \frac{1}{\sqrt{3}} \end{pmatrix} = \\ &= \frac{1}{3}\begin{pmatrix} 1 & 1-\sqrt{3} & 1+\sqrt{3} \\ 1+\sqrt{3} & 1 & 1-\sqrt{3} \\ 1-\sqrt{3} & 1+\sqrt{3} & 1 \end{pmatrix}\end{aligned}$$

2.8.9

a) *Im* $\mathbb{R}^2$ *beschreibe man die Spiegelung an der durch* $y = ax$ *gegebenen Geraden durch eine Matrix* $\mathbf{A}$. *Wie lautet die Matrix speziell für* $y = 2x$?

b) *Man zeige, daß die Matrix* $\mathbf{A}$ *aus a) orthogonal ist und* $\det \mathbf{A} = -1$ *gilt.*

a) Es sei Φ_a diese Spiegelung.
Man wählt zunächst die Basis B so, daß der erste Vektor in Geradenrichtung zeigt und der zweite Vektor senkrecht dazu steht, also z. B.

$$B = \left(\begin{pmatrix} 1 \\ a \end{pmatrix}, \begin{pmatrix} -a \\ 1 \end{pmatrix}\right).$$

$\mathbf{M}_B(\Phi_a)$ wird spaltenweise ermittelt:

$\Phi_a(\begin{pmatrix} 1 \\ a \end{pmatrix}) = \begin{pmatrix} 1 \\ a \end{pmatrix}$ und $K_B(\begin{pmatrix} 1 \\ a \end{pmatrix}) = \begin{pmatrix} 1 \\ 0 \end{pmatrix}$ 1. Spalte von $\mathbf{M}_B(\Phi_a)$

$\Phi_a(\begin{pmatrix} -a \\ 1 \end{pmatrix}) = \begin{pmatrix} a \\ -1 \end{pmatrix}$ und $K_B(\begin{pmatrix} a \\ -1 \end{pmatrix}) = \begin{pmatrix} 0 \\ -1 \end{pmatrix}$ 2. Spalte von $\mathbf{M}_B(\Phi_a)$

Somit ist

$$\mathbf{M}_B(\Phi_a) = \begin{pmatrix} 1 & 0 \\ 0 & -1 \end{pmatrix}.$$

Die gesuchte Matrix $\mathbf{M}_A(\Phi_a)$ ist diejenige Matrix, die im Vorspann zu diesem Abschnitt stets mit $\mathbf{A}$ bezeichnet wurde. Wegen $\mathbf{M}_B(\Phi_a) = \mathbf{B}^{-1}\mathbf{A}\mathbf{B}$ folgt $\mathbf{A} = \mathbf{B}\,\mathbf{M}_B(\Phi_a)\,\mathbf{B}^{-1}$.
Aus $\mathbf{B} = \begin{pmatrix} 1 & -a \\ a & 1 \end{pmatrix}$ erhält man $\mathbf{B}^{-1} = \frac{1}{1+a^2}\begin{pmatrix} 1 & a \\ -a & 1 \end{pmatrix}$, also:

$$\begin{aligned} \mathbf{A} &= \begin{pmatrix} 1 & -a \\ a & 1 \end{pmatrix}\begin{pmatrix} 1 & 0 \\ 0 & -1 \end{pmatrix}\frac{1}{1+a^2}\begin{pmatrix} 1 & a \\ -a & 1 \end{pmatrix} = \\ &= \frac{1}{1+a^2}\begin{pmatrix} 1 & a \\ a & -1 \end{pmatrix}\begin{pmatrix} 1 & a \\ -a & 1 \end{pmatrix} = \frac{1}{1+a^2}\begin{pmatrix} 1-a^2 & 2a \\ 2a & a^2-1 \end{pmatrix} \end{aligned}$$

Speziell für $a = 2$ gibt sich also die Matrix

$$\mathbf{A} = \frac{1}{5}\begin{pmatrix} -3 & 4 \\ 4 & 3 \end{pmatrix}.$$

b) Man rechnet leicht nach, daß $\mathbf{A}^\top\mathbf{A} = \mathbf{E}$ gilt. Ferner ist

$$\det \mathbf{A} = \frac{1}{(1+a^2)^2}((1-a^2)(a^2-1) - 4a^2) = \frac{1}{(1+a^2)^2}(-a^4 + 2a^2 - 1 - 4a^2)$$

$$= \frac{1}{(1+a^2)^2}(-1)(a^4 + 2a^2 + 1) = -1 .$$

2.8.10

Man zeige, daß das Produkt orthogonaler Matrizen eine orthogonale Matrix ist.

Sind $\mathbf{A}$ und $\mathbf{B}$ orthogonal, so gilt $\mathbf{A}^\top\mathbf{A} = \mathbf{E}$ und $\mathbf{B}^\top\mathbf{B} = \mathbf{E}$. Dann folgt

$$(\mathbf{AB})^\top(\mathbf{AB}) = \mathbf{B}^\top\mathbf{A}^\top\mathbf{AB} = \mathbf{B}^\top\mathbf{EB} = \mathbf{B}^\top\mathbf{B} = \mathbf{E} ,$$

also ist $\mathbf{AB}$ orthogonal.

2.8.11

Man zeige, daß im $\mathbb{R}^2$ die Hintereinanderausführung von zwei Spiegelungen an Ursprungsgeraden eine Drehung um den Ursprung ist.

Bei der Hintereinanderausführung von linearen Abbildungen ist das Produkt der zugehörigen Matrizen zu bilden. Zu Geradenspiegelungen an Geraden durch den Ursprung gehören orthogonale Matrizen mit Determinante -1 (siehe 2.8.9). Das Produkt orthogonaler Matrizen ist nach der vorigen Aufgabe eine orthogonale Matrix. Die Determinante der Produktmatrix ist gleich dem Produkt der Einzeldeterminanten (siehe 2.6), also gleich $(-1)(-1)$. Damit gehört zur Hintereinanderausführung von zwei Geradenspiegelungen eine orthogonale Matrix mit Determinante 1, und das ist eine Drehmatrix.

2.8.12

Im $\mathbb{R}^2$ sind die Geraden $g_1 : y = 2x$ und $g_2 : y = -x$ gegeben. Man gebe die Drehmatrizen und zugehörigen Drehwinkel derjenigen Drehungen an, die man erhält wenn man erst an g_1 und dann an g_2 bzw. erst an g_2 und dann an g_1 spiegelt.

Es wird bezüglich der kanonischen Basis des $\mathbb{R}^2$ gerechnet.

Die Spiegelung an $y = 2x$ wird beschrieben durch die Matrix $\mathbf{A} = \frac{1}{5}\begin{pmatrix} -3 & 4 \\ 4 & 3 \end{pmatrix}$, die Spiegelung an $y = -x$ durch $\mathbf{B} = \frac{1}{2}\begin{pmatrix} 0 & -2 \\ -2 & 0 \end{pmatrix} = \begin{pmatrix} 0 & -1 \\ -1 & 0 \end{pmatrix}$ (siehe Aufgabe 2.8.9). Spiegelt man also erst an g_1 und danach an g_2, so gehört zu dieser linearen Abbildung die Matrix

$$\mathbf{BA} = \frac{1}{5}\begin{pmatrix} 0 & -1 \\ -1 & 0 \end{pmatrix}\begin{pmatrix} -3 & 4 \\ 4 & 3 \end{pmatrix} = \frac{1}{5}\begin{pmatrix} -4 & -3 \\ 3 & -4 \end{pmatrix}$$

und hieraus ergibt sich mit $\cos\alpha = -\frac{4}{5}$ und $\sin\alpha = \frac{3}{5}$ der Drehwinkel $\alpha \approx 143°$.

Spiegelt man dagegen erst an g_2 und dann an g_1, so gehört zu dieser linearen Abbildung die Matrix

$$\mathbf{AB} = \frac{1}{5}\begin{pmatrix} -3 & 4 \\ 4 & 3 \end{pmatrix}\begin{pmatrix} 0 & -1 \\ -1 & 0 \end{pmatrix} = \frac{1}{5}\begin{pmatrix} -4 & 3 \\ -3 & -4 \end{pmatrix}$$

und hieraus ergibt sich mit $\cos\beta = -\frac{4}{5}$ und $\sin\beta = -\frac{3}{5}$ der Drehwinkel $\beta \approx 217°$.
(Man mache sich das Ergebnis an einer Skizze klar!)

2.8.13

Im $\mathbb{R}^3$ sei Φ die Spiegelung an der Ebene $E\,:\, x - 2y + z = 0$. Man gebe diejenige Matrix $\mathbf{A}$ an mit $\Phi = \Phi_{\mathbf{A}}$ und berechne $\Phi(\begin{pmatrix}5\\2\\2\end{pmatrix})$.

Wir wählen zunächst die Basis $B = (\begin{pmatrix}1\\-2\\1\end{pmatrix}, \begin{pmatrix}1\\0\\-1\end{pmatrix}, \begin{pmatrix}1\\1\\1\end{pmatrix})$, also eine Basis, bei der der erste Vektor ein Normalenvektor der Ebene E ist und die beiden anderen Vektoren in der Ebene liegen. Dann gilt nämlich

$$\Phi(\begin{pmatrix}1\\-2\\1\end{pmatrix}) = \begin{pmatrix}-1\\2\\-1\end{pmatrix} \quad , \quad \Phi(\begin{pmatrix}1\\0\\-1\end{pmatrix}) = \begin{pmatrix}1\\0\\-1\end{pmatrix} \quad , \quad \Phi(\begin{pmatrix}1\\1\\1\end{pmatrix}) = \begin{pmatrix}1\\1\\1\end{pmatrix} ,$$

also ist

$$\mathbf{M}_B(\Phi) = \begin{pmatrix} -1 & 0 & 0 \\ 0 & 1 & 0 \\ 0 & 0 & 1 \end{pmatrix} :$$

Aus der Transformationsformel $\mathbf{M}_B(\Phi_{\mathbf{A}}) = \mathbf{B}^{-1}\mathbf{AB}$ folgt $\mathbf{A} = \mathbf{BM}_B(\Phi_{\mathbf{A}})\mathbf{B}^{-1}$. Hier ist

$$\mathbf{B} = \begin{pmatrix} 1 & 1 & 1 \\ -2 & 0 & 1 \\ 1 & -1 & 1 \end{pmatrix} \quad \text{also} \quad \mathbf{B}^{-1} = \frac{1}{6}\begin{pmatrix} 1 & -2 & 1 \\ 3 & 0 & -3 \\ 2 & 2 & 2 \end{pmatrix} ,$$

und das angegebene Matrizenprodukt liefert

$$\mathbf{A} = \frac{1}{3}\begin{pmatrix} 2 & 2 & -1 \\ 2 & -1 & 2 \\ -1 & 2 & 2 \end{pmatrix} .$$

Damit erhält man

$$\Phi(\begin{pmatrix}5\\2\\2\end{pmatrix}) = \Phi_{\mathbf{A}}(\begin{pmatrix}5\\2\\2\end{pmatrix}) = \frac{1}{3}\begin{pmatrix} 2 & 2 & -1 \\ 2 & -1 & 2 \\ -1 & 2 & 2 \end{pmatrix}\begin{pmatrix}5\\2\\2\end{pmatrix} = \begin{pmatrix}4\\4\\1\end{pmatrix} .$$

2.8.14
Im $\mathbb{R}^3$ sei eine Ebene E gegeben durch $E: \ X \cdot N = 0$ und eine Gerade g gegeben durch $g: \ X = \lambda B$. Hierbei seien N und B Einheitsvektoren, also $\|N\| = \|B\| = 1$. $\mathbf{A}$ sei stets die Matrix der folgenden linearen Abbildungen φ bezüglich der kanonischen Basis der $\mathbb{R}^3$. Man zeige:

a) *Ist φ die Projektion auf die Ebene E, so ist $\mathbf{A} = \mathbf{E} - NN^\top$.*

b) *Ist φ die Projektion auf die Gerade g, so ist $\mathbf{A} = BB^\top$.*

c) *Ist φ die Spiegelung an der Ebene E, so ist $\mathbf{A} = \mathbf{E} - 2NN^\top$.*

d) *Ist φ die Spiegelung an der Geraden g, so ist $\mathbf{A} = 2BB^\top - \mathbf{E}$.*

$NN^\top$ bzw. $BB^\top$ ist die Matrix, die in Aufgabe 2.4.13 als dyadisches Produkt der Vektoren definiert wurde.
Man vergleiche die Matrizen in a) und c) mit denen in den Aufgaben 5 und 13.

a) Projiziert man X auf die Ebene E, bringt man die Lotgerade zu E durch X, also die Gerade $g': \ Y = X + \lambda N$ zum Schnitt mit $E: \ Y \cdot N = 0$. Aus $(X + \lambda N) \cdot N = 0$ folgt $\lambda = -X \cdot N$ für den Schnittpunkt (beachte $\|N\| = 1$). Also gilt $\varphi(X) = X - (X \cdot N)N$.
Nun wird das Skalarprodukt $X \cdot N$ als Matrizenprodukt $N^\top X$ geschrieben. Man erhält:

$$\begin{aligned}
\varphi(X) &= X - (N^\top X)N = X - N(N^\top X) \quad \text{da } N^\top X \in \mathbb{R} \\
&= X - (NN^\top)X \quad \text{Assoziativität der Matrizenmultiplikation} \\
&= (\mathbf{E} - NN^\top)X
\end{aligned}$$

Also ist $\mathbf{E} - NN^\top$ die zu φ gehörige Matrix.

b) Der Bildpunkt von X auf g ergibt sich, indem man die Ebene E' senkrecht zu g durch X mit g zum Schnitt bringt. Es ist E' die Menge aller Y mit $Y \cdot B = X \cdot B$. Setzt man für Y einen Punkt λB von g ein, so folgt $(\lambda B) \cdot B = B \cdot X$, also ist $\lambda = B \cdot X$ für den Schnittpunkt (beachte wieder $\|B\| = 1$). Es folgt

$$\varphi(X) = (B \cdot X)B = (B^\top X)B = B(B^\top X) = (BB^\top)X ,$$

d.h. $\mathbf{A} = BB^\top$.

c) (siehe hierzu auch Aufgabe 2.3.28)
Nach a) gilt für den Lotfußpunkt F des Lots von X auf E: $\quad F = X + \lambda N$ mit $\lambda = -X \cdot N$. Also ist

$$\varphi(X) = X - 2(X \cdot N)N = X - 2(N^\top X)N = X - 2N(N^\top X) = (\mathbf{E} - 2NN^\top)X ,$$

und damit $\mathbf{A} = \mathbf{E} - 2NN^\top$.

d) (siehe hierzu auch Aufgabe 2.3.24)
Nach b) ist $F = (B \cdot X)B$ der Lotfußpunkt des Lots von X auf g. Der Spiegelpunkt von X an g ist also

$$\begin{aligned}\varphi(X) &= X + 2(F - X) = 2F - X = 2(B \cdot X)B - X = 2(B^\top X)B - X \\ &= 2B(B^\top X) - X = (2BB^\top)X - X = (2BB^\top - \mathbf{E})X \,,\end{aligned}$$

und das liefert $\mathbf{A} = 2BB^\top - \mathbf{E}$.

In Aufgabe 5 wird auf die Ebene $E:\ x + y + z = 0$ projiziert. Ein normierter Normalenvektor N ist hierfür $N = \frac{1}{\sqrt{3}}\begin{pmatrix}1\\1\\1\end{pmatrix}$. Mit der Formel aus a) folgt

$$\begin{aligned}\mathbf{A} &= \mathbf{E} - NN^\top = \begin{pmatrix}1&0&0\\0&1&0\\0&0&1\end{pmatrix} - \frac{1}{3}\begin{pmatrix}1\\1\\1\end{pmatrix}(1\ 1\ 1) \\ &= \begin{pmatrix}1&0&0\\0&1&0\\0&0&1\end{pmatrix} - \frac{1}{3}\begin{pmatrix}1&1&1\\1&1&1\\1&1&1\end{pmatrix} = \frac{1}{3}\begin{pmatrix}2&-1&-1\\-1&2&-1\\-1&-1&2\end{pmatrix}.\end{aligned}$$

Bei Aufgabe 13 wird an $E:\ x - 2y + z = 0$ gespiegelt.
Hier setzen wir $N = \frac{1}{\sqrt{6}}\begin{pmatrix}1\\-2\\1\end{pmatrix}$ und erhalten nach c):

$$\begin{aligned}\mathbf{A} &= \mathbf{E} - 2NN^\top = \begin{pmatrix}1&0&0\\0&1&0\\0&0&1\end{pmatrix} - \frac{1}{3}\begin{pmatrix}1\\-2\\1\end{pmatrix}(1\ -2\ 1) \\ &= \begin{pmatrix}1&0&0\\0&1&0\\0&0&1\end{pmatrix} - \frac{1}{3}\begin{pmatrix}1&-2&1\\-2&4&-2\\1&-2&1\end{pmatrix} = \frac{1}{3}\begin{pmatrix}2&2&-1\\2&-1&2\\-1&2&2\end{pmatrix}.\end{aligned}$$

2.9 Hauptachsentransformation

Unter einer Hauptachsentransformation verstehen wir hier die rechnerische Entscheidung darüber, welche **Kurve** durch eine **Gleichung 2. Grades** der Form

$$ax^2 + 2bxy + cy^2 + dx + ey + f = 0$$

im $\mathbb{R}^2$, bzw. welche **Fläche** durch eine Gleichung 2. Grades der Form

$$ax^2 + by^2 + cz^2 + 2dxy + 2exz + 2fyz + gx + hy + iz + k = 0$$

im $\mathbb{R}^3$ dargestellt wird.
Bei der hier durchgeführten Methode werden durch Drehung des Koordinatensystems zunächst die "gemischten Terme" xy, xz bzw. yz entfernt. Im $\mathbb{R}^2$ kann man dann leicht sehen, um welche Art von Kurve (Kegelschnitt!) es sich handelt, da man die durch

$$\alpha x^2 + \beta y^2 + \gamma x + \delta y + \mu = 0$$

dargestellten Kurven kennt. Es können **Ellipse**, **Parabel**, **Hyperbel** oder einer der "*entarteten Fälle*" **leere Menge**, **Punkt**, **Gerade**, **Geradenpaar** auftreten. Im $\mathbb{R}^3$ kann man ebenfalls nach Entfernung der gemischten Terme die Entscheidung über die dargestellte Fläche treffen, nur nimmt die mögliche Typenvielfalt zu. Wir werden in den Aufgaben im Einzelfall den Flächentyp angeben und verweisen für eine vollständige Klassifizierung auf die Literatur.

Wesentliches Hilfsmittel zur Beseitigung der gemischten Terme ist die Berechnung der **Eigenwerte** und zugehörigen **Eigenvektoren** der zur Gleichung gehörigen Matrix

$$\begin{pmatrix} a & b \\ b & c \end{pmatrix} \quad (\text{im } \mathbb{R}^2) \qquad \text{bzw.} \qquad \begin{pmatrix} a & d & e \\ d & b & f \\ e & f & c \end{pmatrix} \quad (\text{im } \mathbb{R}^3).$$

Eigenwert und Eigenvektor

A sei $n \times n-$Matrix. Eine reelle Zahl λ heißt **Eigenwert** zu **A**, falls ein Vektor $X \in \mathbb{R}^n, X \neq 0$ existiert mit $\mathbf{A}X = \lambda X$.
X heißt dann **Eigenvektor** (zum Eigenwert λ).

Die Eigenwerte von **A** berechnen sich als Nullstellen des **charakteristischen Polynoms** $\det(\mathbf{A} - \lambda\mathbf{E}) =: p_{\mathbf{A}}(\lambda)$.
Die Eigenvektoren zu λ erhält man durch Lösen des homogenen linearen Gleichungssystems $(\mathbf{A} - \lambda\mathbf{E})X = 0$.

Das Verfahren zur Hauptachsentransformation wird vollständig und ausführlich in der Aufgabe 3 erläutert.

2.9.1

Man bestimme Eigenwerte und Eigenvektoren der folgenden Matrizen:

a) $\begin{pmatrix} 1 & 4 \\ 2 & 3 \end{pmatrix}$ **b)** $\begin{pmatrix} 3 & -1 \\ 1 & 1 \end{pmatrix}$ **c)** $\begin{pmatrix} 1 & -1 \\ 2 & -1 \end{pmatrix}$

a) Die Eigenwerte ergeben sich als Nullstellen des charakteristischen Polynoms $\det(\mathbf{A} - \lambda\mathbf{E})$:

$$\begin{vmatrix} 1-\lambda & 4 \\ 2 & 3-\lambda \end{vmatrix} = (1-\lambda)(3-\lambda) - 8 = \lambda^2 - 4\lambda - 5 = (\lambda+1)(\lambda-5) = 0$$

Also lauten die Eigenwerte: -1 und 5

Zur Berechnung der zugehörigen Eigenvektoren muß jeweils das lineare Gleichungssystem $(\mathbf{A} - \lambda\mathbf{E})X = 0$ gelöst werden. Hier erhält man:

Zu $\lambda = -1$: $\begin{pmatrix} 2 & 4 \\ 2 & 4 \end{pmatrix}\begin{pmatrix} x_1 \\ x_2 \end{pmatrix} = \begin{pmatrix} 0 \\ 0 \end{pmatrix} \Longleftrightarrow \begin{pmatrix} x_1 \\ x_2 \end{pmatrix} = t\begin{pmatrix} 2 \\ -1 \end{pmatrix}, t \in \mathbb{R}$

Eigenvektoren sind diejenigen Vektoren mit $t \neq 0$.

Zu $\lambda = 5$: $\begin{pmatrix} -4 & 4 \\ 2 & -2 \end{pmatrix}\begin{pmatrix} x_1 \\ x_2 \end{pmatrix} = \begin{pmatrix} 0 \\ 0 \end{pmatrix} \Longleftrightarrow \begin{pmatrix} x_1 \\ x_2 \end{pmatrix} = t\begin{pmatrix} 1 \\ 1 \end{pmatrix}, t \in \mathbb{R}$

Eigenvektoren sind diejenigen Vektoren mit $t \neq 0$.

b) Wir gehen entsprechend a) vor.

$$\begin{vmatrix} 3-\lambda & -1 \\ 1 & 1-\lambda \end{vmatrix} = (3-\lambda)(1-\lambda) + 1 = \lambda^2 - 4\lambda + 4 = (\lambda-2)^2 = 0$$

Es gibt nur einen Eigenwert, nämlich $\lambda = 2$. Eigenvektoren zu $\lambda = 2$ sind die Vektoren $t\begin{pmatrix} 1 \\ 1 \end{pmatrix}$ $t \in \mathbb{R},\ t \neq 0$.

c)

$$\begin{vmatrix} 1-\lambda & -1 \\ 2 & -1-\lambda \end{vmatrix} = (1-\lambda)(-1-\lambda) + 2 = \lambda^2 + 1 = 0$$

Diese Gleichung besitzt keine reelle Lösung, also besitzt die Matrix keine reellen Eigenwerte und damit auch keine Eigenvektoren.

2.9.2

Man bestimme Eigenwerte und Eigenvektoren der folgenden Matrizen:

a) $\begin{pmatrix} 4 & 0 & -2 \\ 1 & 3 & -2 \\ 1 & 2 & -1 \end{pmatrix}$ **b)** $\frac{1}{3}\begin{pmatrix} 1 & 2 & 2 \\ 2 & -2 & 1 \\ 2 & 1 & -2 \end{pmatrix}$ **c)** $\begin{pmatrix} 1 & 1 & 0 \\ 0 & 1 & 0 \\ 0 & 0 & 1 \end{pmatrix}$

Wir gehen wie bei Aufgabe 1 vor:

$$\begin{vmatrix} 4-\lambda & 0 & -2 \\ 1 & 3-\lambda & -2 \\ 1 & 2 & -1-\lambda \end{vmatrix} = (4-\lambda)(3-\lambda)(-1-\lambda) - 4 + 2(3-\lambda) + 4(4-\lambda) = 0$$

Es folgt durch Ausrechnen:
$-\lambda^3 + 6\lambda^2 - 11\lambda + 6 = 0 \quad \Longleftrightarrow \quad (\lambda - 1)(\lambda - 2)(3 - \lambda) = 0$
Die Zerlegung in Linearfaktoren findet man durch Raten einer Nullstelle, Division durch den entsprechenden Linearfaktor und weitere Zerlegung des resultierenden quadratischen Polynoms. Aus der Zerlegung ergeben sich die folgenden Eigenwerte: 1, 2, und 3
Nun muß jeweils ein lineares Gleichungssystem gelöst werden.

$$\lambda = 1: \quad \begin{pmatrix} 3 & 0 & -2 \\ 1 & 2 & -2 \\ 1 & 2 & -2 \end{pmatrix} \begin{pmatrix} x_1 \\ x_2 \\ x_3 \end{pmatrix} = \begin{pmatrix} 0 \\ 0 \\ 0 \end{pmatrix}$$

Wir bringen die Matrix des Systems auf Zeilenstufenform:

$$\begin{pmatrix} 3 & 0 & -2 \\ 1 & 2 & -2 \\ 1 & 2 & -2 \end{pmatrix} \rightsquigarrow \begin{pmatrix} 1 & 2 & -2 \\ 0 & -6 & 4 \\ 0 & 0 & 0 \end{pmatrix}$$

Setzt man nun z. B. $x_3 = 3t$, so folgt $x_2 = 2t$ und weiter $x_1 = 2t$. Die Eigenvektoren zu $\lambda = 1$ lauten also:

$$\begin{pmatrix} x_1 \\ x_2 \\ x_3 \end{pmatrix} = t \begin{pmatrix} 2 \\ 2 \\ 3 \end{pmatrix}, \; t \neq 0$$

$$\lambda = 2: \quad \begin{pmatrix} 2 & 0 & -2 \\ 1 & 1 & -2 \\ 1 & 2 & -3 \end{pmatrix} \begin{pmatrix} x_1 \\ x_2 \\ x_3 \end{pmatrix} = \begin{pmatrix} 0 \\ 0 \\ 0 \end{pmatrix}$$

Wir bringen die Matrix des Systems auf Zeilenstufenform:

$$\begin{pmatrix} 2 & 0 & -2 \\ 1 & 1 & -2 \\ 1 & 2 & -3 \end{pmatrix} \rightsquigarrow \begin{pmatrix} 1 & 1 & -2 \\ 0 & -2 & 2 \\ 0 & 0 & 0 \end{pmatrix}$$

Setzt man nun z. B. $x_3 = t$, so folgt $x_2 = t$ und weiter $x_1 = t$. Die Eigenvektoren zu $\lambda = 2$ lauten also:

$$\begin{pmatrix} x_1 \\ x_2 \\ x_3 \end{pmatrix} = t \begin{pmatrix} 1 \\ 1 \\ 1 \end{pmatrix}, \; t \neq 0$$

$$\lambda = 3: \quad \begin{pmatrix} 1 & 0 & -2 \\ 1 & 0 & -2 \\ 1 & 2 & -4 \end{pmatrix} \begin{pmatrix} x_1 \\ x_2 \\ x_3 \end{pmatrix} = \begin{pmatrix} 0 \\ 0 \\ 0 \end{pmatrix}$$

Wir bringen die Matrix des Systems auf Zeilenstufenform:

$$\begin{pmatrix} 1 & 0 & -2 \\ 1 & 0 & -2 \\ 1 & 2 & -4 \end{pmatrix} \rightsquigarrow \begin{pmatrix} 1 & 2 & -4 \\ 0 & -2 & 2 \\ 0 & 0 & 0 \end{pmatrix}$$

Setzt man nun z. B. $x_3 = t$, so folgt $x_2 = t$ und weiter $x_1 = 2t$. Die Eigenvektoren zu $\lambda = 3$ lauten also:

$$\begin{pmatrix} x_1 \\ x_2 \\ x_3 \end{pmatrix} = t \begin{pmatrix} 2 \\ 1 \\ 1 \end{pmatrix}, \; t \neq 0$$

b) Wir gehen hier bei der Berechnung der Determinante einmal etwas anders vor:

$$|\mathbf{B}-\lambda\mathbf{E}| = \begin{vmatrix} \frac{1}{3}-\lambda & \frac{2}{3} & \frac{2}{3} \\ \frac{2}{3} & -\frac{2}{3}-\lambda & \frac{1}{3} \\ \frac{2}{3} & \frac{1}{3} & -\frac{2}{3}-\lambda \end{vmatrix} = (\frac{1}{3})^3 \begin{vmatrix} 1-3\lambda & 2 & 2 \\ 2 & -2-3\lambda & 1 \\ 2 & 1 & -2-3\lambda \end{vmatrix}$$

In der Determinante wird das (-1)-fache der letzten Zeile zur zweiten Zeile addiert. Das liefert:

$$= \frac{1}{27} \begin{vmatrix} 1-3\lambda & 2 & 2 \\ 0 & -3-3\lambda & 3+3\lambda \\ 2 & 1 & -2-3\lambda \end{vmatrix} = \frac{1}{9}(1+\lambda) \begin{vmatrix} 1-3\lambda & 2 & 2 \\ 0 & -1 & 1 \\ 2 & 1 & -2-3\lambda \end{vmatrix}$$

Wir konnten einen Faktor vor die Determinante ziehen und so vermeiden, daß ein Polynom 3. Grades mittels Raten zerlegt werden mußte. Mit der Regel von Sarrus folgt:

$$= \frac{1}{9}(1+\lambda)\,(-9\lambda^2 - 3\lambda + 2 + 4 + 4 - 1 + 3\lambda) = -(\lambda+1)^2(\lambda-1) = 0$$

Diese Gleichung liefert die Eigenwerte $\lambda = 1$ und $\lambda = -1$. Wie unter a) werden die zugehörigen Eigenvektoren berechnet. Dabei starten wir mit der Matrix $3(\mathbf{B} - \lambda\mathbf{E})$.

$$\lambda = 1: \quad \begin{pmatrix} -2 & 2 & 2 \\ 2 & -5 & 1 \\ 2 & 1 & -5 \end{pmatrix} \begin{pmatrix} x_1 \\ x_2 \\ x_3 \end{pmatrix} = \begin{pmatrix} 0 \\ 0 \\ 0 \end{pmatrix}$$

Umformung der Matrix des Systems auf Zeilenstufenform:

$$\begin{pmatrix} -2 & 2 & 2 \\ 2 & -5 & 1 \\ 2 & 1 & -5 \end{pmatrix} \rightsquigarrow \begin{pmatrix} -2 & 2 & 2 \\ 0 & 3 & -3 \\ 0 & 0 & 0 \end{pmatrix}$$

Setzt man nun z. B. $x_3 = t$, so folgt $x_2 = t$ und weiter $x_1 = 2t$. Die Eigenvektoren zu $\lambda = 1$ lauten also:

$$\begin{pmatrix} x_1 \\ x_2 \\ x_3 \end{pmatrix} = t \begin{pmatrix} 2 \\ 1 \\ 1 \end{pmatrix}, \; t \neq 0$$

$$\lambda = -1: \quad \begin{pmatrix} 4 & 2 & 2 \\ 2 & 1 & 1 \\ 2 & 1 & 1 \end{pmatrix} \begin{pmatrix} x_1 \\ x_2 \\ x_3 \end{pmatrix} = \begin{pmatrix} 0 \\ 0 \\ 0 \end{pmatrix}$$

Umformung der Matrix des Systems auf Zeilenstufenform:

$$\begin{pmatrix} 4 & 2 & 2 \\ 2 & 1 & 1 \\ 2 & 1 & 1 \end{pmatrix} \rightsquigarrow \begin{pmatrix} 2 & 1 & 1 \\ 0 & 0 & 0 \\ 0 & 0 & 0 \end{pmatrix}$$

Setzt man nun z. B. $x_3 = 2s$ und $x_2 = 2t$, so folgt $x_1 = -s - t$. Die Eigenvektoren zu $\lambda = -1$ lauten also:

$$\begin{pmatrix} x_1 \\ x_2 \\ x_3 \end{pmatrix} = s \begin{pmatrix} -1 \\ 0 \\ 2 \end{pmatrix} + t \begin{pmatrix} -1 \\ 2 \\ 0 \end{pmatrix} \neq 0$$

c) Man erkennt sofort, daß das charakteristische Polynom $(1-\lambda)^3$ lautet. Also ist nur $\lambda = 1$ Eigenwert der gegebenen Matrix. Die zugehörigen Eigenvektoren werden wie üblich berechnet:

$$\begin{pmatrix} 0 & 1 & 0 \\ 0 & 0 & 0 \\ 0 & 0 & 0 \end{pmatrix} \begin{pmatrix} x_1 \\ x_2 \\ x_3 \end{pmatrix} = \begin{pmatrix} 0 \\ 0 \\ 0 \end{pmatrix}$$

Die Matrix besitzt schon Zeilenstufenform. Wir setzen $x_1 = s$ und $x_3 = t$. Es folgt weiter $x_2 = 0$. Damit lauten die Eigenvektoren zum Eigenwert $\lambda = 1$:

$$\begin{pmatrix} x_1 \\ x_2 \\ x_3 \end{pmatrix} = s \begin{pmatrix} 1 \\ 0 \\ 0 \end{pmatrix} + t \begin{pmatrix} 0 \\ 0 \\ 1 \end{pmatrix} \neq 0$$

2.9.3

Für die folgenden Kegelschnitte führe man jeweils eine Hauptachsentransformation durch und entscheide danach, um welche Art von Kegelschnitt es sich handelt.

a) $7x_1^2 + 13x_2^2 + 6\sqrt{3}\,x_1x_2 - 12(\sqrt{3}+4)x_1 - 12(4\sqrt{3}-1)x_2 = -164$

b) $16x_1^2 + 24x_1x_2 + 9x_2^2 + 60x_1 - 80x_2 = 0$

c) $2x_1^2 + 3x_1x_2 - 2x_2^2 - 4x_1 - 3x_2 - 23 = 0$

d) $4x_1^2 + 4x_1x_2 + x_2^2 - 20x_1 - 10x_2 + 16 = 0$

e) $6x_1x_2 + 2x_1 - 4x_2 - \frac{4}{3} = 0$

a) Zu der gegebenen Kegelschnittgleichung gehört die Matrix:

$$\mathbf{A} = \begin{pmatrix} 7 & 3\sqrt{3} \\ 3\sqrt{3} & 13 \end{pmatrix}$$

Von dieser Matrix werden nun zunächst Eigenwerte und zugehörige Eigenvektoren berechnet. Die Eigenwerte von **A** ergeben sich als Nullstellen des charakteristischen Polynoms:

$$\det(\mathbf{A} - \lambda\mathbf{E}) = \begin{vmatrix} 7-\lambda & 3\sqrt{3} \\ 3\sqrt{3} & 13-\lambda \end{vmatrix} = (7-\lambda)(13-\lambda) - 27 = 0$$

$\iff \quad \lambda^2 - 20\lambda + 91 - 27 = 0$
$\iff \quad \lambda^2 - 20\lambda + 64 = 0$
$\iff \quad \lambda_1 = 16 \quad \vee \lambda_2 = 4$

Nun werden dazu Eigenvektoren berechnet:

$$\text{Zu } \lambda_1 = 16 : \begin{pmatrix} -9 & 3\sqrt{3} \\ 3\sqrt{3} & -3 \end{pmatrix} \begin{pmatrix} x_1 \\ x_2 \end{pmatrix} = \begin{pmatrix} 0 \\ 0 \end{pmatrix} \quad \text{Eigenvektor: } \begin{pmatrix} 1 \\ \sqrt{3} \end{pmatrix}$$

$$\text{Zu } \lambda_2 = 4 : \begin{pmatrix} 3 & 3\sqrt{3} \\ 3\sqrt{3} & 9 \end{pmatrix} \begin{pmatrix} x_1 \\ x_2 \end{pmatrix} = \begin{pmatrix} 0 \\ 0 \end{pmatrix} \quad \text{Eigenvektor: } \begin{pmatrix} -\sqrt{3} \\ 1 \end{pmatrix}$$

Die zur Gleichung gehörige Matrix ist nach Konstruktion stets symmetrisch. Man kann zeigen, daß eine symmetrische Matrix nur reelle Eigenwerte besitzt und daß Eigenvektoren zu verschiedenen Eigenwerten stets senkrecht aufeinander stehen.

Die Eigenvektoren werden nun normiert und so als Matrix **B** geschrieben, daß $\det \mathbf{B} = 1$ gilt. Wir setzen hier also:

$$\mathbf{B} = \frac{1}{2} \begin{pmatrix} 1 & -\sqrt{3} \\ \sqrt{3} & 1 \end{pmatrix}$$

Dies ist die Matrix einer Drehung um 60°.

Durch die Gleichung $\begin{pmatrix} x_1 \\ x_2 \end{pmatrix} = \mathbf{B} \begin{pmatrix} y_1 \\ y_2 \end{pmatrix}$ führt man nun neue Koordinaten y_1, y_2 ein und schreibt die linke Seite der gegebenen Gleichung in die neuen Koordinaten um. Dadurch entsteht stets eine linke Seite, in der keine gemischten Terme $y_1 y_2$ mehr vorkommen. Wir führen diese Umformung einmal so durch, daß die linke Seite der gegebene Gleichung zunächst mittels Matrizen geschrieben wird:

$$(x_1, x_2) \begin{pmatrix} 7 & 3\sqrt{3} \\ 3\sqrt{3} & 13 \end{pmatrix} \begin{pmatrix} x_1 \\ x_2 \end{pmatrix} - 12\,(\sqrt{3}+4, 4\sqrt{3}-1) \begin{pmatrix} x_1 \\ x_2 \end{pmatrix} + 164 =$$

$$= (y_1, y_2)\,\mathbf{B}^\top \begin{pmatrix} 7 & 3\sqrt{3} \\ 3\sqrt{3} & 13 \end{pmatrix} \mathbf{B} \begin{pmatrix} y_1 \\ y_2 \end{pmatrix} - 12\,(\sqrt{3}+4, 4\sqrt{3}-1)\,\mathbf{B} \begin{pmatrix} y_1 \\ y_2 \end{pmatrix} + 164 =$$

$$= (y_1, y_2) \begin{pmatrix} 16 & 0 \\ 0 & 4 \end{pmatrix} \begin{pmatrix} y_1 \\ y_2 \end{pmatrix} - 6\,(16, -4) \begin{pmatrix} y_1 \\ y_2 \end{pmatrix} + 164$$

Man erkennt, daß gilt:

$$\mathbf{B}^\top \begin{pmatrix} 7 & 3\sqrt{3} \\ 3\sqrt{3} & 13 \end{pmatrix} \mathbf{B} = \begin{pmatrix} 16 & 0 \\ 0 & 4 \end{pmatrix}$$

Die Koordinatentransformation führt also auf eine Diagonalmatrix in deren Hauptdiagonale gerade die Eigenwerte stehen.
Diese Tatsache wird bei den nächsten Aufgaben gleich berücksichtigt.
Wir schreiben den letzten Term wieder aus und erhalten:

$$16y_1^2 + 4y_2^2 - 96y_1 + 24y_2 + 164 = 0$$

Diese Gleichung wird mittels quadratischer Ergänzung auf die bekannte Weise so umgeformt, daß man die Art des Kegelschnitts erkennt.

$$16\,(y_1 - 3)^2 + 4\,(y_2 + 3)^2 - 16 = 0$$

Führt man nun eine zweite Koordinatentransformation mittels $z_1 = y_1 - 3$ und $z_2 = y_2 + 3$ durch, so entsteht die Gleichung:

$$\frac{z_1^2}{1^2} + \frac{z_2^2}{2^2} = 1$$

Also wird im z_1, z_2-System eine Ellipse mit den Halbachsen $a = 1$ und $b = 2$ dargestellt. Der Zusammenhang zum ursprünglichen x_1, x_2-System ist folgender:
Zunächst drehe man das x_1, x_2-System um $60°$, wodurch man das y_1, y_2-System erhält. (Die Achsen sind durch die berechneten Eigenvektoren gegeben!). In diesem System liegt die Ellipse achsenparallel mit Mittelpunkt $(3, -3)$. Die Transformation in das z_1, z_2-System ist lediglich eine Verschiebung, so daß die Ellipse in diesem System in Ursprungslage vorliegt.

b) $\det(\mathbf{A} - \lambda\mathbf{E}) = \begin{vmatrix} 16-\lambda & 12 \\ 12 & 9-\lambda \end{vmatrix} = (16-\lambda)(9-\lambda) - 144 = 0$
$\iff \quad \lambda^2 - 25\lambda = 0 \quad \iff \quad \lambda_1 = 0\,;\ \lambda_2 = 25$
Als Eigenvektoren erhält man:
Zu $\lambda_1 = 0$: $\begin{pmatrix} 3 \\ -4 \end{pmatrix}$ Zu $\lambda_2 = 25$: $\begin{pmatrix} 4 \\ 3 \end{pmatrix}$
Wir setzen

$$\mathbf{B} = \frac{1}{5} \begin{pmatrix} 3 & 4 \\ -4 & 3 \end{pmatrix}, \qquad \begin{pmatrix} x_1 \\ x_2 \end{pmatrix} = \mathbf{B} \begin{pmatrix} y_1 \\ y_2 \end{pmatrix},$$

und erhalten:

$$25y_2^2 + 100y_1 = 0 \qquad \text{oder} \qquad y_1 - -\frac{1}{4}y_2^2$$

Dies erkennt man sofort als Parabel mit Scheitelpunkt $(0,0)$ im y_1, y_2-System.
Da der Einheitsvektor E_1 übergeht in den Vektor $\frac{1}{5}\begin{pmatrix} 3 \\ -4 \end{pmatrix}$, sieht man:
Die y_1-Achse entsteht aus der x_1-Achse durch Drehung um einen Winkel φ mit $\tan\varphi = -\frac{4}{3}$, also durch Drehung um $53,1°$ in mathematisch negativer Richtung.

c) Eigenwerte:
$\det(\mathbf{A} - \lambda\mathbf{E}) = \begin{vmatrix} 2-\lambda & \frac{3}{2} \\ \frac{3}{2} & -2-\lambda \end{vmatrix} = (2-\lambda)(-2-\lambda) - \frac{9}{4} = 0$
$\iff \quad \lambda^2 = \frac{25}{4} \quad \iff \quad \lambda_1 = \frac{5}{2} \quad \lambda_2 = -\frac{5}{2}$
Eigenvektoren:
Zu $\lambda_1 = \frac{5}{2}$: $\quad \frac{1}{\sqrt{10}}\begin{pmatrix} 3 \\ 1 \end{pmatrix}$ Zu $\lambda_2 = -\frac{5}{2}$: $\quad \frac{1}{\sqrt{10}}\begin{pmatrix} -1 \\ 3 \end{pmatrix}$
Die Eigenvektoren sind hier gleich normiert gewählt und bilden in dieser Reihenfolge die Spalten der Matrix **B**. Schreibt man die Ausgangsgleichung in das y_1, y_2-System um, so erhält man:

$$\frac{5}{2}y_1^2 - \frac{5}{2}y_2^2 - \frac{15}{\sqrt{10}}y_1 - \frac{5}{\sqrt{10}}y_2 - 23 = 0$$

$$\frac{5}{2}(y_1 - \frac{3}{\sqrt{10}})^2 - \frac{5}{2}(y_2 + \frac{1}{\sqrt{10}})^2 = 25$$

Setzt man $z_1 = y_1 - \frac{3}{\sqrt{10}}$ und $z_2 = y_2 + \frac{1}{\sqrt{10}}$, so lautet die Gleichung im z_1, z_2-System:

$$z_1^2 - z_2^2 = 10$$

Es liegt also eine Hyperbel vor.
Da der Einheitsvektor E_1 übergeht in $\frac{1}{\sqrt{10}}\begin{pmatrix} 3 \\ 1 \end{pmatrix}$ ergibt sich der Drehwinkel zu $18,4°$.
Die Hyperbel entsteht also durch Drehung des x_1, x_2-Systems um $18,4°$, hat in diesem gedrehten System den Mittelpunkt $(\frac{3}{\sqrt{10}}, -\frac{1}{\sqrt{10}})$ und ist in Richtung der y_1-Achse (bzw. z_1-Achse) geöffnet. Im x_1, x_2-System ist das übrigens der Mittelpunkt $(1,0)$.

d) Eigenwerte:
$\det(\mathbf{A} - \lambda\mathbf{E}) = \begin{vmatrix} 4-\lambda & 2 \\ 2 & 1-\lambda \end{vmatrix} = (4-\lambda)(1-\lambda) - 4 = 0$
$\iff \quad \lambda^2 - 5\lambda = 0 \quad \iff \quad \lambda_1 = 0, \quad \lambda_2 = 5$
Eigenvektoren:
Zu $\lambda_1 = 0$: $\begin{pmatrix} 1 \\ -2 \end{pmatrix}$ Zu $\lambda_2 = 5$: $\begin{pmatrix} 2 \\ 1 \end{pmatrix}$

Wir setzen $\mathbf{B} = \frac{1}{5}\sqrt{5}\begin{pmatrix} 1 & 2 \\ -2 & 1 \end{pmatrix}$ und erhalten:

$$5y_2^2 - 10\sqrt{5}\,y_2 + 16 = 0 \quad \text{oder} \quad (y_2 - \sqrt{5})^2 = \frac{9}{5}$$

Dies sind im y_1, y_2-System zwei parallele Geraden mit den Gleichungen $y_2 = \frac{8}{5}\sqrt{5}$ bzw. $y_2 = \frac{2}{5}\sqrt{5}$. Das y_1, y_2-System ist gegenüber dem x_1, x_2-System um den Winkel φ mit $\tan\varphi = -2$ gedreht, also um $63,4^\circ$ im mathematisch negativen Sinn.

e) Die Gleichung $6x_1x_2 + 2x_1 - 4x_2 - \frac{4}{3} = 0$ läßt sich direkt umformen zu:

$$6\,(x_1 - \frac{2}{3})\,(x_2 + \frac{1}{3}) = 0$$

Daran erkennt man, daß zwei sich schneidende Geraden, nämlich

$$x_1 = \frac{2}{3} \quad \text{und} \quad x_2 = -\frac{1}{3}$$

dargestellt werden.

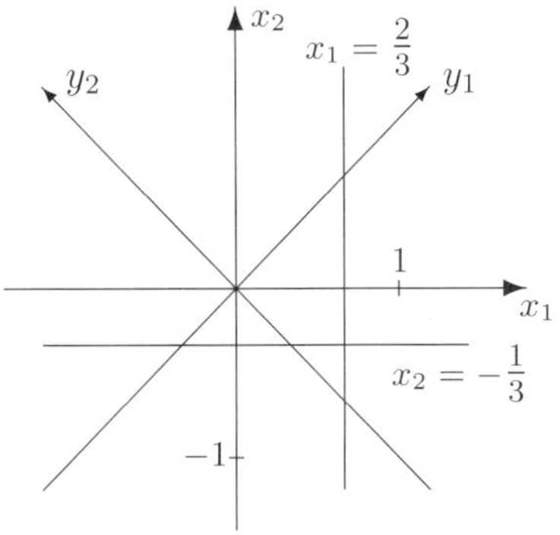

Wir bearbeiten diese Aufgabe noch einmal mittels Hauptachsentransformation.
Eigenwerte:

$$\det(\mathbf{A} - \lambda\mathbf{E}) = \begin{vmatrix} -\lambda & 3 \\ 3 & -\lambda \end{vmatrix} = \lambda^2 - 9 = 0 \quad \Longleftrightarrow \quad \lambda_1 = 3 \quad \lambda_2 = -3$$

Eigenvektoren:

Zu $\lambda_1 = 3$: $\begin{pmatrix} 1 \\ 1 \end{pmatrix}$ Zu $\lambda_2 = -3$: $\begin{pmatrix} 1 \\ -1 \end{pmatrix}$

Mit $\mathbf{B} = \frac{1}{\sqrt{2}}\begin{pmatrix} 1 & 1 \\ 1 & -1 \end{pmatrix}$ folgt:

$$3y_1^2 - 3y_2^2 - \sqrt{2}\,y_1 + 3\sqrt{2}\,y_2 - \frac{4}{3} = 0$$

$$(y_1 - \frac{1}{6}\sqrt{2})^2 - (y_2 - \frac{1}{2}\sqrt{2})^2 = 0$$

Dies ist im y_1, y_2-System ein Paar sich schneidender Geraden, gegeben durch die Gleichungen:

$$y_1 = \frac{1}{6}\sqrt{2} \pm (y_2 - \frac{1}{2}\sqrt{2})$$

Das y_1, y_2-System ist dabei gegenüber dem x_1, x_2-System um 45° im mathematisch negativen Sinn gedreht.

Hier führt die Hauptachsentransformation auf eine kompliziertere Darstellung der durch die Gleichung gegebenen Geraden.

2.9.4

Man führe jeweils eine Hauptachsentransformation durch:

a) $3x_1^2 + 4x_2^2 + 2x_3^2 - 4x_1x_2 + 4x_1x_3 + 30x_1 - 12x_2 + 24x_3 = -69$

b) $x_1^2 + x_2^2 + 6x_3^2 - 10x_1x_2 + 2\sqrt{2}\,x_3\,(x_1 - x_2) - 1 = 0$

c) $5x_1^2 + 8x_2^2 + 5x_3^2 + 4x_1x_2 + 8x_1x_3 - 4x_2x_3 - 5x_1 - 2x_2 - 4x_3 + \frac{1}{4} = 0$

Wir gehen wie bei Aufgabe 3 vor.
a) Die zugehörige Matrix lautet:

$$\begin{pmatrix} 3 & -2 & 2 \\ -2 & 4 & 0 \\ 2 & 0 & 2 \end{pmatrix}$$

Als charakteristisches Polynom erhält man:

$$\begin{vmatrix} 3-\lambda & -2 & 2 \\ -2 & 4-\lambda & 0 \\ 2 & 0 & 2-\lambda \end{vmatrix} = (3-\lambda)\,(4-\lambda)\,(2-\lambda) - 4\,(4-\lambda) - 4\,(2-\lambda)$$

Durch Ausrechnen folgt weiter:
$\lambda(-\lambda^2 + 9\lambda - 18) = 0 \iff \lambda = 0 \vee \lambda = 3 \vee \lambda = 6$
Die Berechnung der Eigenvektoren (siehe Aufgabe 2) liefert:

Zu $\lambda = 0$ ist $X_1^\top = (-2, -1, 2)$ Eigenvektor.

Zu $\lambda = 3$ ist $X_2^\top = (1, 2, 2)$ Eigenvektor.

Zu $\lambda = 6$ ist $X_3^\top = (2, -2, 1)$ Eigenvektor.
Man erkennt, daß die Eigenvektoren auch hier wieder paarweise orthogonal sind. Wir normieren die Vektoren, fassen die normierten Vektoren in solch einer Reihenfolge zu einer Matrix **B** zusammen, daß det **B**=1 gilt und führen neue Koordinaten ein durch:

$$\begin{pmatrix} x_1 \\ x_2 \\ x_3 \end{pmatrix} = \mathbf{B} \begin{pmatrix} y_1 \\ y_2 \\ y_3 \end{pmatrix} \qquad \mathbf{B} = \frac{1}{3} \begin{pmatrix} 2 & 1 & -2 \\ -2 & 2 & -1 \\ 1 & 2 & 2 \end{pmatrix}$$

Diese Transformation überführt die gegebene Gleichung in die Gleichung

$$(y_1, y_2, y_3) \begin{pmatrix} 6 & 0 & 0 \\ 0 & 3 & 0 \\ 0 & 0 & 0 \end{pmatrix} \begin{pmatrix} y_1 \\ y_2 \\ y_3 \end{pmatrix} + \frac{1}{3}(30, -12, 24) \begin{pmatrix} 2 & 1 & -3 \\ -2 & 2 & -1 \\ 1 & 2 & 2 \end{pmatrix} \begin{pmatrix} y_1 \\ y_2 \\ y_3 \end{pmatrix} + 69 = 0$$

also in:

$$6y_1^2 + 3y_2^2 + 36y_1 + 18y_2 + 69 = 0 \quad \text{oder} \quad 2(y_1 + 3)^2 + (y_2 + 3)^2 = 4$$

Wir verzichten auf die Einführung von z-Koordinaten und interpretieren gleich die dargestellte Fläche:
Die Gleichung stellt in der y_1, y_2-Ebene eine Ellipse mit den Halbachsen $a = \sqrt{2}$ und $b = 2$ dar. Da y_3 nicht vorkommt, stellt die Gleichung im Raum einen **elliptischen Zylinder** dar.
b) Wir gehen wie bei a) vor:

$$\begin{vmatrix} 1-\lambda & -5 & \sqrt{2} \\ -5 & 1-\lambda & -\sqrt{2} \\ \sqrt{2} & -\sqrt{2} & 6-\lambda \end{vmatrix} = -\lambda^3 + 8\lambda^2 + 16\lambda - 128$$

Nun kann man z. B. $\lambda = 4$ als Nullstelle dieses Polynoms raten, und erhält damit die weitere Zerlegung des Polynoms sowie die Eigenwerte:

$$-\lambda^3+8\lambda^2+16\lambda-128 = -(\lambda-4)(\lambda+4)(\lambda-8) = 0 \Longleftrightarrow \lambda = 4 \vee \lambda = -4 \vee \lambda = 8$$

Eigenvektoren X_1 zu $\lambda = 4$ und X_2 zu $\lambda = 8$ werden wieder als Lösungen von Gleichungssystemen berechnet. Ein Eigenvektor X_3 zu $\lambda = -4$ kann dann aber als Kreuzprodukt $X_1 \times X_2$ berechnet werden, da die Eigenvektoren ja paarweise orthogonal sein müssen. Wir geben gleich normierte Eigenvektoren an, und erhalten:

$$X_1 = \frac{1}{2}\begin{pmatrix} -1 \\ 1 \\ \sqrt{2} \end{pmatrix} \quad X_2 = \frac{1}{2}\begin{pmatrix} 1 \\ -1 \\ \sqrt{2} \end{pmatrix} \quad X_3 = X_1 \times X_2 = -\frac{1}{2}\begin{pmatrix} \sqrt{2} \\ \sqrt{2} \\ 0 \end{pmatrix}$$

Mittels

$$\begin{pmatrix} x_1 \\ x_2 \\ x_3 \end{pmatrix} = \frac{1}{2}\begin{pmatrix} 1 & -1 & -\sqrt{2} \\ -1 & 1 & -\sqrt{2} \\ \sqrt{2} & \sqrt{2} & 0 \end{pmatrix}\begin{pmatrix} y_1 \\ y_2 \\ y_3 \end{pmatrix}$$

wird die gegebene Gleichung überführt in:

$$8y_1^2 + 4y_2^2 - 4y_3^2 - 1 = 0 \quad \text{oder} \quad \frac{y_1^2}{(\sqrt{\frac{1}{8}})^2} + \frac{y_2^2}{(\sqrt{\frac{1}{4}})^2} - \frac{y_3^2}{(\sqrt{\frac{1}{4}})^2} = 1$$

Um die Fläche zu beschreiben, überlege man sich folgendes:
Hält man y_3 fest, betrachtet man also Schnitte parallel zur y_1, y_2-Ebene, so erhält man Ellipsen. Hält man dagegen y_1 oder y_2 fest und betrachtet entsprechende Schnitte parallel zur y_2, y_3-Ebene oder y_1, y_3-Ebene, so entstehen jeweils Hyperbeln. Man nennt die dargestellte Fläche ein **einschaliges Hyperboloid**.
c)

$$\begin{vmatrix} 5-\lambda & 2 & 4 \\ 2 & 8-\lambda & -2 \\ 4 & -2 & 5-\lambda \end{vmatrix} = -\lambda^3 + 18\lambda^2 - 81\lambda = 0$$

Man erhält hier die Eigenwerte $\lambda = 0$ und $\lambda = 9$. Berechnung der Eigenvektoren:

$$\lambda = 0: \qquad \begin{pmatrix} 5 & 2 & 4 \\ 2 & 8 & -2 \\ 4 & -2 & 5 \end{pmatrix} \begin{pmatrix} x_1 \\ x_2 \\ x_3 \end{pmatrix} = \begin{pmatrix} 0 \\ 0 \\ 0 \end{pmatrix}$$

Wir bringen auf Zeilenstufenform:

$$\begin{pmatrix} 5 & 2 & 4 \\ 2 & 8 & -2 \\ 4 & -2 & 5 \end{pmatrix} \rightsquigarrow \begin{pmatrix} 1 & 4 & -1 \\ 0 & -18 & 9 \\ 0 & 0 & 0 \end{pmatrix}$$

Mit $x_3 = 2t$ und $x_2 = t$ erhält man $x_1 = -2t$. Ein Eigenvektor zu $\lambda = 0$ ist also $X_1 = \begin{pmatrix} -2 \\ 1 \\ 2 \end{pmatrix}$.

$$\lambda = 9: \qquad \begin{pmatrix} -4 & 2 & 4 \\ 2 & -1 & -2 \\ 4 & -2 & -4 \end{pmatrix} \begin{pmatrix} x_1 \\ x_2 \\ x_3 \end{pmatrix} = \begin{pmatrix} 0 \\ 0 \\ 0 \end{pmatrix}$$

Da der Rang dieser Matrix 1 ist, kann man z. B. gleich $x_1 = s$ und $x_3 = t$ setzen und erhält dann $x_2 = 2s - 2t$. Eigenvektoren zu $\lambda = 9$ sind also:

$$(*) \qquad \begin{pmatrix} x_1 \\ x_2 \\ x_3 \end{pmatrix} = s \begin{pmatrix} 1 \\ 2 \\ 0 \end{pmatrix} + t \begin{pmatrix} 0 \\ -2 \\ 1 \end{pmatrix} \neq 0$$

Wir benötigen drei paarweise orthogonale Eigenvektoren. Man kann z. B. $X_2 = \begin{pmatrix} 0 \\ -2 \\ 1 \end{pmatrix}$ wählen und X_3 dann wieder als Kreuzprodukt $X_1 \times X_2$ berechnen. Dies muß ein Eigenvektor zu $\lambda = 9$ sein, da (*) eine zu X_1 orthogonale Ebene darstellt und daher jeder zu X_1 orthogonale Vektor ein Eigenvektor zu $\lambda = 9$ ist. Man erhält:

$$X_3 = X_1 \times X_2 = \begin{pmatrix} 5 \\ 2 \\ 4 \end{pmatrix}$$

Wir normieren nun diese Vektoren und fassen sie zur Matrix $\mathbf{B}$ zusammen:

$$\mathbf{B} = \frac{1}{3\sqrt{5}} \begin{pmatrix} -2\sqrt{5} & 0 & 5 \\ \sqrt{5} & -6 & 2 \\ 2\sqrt{5} & 3 & 4 \end{pmatrix}, \qquad \begin{pmatrix} x_1 \\ x_2 \\ x_3 \end{pmatrix} = \mathbf{B} \begin{pmatrix} y_1 \\ y_2 \\ y_3 \end{pmatrix}$$

Die angegebene Koordinatentransformation überführt die gegebene Gleichung in die Gleichung

$$9y_2^2 + 9y_3^2 - 3\sqrt{5}\,y_3 + \frac{1}{4} = 0 \quad \text{oder} \quad y_2^2 + (y_3 - \frac{\sqrt{5}}{6})^2 = (\frac{1}{3})^2.$$

Hieran erkennt man, daß die Fläche einen **Kreiszylinder** mit Radius $\frac{1}{3}$ darstellt, der im y_1, y_2, y_3-System in Richtung der y_1-Achse geöffnet ist und in der y_2, y_3-Ebene den Mittelpunkt $(0, \frac{\sqrt{5}}{6})$ besitzt.

2.9.5

Zu der gegebenen Matrix **A** *bestimme man eine Drehmatrix* **U** *so, daß* $\mathbf{U}^\top \mathbf{A}\mathbf{U}$ *Diagonalgestalt hat.*

$$\mathbf{A} = \frac{1}{4}\begin{pmatrix} 5 & -1 & \sqrt{2} \\ -1 & 5 & -\sqrt{2} \\ \sqrt{2} & -\sqrt{2} & 6 \end{pmatrix}$$

Das Verfahren zur Lösung dieser Aufgabe wurde in den Aufgaben 3 und 4 schon entwickelt. Zunächst werden die Eigenwerte von **A** berechnet, anschließend zugehörige paarweise orthogonale Eigenvektoren der Länge 1. Da **A** symmetrisch ist, existieren solche Eigenvektoren. Faßt man diese Eigenvektoren so zu einer Matrix **U** zusammen, daß $\det \mathbf{U} = 1$ gilt, so ist **U** eine Drehmatrix und $\mathbf{U}^\top \mathbf{A}\mathbf{U}$ ist eine Diagonalmatrix, bei der in der Hauptdiagonalen die Eigenwerte von **A** stehen.

Berechnung der Eigenwerte von **A**:

$$\det(\mathbf{A} - \lambda\mathbf{E}) = \tfrac{1}{4^3}\det(4\mathbf{A} - 4\lambda\mathbf{E}) = \tfrac{1}{64}\begin{vmatrix} 5-4\lambda & -1 & \sqrt{2} \\ -1 & 5-4\lambda & -\sqrt{2} \\ \sqrt{2} & -\sqrt{2} & 6-4\lambda \end{vmatrix}$$

$$= \tfrac{1}{64}\left((5-4\lambda)^2(6-4\lambda) + 2 + 2 - 4(5-4\lambda) - (6-4\lambda)\right) =$$

$$= \tfrac{1}{64}(-64\lambda^3 + 256\lambda^2 - 320\lambda + 128) = 0 \quad \Longleftrightarrow \quad -(\lambda-1)^2(\lambda-2) = 0$$

Eigenwerte sind also $\lambda = 1$ und $\lambda = 2$.

Berechnung der zugehörigen Eigenvektoren: Wir lösen das lineare Gleichungssystem $4(\mathbf{A} - \lambda\mathbf{E})X = 0$.

$$\lambda = 1: \qquad \begin{pmatrix} 1 & -1 & \sqrt{2} \\ -1 & 1 & -\sqrt{2} \\ \sqrt{2} & -\sqrt{2} & 2 \end{pmatrix}\begin{pmatrix} x_1 \\ x_2 \\ x_3 \end{pmatrix} = \begin{pmatrix} 0 \\ 0 \\ 0 \end{pmatrix}$$

Die Matrix hat den Rang 1. Mit $x_2 = s$ und $x_3 = t$ erhält man $x_1 = s - \sqrt{2}\,t$.

Also lauten die Eigenvektoren zu $\lambda = 1$:

$$\begin{pmatrix} x_1 \\ x_2 \\ x_3 \end{pmatrix} = s \begin{pmatrix} 1 \\ 1 \\ 0 \end{pmatrix} + t \begin{pmatrix} -\sqrt{2} \\ 0 \\ 1 \end{pmatrix} \neq 0$$

Um uns die Lösung des zweiten linearen Gleichungssystems zu ersparen, gehen wir jetzt wie folgt vor: Wir setzen $X_1 = \begin{pmatrix} 1 \\ 1 \\ 0 \end{pmatrix}$ und suchen s und t derart, daß

$$X_1 \cdot (s \begin{pmatrix} 1 \\ 1 \\ 0 \end{pmatrix} + t \begin{pmatrix} -\sqrt{2} \\ 0 \\ 1 \end{pmatrix}) = 0$$

gilt. Dann können wir anschließend nämlich $X_3 = X_1 \times X_2$ setzen. Der Ansatz führt auf die Gleichung $s - \sqrt{2}t + s = 0$, die z. B. durch $s = 1$ und $t = \sqrt{2}$ gelöst wird. Wir erhalten:

$$X_2 = \begin{pmatrix} -1 \\ 1 \\ \sqrt{2} \end{pmatrix} \qquad \text{und} \qquad X_3 = X_1 \times X_2 = \begin{pmatrix} \sqrt{2} \\ -\sqrt{2} \\ 2 \end{pmatrix}$$

Die Vektoren werden normiert und zur Matrix $\mathbf{U}$ zusammengefaßt.

$$\mathbf{U} = \frac{1}{2\sqrt{2}} \begin{pmatrix} 2 & -\sqrt{2} & \sqrt{2} \\ 2 & \sqrt{2} & -\sqrt{2} \\ 0 & 2 & 2 \end{pmatrix}$$

Wir machen einmal eine Probe:

$$\begin{aligned} \mathbf{U}^\top \mathbf{A} \mathbf{U} &= \frac{1}{32} \begin{pmatrix} 2 & 2 & 0 \\ -\sqrt{2} & \sqrt{2} & 2 \\ \sqrt{2} & -\sqrt{2} & 2 \end{pmatrix} \begin{pmatrix} 5 & -1 & \sqrt{2} \\ -1 & 5 & -\sqrt{2} \\ \sqrt{2} & -\sqrt{2} & 6 \end{pmatrix} \begin{pmatrix} 2 & -\sqrt{2} & \sqrt{2} \\ 2 & \sqrt{2} & -\sqrt{2} \\ 0 & 2 & 2 \end{pmatrix} \\ &= \frac{1}{32} \begin{pmatrix} 8 & 8 & 0 \\ -4\sqrt{2} & 4\sqrt{2} & 8 \\ 8\sqrt{2} & -8\sqrt{2} & 16 \end{pmatrix} \begin{pmatrix} 2 & -\sqrt{2} & \sqrt{2} \\ 2 & \sqrt{2} & -\sqrt{2} \\ 0 & 2 & 2 \end{pmatrix} = \begin{pmatrix} 1 & 0 & 0 \\ 0 & 1 & 0 \\ 0 & 0 & 2 \end{pmatrix} \end{aligned}$$

Kapitel 3

Vektorräume

Im Kapitel 2 wurden lediglich Unterräume vom $\mathbb{R}^n$ behandelt und zentrale Begriffe der linearen Algebra zunächst für diese speziellen Räume definiert. Wir verlassen diese Spezialisierung und werden, unabhängig von der geometrischen Vorstellung von Vektoren im $\mathbb{R}^3$, jetzt allgemeine Vektorräume definieren. In den dazu nötigen Definitionen wird man alle Gesetze, die für das Rechnen im $\mathbb{R}^n$ im Abschnitt 2.1 zusammengestellt wurden, wiederfinden. Auch weitere Begriffsbildungen werden sich direkt auf die allgemeine Situation übertragen lassen.

Ausgangspunkt für die Begriffsentwicklung ist stets eine Menge G, auf der eine **binäre Operation** definiert ist, d. h. es ist eine Abbildung

$$\circ : \begin{cases} G \times G & \longrightarrow & G \\ (x, y) & \longmapsto & x \circ y \end{cases}$$

gegeben. Die binäre Operation $\circ$ wird häufig auch als $+$ oder $\cdot$ geschrieben.

3.1 Gruppen, Ringe und Körper

Zunächst wird eine Menge G mit *einer* binären Operation $\circ$ betrachtet; geschrieben $G = (G, \circ)$ oder kurz G.

Bekanntlich heißt $(G, \circ)$ eine **Halbgruppe**, falls $\circ$ assoziativ ist.

Gruppe

$(G, \circ)$ heißt **Gruppe**, falls folgende Axiome gelten:

(G1) *(Assoziativgesetz)*
Für alle $x, y, z \in G$ gilt: $(x \circ y) \circ z = x \circ (y \circ z)$

(G2) *(Neutrales Element)*
Es gibt genau ein Element $0 \in G$ mit $0 \circ x = x \circ 0 = x$ für alle $x \in G$.

(G3) *(Inverse Elemente)*
Zu jedem $x \in G$ gibt es genau ein **inverses** Element $y \in G$ mit $x \circ y = y \circ x = 0$.

Übliche Schreibweisen:

$\circ$	:	Zu x inverses Element: x^{-1}
$+$ statt $\circ$ (additive Schreibweise)	:	Zu x inverses Element: $-x$
$\cdot$ statt $\circ$ (multiplikative Schreibweise)	:	Zu x inverses Element: x^{-1}

Gruppenaxiome können auch in anderer Form formuliert sein. Z. B. reicht es aus, in (G2) nur die Existenz eines neutralen Elements zu fordern. Die Eindeutigkeit läßt sich dann beweisen.

Die Gruppe G heißt **kommutativ** bzw. **abelsch**, wenn zusätzlich (G4) gilt:

(G4) *(Kommutativgesetz)*
Für alle $x, y \in G$ gilt: $x \circ y = y \circ x$

Teilmengen von Gruppen G können bezüglich der gleichen Operation selbst wieder Gruppen sein. Solch eine Teilmenge U nennt man **Untergruppe** von G. Um zu zeigen, daß U Untergruppe ist, benutzt man eines der beiden folgenden Kriterien:

Untergruppe

$U \subseteq G$ ist Untergruppe von G, falls gilt:

(UG1) $0 \in U$.

(UG2) Aus $x, y \in U$ folgt $x + y \in U$.

(UG3) Aus $x \in U$ folgt $-x \in U$.

oder auch

$(\overline{\text{UG1}})$ $U \neq \emptyset$

$(\overline{\text{UG2}})$ $U - U \subseteq U$

$U - U := \{x - y | x, y \in U\}$

(Hierbei wurde die **additive** Schreibweise für Gruppen verwendet.)

Wichtige Sätze über Gruppen

$(G, \cdot)$ sei multiplikativ geschriebene Gruppe, $a, b, x, y \in G$.

1. Aus $ax = ay$ folgt stets $x = y$ **(Kürzungsregel)**
   Aus $xa = ya$ folgt stets $x = y$.
2. Jede der Gleichungen $ax = b$ und $ya = b$ besitzt genau eine Lösung x bzw. y in G.
3. Es gilt $(ab)^{-1} = b^{-1}a^{-1}$.
4. (Satz von LAGRANGE)
   Es sei G endlich und U eine Untergruppe von G. Dann gilt:
   $|U|$ teilt $|G|$

Homomorphie und Isomorphie von Gruppen

Zwei Gruppen $(G_1, \circ_1)$ und $(G_2, \circ_2)$ heißen **homomorph**, wenn es eine Abbildung $\varphi : G_1 \longrightarrow G_2$ gibt mit

$$\varphi(a \circ_1 b) = \varphi(a) \circ_2 \varphi(b) \quad \text{für alle } a, b \in G_1.$$

Ist φ bijektiv, so heißen die Gruppen **isomorph**.
Die Abbildung φ heißt **Homomorphismus** bzw. **Isomorphismus**.

Isomorphe Gruppen sind also im Prinzip nicht zu unterscheiden, da sie in ihrer Struktur gleich sind und lediglich in der Bezeichnung ihrer Elemente ein Unterschied zu sehen ist.
Eine Kombination von einer kommutativen Gruppe $(G, +)$ und einer Halbgruppe $(G, \cdot)$, so daß auch die Distributivgesetze gelten, nennt man bekanntlich einen **Ring**.
(Üblicherweise wird $\cdot$ dabei nicht geschrieben!)

Ring

$(R, +, \cdot)$ heißt **Ring**, falls folgende Axiome gelten:

(R1) $(R, +)$ ist eine kommutative Gruppe.

(R2) *(Assoziativgesetz für $\cdot$)*
Für alle $x, y, z \in R$ gilt: $(xy)z = x(yz)$

(R3) *(Distributivgesetze)*
Für alle $x, y, z \in R$ gilt: $x(y + z) = xy + xz$
$(x + y)z = xz + yz$

Existiert bezüglich $\cdot$ ein neutrales Element, heißt er **Ring mit Einselement**.

Ist $\cdot$ kommutativ, heißt der Ring **kommutativ**.

Ein kommutativer Ring mit Einselement, in dem zusätzlich für jedes Element $x \in R \setminus \{0\}$ ein inverses Element bezüglich der Operation $\cdot$ existiert, heißt **Körper**. Trotz dieser vollständigen Definition eines Körpers fassen wir die Axiome für einen Körper wegen ihrer Wichtigkeit noch einmal zusammen.

Körper

$K = (K, +, \cdot)$ heißt Körper, falls gilt:

(K1) $(K, +)$ ist eine abelsche Gruppe.

(K2) $(K \setminus \{0\}, \cdot)$ ist eine abelsche Gruppe.

(K3) Für alle $x, y, z \in K$ gilt: $x\,(y+z) = xy + xz$

Im Kapitel 2 haben wir mit den Körpern $\mathbb{Q}$ und $\mathbb{R}$ gearbeitet.
Es folgen nun in den Aufgaben zunächst Beispiele für Gruppen, Ringe und Körper; danach werden einige Aufgaben behandelt, die sich auf das Rechnen in diesen algebraischen Strukturen beziehen.

3.1.1

Für $n = 1, 2, 3, 4$ gebe man alle Gruppen mit genau n Elementen an. Welche Untergruppen existieren jeweils?

Ist A eine **endliche** Menge und $+ : A \times A \longrightarrow A$ eine binäre Operation auf A, so gibt man diese Operation häufig in folgender Form an:

$$\begin{array}{c|ccccc} + & a_1 & \dots & a_\beta & \dots & a_n \\ \hline a_1 & a_{11} & \dots & a_{1\beta} & \dots & a_{1n} \\ \vdots & \vdots & & \vdots & & \vdots \\ a_\alpha & a_{\alpha 1} & \dots & a_{\alpha\beta} & \dots & a_{\alpha n} \\ \vdots & \vdots & & \vdots & & \vdots \\ a_n & a_{n1} & \dots & a_{n\beta} & \dots & a_{nn} \end{array}$$

Hierbei seien $a_1, ..., a_n$ die Elemente von A und das im Schnittpunkt der $\alpha-$ten Zeile und $\beta-$ten Spalte stehende Element sei definiert durch $a_{\alpha\beta} := a_\alpha + a_\beta$.
Falls $(A, +)$ eine Gruppe ist, nennt man solch eine Verknüpfungstafel auch **Gruppentafel**. Wir werden bei dieser Aufgabe i. a. die Gruppentafeln angeben.
Für $n = 1$ gibt es genau eine Gruppe, nämlich $A = \{0\}$, wenn man mit 0 das neutrale Element einer Gruppe bezeichnet.

Für $n = 2$ gibt es auch genau eine Gruppe, deren Gruppentafel lautet:

+	0	a
0	0	a
a	a	0

Die erste Zeile und erste Spalte ergeben sich nämlich zwangsläufig, wenn das neutrale Element mit 0 bezeichnet wird. Da ferner nach (G3) zu jedem Element ein inverses Element existieren muß , kann nur $a + a = 0$ gelten.
Auch für $n = 3$ existiert nur eine Gruppe, deren Gruppentafel lautet:

+	0	a	b
0	0	a	b
a	a	b	0
b	b	0	a

Man sieht folgendermaßen ein, daß sich zwangsläufig diese Verknüpfungstafel ergibt:
Zunächst betrachtet man $a + a$. Wäre $a + a := a$, so würde unter Ausnutzung des Assoziativgesetzes und der Tatsache, daß $-a$ zu a invers ist, folgen:

$$a = a + (a + (-a)) = (a + a) + (-a) = a + (-a) = 0$$

Das ist aber ein Widerspruch, da wegen $|A| = 3$ notwendig $a \neq 0$ gelten muß . Wäre $a+a := 0$, so müßte $a+b := b$ gelten. $a+b := 0$ bzw. $a+b := a$ führt man dann nämlich sofort mittels $a + a = a + b$ zum Widerspruch $a = b$ bzw. direkt zum Widerspruch $b = 0$. Es bleibt also nur $a + a := b$ übrig. Dann muß aber $a + b := 0$ gelten, denn sonst besitzt a kein inverses Element. Damit ergibt sich auch die zweite Zeile der Gruppentafel eindeutig. Entsprechend überlegt man sich, daß die dritte Zeile nur die angegebene Gestalt haben kann. Die Gültigkeit des Assoziativgesetzes bei dieser Operation muß man durch Überprüfung aller 27 möglichen Verknüpfungen von 3 Elementen nachprüfen.

Die hier angestellten Überlegungen lassen sich verallgemeinern.

Merke: In einer Gruppentafel muß in jeder Zeile und in jeder Spalte jedes Element der Menge genau einmal vorkommen.

Dies Kriterium reicht aber zur Entscheidung, ob wirklich eine Gruppe vorliegt, nicht aus. Es muß zusätzlich das Assoziativgesetz nachgewiesen werden.

Für $n = 4$ erkennt man auf die gleiche Art, daß es zwei verschiedene Möglichkeiten gibt, Gruppentafeln für Gruppen mit 4 Elementen anzugeben, die folgendermaßen aussehen:

+	0	a	b	c
0	0	a	b	c
a	a	b	c	0
b	b	c	0	a
c	c	0	a	b

+	0	a	b	c
0	0	a	b	c
a	a	0	c	b
b	b	c	0	a
c	c	b	a	0

Die linke Gruppe wird mit $\mathbb{Z}_4$ bezeichnet, die rechte Gruppe heißt **KLEINsche Vierergruppe**. (siehe auch Aufgabe 5) Alle diese Gruppen sind übrigens kommutativ.
Jede Gruppe besitzt $\{0\}$ und sich selbst als Untergruppen.
In den Fällen $n = 1$, $n = 2$ und $n = 3$ sind dies nach dem Satz von LAGRANGE die einzigen Untergruppen der angegebenen Gruppen.
Im Falle $n = 4$ besitzt die Gruppe $\mathbb{Z}_4$ noch die Untergruppe $\{0, b\}$ und die KLEINsche Vierergruppe noch die Untergruppen $\{0, a\}$, $\{0, b\}$ und $\{0, c\}$, wie man leicht nachprüft.

3.1.2

A sei eine Menge. Jede bijektive Funktion $f : A \longrightarrow A$ *heißt* **Permutation** *auf A. Sei* $S(A) :=$ *Menge aller Permutationen von A.*

a) *Man zeige, daß* $(S(A), \circ)$ *eine Gruppe ist.*
($\circ$ *ist die Hintereinanderausführung von Funktionen.)*

b) *Für* $A = \{1, 2, 3\}$ *stelle man eine Gruppentafel auf.*
(Für $A = \{1, \ldots, n\}$ *heißt die Gruppe* $(S(A), \circ)$ **symmetrische Gruppe** γ_n *(siehe Abschnitt* 2.6*).)*

c) *Man bestimme alle Untergruppen der* γ_3.

a) Will man nachweisen, daß eine Menge G mit einer definierten Verknüpfung eine Gruppe ist, so muß zunächst gezeigt werden, daß die Verknüpfung zweier Elemente aus G wieder ein Element aus G ergibt. Man sagt dazu, es ist die **Abgeschlossenheit** bezüglich der Verknüpfung zu zeigen. Diese zeigen wir hier zuerst:
Sind $f, g \in S(A)$, also bijektive Funktionen, so ist nach Aufgabe 1.3.2 auch $f \circ g$ bijektiv, und das zeigt die Abgeschlossenheit.
Nun folgt der Nachweis der Gruppenaxiome. Die Hintereinanderausführung $\circ$ von Funktionen ist assoziativ, damit gilt das Axiom (G1).
Ist id die Funktion mit $id(a) = a$ für alle $a \in A$, so gilt $f \circ id = id \circ f = f$ für alle Funktionen f, also ist id das neutrale Element bezüglich $\circ$. Auch (G2) ist also erfüllt.
Jede bijektive Funktion f besitzt eine Umkehrfunktion f^{-1}, und wegen $f \circ f^{-1} = f^{-1} \circ f = id$ ist f^{-1} invers zu f. Dies liefert (G3).
Damit ist $(S(A), \circ)$ eine Gruppe.

b) Wir führen für die sechs Permutationen die folgenden Bezeichnungen ein:

$$id = \begin{pmatrix} 1 & 2 & 3 \\ 1 & 2 & 3 \end{pmatrix} \quad \tau_1 = \begin{pmatrix} 1 & 2 & 3 \\ 2 & 1 & 3 \end{pmatrix} \quad \tau_2 = \begin{pmatrix} 1 & 2 & 3 \\ 3 & 2 & 1 \end{pmatrix}$$

$$\tau_3 = \begin{pmatrix} 1 & 2 & 3 \\ 1 & 3 & 2 \end{pmatrix} \quad \sigma_1 = \begin{pmatrix} 1 & 2 & 3 \\ 2 & 3 & 1 \end{pmatrix} \quad \sigma_2 = \begin{pmatrix} 1 & 2 & 3 \\ 3 & 1 & 2 \end{pmatrix}$$

Damit ergibt sich die folgende Gruppentafel:

$\circ$	id	τ_1	τ_2	τ_3	σ_1	σ_2
id	id	τ_1	τ_2	τ_3	σ_1	σ_2
τ_1	τ_1	id	σ_2	σ_1	τ_3	τ_2
τ_2	τ_2	σ_1	id	σ_2	τ_1	τ_3
τ_3	τ_3	σ_2	σ_1	id	τ_2	τ_1
σ_1	σ_1	τ_2	τ_3	τ_1	σ_2	id
σ_2	σ_2	τ_3	τ_1	τ_2	id	σ_1

Diese Gruppe ist nicht kommutativ, da z. B. $\tau_1 \circ \sigma_1 \neq \sigma_1 \circ \tau_1$.
Man merke sich, daß diese Gruppe γ_3 die kleinste nicht kommutative Gruppe ist, denn alle Gruppen mit weniger als 6 Elementen sind kommutativ.

c) Die Gruppe γ_3 besitzt die folgenden Untergruppen, wie man an der Gruppentafel leicht erkennt.
Eine Untergruppe mit einem Element, nämlich $\{id\} =: E$.
Drei Untergruppen mit zwei Elementen, und zwar $\{id, \tau_1\}, \{id, \tau_2\}, \{id, \tau_3\}$.
Eine Untergruppe mit drei Elementen, nämlich $\{id, \sigma_1, \sigma_2\}$.
Eine Untergruppe mit sechs Elementen, und zwar sich selbst.
Untergruppen mit 4 bzw. 5 Elementen existieren nach dem Satz von LAGRANGE nicht.

Eine endliche Gruppe mit ihren Untergruppen kann man in einem Diagramm darstellen. Die hier gewählten Bezeichnungen werden durch die Aufgaben 1 und 5 motiviert.

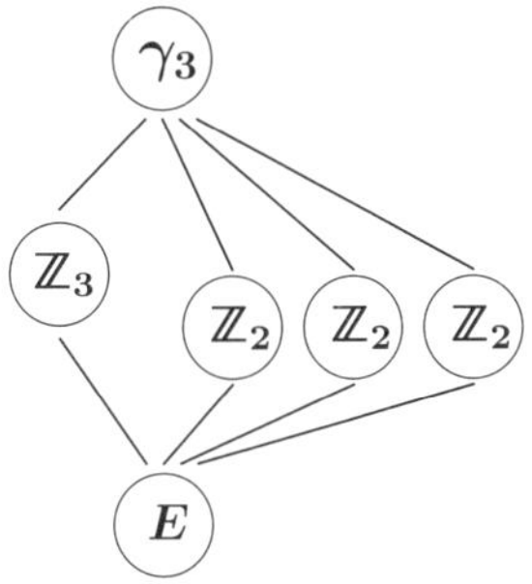

3.1.3

Man zeige: Die 6 Funktionen $f_i : \begin{cases} \mathbb{R} \setminus \{0,1\} & \longrightarrow & \mathbb{R} \\ x & \longmapsto & f_i(x) \end{cases}$ *mit*

$f_1(x) := x, \quad f_2(x) := 1 - x, \quad f_3(x) := \frac{1}{1-x}$
$f_4(x) := \frac{1}{x}, \quad f_5(x) := 1 - \frac{1}{x}, \quad f_6(x) := \frac{x}{x-1}$

bilden bezüglich der Hintereinanderausführung eine Gruppe.
Man stelle einen Zusammenhang zur Gruppe γ_3 *her.*

Zunächst muß auch hier gezeigt werden, daß die Hintereinanderausführung dieser Funktionen wieder eine der Funktionen $f_1, \ldots, f_6$ liefert. Dazu wird einfach eine Verknüpfungstafel aufgestellt. Wie sie sich ergibt, wird am Beispiel $f_3 \circ f_6$ erläutert:

$$(f_3 \circ f_6)(x) = f_3\left(\frac{x}{x-1}\right) = \frac{1}{1 - \frac{x}{x-1}} = -(x-1) = 1 - x = f_2(x)$$

Insgesamt ergibt sich:

$\circ$	f_1	f_2	f_3	f_4	f_5	f_6
f_1	f_1	f_2	f_3	f_4	f_5	f_6
f_2	f_2	f_1	f_6	f_5	f_4	f_3
f_3	f_3	f_4	f_5	f_6	f_1	f_2
f_4	f_4	f_3	f_2	f_1	f_6	f_5
f_5	f_5	f_6	f_1	f_2	f_3	f_4
f_6	f_6	f_5	f_4	f_3	f_2	f_1

Es liegt eine Gruppe vor, denn die Hintereinanderausführung von Funktionen ist assoziativ, f_1 ist neutrales Element und jedes Element besitzt ein inverses Element, wie die Verknüpfungstafel zeigt.

Vergleicht man nun die hier gegebene Gruppe mit der Gruppe γ_3, so stellt man fest, daß durch die Zuordnung

$$\varphi(id) = f_1, \ \varphi(\tau_1) = f_2, \ \varphi(\tau_2) = f_4, \ \varphi(\tau_3) = f_6, \ \varphi(\sigma_1) = f_3, \ \varphi(\sigma_2) = f_5$$

ein Isomorphismus gegeben ist. Wir haben es also auch hier im Prinzip mit der Gruppe γ_3 zu tun.

3.1.4

a) *Man zeige, daß die Gruppe* γ_n *genau* $n!$ *Elemente besitzt.*

b) *Man zeige, daß* $sgn : \gamma_n \longrightarrow \{1, -1\}$ *ein Homomorphismus von* γ_n *auf die Gruppe* $(\{1,-1\}, \cdot)$ *ist.*

c) *Die Menge* $A_n := \{\sigma \in \gamma_n \mid \sigma \text{ ist gerade Permutation}\}$ *ist eine Untergruppe von* γ_n *mit* $|A_n| = \frac{1}{2} n!$.

a) γ_n ist die Menge der bijektiven Funktionen von $\{1,\ldots,n\}$ auf $\{1,\ldots,n\}$.
Ist $\sigma = \begin{pmatrix} 1 & 2 & \ldots & n \\ \sigma(1) & \sigma(2) & \ldots & \sigma(n) \end{pmatrix}$, so gibt es für $\sigma(1)$ genau n Möglichkeiten, für $\sigma(2)$ wegen der Injektivität von σ nur noch $n-1$ Möglichkeiten, usw..
Insgesamt sind in der obigen Darstellung von σ also genau
$n \cdot (n-1) \cdot (n-2) \cdot \ldots \cdot 1 = n!$ zweite Zeilen möglich, d.h. $|\gamma_n| = n!$.

b) Man beachte hier die Aufgabe 2.6.14.
Ist $\operatorname{sgn}\sigma = 1$, also σ eine gerade Permutation, so läßt sich σ als Produkt einer geraden Anzahl von Transpositionen schreiben, ist $\operatorname{sgn}\sigma = -1$, so ist σ stets das Produkt einer ungeraden Anzahl von Transpositionen. Eine Darstellung von $\sigma \circ \tau$ als Produkt von Transpositionen erhält man einfach durch Hintereinanderschreiben der Produktdarstellungen von σ und τ. Daraus folgt

$$\operatorname{sgn}(\sigma \circ \tau) = \operatorname{sgn}\sigma \cdot \operatorname{sgn}\tau\ .$$

c) Es ist $A_n \neq \emptyset$, da $id \in A_n$.
Sind $\sigma, \tau \in A_n$, so folgt aus b) $\operatorname{sgn}(\sigma \circ \tau) = \operatorname{sgn}\sigma \cdot \operatorname{sgn}\tau = 1 \cdot 1 = 1$, d.h. $\sigma \circ \tau \in A_n$.
Wegen $\operatorname{sgn}(id) = 1$ folgt aus $\operatorname{sgn}\tau = 1$ auch $\operatorname{sgn}\tau^{-1} = 1$, also ist mit $\sigma, \tau \in A_n$ auch $\sigma \circ \tau^{-1} \in A_n$, und damit ist A_n eine Untergruppe von γ_n.
Zu zeigen bleibt die Anzahlformel. Dazu sei $B := \{\sigma \in \gamma_n \mid \sigma \text{ ist ungerade Permutation}\}$. Dann gilt $A_n \cup B = \gamma_n$, und dies ist eine disjunkte Vereinigung, also gilt $|A_n| + |B| = n!$.
Sei nun $\sigma \in B$ fest gewählt. Man betrachte $\varphi : A_n \longrightarrow B$ mit $\varphi(\tau) = \sigma \circ \tau$.
Wegen $\operatorname{sgn}(\sigma \circ \tau) = \operatorname{sgn}\sigma \cdot \operatorname{sgn}\tau = -1 \cdot 1 = -1$ ist $\varphi(\tau)$ tatsächlich aus B.
Aus $\varphi(\tau_1) = \varphi(\tau_2)$, also $\sigma \circ \tau_1 = \sigma \circ \tau_2$ folgt $\tau_1 = \tau_2$, also ist φ injektiv.
Ist $\rho \in B$, so ist die Gleichung $\sigma \circ x = \rho$ in γ_n eindeutig lösbar, da γ_n eine Gruppe ist. Ist $x = \tau$ die Lösung, so folgt aus b) wiederum $\operatorname{sgn}\tau = 1$, d.h. $\tau \in A_n$. Also gilt $\varphi(\tau) = \rho$ und damit ist φ surjektiv.
Wir haben gezeigt, daß φ bijektiv ist. Damit ist $|B| = |A_n|$ und wegen $|B| + |A_n| = n!$ folgt $|A_n| = \frac{1}{2}n!$.

A_n heißt **alternierende Gruppe**.

3.1.5

Es sei A' die Menge aller affinen Funktionen $f : \mathbb{R} \longrightarrow \mathbb{R}$;
(das sind diejenigen Funktionen mit $f(x) = ax + b$ und $a, b \in \mathbb{R}$).

a) *Warum ist $(A', \circ)$ keine Gruppe?*

b) *Man gebe eine größte Teilmenge A von A' an, so daß $(A, \circ)$ eine Gruppe ist. Ist diese Gruppe kommutativ?*

c) *Gibt es eine echte kommutative Untergruppe von $(A, \circ)$?*

a) Bei der Hintereinanderausführung von Funktionen ist die identische Funktion id mit $id(x) = x$ für alle x das neutrale Element. Setzt man hier $a = 0$ und

$b = 0$, so erhält man die Nullfunktion, die kein inverses Element besitzt. Also ist (G3) verletzt.

b) Wir zeigen nun, daß A' nur wegen der konstanten Funktionen keine Gruppe ist.
Behauptung: $(A, \circ)$ mit $A = \{f \mid f(x) = ax + b,\ a \neq 0\}$ ist eine Gruppe.
Sind $f, g \in A$ gegeben, und $f(x) = ax + b$, $g(x) = cx + d$ wobei $a \neq 0$ und $c \neq 0$, so folgt $(f \circ g)(x) = a(cx + d) + b = acx + (ad + b)$, wobei $ac \neq 0$, also ist auch $f \circ g \in A$. Damit ist die Abgeschlossenheit gezeigt.
Die Assoziativität gilt für die Hintereinanderausführung von Funktionen.
Wegen $id \in A$ existiert ein neutrales Element.
Schließlich ist zu f mit $f(x) = ax + b$ die Funktion f^{-1} mit $f^{-1}(x) = \frac{1}{a}x - \frac{b}{a}$ das inverse Element, denn $f \circ f^{-1} = f^{-1} \circ f = id$.
Diese Gruppe ist nicht kommutativ, wie man z. B. an den Funktionen $f, g \in A$ mit $f(x) = x + 1$ und $g(x) = 2x$ sieht. Es gilt nämlich:

$$(f \circ g)(x) = 2x + 1 \neq 2x + 2 = 2(x + 1) = (g \circ f)(x)$$

c) Betrachtet man die Menge $B = \{f \in A \mid f(x) = ax\}$, so ist $(B, \circ)$ eine echte Untergruppe von A, die kommutativ ist.

3.1.6

Es sei $(G, +)$ eine kommutative Gruppe und U eine Untergruppe von G.

a) *Man zeige, daß durch $x \sim y \iff x - y \in U$ eine Äquivalenzrelation auf G definiert wird und $x + U := \{x + u \mid u \in U\}$ die Äquivalenzklassen von $\sim$ sind.*

b) *Bezeichnet man in a) mit $G/U := \{x + U \mid x \in G\}$ die Menge der Äquivalenzklassen und definiert $(x + U) + (y + U) := (x + y) + U$, so ist $(G/U, +)$ wieder eine kommutative Gruppe.*
(Diese Gruppe heißt **Faktorgruppe von G nach der Untergruppe U**.*)*

c) *Für $G = (\mathbb{Z}, +)$ und $U = \{4z \mid z \in \mathbb{Z}\}$ bestimme man die Faktorgruppe G/U.*
(Diese Gruppe wird mit $(\mathbb{Z}_4, +)$ – kurz $\mathbb{Z}_4$ – bezeichnet.)

a) Wir zeigen, daß $\sim$ reflexiv, symmetrisch und transitiv ist.
Wegen $x - x = 0 \in U$ folgt $x \sim x$ für alle $x \in G$, also ist $\sim$ reflexiv.
Gilt $x \sim y$, also $x - y \in U$, so ist nach (UG3) auch $-(x - y) = y - x \in U$, also $y \sim x$, und damit ist $\sim$ symmetrisch.
Sei schließlich $x \sim y$ und $y \sim z$, also $x - y \in U$ und $y - z \in U$. Nach (UG2) ist dann $(x - y) + (y - z) = x - z \in U$. Damit ist $\sim$ auch transitiv.

Eine Äquivalenzklasse $x/_\sim$ besteht aus allen Elementen y mit $x \sim y$, d. h. $y \in x/_\sim$ gilt genau dann, wenn $y - x \in U$ ist, wenn es also ein $u \in U$ gibt mit

$u = y - x$, oder $y = x + u$. Damit ist $x/_\sim = x + U$ gezeigt.

b) Zunächst muß gezeigt werden, daß die angegebene Definition der Addition von Äquivalenzklassen sinnvoll ist. Da die Addition von Äquivalenzklassen auf die Addition beliebiger Elemente dieser Klassen zurückgeführt wird, muß sie unabhängig von den Repräsentanten x und y der Äquivalenzklassen sein.
Sei dazu $x+U = a+U$ und $y+U = b+U$. Dann ist $(x+U)+(y+U) = (x+y)+U$ und $(a+U)+(b+U) = (a+b)+U$. Um $(x+y)+U = (a+b)+U$ zu zeigen, muß $x+y \sim a+b$ gezeigt werden. Aus $x+U = a+U$ folgt $x \sim a$ und aus $y+U = b+U$ folgt $y \sim b$. Also sind $x-a, y-b \in U$ und da U eine Untergruppe ist, folgt nach (UG2) auch $x-a+y-b = (x+y)-(a+b) \in U$, d. h. $x+y \sim a+b$. (Hierbei benötigt man übrigens die Kommutativität der Gruppe G.)
Nun wird gezeigt, daß G/U eine Gruppe ist. Die Assoziativität gilt in G/U, da die Assoziativität in G gilt. Neutrales Element in G/U ist die Äquivalenzklasse $0+U = U$. Es gilt nämlich $(x+U)+U = x+U$ für alle $x+U \in G/U$. Zur Äquivalenzklasse $x+U$ ist schließlich die Äquivalenzklasse $-x+U$ invers, da $(x+U)+(-x+U) = (x-x)+U = 0+U = U$ gilt. Auch das Kommutativgesetz ist in G/U erfüllt, da es in G gilt.

c) Für $G = (\mathbb{Z}, +)$ und $U = \{4z \mid z \in \mathbb{Z}\}$ folgt $x \sim y$ genau dann, wenn $x - y$ Vielfaches von 4 ist. Dies ist gleichbedeutend damit, daß x und y bei Division durch 4 den gleichen Rest lassen. Damit gibt es vier Äquivalenzklassen, die wie üblich mit $\bar{0}, \bar{1}, \bar{2}, \bar{3}$ bezeichnet werden, wobei gilt:

$$\begin{aligned}\bar{0} &= \{\ldots, -12, -8, -4, 0, 4, 8, 12, \ldots\}\\ \bar{1} &= \{\ldots, -11, -7, -3, 1, 5, 9, \ldots\}\\ \bar{2} &= \{\ldots, -10, -6, -2, 2, 6, 10, \ldots\}\\ \bar{3} &= \{\ldots, -9, -5, -1, 3, 7, 11, \ldots\}\end{aligned}$$

(siehe dazu auch Aufgabe 7)
Für diese Gruppe erhält man die folgende Gruppentafel (siehe Aufgabe 1):

$+$	$\bar{0}$	$\bar{1}$	$\bar{2}$	$\bar{3}$
$\bar{0}$	$\bar{0}$	$\bar{1}$	$\bar{2}$	$\bar{3}$
$\bar{1}$	$\bar{1}$	$\bar{2}$	$\bar{3}$	$\bar{0}$
$\bar{2}$	$\bar{2}$	$\bar{3}$	$\bar{0}$	$\bar{1}$
$\bar{3}$	$\bar{3}$	$\bar{0}$	$\bar{1}$	$\bar{2}$

3.1.7

Man zeige: H sei eine endliche Menge mit einer binären Operation $\cdot$, für die die Axiome (G1) *und* (G2) *gelten. Folgt dann aus $ab = ac$ stets $b = c$, so ist $(H, \cdot)$ eine Gruppe.*

Es ist zu zeigen, daß es für jedes $a \in H$ ein $b \in H$ gibt mit $ab = e$, wobei e das neutrale Element in H ist. Sei o. B. d. A. $H = \{x_0, x_1, \ldots, x_{n-1}\}$, also $|H| = n$, und sei dabei x_0 das neutrale Element. Sei nun $a \in H$ beliebig gegeben. Wir zeigen: $\{ax_0, ax_1, \ldots, ax_{n-1}\} = H$. Dann gibt es nämlich ein j mit $ax_j = x_0$, also ein $b \in H$ mit $ab = e$. Wäre $\{ax_0, ax_1, \ldots, ax_{n-1}\} \subset H$, so gäbe es i, j mit $i \neq j$ und $ax_i = ax_j$. Nach Voraussetzung folgt dann $x_i = x_j$, im Widerspruch zu $|H| = n$.

Hinweis: Man kann die Behauptung auch ohne die Voraussetzung (G2) zeigen. Den dann entstehenden Satz formuliert man üblicherweise wie folgt:
Jede endliche Halbgruppe, in der die Kürzungsregel gilt, ist eine Gruppe.

3.1.8

(siehe Aufgabe 6)
Man zeige: Definiert man auf der Faktorgruppe $\mathbb{Z}_4$ noch eine Multiplikation durch $(x+U)\cdot(y+U) := xy+U$, so erhält man einen Ring, den sog. **Restklassenring $\mathbb{Z}_4$**.
(Diese Konstruktion hängt nicht von $n = 4$ ab, sondern ist für beliebiges $n \in \mathbb{N}$, $n \geq 2$ durchführbar!)
(In der Terminologie der Aufgabe 6 kann man die Definition der Multiplikation auch in der Form $\overline{x}\cdot\overline{y} := \overline{xy}$ angeben.)

Auch hier muß zunächst die Unabhängigkeit der Definition der Multiplikation von den Repräsentanten gezeigt werden.
Sei dazu $a+U = x+U$ und $b+U = y+U$. Zu zeigen ist: $ab+U = xy+U$.
Aus $a+U = x+U$ ergibt sich $a-x \in U$, also gibt es ein $z_1 \in \mathbb{Z}$ mit $a-x = 4z_1$. Entsprechend gibt es ein $z_2 \in \mathbb{Z}$ mit $b-y = 4z_2$. Wir multiplizieren die erste Gleichung mit b, die zweite Gleichung mit x und addieren. Es folgt $ab-xy = 4(z_1b+z_2x)$. Also gibt es ein $z \in \mathbb{Z}$, nämlich $z = z_1b+z_2x$, mit $ab-xy = 4z$, d. h. $ab \sim xy$, oder $ab+U = xy+U$.
Nun wird gezeigt, daß $(\mathbb{Z}_4, +, \cdot)$ die Ringaxiome erfüllt. Nach Aufgabe 5 ist (R1) erfüllt. Die Axiome (R2), (R3) und die Kommutativität gelten, da das Assoziativgesetz, die Distributivgesetze und das Kommutativgesetz in $\mathbb{Z}$ gelten. Mit den Bezeichnungen aus Aufgabe 6 ist $\bar{1}$ das Einselement dieses Ringes. Aus Vollständigkeitsgründen wird die gesamte Verknüpfungstafel für die Multiplikation angegeben.

$\cdot$	$\bar{0}$	$\bar{1}$	$\bar{2}$	$\bar{3}$
$\bar{0}$	$\bar{0}$	$\bar{0}$	$\bar{0}$	$\bar{0}$
$\bar{1}$	$\bar{0}$	$\bar{1}$	$\bar{2}$	$\bar{3}$
$\bar{2}$	$\bar{0}$	$\bar{2}$	$\bar{0}$	$\bar{2}$
$\bar{3}$	$\bar{0}$	$\bar{3}$	$\bar{2}$	$\bar{1}$

Man sieht: $\mathbb{Z}_4$ ist kein Körper.

3.1.9

Es sei A die Menge aller Folgen $(a_n) = (a_0, a_1, \ldots)$ reeller Zahlen mit der Eigenschaft: es gibt ein $k \in \mathbb{N}$, so daß für alle $m \geq k$ gilt $a_m = 0$.
Auf A seien durch

$$(a_n) + (b_n) := (a_n + b_n) \qquad (a_n) \cdot (b_n) := (\sum_{k+l=n} a_k b_l)$$

zwei Operationen $+$ und $\cdot$ definiert.
Man zeige, daß $(A, +, \cdot)$ ein kommutativer Ring mit Einselement ist.

Zunächst wird die Abgeschlossenheit bezüglich Addition und Multiplikation gezeigt. Seien dazu $(a_n), (b_n) \in A$, d. h. es gibt $k_1, k_2 \in \mathbb{N}$ mit $a_m = 0$ für alle $m \geq k_1$ und $b_m = 0$ für alle $m \geq k_2$. Sei $(a_n)+(b_n) = (c_n)$ und $(a_n)\cdot(b_n) = (d_n)$. Für alle $m \geq \max\{k_1, k_2\}$ gilt dann $c_m = 0$, also ist $(c_n) \in A$. Für alle $m \geq k_1 + k_2$ gilt

$$d_m = \sum_{k+l=m} a_k b_l = 0,$$

da für $m \geq k_1 + k_2$ und $m = k + l$ folgt: $k \geq k_1$ oder $l \geq k_2$. Also ist auch $(d_n) \in A$.
Nun werden die einzelnen Ringaxiome nachgewiesen. Dazu wird beispielhaft das Axiom (R3) gezeigt. Dabei reicht es wegen der Kommutativität des Ringes aus, ein Distributivgesetz zu zeigen. Man erhält:

$$\begin{aligned}
(a_n) \cdot ((b_n) + (c_n)) &= (a_n) \cdot (b_n + c_n) = \\
&= (\sum_{k+l=n} a_k (b_l + c_l)) = (\sum_{k+l=n} (a_k b_l + a_k c_l)) = \\
&= (\sum_{k+l=n} a_k b_l + \sum_{k+l=n} a_k c_l) = (a_n) \cdot (b_n) + (a_n) \cdot (c_n)
\end{aligned}$$

Das Einselement in diesem Ring ist die Folge $(e_n) = (1, 0, 0, 0, \ldots)$. Es gilt nämlich

$$(e_n) \cdot (a_n) = (\sum_{k+l=n} e_k a_l) = (a_n),$$

da $e_0 = 1$ und $e_k = 0$ für $k > 0$ gilt.

Der hier angegebene Ring wird häufig auch als Ring der Polynome über $\mathbb{R}$ bezeichnet. (siehe dazu auch Aufgabe 3.2.3)

3.1.10

Es sei $\mathcal{M}_{n\times n}(K)$ die Menge der $n\times n$–Matrizen über einem Körper K. Man zeige, daß $\mathcal{M}_{n\times n}(K)$ mit der Matrizenaddition und -multiplikation ein Ring mit Einselement ist.

Die in Abschnitt 2.4 aufgelisteten Gesetze für das Rechnen mit Matrizen gelten in gleicher Weise für Matrizen über einem beliebigen Körper K. Daraus ergeben sich aber alle Ringaxiome, wobei das neutrale Element der Addition die Nullmatrix ist und das Einselement die Einheitsmatrix $\mathbf{E}$.

3.1.11

Man konstruiere einen Körper aus zwei Elementen.

Da $(K;+)$ eine Gruppe ist, besitzt K mindestens das Element 0.
Da $(K \setminus \{0\}, \cdot)$ eine Gruppe ist, besitzt K mindestens das Element $1 \neq 0$ und somit mindestens die beiden neutralen Elemente 0 und 1. Mit den nachstehend angegebenen Verknüpfungstafeln für $+$ und $\cdot$ sind für die Menge $\{0, 1\}$ alle Körperaxiome erfüllt, wie man leicht sieht.

+	0	1
0	0	1
1	1	0

·	0	1
0	0	0
1	0	1

Damit hat man einen Körper $\{0, 1\}$ aus zwei Elementen erhalten.

3.1.12

Man zeige, daß der Restklassenring $\mathbb{Z}_n$ genau dann ein Körper ist, wenn n Primzahl ist.

Beweis von "$\Longrightarrow$":
Angenommen, n ist keine Primzahl. Dann gibt es $n_1, n_2 \in \mathbb{N}$ mit $1 < n_1, n_2 < n$ und $n = n_1 n_2$. Es folgt $\bar{0} = \bar{n} = \overline{n_1 n_2} = \overline{n_1} \cdot \overline{n_2}$. Dabei sind $\overline{n_1}, \overline{n_2} \in \mathbb{Z}_n \setminus \{\bar{0}\}$, aber $\overline{n_1} \cdot \overline{n_2} = \bar{0} \notin \mathbb{Z}_n \setminus \{\bar{0}\}$, womit die Abgeschlossenheit von $\cdot$ verletzt ist.
Beweis von "$\Longleftarrow$":
Es bleibt zu zeigen, daß $(\mathbb{Z}_n \setminus \{\bar{0}\}, \cdot)$ eine abelsche Gruppe ist.
Seien $\overline{n_1}, \overline{n_2} \in \mathbb{Z}_n \setminus \{\bar{0}\}$, und o. B. d. A. $0 < n_1, n_2 < n$.
Um die Abgeschlossenheit zu zeigen, nehmen wir an, es sei $\overline{n_1} \cdot \overline{n_2} = \bar{0}$.
Wegen $\overline{n_1} \cdot \overline{n_2} = \overline{n_1 n_2}$ ist n dann ein Teiler von $n_1 n_2$. Da n prim ist, muß dann aber $n | n_1$ oder $n | n_2$ gelten. Dies ist ein Widerspruch zu $0 < n_1, n_2 < n$. Also gilt $\bar{0} \neq \overline{n_1 n_2} = \overline{n_1} \cdot \overline{n_2}$.
Die Assoziativität folgt direkt aus der Assoziativität in $\mathbb{Z}$. $\bar{1}$ ist neutrales Element bezüglich der Multiplikation, denn $\bar{1} \cdot \bar{a} = \overline{1a} = \bar{a}$. Um (G3) zu zeigen, benutzen wir Aufgabe 6 und beweisen:

$$\overline{n_1} \cdot \overline{n_2} = \overline{n_1} \cdot \overline{n_3} \quad \Longrightarrow \quad \overline{n_2} = \overline{n_3}$$

Sei $\overline{n_1} \cdot \overline{n_2} = \overline{n_1} \cdot \overline{n_3}$ und o. B. d. A. $0 < n_1 < n$. Dann folgt:

$$\begin{aligned} \overline{n_1 n_2} = \overline{n_1 n_3} \quad &\Longrightarrow \quad n_1 n_2 \sim n_1 n_3 \\ &\Longrightarrow \quad n | n_1 n_2 - n_1 n_3 \end{aligned}$$

$$\begin{aligned}
&\Longrightarrow \quad n | n_1 (n_2 - n_3) \\
&\Longrightarrow \quad n | n_2 - n_3, \quad \text{da } n \text{ prim und } 0 < n_1 < n \\
&\Longrightarrow \quad n_2 \sim n_3 \\
&\Longrightarrow \quad \overline{n_2} = \overline{n_3}
\end{aligned}$$

3.1.13

Man zeige, daß die Menge

$$A = \{\begin{pmatrix} x & -y \\ y & x \end{pmatrix} \mid x, y \in \mathbb{R}\}$$

der $2 \times 2-$Matrizen mit der üblichen Matrizenaddition und -multiplikation einen zu $\mathbb{C}$ isomorphen Körper bildet.

Zunächst wird die Abgeschlossenheit bezüglich + und · gezeigt.
Die Abgeschlossenheit bezüglich + ist trivial.
Seien nun $\mathbf{A}_1, \mathbf{A}_2 \in A$, und $\mathbf{A}_1 = \begin{pmatrix} a & -b \\ b & a \end{pmatrix}$ sowie $\mathbf{A}_2 = \begin{pmatrix} c & -d \\ d & c \end{pmatrix}$. Dann folgt:

$$\mathbf{A}_1\mathbf{A}_2 = \begin{pmatrix} a & -b \\ b & a \end{pmatrix}\begin{pmatrix} c & -d \\ d & c \end{pmatrix} = \begin{pmatrix} ac - bd & -ad - bc \\ bc + ad & -bd + ac \end{pmatrix} \in A$$

Aus Aufgabe 10 ergibt sich direkt, daß die Menge der $2 \times 2-$Matrizen über $\mathbb{R}$ mit der Matrizenaddition und –multiplikation ein Ring mit Einselement $\mathbf{E}$ ist. Damit gelten in A das Assoziativgesetz bezüglich + und ·, das Kommutativgesetz bezüglich + sowie das Distributivgesetz.
Zum Beweis von (K1) bleibt zu zeigen:

(i) $\mathbf{0} \in A$ (das ist trivial)

(ii) Jedes $\mathbf{A} \in A$ besitzt ein inverses Element bezüglich +.

Zu $\mathbf{A} = \begin{pmatrix} x & -y \\ y & x \end{pmatrix}$ ist aber $\begin{pmatrix} -x & y \\ -y & -x \end{pmatrix} \in A$ invers.
Da auch $\mathbf{E} \in A$ ist, bleibt zum Beweis von (K2) noch die Kommutativität der Multiplikation und die Existenz inverser Element bezüglich der Multiplikation zu zeigen.
Vergleicht man das oben berechnete Produkt $\mathbf{A}_1\mathbf{A}_2$ mit dem Produkt

$$\mathbf{A}_2\mathbf{A}_1 = \begin{pmatrix} c & -d \\ d & c \end{pmatrix}\begin{pmatrix} a & -b \\ b & a \end{pmatrix} = \begin{pmatrix} ca - db & -cb - da \\ da + cb & -db + ca \end{pmatrix},$$

so erkennt man, daß $\mathbf{A}_1\mathbf{A}_2 = \mathbf{A}_2\mathbf{A}_1$ gilt. Ist $\mathbf{A} = \begin{pmatrix} x & -y \\ y & x \end{pmatrix}$ nicht die Nullmatrix, so gilt $x^2 + y^2 \neq 0$. Folglich ist $\mathbf{B} = \frac{1}{x^2+y^2}\begin{pmatrix} x & y \\ -y & x \end{pmatrix}$ definiert und aus A. Man rechnet direkt nach, daß $\mathbf{AB} = \mathbf{E}$ gilt, also ist $\mathbf{B}$ zu $\mathbf{A}$ invers.

Isomorphie von Körpern

$(K_1, +_1, \cdot_1)$ und $(K_2, +_2, \cdot_2)$ heißen **isomorph**, wenn es eine bijektive Abbildung $\varphi : K_1 \longrightarrow K_2$ gibt mit:

$$\begin{array}{rcll} \varphi(a +_1 b) & = & \varphi(a) +_2 \varphi(b) & \text{für alle } a, b \in K_1 \text{ und} \\ \varphi(a \cdot_1 b) & = & \varphi(a) \cdot_2 \varphi(b) & \text{für alle } a, b \in K_1. \end{array}$$

A ist zu $\mathbb{C}$ isomorph, denn die Abbildung

$$\varphi : \begin{cases} \mathbb{C} & \longrightarrow & A \\ x + iy & \longmapsto & \begin{pmatrix} x & -y \\ y & x \end{pmatrix} \end{cases}$$

ist ein (Körper–)Isomorphismus. Beweis:

(i) φ ist nach Definition bijektiv.

(ii) $\varphi(z_1 + z_2) = \varphi((x_1 + iy_1) + (x_2 + iy_2)) = \varphi((x_1 + x_2) + i(y_1 + y_2))$

$$= \begin{pmatrix} x_1 + x_2 & -y_1 - y_2 \\ y_1 + y_2 & x_1 + x_2 \end{pmatrix} = \begin{pmatrix} x_1 & -y_1 \\ y_1 & x_1 \end{pmatrix} + \begin{pmatrix} x_2 & -y_2 \\ y_2 & x_2 \end{pmatrix}$$

$$= \varphi(z_1) + \varphi(z_2)$$

(iii) $\varphi(z_1 z_2) = \varphi((x_1 + iy_1)(x_2 + iy_2)) = \varphi(x_1x_2 - y_1y_2 + i(y_1x_2 + x_1y_2))$

$$= \begin{pmatrix} x_1x_2 - y_1y_2 & -y_1x_2 - x_1x_2 \\ y_1x_2 + x_1x_2 & x_1x_2 - y_1y_2 \end{pmatrix}$$

$$= \begin{pmatrix} x_1 & -y_1 \\ y_1 & x_1 \end{pmatrix} \cdot \begin{pmatrix} x_2 & -y_2 \\ y_2 & x_2 \end{pmatrix} = \varphi(z_1)\varphi(z_2)$$

3.1.14

Für $x, y \in \mathbb{R}$ sei $x \oplus y := x + y - xy$.
Man zeige, daß $(\mathbb{R} \setminus \{1\}, \oplus)$ eine kommutative Gruppe ist.

Es erweist sich als sinnvoll, für $1 - x$ eine Abkürzung einzuführen. Für $x \in \mathbb{R}$ sei $\overline{x} := 1 - x$. Die folgenden, unmittelbar einsichtigen Gesetze kann man beim Nachweis der Gruppeneigenschaften benutzen.

1. $x = y \Longleftrightarrow \overline{x} = \overline{y}$
2. $\overline{x \oplus y} = 1 - (x + y - xy) = (1 - x)(1 - y) = \overline{x} \cdot \overline{y}$

Nun folgt der Beweis der Gruppeneigenschaften für $(\mathbb{R} \setminus \{1\}, \oplus)$:

(α) Abgeschlossenheit:
$x \neq 1 \wedge y \neq 1 \Longleftrightarrow \overline{x} \neq 0 \wedge \overline{y} \neq 0 \Longleftrightarrow \overline{x} \cdot \overline{y} \neq 0$
Nach 2) heißt das $\overline{x \oplus y} \neq 0$, also $x \oplus y \neq 1$.

(β) Assoziativität:
Für alle $x, y, z \in \mathbb{R}$ gilt: $(\overline{x} \cdot \overline{y})\,\overline{z} = \overline{x}\,(\overline{y} \cdot \overline{z})$. Mittels 2) und dann 1) folgt weiter:

$$\begin{aligned}(\overline{x \oplus y})\,\overline{z} = \overline{x}\,(\overline{y \oplus z}) \quad &\Longrightarrow \quad \overline{(x \oplus y) \oplus z} = \overline{x \oplus (y \oplus z)} \\ &\Longrightarrow \quad (x \oplus y) \oplus z = x \oplus (y \oplus z)\end{aligned}$$

(γ) Kommutativität:

$$x \oplus y = x + y - xy = y + x - yx = y \oplus x$$

(δ) 0 ist neutrales Element:

$$x \oplus 0 = x + 0 - x0 = x = 0 \oplus x \text{ nach } (\gamma)$$

(ε) Existenz inverser Elemente:
Für $x \in \mathbb{R} \setminus \{1\}$ gilt auch $\frac{x}{x-1} \in \mathbb{R} \setminus \{1\}$ und wegen

$$x \oplus \frac{x}{x-1} = x + \frac{x}{x-1} - \frac{x^2}{x-1} = 0$$

ist $\dfrac{x}{x-1}$ invers zu x.

3.1.15
$(G, \cdot)$ sei multiplikativ geschriebene Gruppe. Für $g \in G$ sei eine Abbildung $f_g : G \longrightarrow G$ definiert durch

$$f_g\,(h) := g\,h\,g^{-1} \qquad \textit{für alle } h \in G.$$

Man zeige, daß $(\{f_g \mid g \in G\}, \circ)$ eine Gruppe ist.

Es sei $A = \{f_g \mid g \in G\}$. Zunächst wird die Abgeschlossenheit gezeigt. Seien dazu $f_{g_1}, f_{g_2} \in A$. Dann folgt für alle $h \in G$

$$(f_{g_1} \circ f_{g_2})\,(h) = f_{g_1}\,(g_2\,h\,g_2^{-1}) = g_1 g_2\,h\,g_2^{-1} g_1^{-1} = f_{g_1 g_2}(h),$$

da $(g_1 g_2)^{-1} = g_2^{-1} g_1^{-1}$. Also gilt

$$(*) \qquad f_{g_1} \circ f_{g_2} = f_{g_1 g_2},$$

und wegen $g_1 g_2 \in G$ ist auch $f_{g_1} \circ f_{g_2} \in G$.
Das Assoziativgesetz gilt generell für die Hintereinanderausführung $\circ$ von Funktionen.
Bezeichnet e das neutrale Element von G, so gilt

$$f_e\,(h) = e\,h\,e^{-1} = h$$

für alle $h \in G$. Somit ist $f_e = id$. Diese Abbildung f_e ist neutrales Element in A, denn nach (*) ist $f_e \circ f_g = f_{eg} = f_g$ und entsprechend $f_g \circ f_e = f_g$.

Zu f_g ist die Abbildung $f_{g^{-1}}$ invers, denn ebenfalls nach (*) ist

$$f_g \circ f_{g^{-1}} = f_{gg^{-1}} = f_e.$$

Damit ist nachgewiesen, daß $(A, \circ)$ eine Gruppe ist.

3.1.16

Man beweise: Gilt in einer Gruppe $(G, +)$ mit neutralem Element e für jedes Element die Gleichung $x + x = e$, so ist $(G, +)$ kommutativ.

Gilt für jedes Element $x \in G$ die Gleichung $x + x = e$, so gilt insbesondere auch $(x + y) + (x + y) = e$. Aus $(x + y) + (x + y) = e$ folgt nun durch Addition von y von rechts und unter Ausnutzung der Assoziativität in der Gruppe G: $x + y + x = y$. Addiert man nun noch x von rechts, so folgt $x + y = y + x$, und das war zu zeigen.

3.1.17

Im $\mathbb{R}^2$ definiere man die Addition und die Multiplikation komponentenweise. Welche Körperaxiome sind dann für $(\mathbb{R}^2, +, \cdot)$ erfüllt, welche sind nicht erfüllt?

(K1) ist erfüllt, denn $(\mathbb{R}^2, +)$ ist eine abelsche Gruppe mit neutralem Element $(0, 0)$. Auch das Distributivgesetz (K3) ist erfüllt, da nur komponentenweise gerechnet wird und das Distributivgesetz in $\mathbb{R}$ gilt. Es bleibt (K2) zu überprüfen. Das Assoziativgesetz für $\cdot$ gilt aus dem gleichen Grunde wie das Distributivgesetz. Einselement ist das Element $(1, 1)$, denn es folgt $(1, 1) \cdot (a, b) = (a, b)$ für alle $a, b \in \mathbb{R}$. Es besitzt aber nicht jedes Element aus $\mathbb{R}^2 \setminus \{(0, 0)\}$ ein inverses Element. Zu $(0, 1)$ kann es kein Element (a, b) geben mit $(0, 1) \cdot (a, b) = (1, 1)$, da $0a = 0$. Also ist die angegebene Struktur kein Körper.

3.1.18

Man betrachte die Teilmenge $\mathbb{Q}[\sqrt{2}\,] := \{x + \sqrt{2}\,y \mid x, y \in \mathbb{Q}\}$ von $\mathbb{R}$, zusammen mit den in $\mathbb{R}$ üblichen Operationen $+$ und $\cdot$.
Man zeige, daß $(\mathbb{Q}[\sqrt{2}\,], +, \cdot)$ ein Körper ist.

Es ist trivial nachzuweisen, daß $(\mathbb{Q}[\sqrt{2}\,], +)$ eine abelsche Gruppe mit neutralem Element $0\ (= 0 + \sqrt{2}\,0)$ ist. Wir zeigen nun, daß $(\mathbb{Q}[\sqrt{2}\,] \setminus \{0\}, \cdot)$ eine abelsche Gruppe mit Einselement $1\ (= 1 + \sqrt{2}\,0)$ ist.
1) Abgeschlossenheit:
Sind $a + \sqrt{2}\,b$ und $c + \sqrt{2}\,d$ aus $\mathbb{Q}[\sqrt{2}] \setminus \{0\}$, so folgt:

$$z := (a + \sqrt{2}\,b)\,(c + \sqrt{2}\,d) = ac + 2bd + \sqrt{2}\,(bc + ad) \in \mathbb{Q}[\sqrt{2}\,],$$

da $ac + 2bd \in \mathbb{Q}$ und $bc + ad \in \mathbb{Q}$. Zu zeigen ist noch $z \neq 0$. Wäre $z = 0$, so würde für Elemente $\alpha\,(= a + \sqrt{2}\,b)$ und $\beta\,(= c + \sqrt{2}\,d)$ mit $\alpha, \beta \in \mathbb{R}$ und

$\alpha \neq 0, \beta \neq 0$ gelten: $\alpha\beta = 0$. Dies ist ein Widerspruch dazu, daß $\mathbb{R}$ ein Körper ist. Also gilt $z \neq 0$, d. h.

$$(a + \sqrt{2}\,b)\,(c + \sqrt{2}\,d) \in \mathbb{Q}[\sqrt{2}\,] \setminus \{0\}.$$

2) Das Assoziativgesetz gilt, da es in $\mathbb{R}$ gilt.
3) $1\,(a + \sqrt{2}\,b) = a + \sqrt{2}\,b$ ist ebenfalls trivial.
4) Sei nun $0 \neq x + \sqrt{2}\,y \in \mathbb{Q}[\sqrt{2}\,] \setminus \{0\}$. Ist $y = 0$, so $x \neq 0$ und $x\,\frac{1}{x} = 1$. Also ist $\frac{1}{x}$ inverses Element zu x. Ist dagegen $y \neq 0$, so folgt $\frac{x}{y} \neq \sqrt{2}$, da $x, y \in \mathbb{Q}$. Damit ist $x^2 \neq 2y^2$ oder $x^2 - 2y^2 \neq 0$. Folglich ist der Bruch $\frac{1}{x^2-2y^2}$ definiert und weiterhin $\frac{1}{x^2-2y^2}\,(x - \sqrt{2}\,y) \in \mathbb{Q}[\sqrt{2}\,] \setminus \{0\}$. Dieses Element ist invers zu $x + \sqrt{2}\,y$, wie man sofort nachrechnet.
Das Distributivgesetz gilt wieder, da es in $\mathbb{R}$ gilt.
Also erfüllt diese Struktur alle Körperaxiome. Auf diese Weise lassen sich Körper konstruieren, die zwischen $\mathbb{Q}$ und $\mathbb{R}$ liegen.

3.1.19

Man bestimme den Rang der Matrix $\mathbf{A}$ *über dem Körper* $\mathbb{R}$ *und über dem Körper* $\mathbb{Z}_2$.

$$\mathbf{A} = \begin{pmatrix} 0 & 0 & 1 & -1 \\ 1 & 1 & 1 & 1 \\ 1 & 1 & 0 & 0 \end{pmatrix}$$

Wir bringen die Matrix – wie in Abschnitt 2.4 – jeweils auf Zeilenstufenform und rechnen zunächst in $\mathbb{R}$.

$$\begin{pmatrix} 0 & 0 & 1 & -1 \\ 1 & 1 & 1 & 1 \\ 1 & 1 & 0 & 0 \end{pmatrix} \rightsquigarrow \begin{pmatrix} 1 & 1 & 1 & 1 \\ 0 & 0 & 1 & -1 \\ 0 & 0 & -1 & -1 \end{pmatrix} \rightsquigarrow \begin{pmatrix} 1 & 1 & 1 & 1 \\ 0 & 0 & 1 & -1 \\ 0 & 0 & 0 & -2 \end{pmatrix}$$

Über $\mathbb{R}$ ist der Rang der Matrix also 3.
Beim Rechnen über $\mathbb{Z}_2$ sind die Verknüpfungstafeln aus Aufgabe 10 zu beachten. Insbesondere gilt $-1 = 1$ in $\mathbb{Z}_2$.

$$\begin{pmatrix} 0 & 0 & 1 & 1 \\ 1 & 1 & 1 & 1 \\ 1 & 1 & 0 & 0 \end{pmatrix} \rightsquigarrow \begin{pmatrix} 1 & 1 & 1 & 1 \\ 0 & 0 & 1 & 1 \\ 0 & 0 & 1 & 1 \end{pmatrix} \rightsquigarrow \begin{pmatrix} 1 & 1 & 1 & 1 \\ 0 & 0 & 1 & 1 \\ 0 & 0 & 0 & 0 \end{pmatrix}$$

Der Rang der Matrix ist 2 über dem Körper $\mathbb{Z}_2$.

3.1.20

Es sei $\mathbf{A} = \begin{pmatrix} 1 & 0 & 1 \\ 1 & 1 & 1 \\ 1 & 1 & 0 \end{pmatrix}$ *eine Matrix über dem Körper* $\mathbb{Z}_2$. *Man untersuche, ob* $\mathbf{A}$ *invertierbar ist und bestimme gegebenenfalls* $\mathbf{A}^{-1}$.

Wir untersuchen zunächst, ob die Matrix invertierbar ist und bestimmen dazu den Rang der Matrix.

$$\begin{pmatrix} 1 & 0 & 1 \\ 1 & 1 & 1 \\ 1 & 1 & 0 \end{pmatrix} \rightsquigarrow \begin{pmatrix} 1 & 0 & 1 \\ 0 & 1 & 0 \\ 0 & 1 & 1 \end{pmatrix} \rightsquigarrow \begin{pmatrix} 1 & 0 & 1 \\ 0 & 1 & 0 \\ 0 & 0 & 1 \end{pmatrix}$$

Da der Rang der Matrix 3 ist, besitzt sie eine inverse Matrix. Diese inverse Matrix kann mit den Invertierungsverfahren aus Abschnitt 2 berechnet werden. Wir benutzen das Verfahren, welches sich aus dem GAUSS'schen Eliminationsverfahren ergibt.

1	0	1	1	0	0
1	1	1	0	1	0
1	1	0	0	0	1
1	0	1	1	0	0
0	1	0	1	1	0
0	1	1	1	0	1
1	0	1	1	0	0
0	1	0	1	1	0
0	0	1	0	1	1
1	0	0	1	1	1
0	1	0	1	1	0
0	0	1	0	1	1

Es gilt also:

$$\mathbf{A}^{-1} = \begin{pmatrix} 1 & 1 & 1 \\ 1 & 1 & 0 \\ 0 & 1 & 1 \end{pmatrix}$$

Wir machen eine Probe:

$$\begin{pmatrix} 1 & 0 & 1 \\ 1 & 1 & 1 \\ 1 & 1 & 0 \end{pmatrix} \begin{pmatrix} 1 & 1 & 1 \\ 1 & 1 & 0 \\ 0 & 1 & 1 \end{pmatrix} = \begin{pmatrix} 1 & 0 & 0 \\ 0 & 1 & 0 \\ 0 & 0 & 1 \end{pmatrix}$$

3.1.21

Man löse das folgende lineare Gleichungssystem über den Körpern $\mathbb{R}$, $\mathbb{Z}_2$ und $\mathbb{Z}_3$.

$$\begin{array}{rcrcrcrcl} x_1 & - & x_2 & + & 2x_3 & + & x_4 & = & 1 \\ x_1 & & & & & - & x_4 & = & 0 \\ 2x_1 & + & 3x_2 & & & + & x_4 & = & 1 \end{array}$$

Zunächst wird das LGS wie in Abschnitt 2.5 über $\mathbb{R}$ gelöst.

[1]	−1	2	1	1	−1	−2
1	0	0	−1	0	1	
2	3	0	1	1		1
[1]	−1	2	1	1		
0	[1]	−2	−2	−1	−5	
0	5	−4	−1	−1	1	
[1]	−1	2	1	1		
0	[1]	−2	−2	−1		
0	0	[6]	9	4		

Man wählt $x_4 = \lambda$ als freien Parameter und erhält weiter:
$x_3 = \frac{2}{3} - \frac{3}{2}\lambda, \quad x_2 = \frac{1}{3} - \lambda, \quad x_1 = 3\lambda$
Damit hat das LGS über $\mathbb{R}$ die einparametrige Lösungsmenge

$$\begin{pmatrix} x_1 \\ \vdots \\ x_4 \end{pmatrix} = \frac{1}{3}\begin{pmatrix} 0 \\ 1 \\ 2 \\ 0 \end{pmatrix} + \mu \begin{pmatrix} 6 \\ -2 \\ -3 \\ 2 \end{pmatrix}, \qquad \mu \in \mathbb{R}.$$

Über $\mathbb{Z}_2$ ergibt sich:
(Die zweite Gleichung wird als erste Zeile geschrieben!)

$\boxed{1}$	0	0	1	0	1
1	1	0	1	1	1
0	1	0	1	1	
$\boxed{1}$	0	0	1	0	
0	$\boxed{1}$	0	0	1	1
0	1	0	1	1	1
$\boxed{1}$	0	0	1	0	
0	$\boxed{1}$	0	0	1	
0	0	0	$\boxed{1}$	0	

Mit $x_3 = \lambda$ folgt weiter:
$x_4 = 0, \quad x_2 = 1, \quad x_1 = 0$
Da hier aber für λ nur 0 und 1 eingesetzt werden können, ergibt sich eine zweielementige Lösungsmenge, nämlich:

$$L = \left\{ \begin{pmatrix} 0 \\ 1 \\ 0 \\ 0 \end{pmatrix}, \begin{pmatrix} 0 \\ 1 \\ 1 \\ 0 \end{pmatrix} \right\}$$

Über $\mathbb{Z}_3$ gilt $-1 = 2$ und $-2 = 1$. Unter dieser Berücksichtigung ergibt sich folgendes Rechenschema:
(Wieder wird die zweite Gleichung als erste Zeile geschrieben!)

$\boxed{1}$	0	0	2	0	2	1
1	2	2	1	1	1	
2	0	0	1	1		1
$\boxed{1}$	0	0	2	0		
0	2	2	2	1		
0	0	0	0	1		

Man erkennt, daß der Rang der Koeffizientenmatrix nicht gleich dem Rang der erweiterten Matrix ist. Damit ist das Gleichungssystem über $\mathbb{Z}_3$ nicht lösbar.

3.2 Vektorräume

Wir verallgemeinern jetzt die Definition eines Vektorraums aus Kapitel 2. K sei ein Körper, V eine Menge mit einer binären Operation $+$ und einer **Multiplikation** $\cdot$ mit Skalaren (Körperelementen)

$$\cdot : \begin{cases} K \times V & \longrightarrow & V \\ (\alpha, x) & \longmapsto & \alpha x \end{cases} .$$

Vektorraum

$V = (V, +, \cdot)$ heißt **Vektorraum über** K, wenn für alle $x, y, z \in V$ und für alle $\alpha, \beta \in K$ gilt:

(V1) $(x + y) + z = x + (y + z)$
(V2) $\exists\, 0 \in V \quad x + 0 = 0 + x = x$
(V3) $\forall\, x \in V\ \exists - x \in V \quad x + (-x) = (-x) + x = 0$
(V4) $x + y = y + x$
(V5) $(\alpha + \beta)\, x = \alpha x + \beta x$
(V6) $\alpha\, (x + y) = \alpha x + \alpha y$
(V7) $\alpha\, (\beta x) = (\alpha\beta)\, x$
(V8) $1x = x$

(V1) – (V4) besagen, daß $(V, +)$ eine abelsche Gruppe ist; in (V7) beachte man, daß zwei verschiedene Operationen $\cdot$ vorkommen, die aber üblicherweise beide ohne den Punkt geschrieben werden; einmal die Multiplikation mit Skalaren und einmal die Multiplikation in K.
Vektoren sind ab jetzt stets **Elemente eines Vektorraumes** und werden mit kleinen lateinischen Buchstaben bezeichnet bzw. in ihrer Bezeichnung den jeweils zugrundeliegenden Vektorräumen angepaßt.
In Verallgemeinerung von Kapitel 2 ist für jeden Körper K die Menge K^n mit komponentenweise definierter Addition und wie vorn definierter Multiplikation mit Skalaren das Standardbeispiel eines Vektorraumes. Aus schreibtechnischen Gründen schreiben wir ab jetzt die Elemente dieses Vektorraumes K^n als Zeilen, behalten für diese Vektoren aber auch die Bezeichnung mit großen lateinischen Buchstaben bei!

Untervektorraum

Eine Teilmenge U eines Vektorraumes V über K heißt **Untervektorraum** von V, falls gilt:

(U1) $0 \in U$
(U2) Aus $x, y \in U$ folgt $x + y \in U$.
(U3) Aus $\alpha \in K$ und $x \in U$ folgt $\alpha x \in U$.

3.2.1
Es sei $V = \mathbb{R}^2$, $+$ *die übliche Addition und* $\cdot : \mathbb{R} \times \mathbb{R}^2 \longrightarrow \mathbb{R}^2$ *definiert durch* $\alpha\,(a,b) := (\alpha a, 0)$.
Man untersuche, welche Vektorraumaxiome die Struktur $(V,+,\cdot)$ *erfüllt.*

Die Axiome (V1) – (V4) gelten, da $+$ in V die übliche Addition ist. Der Reihe nach weist man nun die Gültigkeit von (V5) bis (V7) nach. Als Beispiel wird (V5) bewiesen:

$$\begin{aligned}(\alpha+\beta)\,x &= (\alpha+\beta)\,(a,b) \qquad \text{falls } x=(a,b)\\ &= ((\alpha+\beta)\,a,0) = (\alpha a+\beta a,0) = (\alpha a,0)+(\beta a,0)\\ &= \alpha x+\beta x\end{aligned}$$

Das Axiom (V8) gilt nicht. Z. B. gilt für $x = (1,1)$:

$$1x = 1\,(1,1) = (1,0) \neq (1,1) = x$$

Man erkennt an diesem Beispiel, daß das Axiom (V8) dazu dient, gewisse "triviale" Strukturen als Vektorräume auszuscheiden.

3.2.2
Es sei $V = \mathbb{R}^3$, $+$ *die übliche Addition und* $\cdot : \mathbb{R} \times \mathbb{R}^3 \longrightarrow \mathbb{R}^3$ *definiert durch*
a) $\alpha \cdot (x_1,x_2,x_3) := (|\alpha|x_1, |\alpha|x_2, |\alpha|x_3)$.
b) $\alpha \cdot (x_1,x_2,x_3) := (0,0,0)$.
Man untersuche, welche Vektorraumaxiome für $(V,+,\cdot)$ *jeweils gelten.*

Auch hier brauchen (V1) – (V4) nicht nachgewiesen zu werden, da $+$ die übliche Addition ist.
Zu **a)** Aufgrund der Rechengesetze für den Betrag erkennt man, daß die Multiplikation mit Skalaren die Axiome (V6) – (V8) erfüllt, (V5) dagegen nicht. Wir geben noch ein Gegenbeispiel zu (V5) an:

$$\begin{aligned}(1+(-1))\,(1,1,1) = 0\,(1,1,1) = (0,0,0) &\neq (1,1,1)+(1,1,1)\\ &= 1\,(1,1,1)+(-1)\,(1,1,1)\end{aligned}$$

Zu **b)** Hier sind die Axiome (V5) – (V7) erfüllt, (V8) dagegen nicht, denn z.B. ist $1 \cdot (1,1,1) = (0,0,0) \neq (1,1,1)$.
Das Axiom (V8) dient im wesentlichen dazu, solche "trivialen" Strukturen wie diese als Vektorräume auszuschließen.

3.2.3

a) *Man beweise, daß die Menge* $V := \{\sum_{i=0}^{n} a_i x^i \mid a_i \in \mathbb{R}\}$ *für festes* $n \in \mathbb{N}$ *mit den folgenden Verknüpfungen ein Vektorraum ist.*

$$\sum_{i=0}^{n} a_i x^i + \sum_{i=0}^{n} b_i x^i := \sum_{i=0}^{n} (a_i + b_i) x^i$$

$$c \cdot \sum_{i=0}^{n} a_i x^i := \sum_{i=0}^{n} c a_i x^i$$

(V heißt Vektorraum der Polynome vom Grade $\leq n$.*)*

b) *Man zeige, daß auch die Menge aller Polynome über* $\mathbb{R}$ *ein Vektorraum ist.*

a) $(V, +)$ ist eine abelsche Gruppe mit dem Nullpolynom als neutralem Element. Das Nullpolynom in V ist das Polynom $p = \sum_{i=0}^{n} a_i x^i$ mit $a_0 = a_1 = \ldots = a_n = 0$ und wird wie üblich $p = 0$ geschrieben.
Assoziativität und Kommutativität ergeben sich durch die entsprechenden Gesetze in $\mathbb{R}$.
Zu $p = \sum_{i=0}^{n} a_i x^i$ ist das Polynom $-p := \sum_{i=0}^{n} (-a_i)\, x^i$ inverses Element.

Beweis von (V5):

$$\begin{aligned}(\alpha + \beta) \sum_{i=0}^{n} a_i x^i &= \sum_{i=0}^{n} (\alpha + \beta)\, a_i x^i = \sum_{i=0}^{n} \alpha a_i x^i + \sum_{i=0}^{n} \beta a_i x^i = \\ &= \alpha \sum_{i=0}^{n} a_i x^i + \beta \sum_{i=0}^{n} a_i x^i\end{aligned}$$

Entsprechend beweist man (V6) – (V8).

b) Sind zwei Polynome f, g gegeben mit

$$f = \sum_{i=0}^{n} a_i x^i\,, \qquad g = \sum_{i=0}^{m} b_i x^i$$

und ist o. B. d. A. $n \geq m$, so setze man $b_{m+1} = \ldots = b_n = 0$ und wende nun Teil a) an. Man erkennt, daß ebenfalls alle Vektorraumaxiome gelten.

Der Vektorraum der Polynome über einem Körper K wird häufig mit $K\,[x\,]$ bezeichnet. Ein Polynom kann man auch interpretieren (oder auch definieren) als Folge in K, bei der fast alle Glieder gleich 0 sind. (siehe Aufgabe 3.1.8) Beginnt man dabei die Indexzählung mit 0, so gibt der Index des letzten von

Null verschiedenen Gliedes der Folge den **Grad** des Polynoms an. Sind alle Glieder gleich 0, so ist dies das Nullpolynom, dem man üblicherweise den Grad $-\infty$ gibt.
Mit dieser Terminologie haben wir unter a) den Vektorraum der Polynome vom Grade $\leq n$ betrachtet.

3.2.4
A sei eine beliebige Menge, K sei Körper und $K^A := \{f \mid f : A \longrightarrow K\}$. *Für* $f, g \in K^A$ *und* $c \in K$ *seien* $f+g$ *und* cf *definiert durch*

$$(f+g)(x) := f(x) + g(x), \qquad (cf)(x) := c\,f(x).$$

Man zeige, daß K^A *ein Vektorraum über K ist.*

Die Rechengesetze in K liefern sofort, daß $(K^A, +)$ eine abelsche Gruppe ist, in der die **Nullfunktion** (das ist die Funktion f mit $f(x) = 0$ für alle $x \in A$) neutrales Element ist, und zu einer Funktion f die Funktion $-f$ invers ist.
Da die Definition der Multiplikation mit Skalaren ebenfalls auf das Rechnen in K führt, ergeben sich (V5) und (V6) direkt aus dem Distributivgesetz in K, (V7) folgt aus der Assoziativität der Multiplikation in K und (V8) gilt, da 1 neutrales Element der Multiplikation in K ist.

3.2.5
Man gebe jeweils - wenn möglich - einen Vektorraum an
a) *mit 2 Elementen.*
b) *mit 5 Elementen.*
c) *mit 32 Elementen.*
d) *mit 81 Elementen.*

Für einen Körper K und ein $n \in \mathbb{N}$ ist stets K^n ein Vektorraum. Damit kann man bei a) – d) jeweils einen Vektorraum angeben.

a) Man setze $K = \mathbb{Z}_2$ und $n = 1$.
Jeder Körper ist auch Vektorraum über sich selbst.

b) 5 ist eine Primzahl, also ist $\mathbb{Z}_5$ ein Körper, den man wieder als Vektorraum – mit 5 Elementen – über sich selbst auffassen kann.

c) Wir wählen hier wieder $K = \mathbb{Z}_2$, und betrachten den Vektorraum K^5. Dieser Vektorraum besteht aus allen 5–Tupeln über $\mathbb{Z}_2$ und hat daher $2^5 = 32$ Elemente.

d) Hier gehen wir vom Körper $K = \mathbb{Z}_3$ aus und nehmen den Vektorraum K^4. Wie unter c) folgt, daß er $3^4 = 81$ Elemente besitzt.

Bemerkung: Man kann zeigen, daß die Anzahl der Elemente eines endlichen Vektorraumes eine Primzahlpotenz sein muß , da endliche Körper ebenfalls

Primzahlpotenzordnung besitzen. Es wird dazu lediglich der Begriff der *Basis* eines Vektorraumes benötigt, der aber erst im nächsten Abschnitt behandelt wird.

3.2.6
Man gebe alle Untervektorräume der Vektorräume $(\mathbb{Z}_2)^3$ und $(\mathbb{Z}_3)^2$ an.

Der Vektorraum $(\mathbb{Z}_2)^3$ besteht aus 8 Elementen, und zwar:

$$(\mathbb{Z}_2)^3 = \{(0,0,0),(0,0,1),(0,1,0),(0,1,1),(1,0,0),(1,0,1),(1,1,0),(1,1,1)\}$$

Als Untervektorräume existieren zunächst stets die beiden trivialen Unterräume $\{(0,0,0)\}$ und $(\mathbb{Z}_2)^3$ selbst. Hier ergeben sich dann 7 weitere Untervektorräume der Form $\{(0,0,0),x\}$, wobei x ein beliebiges Element aus $(\mathbb{Z}_2)^3 \setminus \{(0,0,0)\}$ sein kann. Im Körper $\mathbb{Z}_2$ gilt nämlich stets $a+a=0$.
Es existieren ferner noch 7 Untervektorräume mit jeweils 4 Elementen. Dies sind:

$U_1 = \{(0,0,0),(0,0,1),(0,1,0),(0,1,1)\}$
$U_2 = \{(0,0,0),(0,1,0),(1,0,0),(1,1,0)\}$
$U_3 = \{(0,0,0),(1,0,0),(0,0,1),(1,0,1)\}$
$U_4 = \{(0,0,0),(0,0,1),(1,1,0),(1,1,1)\}$
$U_5 = \{(0,0,0),(0,1,0),(1,0,1),(1,1,1)\}$
$U_6 = \{(0,0,0),(1,0,0),(0,1,1),(1,1,1)\}$
$U_7 = \{(0,0,0),(0,1,1),(1,0,1),(1,1,0)\}$

U_7 besteht aus den 4 markierten Punkten:

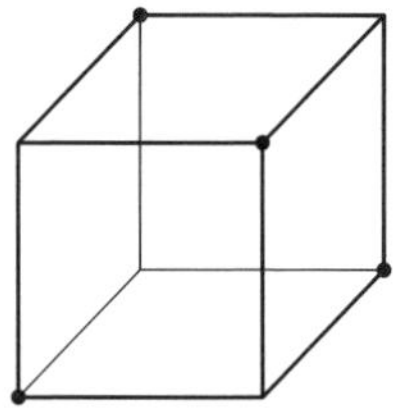

Im Vorgriff auf den nächsten Abschnitt sei erwähnt, das $(\mathbb{Z}_2)^3$ ein dreidimensionaler Vektorraum ist und daher Untervektorräume der Dimension 0,1,2 und 3 existieren. Die oben aufgelisteten Untervektorräume $U_1,\ldots,U_7$ sind die 2–dimensionalen Untervektorräume, also "Ebenen".
Die Betrachtung aller anderen Teilmengen von $(\mathbb{Z}_2)^3$ zeigt, daß keine weiteren Untervektorräume existieren.

Der Vektorraum $(\mathbb{Z}_3)^2$ besteht aus 9 Elementen, und zwar:

$$(\mathbb{Z}_3)^2 = \{(0,0),(0,1),(0,2),(1,0),(1,1),(1,2),(2,0),(2,1),(2,2)\}$$

Es existieren wieder die beiden trivialen Untervektorräume $\{(0,0)\}$ und $(\mathbb{Z}_3)^2$. Untervektorräume mit 2 Elementen gibt es hier nicht, da in $\mathbb{Z}_3$ für $x \neq 0$ stets $x+x \neq 0$ und $x+x \neq x$ gilt.
Es gibt 4 Untervektorräume mit jeweils 3 Elementen und zwar:

$$U_1 = \{(0,0),(0,1),(0,2)\} \qquad U_2 = \{(0,0),(1,0),(2,0)\}$$

$$U_3 = \{(0,0),(1,1),(2,2)\} \qquad U_4 = \{(0,0),(1,2),(2,1)\}$$

(Dies sind die eindimensionalen Untervektorräume.)
Betrachtet man eine beliebige Teilmenge T von $(\mathbb{Z}_3)^2$ mit mindestens 4 Elementen, so folgt unter Beachtung der Untervektorraumaxiome, daß dann $T = (\mathbb{Z}_3)^2$ gelten muß . Also gibt es keine weiteren Untervektorräume.

3.2.7
Es sei $V := \{f \in \mathbb{R}^{\mathbb{N}} \mid \exists\, d \in \mathbb{R}$ mit $f(n) = f(0) + nd$ für alle $n \in \mathbb{N}\}$. Ist V mit den üblichen - in Aufgabe 4 definierten - Verknüpfungen ein Vektorraum?

Wir zeigen, daß V ein Untervektorraum vom $\mathbb{R}^{\mathbb{N}}$ ist.
In einem Vektorraum von Funktionen ist die Nullfunktion, d. h. die Funktion f mit $f(x) = 0$ für alle x, der Nullvektor. Die Nullfunktion gehört zu V, denn dafür ist die definierende Bedingung für V mit $d = 0$ erfüllt.
Nachweis von (U2):
Es seien $f, g \in V$, es sei $f(n) = f(0) + nd_1$ für alle $n \in \mathbb{N}$ und $g(n) = g(0) + nd_2$ für alle $n \in \mathbb{N}$. Setzt man $d := d_1 + d_2$ so folgt für alle $n \in \mathbb{N}$:

$$\begin{aligned}(f+g)(n) &= f(n) + g(n) = f(0) + nd_1 + g(0) + nd_2 = f(0) + g(0) + nd = \\ &= (f+g)(0) + nd\end{aligned}$$

Nachweis von (U3):
Mit $f \in V$, $f(n) = f(0) + nd$ für alle $n \in \mathbb{N}$ und $c \in \mathbb{R}$ folgt
$(cf)(n) = c\,f(n) = c\,(f(0) + nd) = c\,f(0) + c\,(nd) = (cf)(0) + n\,(cd)$
für alle $n \in \mathbb{N}$, und damit ist $cf \in V$.

3.2.8
Welche der folgenden Mengen sind Untervektorräume des Vektorraums $\mathbb{R}[x]$ der Polynome über $\mathbb{R}$?
a) $\{f \in \mathbb{R}[x] \mid \textit{Grad}\, f \geq 2 \textit{ oder } f = 0\}$
b) $\{f \in \mathbb{R}[x] \mid f(0) = 0\}$
c) $\{f \in \mathbb{R}[x] \mid f = \sum_{i=0}^{n} a_i x^i \textit{ mit } a_j = 0, \textit{ falls } j \textit{ ungerade }\}$

a) Die angegebene Menge ist kein Untervektorraum. Es liegen z. B. $x^2 + x$ und $-x^2$ in der Menge, aber die Summe dieser Polynome ist ein Polynom vom Grade 1 und liegt damit nicht in der Menge. (U2) ist also verletzt.

b) $U = \{f \in \mathbb{R}[x] \mid f(0) = 0\}$ ist ein Untervektorraum von $\mathbb{R}[x]$. Das Nullpolynom liegt in U, damit gilt (U1). Sind $f, g \in U$, d. h. ist $f(0) = 0$ und $g(0) = 0$, dann ist auch $(f+g)(0) = f(0) + g(0) = 0$, also $f + g \in U$, und damit gilt (U2). Mit $f \in U$ und $\alpha \in \mathbb{R}$ folgt $(\alpha f)(0) = \alpha\, f(0) = 0$, also $\alpha f \in U$,d. h. (U3) gilt ebenfalls.

c) Die angegebene Menge aller Polynome, die nur Potenzen von x mit geraden Exponenten enthalten, ist ebenfalls ein Untervektorraum von $\mathbb{R}[x]$. Das Nullpolynom gehört zu dieser zur Menge. Die Gültigkeit von (U2) und (U3) ist trivial, da die Summe zweier Polynome mit nur geraden Exponenten wieder ein Polynom mit nur geraden Exponenten liefert und die Multiplikation mit Skalaren ebenfalls die geraden Exponenten erhält.

3.2.9

Der Vektorraum $\mathbb{R}^{\mathbb{N}}$ heißt auch Vektorraum der reellen Zahlenfolgen. Man untersuche, ob die Mengen
M_1 := Menge der konvergenten Folgen bzw.
M_2 := Menge der beschränkten Folgen
Unterräume vom $\mathbb{R}^{\mathbb{N}}$ sind.

Die Menge M_1 der konvergenten Folgen ist ein Untervektorraum von $\mathbb{R}^{\mathbb{N}}$.
Die Folge $(0, 0, 0, \ldots)$ ist der Nullvektor in $\mathbb{R}^{\mathbb{N}}$ und konvergent.
Sind Folgen (a_n) und (b_n) konvergent und ist $c \in \mathbb{R}$, so sind nach Sätzen der Analysis auch die Folgen $(a_n + b_n)$ und (ca_n) konvergent.
Entsprechend argumentiert man bei der Menge M_2 der beschränkten Folgen, womit auch diese Menge ein Untervektorraum von $\mathbb{R}^{\mathbb{N}}$ ist.

3.2.10

V sei Vektorraum über K, U sei Untervektorraum von V.
Für $x \in V$ sei $x + U := \{x + u \mid u \in U\}$ und $V/U := \{x + U \mid x \in V\}$.
Für V/U werden Verknüpfungen definiert durch:

$$(x + U) + (y + U) := (x + y) + U, \quad \alpha(x + U) := \alpha x + U. \quad (\alpha \in K)$$

Man zeige, daß V/U wieder ein Vektorraum über K ist.
(V/U heißt **Quotientenraum** *von V nach U.)*

Es müssen die Axiome (V1) – (V8) für V/U nachgewiesen werden. Die Gültigkeit der Axiome (V1) – (V4) ist in der Aufgabe 3.1.6 schon nachgewiesen worden. Die Axiome (V5) – (V8) beziehen sich auf die Multiplikation mit Skalaren. Diese ist über Elemente von Mengen definiert, und daher muß zunächst die Unabhängigkeit vom Repräsentanten gezeigt werden.
Sei also $x + U = y + U$, und $\alpha \in K$. Dann folgt $x - y \in U$, und nach (U3) ist $\alpha(x - y) \in U$. $\alpha x - \alpha y \in U$ bedeutet aber gerade $\alpha x + U = \alpha y + U$. (siehe dazu ebenfalls Aufgabe 3.1.6)
Beweis von (V5):

$$\begin{aligned}(\alpha + \beta)(x + U) &= (\alpha + \beta)x + U = \alpha x + \beta x + U = \alpha x + U + \beta x + U = \\ &= \alpha(x + U) + \beta(x + U)\end{aligned}$$

Beweis von (V6):

$$\begin{aligned} \alpha\,((x+U)+(y+U)) &= \alpha\,((x+y)+U) = \alpha\,(x+y)+U = \\ &= \alpha x + \alpha y + U + U = \\ &= \alpha\,(x+U) + \alpha\,(y+U) \end{aligned}$$

Hierbei benutzt man $U + U = U$. Dies gilt für einen Unterraum U nach (U2). Entsprechend beweist man (V7) und (V8).

3.2.11

Es sei $\mathcal{M}_{n\times m}(K)$ die Menge der $n \times m$–Matrizen über einem Körper K. Man zeige, daß $\mathcal{M}_{n\times m}(K)$ mit der Matrizenaddition und der Multiplikation mit einem Skalar $\alpha \in K$ ein Vektorraum über K ist.

Die Gültigkeit der Axiome (V1) – (V4) ergibt sich auch hier wieder aus einer früheren Aufgabe, nämlich aus Aufgabe 3.1.10. Die Multiplikation mit Skalaren entspricht der in Abschnitt 2.4 eingeführten Multiplikation einer Matrix mit einem Skalar. Für eine Matrix $\mathbf{A} = (a_{ik})$ war $\alpha\,\mathbf{A} := (\alpha a_{ik})$. Diese Multiplikation mit Skalaren erfüllt nach Abschnitt 2.4 die Gesetze (V5) und (V6), falls $\mathbf{A}$ Matrix über $\mathbb{R}$ ist. Die Rechengesetze für Matrizen über $\mathbb{R}$ übertragen sich natürlich in gleicher Weise auf Matrizen über einem beliebigen Körper K. Nach der Definition der Multiplikation einer Matrix mit einem Skalar sind dann aber auch die Axiome (V7) und (V8) trivialerweise gültig.

3.2.12

Es sei $H := \{\begin{pmatrix} z & w \\ -\overline{w} & \overline{z} \end{pmatrix} \mid z, w \in \mathbb{C}\}$.

($\overline{z}$ bezeichnet in dieser Aufgabe die zu z konjugiert komplexe Zahl.)

Man zeige:

a) *Mit der üblichen Addition von Matrizen und der Multiplikation von Matrizen mit reellen Zahlen wird H ein* **reeller** *Vektorraum, d. h. ein Vektorraum über $\mathbb{R}$.*

b) *Jedes $\mathbf{A} \in H \setminus \{\mathbf{0}\}$ ist invertierbar, und es gilt $\mathbf{A}^{-1} \in H$.*

c) *H ist kein Körper.*
(Mit der üblichen Matrizenaddition und –multiplikation!)

a) Nach der vorigen Aufgabe ist $\mathcal{M}_{2\times 2}(\mathbb{C})$ Vektorraum über $\mathbb{C}$ und somit trivialerweise auch Vektorraum über $\mathbb{R}$. Wir zeigen, daß H Untervektorraum des **reellen** Vektorraumes $\mathcal{M}_{2\times 2}(\mathbb{C})$ ist.
Die Nullmatrix gehört nach Definition von H zu H.

Beweis von (U2):
Es seien

$$\mathbf{A}_0 = \begin{pmatrix} z_0 & w_0 \\ -\overline{w_0} & \overline{z_0} \end{pmatrix} \in H \quad \text{und} \quad \mathbf{A}_1 = \begin{pmatrix} z_1 & w_1 \\ -\overline{w_1} & \overline{z_1} \end{pmatrix} \in H.$$

Dann gilt

$$\mathbf{A}_0 + \mathbf{A}_1 = \begin{pmatrix} z_0 + z_1 & w_0 + w_1 \\ -\overline{w_0} - \overline{w_1} & \overline{z_0} + \overline{z_1} \end{pmatrix} = \begin{pmatrix} z_0 + z_1 & w_0 + w_1 \\ -\overline{(w_0 + w_1)} & \overline{z_0 + z_1} \end{pmatrix} \in H.$$

Beweis von (U3):
Wegen $\alpha \in \mathbb{R}$ gilt $\alpha = \overline{\alpha}$, und mit obigem $\mathbf{A}_0$ folgt:

$$\alpha\mathbf{A}_0 = \begin{pmatrix} \alpha z_0 & \alpha w_0 \\ -\alpha\overline{w_0} & \alpha\overline{z_0} \end{pmatrix} = \begin{pmatrix} \alpha z_0 & \alpha w_0 \\ -\overline{\alpha w_0} & \overline{\alpha z_0} \end{pmatrix} \in H$$

b) Für $\mathbf{A} \in H$ gilt $|\mathbf{A}| = z\overline{z} + \overline{w}w = |z|^2 + |w|^2 \geq 0$. Ist also $\mathbf{A} \in H \setminus \{\mathbf{0}\}$, so folgt $|\mathbf{A}| > 0$, und damit ist $\mathbf{A}$ invertierbar. Wendet man die Formel für die Invertierung zweireihiger Matrizen an (siehe Aufgabe 2.5.17), so erhält man

$$\mathbf{A}^{-1} = \frac{1}{|\mathbf{A}|} \begin{pmatrix} \overline{z} & -w \\ \overline{w} & z \end{pmatrix} \in H,$$

da $\overline{\overline{z}} = z$ und $-\overline{(-w)} = \overline{w}$.

c) Wenn H kein Körper ist, kann das nur daran liegen, daß die Multiplikation nicht kommutativ ist. Dies zeigt das folgende Gegenbeispiel:

$$\begin{pmatrix} i & 0 \\ 0 & -i \end{pmatrix}\begin{pmatrix} 0 & i \\ i & 0 \end{pmatrix} = \begin{pmatrix} 0 & -1 \\ 1 & 0 \end{pmatrix} \text{ aber } \begin{pmatrix} 0 & i \\ i & 0 \end{pmatrix}\begin{pmatrix} i & 0 \\ 0 & -i \end{pmatrix} = \begin{pmatrix} 0 & 1 \\ -1 & 0 \end{pmatrix}$$

Hinweis: Mit der Addition und Multiplikation von Matrizen erfüllt H alle Axiome eines Körpers bis auf die Kommutativität der Multiplikation, d. h. H ist ein Schiefkörper. Man nennt H den **Schiefkörper der Quaternionen**.
Zusatz:
H ist ein 4–dimensionaler Vektorraum über $\mathbb{R}$, mit z. B.

$$\mathbf{1} := \begin{pmatrix} 1 & 0 \\ 0 & 1 \end{pmatrix} \qquad \mathbf{i} := \begin{pmatrix} i & 0 \\ 0 & -i \end{pmatrix}$$

$$\mathbf{j} := \begin{pmatrix} 0 & 1 \\ -1 & 0 \end{pmatrix} \qquad \mathbf{k} := \begin{pmatrix} 0 & i \\ i & 0 \end{pmatrix}$$

als Basis. Die Elemente von H haben bei dieser Basis die Form.:

$$x = \alpha\mathbf{1} + \beta\mathbf{i} + \gamma\mathbf{j} + \delta\mathbf{k}, \quad (\alpha, \beta, \gamma, \delta \in \mathbb{R}),$$

und heißen **Quaternionen**. Der Schiefkörper H enthält den Körper $\mathbb{C}$ als 2–dimensionalen Untervektorraum $L(\mathbf{1}, \mathbf{i})$.

3.3 Lineare Unabhängigkeit, Basen, Dimension

Die Definition der folgenden Begriffe wird aus Abschnitt 2.3 wortwörtlich für allgemeine Vektorräume übernommen.

siehe Abschnitt 2.3	**Linearkombination** **lineare Hülle** **linear unabhängig** und **linear abhängig** **Erzeugendensystem** **Basis**

Es folgen einige wichtige Sätze über Vektorräume.

Wichtige Sätze über Vektorräume

1. Jeder Vektorraum besitzt eine Basis.
2. Alle Basen eines Vektorraumes sind gleichmächtig.
3. **Basisergänzungssatz**

   In einem Vektorraum läßt sich jede linear unabhängige Menge zu einer Basis ergänzen.
4. **Austauschsatz** von STEINITZ

   Ist B eine Basis vom Vektorraum V und $S \subseteq V$ eine linear unabhängige Menge, so gibt es eine Teilmenge $T \subseteq B$ derart, daß $(B \setminus T) \cup S$ eine Basis von V ist.

Wegen der Sätze 1 und 2 läßt sich generell die **Dimension** eines Vektorraumes als gemeinsame Mächtigkeit aller seiner Basen definieren.
Im Falle endlicher Dimension ist die Dimension gegeben durch die Anzahl der Basiselemente.

Zur Erinnerung wird die Definition der linearen Unabhängigkeit einer Menge wiederholt.

Lineare Unabhängigkeit einer Menge

Eine Teilmenge T eines Vektorraumes V heißt linear unabhängig, wenn je endlich viele Vektoren aus T linear unabhängig sind.

3.3.1

Für die folgenden Mengen $S \subseteq K^n$ bestimme man Basen der linearen Hülle $L(S)$, und ergänze diese zu einer Basis des K^n.

a) $S := \{(-2,3,1,-1),(0,1,-1,0),(6,2,0,3),(6,0,2,3)\}$, $K^n := \mathbb{R}^4$

b) $S := \{(1,i,2+i),(i,1,2-i),(2i,0,-1-i)\}$, $K^n := \mathbb{C}^3$

c) $S := \{(1,1,1,0),(0,1,1,1),(1,0,0,0)\}$, $K^n := (\mathbb{Z}_2)^4$

d) $S := \{(1,2,1),(2,1,1),(1,2,2),(2,1,0)\}$, $K^n := (\mathbb{Z}_3)^3$

Wir werden bei dieser Aufgabe zunächst jeweils durch die Bestimmung des Rangs der aus den Vektoren gebildeten Matrix erkennen können, welche Dimension der Raum $L(S)$ besitzt. Danach erkennt man, oder entscheidet wieder mit Hilfe von Rangbestimmungen, welche Basis $L(S)$ besitzt.

a)

$$\begin{pmatrix} -2 & 3 & 1 & -1 \\ 0 & 1 & -1 & 0 \\ 6 & 2 & 0 & 3 \\ 6 & 0 & 2 & 3 \end{pmatrix} \rightsquigarrow \begin{pmatrix} -2 & 3 & 1 & -1 \\ 0 & 1 & -1 & 0 \\ 0 & 11 & 3 & 0 \\ 0 & 9 & 5 & 0 \end{pmatrix}$$

Man sieht hier schon, daß die drei ersten Spalten der Matrix linear unabhängig sind, also hat die Matrix den Rang 3. Streicht man nun jeweils die letzte Zeile der Matrizen, so erkennt man, daß die verbleibende letzte Matrix den Rang 3 besitzt. Also bilden die Vektoren $(-2,3,1,-1)$, $(0,1,-1,0)$, $(6,2,0,3)$ eine Basis von $L(S)$.

Eine Basisergänzung kann man, ausgehend von einer beliebigen Basis, stets nach dem Austauschsatz von STEINITZ vornehmen (siehe dazu Aufgabe 2.3.4). Das einfachste Verfahren zur Basisergänzung besteht hier aber darin, zu den drei Vektoren einen Einheitsvektor des K^n hinzuzunehmen, und dann auf lineare Unabhängigkeit zu testen. Dabei zeigt die obige Matrixumformung, daß man den Vektor $(0,0,0,1)$ hinzunehmen sollte. Dann erhält man nämlich

$$\begin{pmatrix} -2 & 3 & 1 & -1 \\ 0 & 1 & -1 & 0 \\ 6 & 2 & 0 & 3 \\ 0 & 0 & 0 & 1 \end{pmatrix} \rightsquigarrow \begin{pmatrix} -2 & 3 & 1 & -1 \\ 0 & 1 & -1 & 0 \\ 0 & 11 & 3 & 0 \\ 0 & 0 & 0 & 1 \end{pmatrix} \rightsquigarrow \begin{pmatrix} -2 & 3 & 1 & -1 \\ 0 & 1 & -1 & 0 \\ 0 & 0 & 14 & 0 \\ 0 & 0 & 0 & 1 \end{pmatrix},$$

und die letzte Matrix hat den Rang 4. Damit bilden die vier Vektoren der ersten Matrix eine Basis des $\mathbb{R}^4$.

b)

$$\begin{pmatrix} 1 & i & 2+i \\ i & 1 & 2-i \\ 2i & 0 & -1-i \end{pmatrix} \rightsquigarrow \begin{pmatrix} 1 & i & 2+i \\ 0 & 2 & 3-3i \\ 0 & 2 & 1-5i \end{pmatrix} \rightsquigarrow \begin{pmatrix} 1 & i & 2+i \\ 0 & 2 & 3-3i \\ 0 & 0 & -2-2i \end{pmatrix}$$

Der Rang der Matrix ist 3. Damit bilden die angegebenen Vektoren eine Basis von $L(S)$ und gleichzeitig vom $\mathbb{C}^3$.

c)

$$\begin{pmatrix} 1 & 1 & 1 & 0 \\ 0 & 1 & 1 & 1 \\ 1 & 0 & 0 & 0 \end{pmatrix} \rightsquigarrow \begin{pmatrix} 1 & 1 & 1 & 0 \\ 0 & 1 & 1 & 1 \\ 0 & 1 & 1 & 0 \end{pmatrix} \rightsquigarrow \begin{pmatrix} 1 & 1 & 1 & 0 \\ 0 & 1 & 1 & 0 \\ 0 & 0 & 0 & 1 \end{pmatrix}$$

Der Rang der Matrix ist 3, die drei Vektoren bilden eine Basis von $L(S)$. Will man diese Basis zu einer Basis vom $(\mathbb{Z}_2)^4$ ergänzen, so nehme man einen Einheitsvektor hinzu. Die obenstehende Matrixumformung zeigt, daß bei Hinzunahme von $e_3 = (0,0,1,0)$ als vierte Zeile die resultierende Matrix den Rang 4 hat. Die neue letzte Zeile wird nämlich von der ausgeführten Rechnung nicht berührt. Damit ist

$$(1,1,1,0), \quad (0,1,1,1), \quad (1,0,0,0), \quad (0,0,1,0)$$

eine Basis vom $(\mathbb{Z}_2)^4$.

d)

$$\begin{pmatrix} 1 & 2 & 1 \\ 2 & 1 & 1 \\ 1 & 2 & 2 \\ 2 & 1 & 0 \end{pmatrix} \rightsquigarrow \begin{pmatrix} 1 & 2 & 1 \\ 0 & 0 & 2 \\ 0 & 0 & 1 \\ 0 & 0 & 1 \end{pmatrix}$$

Die Matrix hat den Rang 2. Eine Basis von $L(S)$ ist z. B. $(2,1,0)$, $(1,2,2)$. Mit dem Vektor $(1,0,0)$ kann man zu einer Basis vom $(\mathbb{Z}_3)^3$ ergänzen, denn schreibt man diese Vektoren als Matrix, so erkennt man, daß die Matrix $\begin{pmatrix} 1 & 2 & 2 \\ 2 & 1 & 0 \\ 1 & 0 & 0 \end{pmatrix}$ den Rang 3 besitzt.

3.3.2

Gegeben seien
$U_1 := L((1,1,0),(1,0,1),(0,1,1))$,
$U_2 := L((1,1,0,0),(1,0,1,0),(1,0,0,1),(0,1,1,0))$,
$U_3 := L((1,i,1-2i),(-1,1,3),(-i,i+1,1))$.

a) *Man bestimme* $\dim U_i$ $(i = 1,2,3)$ *über* $\mathbb{R}$.
b) *Man bestimme* $\dim U_1$ *und* $\dim U_2$ *über* $K = \mathbb{Z}_2$.
c) *Man bestimme* $\dim U_3$ *über* $\mathbb{C}$.

a) Wir überprüfen zunächst jeweils, ob die Vektoren linear unabhängig sind. In diesem Falle ist die Dimension von U_i durch die Anzahl der angegebenen erzeugenden Vektoren gegeben. Zum Nachweis der linearen Unabhängigkeit stehen verschiedene Verfahren zur Verfügung. Um dies noch einmal deutlich zu machen, benutzen wir bei jedem Unterraum ein anderes Verfahren.

n Vektoren im K^n sind linear unabhängig genau dann, wenn die aus ihnen gebildete Determinante $\neq 0$ ist.

Dies wenden wir bei U_1 an.

$$\begin{vmatrix} 1 & 1 & 0 \\ 1 & 0 & 1 \\ 0 & 1 & 1 \end{vmatrix} = -2$$

Also gilt $\dim U_1 = 3$.

m Vektoren im K^n sind linear unabhängig genau dann, wenn die aus ihnen gebildete Matrix den Rang m besitzt.

Hier erhalten wir bei U_2:

$$\begin{pmatrix} 1 & 1 & 0 & 0 \\ 1 & 0 & 1 & 0 \\ 1 & 0 & 0 & 1 \\ 0 & 1 & 1 & 0 \end{pmatrix} \rightsquigarrow \begin{pmatrix} 1 & 1 & 0 & 0 \\ 0 & -1 & 1 & 0 \\ 0 & -1 & 0 & 1 \\ 0 & 1 & 1 & 0 \end{pmatrix} \rightsquigarrow \begin{pmatrix} 1 & 1 & 0 & 0 \\ 0 & -1 & 1 & 0 \\ 0 & 0 & -1 & 1 \\ 0 & 0 & 1 & 1 \end{pmatrix} \rightsquigarrow$$

$$\rightsquigarrow \begin{pmatrix} 1 & 1 & 0 & 0 \\ 0 & -1 & 1 & 0 \\ 0 & 0 & -1 & 1 \\ 0 & 0 & 0 & 2 \end{pmatrix}$$

Der Rang der Matrix ist also 4. Damit sind die Vektoren linear unabhängig und es gilt $\dim U_2 = 4$.

Definition der linearen Unabhängigkeit; siehe Seite 50

Die Definition benutzen wir zur Bestimmung von $\dim U_3$.
Sei also

$$\alpha\,(1, i, 1-2i) + \beta\,(-1, 1, 3) + \gamma\,(-i, i+1, 1) = (0, 0, 0),$$

wobei $\alpha, \beta, \gamma \in \mathbb{R}$ sein müssen. Man erhält das LGS

$$\begin{array}{rcrcrcl} \alpha & - & \beta & - & i\gamma & = & 0 \\ i\alpha & + & \beta & + & (i+1)\,\gamma & = & 0 \\ (1-2i)\,\alpha & + & 3\beta & + & \gamma & = & 0 \end{array}$$

Wir addieren die ersten beiden Gleichungen und anschließend das 3-fache der ersten Gleichung zur dritten Gleichung.

$$\begin{array}{rcrcl} (i+1)\,\alpha & + & \gamma & = & 0 \\ (4-2i)\,\alpha & + & (1-3i)\,\gamma & = & 0 \end{array}$$

Hier folgt aus der ersten Gleichung sofort $\alpha = \gamma = 0$, da für α und γ nur reelle Zahlen zugelassen sind. Dann ist aber auch $\beta = 0$. Die Vektoren sind also linear unabhängig, und es ist $\dim U_3 = 3$.

c) Wir lösen nun zunächst c), da wir die letzte Rechnung dafür fortführen können. Läßt man im obigen LGS nämlich $\alpha, \beta, \gamma \in \mathbb{C}$ zu, so erkennt man wegen $(3i-1)(i+1) = 4-2i$, daß die letzten beiden Gleichungen jeweils Vielfache voneinander sind. Über $\mathbb{C}$ ist der Rang der Koeffizientenmatrix also höchstens 2, das LGS ist nicht–trivial lösbar (z. B. durch $\alpha = -1, \ \beta = -i, \ \gamma = 1+i$). Damit sind die Vektoren über $\mathbb{C}$ linear abhängig. Da aber z. B. $(1, i, 1-2i)$ und $(-1, 1, 3)$ linear unabhängig über $\mathbb{C}$ sind, folgt jetzt $\dim U_3 = 2$.

b) Über $K = \mathbb{Z}_2$ gilt $(1,0,1) + (0,1,1) = (1,1,0)$, also ist jetzt $\dim U_1 \leq 2$. $(1,0,1)$ und $(1,1,0)$ sind linear unabhängig über $\mathbb{Z}_2$. Es folgt $\dim U_1 = 2$. Entsprechend gilt $(1,1,0,0) + (1,0,1,0) = (0,1,1,0)$. Die Vektoren

$$(1,1,0,0) \qquad (1,0,1,0) \qquad (1,0,0,1)$$

sind über $\mathbb{Z}_2$ linear unabhängig, da der Rang der aus ihnen gebildeten Matrix 3 ist, also gilt $\dim U_2 = 3$ über $\mathbb{Z}_2$.

3.3.3

Man untersuche, ob im Vektorraum $\mathbb{R}^{\mathbb{R}}$ die drei Funktionen f, g, h mit $f(x) := x$, $g(x) := |x|$ und $h(x) := \sqrt{x^2+1}$ linear unabhängig sind.

Drei Funktionen f, g, h sind linear unabhängig genau dann, wenn sich aus ihnen die Nullfunktion nur trivial linear kombinieren läßt, wenn also gilt:

$$\alpha f + \beta g + \gamma h = 0 \quad \Longrightarrow \quad \alpha = \beta = \gamma = 0$$

Dabei bezeichnet die 0 links vom Pfeil die Nullfunktion. Mit der links stehenden Gleichung ist also gemeint, daß für alle $x \in \mathbb{R}$ gelten soll:

$$\alpha f(x) + \beta g(x) + \gamma h(x) = 0$$

Wir werden hier die lineare Unabhängigkeit der gegebenen Funktionen zeigen. Zum Nachweis der linearen Unabhängigkeit von Funktionen geht man nun folgendermaßen vor. Wenn die obige Gleichung für alle $x \in \mathbb{R}$ gelten soll, erzeugt man durch geeignete **Spezialisierung** von x drei Gleichungen in den Variablen α, β, γ, wobei geeignete Spezialisierung bedeutet, daß dieses LGS nur die triviale Lösung besitzt. Folgt nämlich durch Spezialisierung schon $\alpha = \beta = \gamma = 0$, so folgt natürlich aus $\alpha f + \beta g + \gamma h = 0$ erst recht $\alpha = \beta = \gamma = 0$.
Wir setzen hier der Reihe nach $x = 0$, $x = 1$ und $x = -1$, und erhalten das LGS

$$\begin{array}{rcrcrcl} & & & & \gamma & = & 0 \\ \alpha & + & \beta & + & \sqrt{2}\gamma & = & 0 \\ -\alpha & + & \beta & + & \sqrt{2}\gamma & = & 0 \end{array}$$

Die erste Gleichung zeigt sofort $\gamma = 0$. Durch Addition der letzten beiden Gleichungen folgt $\beta = 0$ und damit dann auch $\alpha = 0$. Also läßt sich die Nullfunktion aus f, g und h nur trivial kombinieren, d. h. die Funktionen sind linear unabhängig.

3.3.4

Es sei V der Vektorraum der Polynome vom Grade ≤ 3 über $\mathbb{R}$.

a) *Man zeige, daß*
$B = \{x^3 - 2x + 3,\ x^3 - 2x^2 + 2x - 1,\ x^3 - 1,\ x^3 - 2x + 5\}$
eine Basis von V ist.

b) *Es sei $f = x^3 - x^2 + 1$, $g = x^2 - 2x + 2$. Man ergänze $\{f, g\}$ durch 2 Vektoren aus B zu einer Basis von V.*

Der Vektorraum V_n der Polynome vom Grade $\leq n$ über $\mathbb{R}$ besitzt die Dimension $n + 1$. Für diesen Vektorraum bilden nämlich die $n + 1$ Polynome $1, x, x^2, \ldots, x^n$ eine Basis, die sog. kanonische Basis dieses Vektorraumes. Diese Polynome erzeugen trivialerweise den Vektorraum V_n. Sie sind auch linear unabhängig, denn Polynome sind linear unabhängig genau dann, wenn sich aus ihnen das Nullpolynom nur auf triviale Art linear kombinieren läßt. Der Ansatz

$$\alpha_0\, 1 + \alpha_1 x + \ldots + \alpha_n x^n = 0,$$

bei dem rechts das Nullpolynom steht, liefert durch Koeffizientenvergleich direkt $\alpha_0 = \alpha_1 = \ldots = \alpha_n = 0$, da Polynome genau dann gleich sind, wenn alle ihre Koeffizienten übereinstimmen.

a) Der hier gegebene Vektorraum V hat die Dimension 4. Es reicht daher, zu zeigen, daß die vier gegebenen Vektoren linear unabhängig sind. Der Ansatz

$$\alpha\,(x^3 - 2x + 3) + \beta\,(x^3 - 2x^2 + 2x - 1) + \gamma\,(x^3 - 1) + \delta\,(x^3 - 2x + 5) = 0$$

führt durch Sortierung auf der linken Seite zu

$$(\alpha + \beta + \gamma + \delta)x^3 + (-2\beta)x^2 + (-2\alpha + 2\beta - 2\delta)x + (3\alpha - \beta - \gamma + 5\delta) = 0,$$

wobei rechts das Nullpolynom steht. Durch Koeffizientenvergleich erhält man also ein Gleichungssystem, bei dem die zweite Gleichung sofort $\beta = 0$ liefert. Berücksichtigt man das, so verbleibt das folgende LGS:

$$\begin{array}{rcrcrcl} \alpha & + & \gamma & + & \delta & = & 0 \\ -2\alpha & & & - & 2\delta & = & 0 \\ 3\alpha & - & \gamma & + & 5\delta & = & 0 \end{array}$$

Durch Addition des zweifachen der ersten Gleichung zur zweiten Gleichung erhält man $\gamma = 0$, und damit ergeben die letzten beiden Gleichung dann unmittelbar $\alpha = \delta = 0$. Das Nullpolynom ist aus den gegebenen Polynomen also nur trivial kombinierbar, d. h. die Polynome sind linear unabhängig.

b) f und g sind linear unabhängig, so daß die Aufgabe sinnvoll gestellt ist. Zur Basisergänzung kann man den Austauschsatz von STEINITZ benutzen (siehe dazu Aufgabe 2.3.4). Einfacher geht es hier durch genauere Betrachtung der gegebenen Polynome. Man erkennt nämlich

$$f + g = x^3 - 2x + 3 \quad \text{und} \quad f - g = x^3 - 2x^2 + 2x - 1,$$

d. h. $f + g$ und $f - g$ sind Elemente der gegebenen Basis. Also muß man f, g durch die anderen beiden Vektoren aus B zu einer Basis von V ergänzen.

$$B' = \{f, g, x^3 - 1, x^3 - 2x + 5\}$$

ist eine gesuchte Basis von V.

3.3.5

Es sei $\mathbb{R}[x]$ *der Vektorraum der Polynome über* $\mathbb{R}$.

a) *Man bestimme die Dimension von*
$U = L\,(1 + x + x^5, x^2 + x^4, 1 - x^2 + x^3 - x^5, x - x^3 - x^4 + 2x^5)$

b) *Es seien* $f = x + x^2 - x^3 + 2x^5$ *und* $g = 2 + x + x^3 + x^4$.
Man zeige: $f, g \in U$ *und* f, g *sind linear unabhängig.*

a) Wegen $x - x^3 - x^4 + 2x^5 = (1 + x + x^5) - (x^2 + x^4) - (1 - x^2 + x^3 - x^5)$ gilt $\dim U \leq 3$.
Wir zeigen nun, daß die Polynome $1 + x + x^5$, $x^2 + x^4$ und $1 - x^2 + x^3 - x^5$ linear unabhängig sind. Sei dazu

$$\alpha\,(1 + x + x^5) + \beta\,(x^2 + x^4) + \gamma\,(1 - x^2 + x^3 - x^5) = 0,$$

wobei rechts das Nullpolynom steht. Polynome sind gleich, wenn sie koeffizientenweise übereinstimmen. Hier reicht schon der Koeffizientenvergleich bei den Potenzen x, x^3 und x^4. Man erhält dadurch der Reihe nach $\alpha = 0, \gamma = 0$ und $\beta = 0$. Damit gilt $\dim U = 3$.

b) Durch "scharfes Hinsehen" erkennt man:

$$f = x + x^2 - x^3 + 2x^5 = (1 + x + x^5) - (1 - x^2 + x^3 - x^5) \in U$$

$$g = 2 + x + x^3 + x^4 = (1 + x + x^5) + (x^2 + x^4) + (1 - x + x^3 - x^5) \in U$$

Die lineare Unabhängigkeit von f und g ergibt sich daraus, daß die Polynome unterschiedlichen Grad besitzen. Besitzen nämlich zwei Polynome (die beide vom Nullpolynom verschieden sind) unterschiedlichen Grad, so sieht man bei der Durchführung des in a) ausgeführten Koeffizientenvergleichs sofort, daß das Nullpolynom nur trivial aus ihnen linear kombinierbar ist.

Die hier angeführte Tatsache läßt sich zur Aussage der folgenden Aufgabe verallgemeinern.

3.3.6

Es sei $\mathbb{R}[x]$ *der Vektorraum der Polynome über* $\mathbb{R}$.

a) $\{p_1, \ldots, p_k\}$ *sei eine linear unabhängige Menge von Polynomen aus* $\mathbb{R}[x]$ *und* $n := \max\{\text{grad}(p_1), \ldots, \text{grad}(p_k)\}$. *Ferner sei* $p \in \mathbb{R}[x]$ *mit* $\text{grad}\, p > n$. *Man zeige, daß* $\{p_1, \ldots, p_k, p\}$ *linear unabhängig ist.*

b) *Es sei* $\{p_1, \ldots, p_k\}$ *eine Menge von Polynomen aus* $\mathbb{R}[x]$ *mit* $0 \leq \text{grad}(p_1) < \ldots < \text{grad}(p_k)$.
Man zeige, daß $\{p_1, \ldots, p_k\}$ *linear unabhängig ist.*

c) *Man zeige, daß* $\mathbb{R}[x]$ *keine endliche Dimension besitzt.*

a) Es sei

$$(*) \qquad \lambda_1 p_1 + \lambda_2 p_2 + \ldots + \lambda_k p_k + \lambda p = 0 \qquad \text{(Nullpolynom).}$$

Dann folgt zunächst $\lambda = 0$. Wäre nämlich $\lambda \neq 0$, so ergäbe

$$\lambda p = -\lambda_1 p_1 - \lambda_2 p_2 - \ldots - \lambda_k p_k$$

einen Widerspruch, da das Polynom λp einen Grad $> n$ besitzt, das Polynom $-\lambda_1 p_1 - \ldots - \lambda_k p_k$ dagegen als Linearkombination von Polynomen mit Graden $\leq n$ einen Grad $\leq n$ besitzt.
Mit $\lambda = 0$ folgt aus (*) wegen der linearen Unabhängigkeit von $\{p_1, \ldots, p_k\}$ dann aber $\lambda_1 = \ldots = \lambda_k = 0$.
Aus (*) folgt also insgesamt $\lambda = \lambda_1 = \ldots = \lambda_k = 0$, und damit ist $\{p_1, \ldots, p_k, p\}$ linear unabhängig.

b) Wir führen den Beweis durch *vollständige Induktion* über k.
Der Induktionsanfang für $k = 1$ ist trivial, da ein Polynom vom Grade 0 nicht das Nullpolynom ist und ein vom Nullvektor verschiedener Vektor nach Definition linear unabhängig ist.
Der Induktionsschluß ergibt sich unmittelbar aus Teil a) dieser Aufgabe.

c) Angenommen $\mathbb{R}[x]$ besitzt endliche Dimension. Dann existiert eine Basis aus endlich vielen Elementen. Es sei o. B. d. A. diese Basis durch $p_1, p_2, \ldots, p_k$ gegeben und $n := \max\{\text{grad}(p_1), \ldots, \text{grad}(p_k)\}$. Nach a) sind dann die Polynome $p_1, \ldots, p_k, x^{n+1}$ linear unabhängig und das ist ein Widerspruch zur Annahme, daß $p_1, \ldots, p_k$ eine Basis ist.

Aus der Lösung dieser Aufgabe ergibt sich, daß die Polynome $1, x, x^2, x^3, \ldots$ eine Basis vom Vektorraum $\mathbb{R}[x]$ bilden, da sie ihn trivialerweise erzeugen und nach b) je endlich viele von ihnen linear unabhängig sind. Also ist $\mathbb{R}[x]$ ein Beispiel eines unendlich-dimensionalen Vektorraumes mit abzählbarer Basis.

3.3.7
Man zeige: Im Vektorraum $\mathbb{R}$ über dem Körper $\mathbb{Q}$ sind $1, \sqrt{2}$ und $\sqrt{3}$ linear unabhängig.

Es sei $a+b\sqrt{2}+c\sqrt{3}=0$ mit $a,b,c\in\mathbb{Q}$. Wir müssen zeigen, daß $a=b=c=0$ gilt. Zunächst folgt $b\sqrt{2}+c\sqrt{3}=-a$ und durch Quadrieren

$$2b^2+3c^2+2bc\sqrt{6}=a^2.$$

Wäre $bc\neq 0$, so wäre $\sqrt{6}$ rational, und das ist ein Widerspruch. Also ist $bc=0$.
1. Fall: $b=0$
Ist $b=0$, so folgt $a+c\sqrt{3}=0$. Dann muß $c=0$ gelten, sonst wäre $\sqrt{3}$ rational. Damit folgt aber auch $a=0$.
2. Fall: $c=0$
Dann ist $a+b\sqrt{2}=0$, also $b=0$, da sonst $\sqrt{2}$ rational wäre. Auch hier folgt dann noch $a=0$.

3.3.8
Ist $K\subseteq\mathbb{R}$ ein Körper, $a\in K, a\geq 0$, so sei
$K[\sqrt{a}\,]:=\{\alpha+\beta\sqrt{a}\mid \alpha,\beta\in K\}$ und (falls $a_1,\ldots,a_n\geq 0$)
$K[\sqrt{a_1},\ldots,\sqrt{a_n}\,]:=K[\sqrt{a_1},\ldots,\sqrt{a_{n-1}}\,][\sqrt{a_n}\,]$.
Man zeige, daß $\mathbb{Q}[\sqrt{2},\sqrt{3}\,]$ ein Vektorraum über $\mathbb{Q}$ ist und bestimme eine Basis von $\mathbb{Q}[\sqrt{2},\sqrt{3}\,]$.

In der Aufgabe 3.1.18 wurde gezeigt, daß $\mathbb{Q}[\sqrt{2}\,]$ ein Körper ist, der $\mathbb{Q}$ enthält. Entsprechend folgt allgemeiner, daß $K[\sqrt{a_1},\ldots,\sqrt{a_n}\,]$ ein Körper ist, der den Körper $K[\sqrt{a_1},\ldots,\sqrt{a_{n-1}}\,]$ enthält. Damit ist $\mathbb{Q}[\sqrt{2},\sqrt{3}\,]$ ein Vektorraum über $\mathbb{Q}$. Es bleibt eine Basis zu bestimmen. Nach Definition gilt:

$$\mathbb{Q}[\sqrt{2},\sqrt{3}\,]=\{(\alpha+\beta\sqrt{2}\,)+(\gamma+\delta\sqrt{2}\,)\sqrt{3}\mid \alpha,\beta,\gamma,\delta\in\mathbb{Q}\}$$

Wegen $(\alpha+\beta\sqrt{2}\,)+(\gamma+\delta\sqrt{2}\,)\sqrt{3}=\alpha+\beta\sqrt{2}+\gamma\sqrt{3}+\delta\sqrt{6}$ mit $\alpha,\beta,\gamma,\delta\in\mathbb{Q}$ erzeugt die Menge $B=\{1,\sqrt{2},\sqrt{3},\sqrt{6}\,\}$ diesen Vektorraum. Wir zeigen noch, daß B linear unabhängig ist. Sei dazu

$$0=\alpha+\beta\sqrt{2}+\gamma\sqrt{3}+\delta\sqrt{6}=\alpha+\beta\sqrt{2}+(\gamma+\delta\sqrt{2}\,)\sqrt{3}\,.$$

Wir betrachten die Fälle $\gamma+\delta\sqrt{2}=0$ und $\gamma+\delta\sqrt{2}\neq 0$.
Ist $\gamma+\delta\sqrt{2}=0$, so folgt $\gamma=\delta=0$, denn sonst müßte $\gamma\neq 0$ und $\delta\neq 0$ sein, woraus folgen würde, daß $\sqrt{2}$ rational wäre. Genauso folgt dann auch $\alpha=\beta=0$.
Ist $\gamma+\delta\sqrt{2}\neq 0$, so erhält man

$$\sqrt{3}=\frac{-(\alpha+\beta\sqrt{2}\,)}{\gamma+\delta\sqrt{2}},\qquad \text{also}\qquad \sqrt{3}\in\mathbb{Q}[\sqrt{2}\,].$$

Dies führen wir zum Widerspruch. Gilt nämlich $\sqrt{3} = a + b\sqrt{2}$ mit $a, b \in \mathbb{Q}$, so gilt $b \neq 0$, da $\sqrt{3} \notin \mathbb{Q}$, und auch $a \neq 0$, da $\sqrt{3} : \sqrt{2} \notin \mathbb{Q}$. Quadrieren liefert $3 = a^2 + 2b^2 + 2ab\sqrt{2}$, also $\sqrt{2} \in \mathbb{Q}$, da $ab \neq 0$. Dies ist der Widerspruch!

3.3.9

$V = \mathbb{R}^{\mathbb{C}} = \{f \mid f : \mathbb{C} \longrightarrow \mathbb{R}\}$ sei Vektorraum über $\mathbb{R}$. $\overline{z}$ sei die zu z konjugiert komplexe Zahl.

$$I := \{f \in V \mid f(\overline{z}) = -f(z)\} \qquad R := \{f \in V \mid f(\overline{z}) = f(z)\}$$

Man zeige, daß I und R Untervektorräume von V sind.
Ändert sich das Ergebnis, wenn V als Vektorraum über $\mathbb{C}$ aufgefaßt wird?

Für die Nullfunktion 0 gilt natürlich $0(\overline{z}) = -0(z)$ und $0(\overline{z}) = 0(z)$, da alle Funktionswerte gleich 0 sind. Damit folgt $0 \in I$ und $0 \in R$.

Beweis von (U2):

Es seien $f, g \in I$. Dann folgt

$$(f+g)(\overline{z}) = f(\overline{z}) + g(\overline{z}) = -f(z) - g(z) = -(f+g)(z),$$

also $f + g \in I$.
Sind $f, g \in R$, dann gilt

$$(f+g)(\overline{z}) = f(\overline{z}) + g(\overline{z}) = f(z) + g(z) = (f+g)(z),$$

also auch $f + g \in R$.

Beweis von (U3):

Ist $f \in I$ und $\alpha \in \mathbb{R}$ oder $\alpha \in \mathbb{C}$, so gilt

$$(\alpha f)(\overline{z}) = \alpha f(\overline{z}) = -\alpha f(z) = -(\alpha f)(z),$$

d. h. $\alpha f \in I$.
Für $f \in R$, α wie oben, folgt $(\alpha f)(\overline{z}) = \alpha f(z) = (\alpha f)(z)$, also auch $\alpha f \in R$.
I und R sind also Untervektorräume von $V = \mathbb{R}^{\mathbb{C}}$, und zwar unabhängig davon, ob V als Vektorraum über $\mathbb{R}$ oder über $\mathbb{C}$ aufgefaßt wird, wie der Beweis von (U3) zeigt.

3.3.10

Man beweise, daß der Vektorraum $\mathbb{R}^{\mathbb{N}}$ (über $\mathbb{R}$) keine abzählbare Basis besitzt.

Der Beweis ist eine schöne Anwendung der VANDERMONDEschen Determinante (siehe Aufgabe 2.6.10).
Wir betrachten das offene Intervall $I := (0, 1)$ reeller Zahlen, welches bekanntlich nicht abzählbar ist, und definieren für jedes $a \in I$ eine Funktion $f_a : \mathbb{N} \longrightarrow \mathbb{R}$ durch $f_a(n) := a^n$. Sei $\mathcal{B} := (f_a \mid a \in I)$.

Behauptung: $\mathcal{B}$ ist linear unabhängig.
Eine Familie $\mathcal{B}$ ist linear unabhängig genau dann, wenn je endlich viele Elemente aus $\mathcal{B}$ linear unabhängig sind.
Seien also $f_{a_1}, \ldots, f_{a_m}$ m beliebige Elemente aus $\mathcal{B}$, und sei

$$\lambda_1 f_{a_1} + \lambda_2 f_{a_2} + \ldots + \lambda_m f_{a_m} = 0 \quad (a_1, \ldots, a_m \text{ paarweise verschieden!}).$$

Für alle $n \in \mathbb{N}$ gilt dann:

$$\lambda_1 f_{a_1}(n) + \ldots + \lambda_m f_{a_m}(n) = 0$$

Insbesondere gilt also für $n = 0, 1, 2, \ldots, m-1$:

$$\lambda_1 a_1^n + \lambda_2 a_2^n + \ldots + \lambda_m a_m^n = 0$$

Somit ist $(\lambda_1, \ldots, \lambda_m)$ Lösung des linearen Gleichungssystems $\mathbf{A}X = 0$ mit

$$\mathbf{A} = \begin{pmatrix} 1 & 1 & \ldots & 1 \\ a_1 & a_2 & \ldots & a_m \\ \vdots & & & \vdots \\ a_1^{m-1} & a_2^{m-1} & \ldots & a_m^{m-1} \end{pmatrix}.$$

$\mathbf{A}^\top$ ist die VANDERMONDE-Matrix. Nach der genannten Aufgabe 2.6.10 gilt

$$\det \mathbf{A} = \det \mathbf{A}^\top = \prod_{1 \le k < l \le m} (a_l - a_k) \neq 0,$$

da die a_j paarweise verschieden sein sollten. Also ist das LGS $\mathbf{A}X = 0$ nur trivial lösbar, d. h. $(\lambda_1, \ldots, \lambda_m) = (0, \ldots, 0)$. Damit ist die lineare Unabhängigkeit von $f_{a_1}, \ldots, f_{a_m}$ gezeigt, also auch die lineare Unabhängigkeit von $\mathcal{B}$.
Da $\mathcal{B}$ überabzählbar ist, kann dann keine abzählbare Basis vom $\mathbb{R}^{\mathbb{N}}$ existieren.

3.3.11
Man zeige, daß $\mathbb{R}$ als Vektorraum über $\mathbb{Q}$ keine endliche Dimension besitzt.

Angenommen, $\mathbb{R}$ hat über $\mathbb{Q}$ die Dimension k. Dann gibt es eine endliche Basis $B = (a_1, \ldots, a_k)$ von $\mathbb{R}$ über $\mathbb{Q}$. Das bedeutet

$$\mathbb{R} = \{\alpha_1 a_1 + \ldots + \alpha_k a_k \mid \alpha_1, \ldots, \alpha_k \in \mathbb{Q}\}.$$

Da $\mathbb{Q}$ abzählbar ist, gibt es nur abzählbar viele Elemente der Form

$$\alpha_1 a_1 + \ldots + \alpha_k a_k \qquad \text{mit } \alpha_1, \ldots, \alpha_k \in \mathbb{Q}.$$

Also wäre $\mathbb{R}$ abzählbar, und das ist ein Widerspruch.

Dieser Vektorraum besitzt übrigens auch keine abzählbare Basis, da auch die Vereinigung abzählbar vieler abzählbarer Mengen noch abzählbar ist.

3.3.12

Man zeige: Im Vektorraum V der reellen Funktionen ist die Menge

$$\{f_a \mid f_a(x) = \begin{cases} (x-a)^3 & \textit{falls } x \le a \\ 0 & \textit{sonst} \end{cases}, a \in \mathbb{R}\}$$

linear unabhängig.

Zu zeigen ist: Jede endliche Teilmenge T von

$$A := \{f_a \mid f_a(x) = \begin{cases} (x-a)^3 & \text{falls } x \le a \\ 0 & \text{sonst} \end{cases}, a \in \mathbb{R}\}$$

ist linear unabhängig.
Dies zeigen wir durch vollständige Induktion über die Anzahl der Elemente der Menge T.
Für $|T| = 1$ sei $T = \{f_a\}$ und $\gamma \cdot f_a = 0$ (die Nullfunktion). Für ein $x < a$ gilt dann $f_a(x) \neq 0$ und aus $\gamma \cdot f_a(x) = 0$ folgt daher $\gamma = 0$.
Sei nun jede Teilmenge $T \subset A$ mit $|T| = n$ linear unabhängig. Wir betrachten $n+1$ paarweise verschiedene Funktionen $f_{a_1}, f_{a_2}, \ldots, f_{a_{n+1}}$ aus A und nehmen o.B.d.A. an, daß $a_1 < a_2 < \ldots < a_{n+1}$ gilt (sonst kann man die Funktionen umbenennen). Wählt man ein β mit $a_n < \beta < a_{n+1}$, so ist $f_{a_j}(\beta) = 0$ für $j = 1, 2, \ldots, n$. Aus dem Ansatz $\alpha_1 f_{a_1} + \ldots + \alpha_{n+1} f_{a_{n+1}} = 0$ folgt daher

$$\begin{aligned}(\alpha_1 f_{a_1} + \ldots + \alpha_{n+1} f_{a_{n+1}})(\beta) &= \alpha_1 f_{a_1}(\beta) + \ldots + \alpha_{n+1} f_{a_{n+1}}(\beta) \\ &= \alpha_{n+1}(\beta - a_{n+1})^3 = 0 \,.\end{aligned}$$

Da $\beta \neq a_{n+1}$ ist, folgt $\alpha_{n+1} = 0$. Nach Induktionsvoraussetzung folgt dann aber weiter $\alpha_1 = \ldots = \alpha_n = 0$. Damit ist $\{f_{a_1}, \ldots, f_{a_{n+1}}\}$ linear unabhängig.

3.3.13

$X \neq \emptyset$ sei eine Menge, K ein Körper. Für $x \in X$ sei $e_x \in K^X$ definiert durch $e_x(y) := \begin{cases} 0 & \textit{falls } y \neq x \\ 1 & \textit{falls } y = x \end{cases}$, *und es sei $A := \{e_x \mid x \in X\}$.*

a) *Man zeige, daß A linear unabhängig ist.*

b) *Es gilt: $L(A) = K^X \iff X$ ist eine endliche Menge.*

a) Es seien $e_{x_1}, \ldots, e_{x_n} \in A$ paarweise verschiedene Funktionen; ferner seien $\alpha_1, \ldots, \alpha_n \in K$ und $\sum_{i=1}^n \alpha_i e_{x_i} = 0$. Zu zeigen ist $\alpha_1 = \ldots = \alpha_n = 0$.
Die Abbildung $\sum_{i=1}^n \alpha_i e_{x_i} =: f$ ist der Nullvektor in K^X genau dann, wenn für

alle $x \in X$ gilt: $f(x) = 0$. Insbesondere gilt dann für alle x_j ebenfalls $f(x_j) = 0$. Nun ist aber

$$0 = f(x_j) = (\sum_{i=1}^{n} \alpha_i e_{x_i})(x_j) = \sum_{i=1}^{n} \alpha_i e_{x_i}(x_j) = \alpha_j e_{x_j}(x_j) = \alpha_j.$$

Für alle j ist also $\alpha_j = 0$, und das war zu zeigen.

b) Beweis von "$\Longrightarrow$":
Man betrachte die konstante Abbildung $f \in K^X$ mit $f(x) = 1$ für alle $x \in X$. Gilt $K^X = L(A)$, so gibt es $n \in \mathbb{N}$, $x_1, \ldots, x_n \in X$ und $\alpha_1, \ldots, \alpha_n \in K$ mit $f = \sum_{i=1}^{n} \alpha_i e_{x_i}$.
Angenommen, X ist nicht endlich. Dann gibt es ein $x \in X$ mit $x \notin \{x_1, \ldots, x_n\}$. Dafür gilt $e_{x_j}(x) = 0$ für $j = 1, \ldots, n$. Es folgt

$$f(x) = (\sum_{i=1}^{n} \alpha_i e_{x_i})(x) = \sum_{i=1}^{n} \alpha_i e_{x_i}(x) = 0,$$

und das ist ein Widerspruch dazu, daß f konstant $=1$ sein soll. Also muß X endlich sein.
Beweis von "$\Longleftarrow$":
Da trivialerweise $L(A) \subseteq K^X$ gilt, bleibt $K^X \subseteq L(A)$ zu zeigen.
Da X endlich sein soll, sei o. B. d. A. $X = \{x_1, \ldots, x_n\}$. Ist $f \in K^X$ beliebig gegeben, so zeigen wir $f = \sum_{i=1}^{n} f(x_i) e_{x_i}$.
Für $k = 1, \ldots, n$ gilt nämlich:

$$(\sum_{i=1}^{n} f(x_i)\, e_{x_i})(x_k) = \sum_{i=1}^{n} f(x_i)\,(e_{x_i}(x_k)) = f(x_k)$$

Damit gilt $f(x) = (\sum_{i=1}^{n} f(x_i)\, e_{x_i})(x)$ für alle $x \in X$, also $f = \sum_{i=1}^{n} f(x_i)\, e_{x_i}$. Daher gilt $f \in L(A)$.

3.3.14

V sei Vektorraum der Dimension n und U Untervektorraum von V der Dimension m. Man bestimme die Dimension des Quotientenraumes V/U und gebe ein Verfahren an, wie man eine Basis von V/U finden kann.

Die folgende eingerahmte Behauptung (beachte dabei den Basisergänzungssatz), die anschließend bewiesen wird, liefert gleichzeitig das einfache Verfahren zur Bestimmung einer Basis des Quotientenraumes V/U.

Ergänzt man eine Basis	$a_1, \ldots, a_m$		von U
zu einer Basis	$a_1, \ldots, a_m,$	$a_{m+1}, \ldots\ldots, a_n$	von V,
dann ist		$a_{m+1} + U, \ldots, a_n + U$	
eine Basis von V/U.			

Zu zeigen ist, daß diese Vektoren aus V/U linear unabhängig sind und daß sie V/U erzeugen.
α) $a_{m+1}+U,\ldots,a_n+U$ sind linear unabhängig.
Sei $\alpha_1(a_{m+1}+U)+\ldots+\alpha_{n-m}(a_n+U)=0\ (=U)$. Nach den Rechenregeln im Quotientenraum folgt

$$(\alpha_1 a_{m+1}+\ldots+\alpha_{n-m}a_n)+U=0, \qquad \text{also} \qquad \alpha_1 a_{m+1}+\ldots+\alpha_{n-m}a_n\in U.$$

Es gibt also ein $x\in U$ mit $\alpha_1 a_{m+1}+\ldots+\alpha_{n-m}a_n=x$. Für x existiert eine Darstellung $x=\beta_1 a_1+\ldots+\beta_m a_m$, da $a_1,\ldots,a_m$ Basis von U ist. Also erhält man

$$\alpha_1 a_{m+1}+\ldots+\alpha_{n-m}a_n=\beta_1 a_1+\ldots+\beta_m a_m \qquad \text{oder}$$
$$-\beta_1 a_1-\ldots-\beta_m a_m+\alpha_1 a_{m+1}+\ldots+\alpha_{n-m}a_n=0.$$

Da $a_1,\ldots,a_n$ Basis von V ist, folgt hieraus insbesondere $\alpha_1=\ldots=\alpha_{n-m}=0$, also sind $a_{m+1}+U,\ldots,a_n+U$ linear unabhängig.
β) $L(a_{m+1}+U,\ldots,a_n+U)=V/U$
Es sei $a+U\in V/U$ und $a=\alpha_1 a_1+\ldots+\alpha_m a_m+\alpha_{m+1}a_{m+1}+\ldots+\alpha_n a_n$. Wegen $a_1,\ldots,a_m\in U$ ist dann $\alpha_1 a_1+\ldots+\alpha_m a_m\in U$, d. h.

$$a+U=(\alpha_{m+1}a_{m+1}+\ldots+\alpha_n a_n)+U=\alpha_{m+1}(a_{m+1}+U)+\ldots+\alpha_n(a_n+U)$$

nach den Rechenregeln in V/U. Damit ist $L(a_{m+1}+U,\ldots,a_n+U)=V/U$ gezeigt.

Nach dem Bewiesenen gilt für den Quotientenraum V/U:

$$\mathbf{dim}\,U\;+\;\mathbf{dim}\,V/U\;=\;n$$

3.3.15

a) *Es sei $V=\mathbb{R}^2$ und $U=L((1,1))$. Man beschreibe die Elemente von V/U und bestimme eine Basis von V/U.*

b) *Wie unter a) behandele man $V=\mathbb{R}^3$ und $U=L((-1,0,1))$. Man stelle $(4,2,1)+U$ als Linearkombination der Basiselemente dar.*

a) Es ist

$$V/U=\{a+U\mid a\in V\}=\{a+L((1,1))\mid a\in\mathbb{R}^2\}.$$

Die Elemente von V/U sind also Geraden parallel zu $L((1,1))$.
Wegen $\dim V/U=1$ ist jedes vom Nullvektor ($=L((1,1))$) verschiedene Element aus V/U Basis von V/U, also z. B. $(1,0)+L((1,1))$.

b) Entsprechend a) ist hier

$$V/U=\{a+L((-1,0,1))\mid a\in\mathbb{R}^3\},$$

und dies sind Geraden im $\mathbb{R}^3$ parallel zu $L((-1,0,1))$.
Nach Aufgabe 13 erhält man eine Basis von V/U wie folgt: Man ergänzt $(-1,0,1)$ zu einer Basis vom $\mathbb{R}^3$, z. B. zu $(-1,0,1),(1,0,0),(0,1,0)$. Die Restklassen, in denen die ergänzten Vektoren liegen, bilden dann eine Basis von V/U. Das ergibt hier $(1,0,0)+U,\ \ (0,1,0)+U$ als Basis von V/U.
Zur Darstellung von $(4,2,1)+U$ als Linearkombination dieser Basiselemente führt der Ansatz

$$(4,2,1)+U=\alpha\,((1,0,0)+U)+\beta\,((0,1,0+U)$$

auf $(4,2,1)-\alpha\,(1,0,0)-\beta\,(0,1,0)\in U$. Es gibt also ein γ mit

$$(4,2,1)-\alpha\,(1,0,0)-\beta\,(0,1,0)=\gamma\,(-1,0,1).$$

Die Lösung des zugehörigen linearen Gleichungssystems liefert $\alpha=5,\ \beta=2,\ \gamma=1$, die gesuchte Linearkombination lautet damit:

$$(4,2,1)+U=5\,((1,0,0)+U)+2\,((0,1,0)+U)$$

3.3.16

V sei der Vektorraum der Polynome vom Grade ≤ 2 über $\mathbb{R}$. Ferner sei $p=x^2-3x+2\in V$ und $U=L\,(x^2-3x+2)$.

a) *Man bestimme eine Basis von V/U.*

b) *Man schreibe $2x^2-5x+7+U$ als Linearkombination dieser Basis.*

a) Wir gehen wie bei der vorigen Aufgabe vor:
$1,x,x^2-3x+2$ ist nach Aufgabe 6 eine Basis von V, die p enthält. Damit ist $1+U,x+U$ eine Basis von V/U.

b) Der Ansatz

$$\alpha\,(1+U)+\beta\,(x+U)=2x^2-5x+7+U$$

führt auf $\alpha+\beta x-2x^2+5x-7\in U$. Also gibt es ein γ mit

$$-2x^2+\ (5+\beta)\,x+\alpha-7=\gamma\,(x^2-3x+2).$$

Ein Koeffizientenvergleich liefert $\alpha=3$ und $\beta=1$. Es gilt also:

$$3\,(1+U)+(x+U)=2x^2-5x+7+U$$

3.3.17

V sei Vektorraum über K, U Untervektorraum von V. Man zeige:
Sind $a_1+U,\ldots,a_n+U$ linear unabhängig im Quotientenraum V/U, so sind $a_1,\ldots,a_n$ linear unabhängig in V.
Gilt auch die Umkehrung dieses Satzes?

Es sei $\alpha_1 a_1 + \ldots + \alpha_n a_n = 0$. Der Übergang zu Restklassen liefert

$$(\alpha_1 a_1 + \ldots + \alpha_n a_n) + U = 0.$$

Die Anwendung der Rechenregeln im Quotientenraum ergibt

$$\alpha_1 (a_1 + U) + \ldots + \alpha_n (a_n + U) = 0.$$

Da nach Voraussetzung $a_1 + U, \ldots, a_n + U$ im Quotientenraum linear unabhängig sind, folgt $\alpha_1 = \ldots = \alpha_n = 0$.
Die Umkehrung dieses Satzes gilt nicht für $\dim U \geq 2$.
Sind nämlich z. B. a_1, a_2 linear unabhängig in U (und damit auch in V), so gilt im Quotientenraum

$$a_1 + U = a_2 + U = U = 0,$$

also sind $a_1 + U, a_2 + U$ linear abhängig im Quotientenraum.

3.3.18
Eine reelle 3×3*-Matrix* $\mathbf{A}$ *heißt* **magisches Quadrat**, *wenn es eine Zahl* α *gibt, so daß jede Zeilensumme, jede Spaltensumme, die Summe der Hauptdiagonalelemente und die Summe der Nebendiagonalelemente gleich* α *ist. Sei* $U := \{\mathbf{A} \in \mathcal{M}_{3\times 3}(\mathbb{R}) \mid \mathbf{A}$ *ist magisches Quadrat* $\}$. *Man zeige, daß* U *ein Untervektorraum von* $\mathcal{M}_{3\times 3}(\mathbb{R})$ *ist und bestimme die Dimension sowie eine Basis von* U.

Wir geben zunächst ein einfaches Beispiel für ein magisches Quadrat an. Dabei ist $\alpha = 6$.

$$\begin{pmatrix} 3 & -3 & 6 \\ 5 & 2 & -1 \\ -2 & 7 & 1 \end{pmatrix}$$

Für eine Matrix $\mathbf{A}$ sei $s(\mathbf{A})$ im Falle der Existenz die gemeinsame Zeilensumme, Spaltensumme, Summe der Hauptdiagonalglieder und Summe der Nebendiagonalglieder von $\mathbf{A}$.
Wegen $s(\mathbf{0}) = 0$ gilt $\mathbf{0} \in U$, also gilt (U1).
Sind $\mathbf{A}$ und $\mathbf{B}$ aus U, so existieren $s(\mathbf{A})$ und $s(\mathbf{B})$. Man sieht sofort, daß dann auch $s(\mathbf{A}+\mathbf{B})$ existiert. Es ist nämlich $s(\mathbf{A}+\mathbf{B}) = s(\mathbf{A}) + s(\mathbf{B})$. Damit folgt $\mathbf{A} + \mathbf{B} \in U$, also gilt (U2).
Entsprechend folgt für $\mathbf{A} \in U$ und $c \in \mathbb{R}$ direkt $s(c\mathbf{A}) = c\, s(\mathbf{A})$, und damit gilt auch (U3). Also ist U ein Untervektorraum von $\mathcal{M}_{n\times n}(\mathbb{R})$, speziell für $n = 3$.
Es sei $\mathbf{A} \in U$ und

$$\mathbf{A} = \begin{pmatrix} a_1 & a_2 & a_3 \\ a_4 & a_5 & a_6 \\ a_7 & a_8 & a_9 \end{pmatrix}.$$

Addiert man Hauptdiagonalglieder, Nebendiagonalglieder und Glieder der zweiten Spalte, so erhält man die Summe der Glieder der ersten und letzten Zeile plus $3a_5$. Es gilt also $3s(\mathbf{A}) = 2s(\mathbf{A}) + 3a_5$. Damit ist a_5 durch die Zeilensumme eindeutig bestimmt, nämlich $a_5 = \frac{1}{3}\,s(\mathbf{A})$. Sind also a_1, a_2, a_3 gegeben, so ist $s(\mathbf{A})$ bekannt, und damit a_5 eindeutig bestimmt. Wir zeigen nun, daß dann auch alle anderen Elemente von $\mathbf{A}$ eindeutig bestimmt sind. Es ist dann nämlich:

$$\begin{array}{lllllll}
a_8 & = & s(\mathbf{A}) - a_2 - a_5 & = & \frac{2}{3}\,s(\mathbf{A}) - a_2 & = & \frac{2}{3}\,a_1 - \frac{1}{3}\,a_2 + \frac{2}{3}\,a_3 \\
a_9 & = & s(\mathbf{A}) - a_1 - a_5 & = & \frac{2}{3}\,s(\mathbf{A}) - a_1 & = & -\frac{1}{3}\,a_1 + \frac{2}{3}\,a_2 + \frac{2}{3}\,a_3 \\
a_7 & = & s(\mathbf{A}) - a_3 - a_5 & = & \frac{2}{3}\,s(\mathbf{A}) - a_3 & = & \frac{2}{3}\,a_1 + \frac{2}{3}\,a_2 - \frac{1}{3}\,a_3 \\
a_4 & = & s(\mathbf{A}) - a_1 - a_7 & = & \frac{1}{3}\,s(\mathbf{A}) - a_1 + a_3 & = & -\frac{2}{3}\,a_1 + \frac{1}{3}\,a_2 + \frac{4}{3}\,a_3 \\
a_6 & = & s(\mathbf{A}) - a_3 - a_9 & = & \frac{1}{3}\,s(\mathbf{A}) - a_3 + a_1 & = & \frac{4}{3}\,a_1 + \frac{1}{3}\,a_2 - \frac{2}{3}\,a_3
\end{array}$$

Wir behaupten nun, daß

$$\begin{pmatrix} 1 & 0 & 0 \\ -\frac{2}{3} & \frac{1}{3} & \frac{4}{3} \\ \frac{2}{3} & \frac{2}{3} & -\frac{1}{3} \end{pmatrix}, \quad \begin{pmatrix} 0 & 1 & 0 \\ \frac{1}{3} & \frac{1}{3} & \frac{1}{3} \\ \frac{2}{3} & -\frac{1}{3} & \frac{2}{3} \end{pmatrix}, \quad \begin{pmatrix} 0 & 0 & 1 \\ \frac{4}{3} & \frac{1}{3} & -\frac{2}{3} \\ -\frac{1}{3} & \frac{2}{3} & \frac{2}{3} \end{pmatrix}$$

eine Basis von U ist. Nennt man diese Matrizen in obiger Reihenfolge $\mathbf{C}_1, \mathbf{C}_2, \mathbf{C}_3$, und ist $\mathbf{A} \in U$ Matrix mit erster Zeile $(a_1 \;\; a_2 \;\; a_3)$, so zeigt die obige Rechnung, daß

$$\mathbf{A} = a_1\mathbf{C}_1 + a_2\mathbf{C}_2 + a_3\mathbf{C}_3$$

gilt, also ist $U = L(\mathbf{C}_1, \mathbf{C}_2, \mathbf{C}_3)$. Die angegebenen Matrizen sind aber auch linear unabhängig, wie die ersten Zeilen zeigen. Also bilden sie eine Basis von U, und es ist $\dim U = 3$.

Für das obige Beispiel ergibt sich die folgende Linearkombination:

$$\mathbf{A} = 3\mathbf{C}_1 - 3\mathbf{C}_2 + 6\mathbf{C}_3$$

3.3.19

Im Vektorraum $\mathbb{R}^{\mathbb{N}}$ *aller reellen Zahlenfolgen* $(a_0, a_1, a_2, \ldots)$ *wird durch zwei Anfangsglieder* $a_0, a_1 \in \mathbb{R}$ *und die Rekursion* $a_{n+2} = a_{n+1} + a_n$ *für* $n \geq 0$ *ein Element, also eine Zahlenfolge, definiert.*

a) *Man zeige, daß die Menge aller Folgen, die die Rekursion erfüllen, ein Untervektorraum vom* $\mathbb{R}^{\mathbb{N}}$ *ist.*

b) *Man bestimme eine Basis und die Dimension von* U.

c) *Für den Fall* $a_0 = a_1 = 1$ *bestimme man eine geschlossene Formel für* a_n.

a) Die Nullfolge $0 = (0, 0, 0, \ldots)$ erfüllt die Rekursion, gehört also zu U. Damit ist (U1) erfüllt.
Erfüllen $(a_0, a_1, a_2, \ldots)$ und $(b_0, b_1, b_2, \ldots)$ die Rekursion, dann auch die Folge $(a_0 + b_0, a_1 + b_1, a_2 + b_2, \ldots)$; es gilt also (U2).
Da aus $a_{n+2} = a_{n+1} + a_n$ für $r \in \mathbb{R}$ auch $ra_{n+2} = ra_{n+1} + ra_n$ folgt, ist mit der Folge $(a_0, a_1, a_2, \ldots)$ auch die Folge $r(a_0, a_1, a_2, \ldots) = (ra_0, ra_1, ra_2, \ldots)$ aus U, was (U3) zeigt. U ist also ein Untervektorraum von $\mathbb{R}^{\mathbb{N}}$.

b) Da zwei Anfangsglieder frei wählbar sind und die anderen Glieder der Folgen aus U dann dadurch festgelegt sind, liegt der Verdacht nahe, daß U die Dimension 2 besitzt. Wir werden zeigen, daß die Folgen

$$x = (1, 0, \ldots), \quad y = (0, 1, \ldots),$$

die gemäß der Rekursion fortgesetzt werden, damit sie in U liegen, eine Basis von U bilden. Die Folgen x, y sind linear unabhängig, da aus $\alpha x + \beta y = (0, 0, \ldots)$ durch Betrachtung der ersten beiden Komponenten direkt $\alpha = \beta = 0$ folgt. Sie erzeugen auch U, da für $a = (a_0, a_1, a_2, \ldots) \in U$ gilt: $a = a_0 x + a_1 y$. Dazu beweisen wir $a_n = a_0 x_n + a_1 y_n$ durch vollständige Induktion über n.
Für $n = 0$ und $n = 1$ gilt das trivialerweise.
Sei $n \geq 2$ und für alle $k < n$ gelte $a_k = a_0 x_k + a_1 y_k$. Für a_n folgt dann:

$$a_n = a_{n-1} + a_{n-2} = a_0 x_{n-1} + a_1 y_{n-1} + a_0 x_{n-2} + a_1 y_{n-2} =$$

$$= a_0 (x_{n-1} + x_{n-2}) + a_1 (y_{n-1} + y_{n-2}) = a_0 x_n + a_1 y_n$$

Das zweite Gleichheitszeichen ergibt sich dabei durch Anwendung der Induktionsvoraussetzung, wobei man hier wegen der Rekursion durch zwei vorhergehende Glieder den Induktionsanfang – wie wir es durchgeführt haben – für zwei Anfangszahlen benötigt.
Damit ist gezeigt worden, daß U die Dimension 2 besitzt.

c) Für den Fall $a_0 = a_1 = 1$ erhält man die Folge

$$(1, 1, 2, 3, 5, 8, 13, 21, 34, 55, 89, \ldots),$$

die als **FIBONACCI-Folge** bezeichnet wird. Um eine geschlossene Formel für a_n zu erhalten, arbeitet man mit einem Trick. Man wählt als Basis von U nicht die unter b) angegebene naheliegende Basis, sondern sucht eine Basis aus geometrischen Folgen. Wenn eine geometrische Folge $(1, q, q^2, q^3, \ldots)$ die Rekursion erfüllen soll, so gilt $q^{n+2} = q^{n+1} + q^n$, oder (da $q \neq 0$) $q^2 = q + 1$. Diese **quadratische Gleichung** besitzt die beiden Lösungen $q_{1,2} = \frac{1}{2}(1 \pm \sqrt{5})$. Umgekehrt erfüllen die durch q_1 und q_2 gegebenen geometrischen Folgen

$$x = (1, q_1, q_1^2, q_1^3, \ldots) \quad \text{und} \quad y = (1, q_2, q_2^2, q_2^3, \ldots)$$

auch die Rekursion, sind also Elemente von U, und auch linear unabhängig, wie sich aus $q_1 \neq q_2$ sofort ergibt. Also muß sich die FIBONACCI–Folge a aus diesen beiden Folgen x und y linear kombinieren lassen, d. h. es gibt reelle Zahlen α, β mit $a = \alpha x + \beta y$. Die ersten beiden Komponenten liefern:

$$1 = \alpha + \beta, \qquad 1 = \alpha q_1 + \beta q_2$$

Es folgt:

$$\alpha = \frac{1 - q_2}{q_1 - q_2} = \frac{1}{2}\,(\frac{\sqrt{5}}{5} + 1), \qquad \beta = 1 - \alpha = \frac{1}{2}\,(\frac{-\sqrt{5}}{5} + 1)$$

Für die Komponente a_n von der FIBONACCI–Folge a gilt dann $a_n = \alpha q_1^n + \beta q_2^n$, und das ergibt die geschlossene Formel:

$$a_n = \frac{1}{2}\,(\frac{\sqrt{5}}{5} + 1)\,(\frac{1}{2}\,(1 + \sqrt{5}))^n + \frac{1}{2}\,(1 - \frac{\sqrt{5}}{5})\,(\frac{1}{2}\,(1 - \sqrt{5}))^n$$

Bemerkenswert an dieser Formel ist, daß sich trotz der irrationalen Summanden für jedes n natürliche Zahlen ergeben. Ferner reicht zur Berechnung von FIBONACCI–Zahlen [1] der erste Summand dieser Formel aus, da der zweite Summand für $n \to \infty$ gegen 0 geht.

3.3.20

Man bestimme die Anzahl der geordneten Basen eines n-dimensionalen Vektorraumes V über einem endlichen Körper K mit $|K| = k$.

Ein n-dimensionaler Vektorraum V über K ist isomorph zum K^n. Wir betrachten also $V = K^n$, und da K endlich ist, gilt $|V| = |K^n| = k^n$.
Es sei $b\,(i)$:=Anzahl der i-Tupel von Vektoren aus K^n, bei denen die Vektoren linear unabhängig sind.
Für $b\,(i)$ werden wir nun die folgende Rekursionsformel beweisen:

$$b\,(i+1) = b\,(i)\,(k^n - k^i) \qquad (i \geq 1)$$

Aus der Definition von $b\,(i)$

$$b\,(i) = |\,\{(a_1, \ldots, a_i) \;\mid\; \{a_1, \ldots, a_i\} \subseteq V \text{ und } a_1, \ldots, a_i \text{ linear unabhängig}\,\}\,|$$

ergibt sich

$$b\,(i+1) = |\,\{(a_1, \ldots, a_i, a_{i+1}) \mid \{a_1, \ldots, a_i\} \subseteq V \text{ und } a_{i+1} \in V \setminus L\,(a_1, \ldots, a_i) \text{ und } a_1, \ldots, a_i \text{ linear unabhängig}\,\}\,|$$

[1] Die FIBONACCI–Zahlen tauchen in vielen Teilgebieten der Mathematik auf, z. B. auch als gewisse Summen im PASCAL–Dreieck (siehe Seite 32).

Aus $|V| = k^n$ und $\dim L(a_1, \ldots, a_i) = i$ folgt:

$$|\, V \setminus L(a_1, \ldots, a_i)\, | = k^n - k^i$$

Damit erhält man die angegebene Rekursionsformel. Wegen $b(1) = k^n - 1$ (beachte, daß nur der Nullvektor als einzelner Vektor linear abhängig ist), folgt nun durch Induktion nach i sofort:

$$b(i) = \prod_{j=0}^{i-1}(k^n - k^j) \quad \text{speziell} \quad b(n) = \prod_{j=0}^{n-1}(k^n - k^j)$$

3.3.21
Man gebe alle Basen vom Vektorraum $(\mathbb{Z}_2)^3$ an.

Für $k = 2$ und $n = 3$ erhält man aus der Formel der vorigen Aufgabe

$$\prod_{j=0}^{2}(2^3 - 2^j) = 168$$

Basen von $(\mathbb{Z}_2)^3$. Wegen

$$(\mathbb{Z}_2)^3 = \{(0,0,0), (1,0,0), (0,1,0), (0,0,1), (1,1,0), (1,0,1), (0,1,1), (1,1,1)\}$$

gibt es $\binom{7}{3} = 35$ dreielementige Teilmengen von $(\mathbb{Z}_2)^3$, die $(0,0,0)$ nicht enthalten. 7 Mengen davon (nämlich diejenigen, bei denen der dritte Vektor die Summe der ersten beiden ist) sind linear abhängig, alle anderen sind linear unabhängig, führen also zu Basen von $(\mathbb{Z}_2)^3$. Es werden daher nur die 7 dreielementigen Mengen (ohne Nullvektor) aufgelistet, die zu <u>keinen</u> Basen führen:

$$\begin{array}{ll}
\{(1,0,0), (0,1,0), (1,1,0)\} & \{(1,0,0), (0,0,1), (1,0,1)\} \\
\{(0,1,0), (0,0,1), (0,1,1)\} & \{(1,1,0), (1,0,1), (0,1,1)\} \\
\{(1,1,1), (1,0,0), (0,1,1)\} & \{(1,1,1), (0,1,0), (1,0,1)\} \\
\{(1,1,1), (0,0,1), (1,1,0)\} &
\end{array}$$

Alle anderen 28 dreielementigen Teilmengen, die den Nullvektor nicht enthalten, liefern jeweils $3! = 6$ Basen (durch Permutation der Elemente).

3.4 Summen und direkte Summen

Sind U und W Untervektorräume eines Vektorraumes V über einem Körper K, so definiert man die

Summe von U und W

$$U + W := \{u + w \mid u \in U \text{ und } w \in W\}$$

und nennt $U + W$ die **Summe** von U und W. $U + W$ ist wieder ein Untervektorraum von V. Gilt außerdem $U \cap W = \{0\}$, so spricht man von der **direkten Summe** von U und W, geschrieben $U \oplus W$.
Wichtig für solche Räume sind die folgenden Dimensionsformeln:

Dimensionsformeln

Sind U und W endlich dimensionale Vektorräume, so gilt:

$$\dim(U + W) + \dim(U \cap W) = \dim U + \dim W$$

$$\dim(U \oplus W) = \dim U + \dim W$$

Für eine Familie $(U_i)_{i \in I}$ $(I \neq \emptyset)$ von Unterräumen eines Vektorraumes V über K wird allgemeiner definiert:

Allgemeine Summe und direkte Summe

$$\sum_{i \in I} U_i := \{x_1 + \ldots + x_n \mid n \in \mathbb{N},\ x_1, \ldots, x_n \in \bigcup_{i \in I} U_i\}$$

$$V = \bigoplus_{i \in I} U_i \quad :\Longleftrightarrow \quad V = \sum_{i \in I} U_i \text{ und } (\sum_{i \neq j} U_i) \cap U_j = \{0\} \quad \text{für alle } j \in I$$

3.4.1

Gegeben seien die Unterräume $U_1 = L\left((0,1,2),(1,1,1),(3,5,7)\right)$ *und* $U_2 = L\left((1,1,0),(-1,2,2),(2,-13,-10),(2,-1,-2)\right)$ *des* $\mathbb{R}^3$.
Man bestimme jeweils die Dimension und eine Basis von U_1, U_2, $U_1 + U_2$ *und* $U_1 \cap U_2$.

(Zu dieser Aufgabe siehe auch Aufgabe 2.3.6)
Man erkennt $(3,5,7) = 2\,(0,1,2) + 3\,(1,1,1)$, damit sind die drei in U_1 angegebenen Vektoren linear abhängig. Da aber z. B. die ersten beiden Vektoren linear unabhängig sind, folgt $\dim U_1 = 2$.
Zur Bestimmung der Dimension von U_2 wird die Matrix der Vektoren durch elementare Zeilenumformungen auf Zeilenstufenform gebracht.

$$\begin{pmatrix} 1 & 1 & 0 \\ -1 & 2 & 2 \\ 2 & -13 & -10 \\ 2 & -1 & -2 \end{pmatrix} \rightsquigarrow \begin{pmatrix} 1 & 1 & 0 \\ 0 & 3 & 2 \\ 0 & -15 & -10 \\ 0 & -3 & -2 \end{pmatrix} \rightsquigarrow \begin{pmatrix} 1 & 1 & 0 \\ 0 & 3 & 2 \\ 0 & 0 & 0 \\ 0 & 0 & 0 \end{pmatrix}$$

Die Dimension von U_2 ist also 2. Z. B. bilden die ersten beiden der angegebenen Vektoren eine Basis von U_2.
Betrachtet man nun die Vektoren $(0,1,2), (1,1,1), (1,1,0) \in U_1 + U_2$, so erkennt man leicht, daß sie linear unabhängig sind. Damit hat man eine Basis von $U_1 + U_2$ erhalten. Es gilt $\dim(U_1 + U_2) = 3$ und nach der Dimensionsformel ergibt sich nun $\dim(U_1 \cap U_2) = 1$.
Um eine Basis von $U_1 \cap U_2$ zu finden, sucht man $\alpha, \beta, \gamma, \delta \in \mathbb{R}$ mit

$$\alpha\,(0,1,2) + \beta\,(1,1,1) = \gamma\,(1,1,0) + \delta\,(-1,2,2).$$

Das resultierende homogene LGS wird mit dem Gaussschen Eliminationsverfahren gelöst.

α	β	γ	δ	
1	1	−1	−2	−2
0	1	−1	1	
2	1	0	−2	1
1	1	−1	−2	
0	1	−1	1	1
0	−1	2	2	1
1	1	−1	−2	
0	1	−1	1	
0	0	1	3	

Mit $\delta = 1$ und $\gamma = -3$ (α, β werden nicht benötigt) erhält man als Vektor im Durchschnitt $U_1 \cap U_2$ den Vektor $-3\,(1,1,0) + (-1,2,2) = (-4,-1,2)$, der aus Dimensionsgründen dann eine Basis von $U_1 \cap U_2$ bildet.

3.4.2

Man untersuche jeweils, ob V direkte Summe von U und W ist.

a) $V = \mathbb{R}^3$ $\quad U = L((1,-3,1),(0,1,0))$ $\quad W = L((2,1,1),(3,2,1))$

b) $V = (\mathbb{Z}_2)^3$ $\quad U = L((1,1,1),(1,1,0))$ $\quad W = L((1,0,1))$

c) $V = \mathbb{C}^4$ $\quad U = L((1,i,i+1,-i),(i,-1,i-1,1))$
$W = L((2+i,i,-i,1),(-i,3i,1,i))$

a) Man erkennt, daß die in U und W angegebenen Vektoren jeweils linear unabhängig sind. Also folgt $\dim U = \dim W = 2$. Nach der Dimensionsformel folgt $V \neq U \oplus W$, da $U \oplus W$ ein Untervektorraum vom $\mathbb{R}^3$ sein muß .

b) Auch hier erkennt man direkt $\dim U = 2$ und $\dim W = 1$. Jetzt muß untersucht werden, ob $U \cap W = \{0\}$ gilt. Dazu testen wir, ob die gegebenen drei Vektoren linear unabhängig sind. Mittels elementarer Zeilenumformungen über $\mathbb{Z}_2$ folgt

$$\begin{pmatrix} 1 & 1 & 1 \\ 1 & 1 & 0 \\ 1 & 0 & 1 \end{pmatrix} \rightsquigarrow \begin{pmatrix} 1 & 1 & 1 \\ 0 & 0 & 1 \\ 0 & 1 & 0 \end{pmatrix},$$

woran man erkennt, daß der Rang der Matrix =3 ist. Damit liegt im Durchschnitt von U und W nur der Nullvektor, und es gilt $V = U \oplus W$.

c) Betrachtet man die Vektoren aus U, so erkennt man:

$$i\,(1,i,i+1,-i) = (i,-1,i-1,1)$$

U hat damit die Dimension 1. Wegen $\dim W \leq 2$ und $\dim \mathbb{C}^4 = 4$ ergibt sich aus der Dimensionsformel, daß V nicht direkte Summe von U und W sein kann.

3.4.3

Im Vektorraum V der Polynome vom Grade ≤ 3 über $\mathbb{R}$ seien

$$U_1 := L(x^3 + 2x^2\,,\, 2x^3 + 3x^2 + 1)$$

und

$$U_2 := L(x^3 + 2x^2 + 1\,,\, x^3 - 1\,,\, x^2 + 1)$$

gegeben.
Man bestimme jeweils die Dimension und eine Basis von U_1, U_2, $U_1 + U_2$, $U_1 \cap U_2$ und V/U_2. Ferner gebe man einen Unterraum W von V an, so daß $V = U_1 \oplus W$ gilt.

Da $x^3 + 2x^2$ und $2x^3 + 3x^2 + 1$ linear unabhängig sind, folgt $\dim U_1 = 2$ und $x^3 + 2x^2, 2x^3 + 3x^2 + 1$ ist eine Basis von U_1.
$x^3 - 1, x^2 + 1$ sind linear unabhängig und $(x^3 - 1) + 2(x^2 + 1) = x^3 + 2x^2 + 1$. Damit folgt $\dim U_2 = 2$ und $x^3 - 1, x^2 + 1$ ist eine Basis von U_2. Für $p \in U_1 \cap U_2$

gilt $p = \alpha(x^3+2x^2)+\beta(2x^3+3x^2+1) = \gamma(x^3-1)+\delta(x^2+1)$. Das sich daraus ergebende lineare Gleichungssystem

$$\begin{array}{rcrcrcrcl} \alpha & + & 2\beta & - & \gamma & & & = & 0 \\ 2\alpha & + & 3\beta & & & - & \delta & = & 0 \\ & & \beta & + & \gamma & - & \delta & = & 0 \end{array}$$

hat einen eindimensionalen Lösungsraum $U = L((0,1,2,3))$.
Daraus folgt $U_1 \cap U_2 = L(2x^3+3x^2+1)$.
Die Dimensionsformel liefert nun $\dim U_1 + U_2 = 2+2-1 = 3$.
Da $x^3+2x^2, 2x^3+3x^2+1, x^2+1 \in U_1+U_2$ linear unabhängig sind, bilden sie eine Basis von U_1+U_2.
V ist Vektorraum der Dimension 4. Ergänzt man obige Basis von U_2 durch z.B. $1, x$ zu einer Basis von V (Polynome von unterschiedlichem Grad sind linear unabhängig), so ist $1+U_2, x+U_2$ eine Basis von V/U_2.
Ergänzt man obige Basis von U_1 ebenfalls durch $1, x$ zu einer Basis von V, so gilt für $W := L(1,x)$ wie gefordert $V = U_1 \oplus W$.

3.4.4

Es sei V der Vektorraum der $n \times n-$Matrizen über $\mathbb{R}$.
$U := \{\mathbf{A} \in V \mid \mathbf{A}^\top = \mathbf{A}\} \qquad W := \{\mathbf{A} \in V \mid \mathbf{A}^\top = -\mathbf{A}\}$

a) *Man zeige, daß U und W Unterverktorräume von V sind.*

b) *Man bestimme $\dim U$ und $\dim W$.*

c) *Man untersuche, ob $V = U \oplus W$ gilt.*

a) Die Nullmatrix gehört zu U und zu W, da sie beide Bedingungen erfüllt.
Beweis von (U2):
Seien $\mathbf{A}, \mathbf{B} \in U$, also $\mathbf{A}^\top = \mathbf{A}$ und $\mathbf{B}^\top = \mathbf{B}$. Dann folgt:

$$(\mathbf{A}+\mathbf{B})^\top = \mathbf{A}^\top + \mathbf{B}^\top = \mathbf{A}+\mathbf{B}$$

Hierbei wurden wieder die Rechengesetze für das Rechnen mit Matrizen aus dem Abschnitt 2.4 verwendet. Es folgt $\mathbf{A}+\mathbf{B} \in U$.
Entsprechend erhält man für $\mathbf{A}, \mathbf{B} \in W$

$$(\mathbf{A}+\mathbf{B})^\top = \mathbf{A}^\top + \mathbf{B}^\top = -\mathbf{A}-\mathbf{B} = -(\mathbf{A}+\mathbf{B}),$$

und damit gilt $\mathbf{A}+\mathbf{B} \in W$.
Der Nachweis der Gültigkeit von (U3) ergibt sich entsprechend.

b) Es wird jeweils eine Basis von U bzw. von W angegeben. Wir bezeichnen mit $\mathbf{M}_{rs} = (a_{ik})$ diejenige Matrix mit $a_{rs} = a_{sr} = 1$ und $a_{ik} = 0$ sonst und mit $\mathbf{N}_{rs} = (b_{ik})$ diejenige Matrix mit $b_{rs} = 1, b_{sr} = -1$ für $r \neq s$ und $b_{ik} = 0$ sonst. Man erkennt, daß die Matrizen $\mathbf{M}_{rs}$ mit $1 \leq r \leq s \leq n$ eine Basis von

U bilden und die Matrizen $\mathbf{N}_{rs}$ mit $1 \leq r < s \leq n$ eine Basis von W. Damit hat U die Dimension $\frac{1}{2}(n^2 - n) + n = \frac{1}{2}(n^2 + n)$, und W hat die Dimension $\frac{1}{2}(n^2 - n)$.

c) Der Vektorraum V der $n \times n-$Matrizen über $\mathbb{R}$ hat die Dimension n^2. Nach Definition von U und W erfüllt nur die Nullmatrix beide definierenden Bedingungen, d. h. es ist $U \cap W = \{\mathbf{0}\}$. Wegen

$$\dim U + \dim W = \frac{1}{2}(n^2 + n) + \frac{1}{2}(n^2 - n) = n^2$$

folgt $V = U \oplus W$.

Dieses Ergebnis ist im Prinzip schon in Aufgabe 2.5.13 bewiesen worden, wo gezeigt wurde, daß sich jede Matrix $\mathbf{A}$ auf genau eine Weise als Summe einer symmetrischen Matrix (nämlich $\frac{1}{2}(\mathbf{A} + \mathbf{A}^\top)$) und einer schiefsymmetrischen Matrix (nämlich $\frac{1}{2}(\mathbf{A} - \mathbf{A}^\top)$) schreiben läßt.

3.4.5

Man untersuche, ob für die in Aufgabe 3.3.9 *angegebenen Unterverktorräume I und R von $V = \mathbb{R}^{\mathbb{C}}$ gilt: $V = I \oplus R$*

Es war definiert worden:

$$I := \{f \in V \mid f(\bar{z}) = -f(z)\} \qquad R := \{f \in V \mid f(\bar{z}) = f(z)\}$$

Ist $f \in I \cap R$, so folgt aus $f(\bar{z}) = -f(z)$ und $f(\bar{z}) = f(z)$ für alle $\bar{z} \in \mathbb{C}$, daß $f(z) = -f(z)$ für alle $z \in \mathbb{C}$ gilt. Also gilt $f(z) = 0$ für alle $z \in \mathbb{C}$, und damit ist f die Nullfunktion. Da die Nullfunktion beide Bedingungen erfüllt, ist $I \cap R = \{0\}$ gezeigt.

Ist $f \in \mathbb{R}^{\mathbb{C}}$ beliebig gegeben, so definiere man g, h durch:

$$g(z) := \frac{1}{2}(f(z) - f(\bar{z}))\,, \qquad h(z) := \frac{1}{2}(f(z) + f(\bar{z}))$$

Dann folgt:

$$g(\bar{z}) = \frac{1}{2}(f(\bar{z}) - f(\bar{\bar{z}})) = -\frac{1}{2}(f(z) - f(\bar{z})) = -g(z)$$

$$h(\bar{z}) = \frac{1}{2}(f(\bar{z}) + f(z)) = h(z)$$

Also ist $g \in I$ und $h \in R$. Da ferner $f = g + h$ nach Definition von g und h gilt, ist insgesamt $V = I \oplus R$ gezeigt.

3.4.6
Es seien G bzw. U die Mengen der geraden bzw. ungeraden Funktionen in $\mathbb{R}^{\mathbb{R}}$.
a) *Man zeige, daß G und U Unterräume vom $\mathbb{R}^{\mathbb{R}}$ sind.*
b) *Man untersuche, ob $\mathbb{R}^{\mathbb{R}} = G + U$ oder sogar $\mathbb{R}^{\mathbb{R}} = G \oplus U$ gilt.*

a) Ist $f \in G \cap U$, also $f(x) = f(-x)$ und $f(x) = -f(-x)$ für alle $x \in \mathbb{R}$, so gilt $f(x) = -f(x)$ für alle $x \in \mathbb{R}$, also $f(x) = 0$ für alle $x \in \mathbb{R}$. Damit ist f die Nullfunktion, die umgekehrt natürlich auch beide Bedingungen erfüllt. Wir haben $G \cap U = \{0\}$ gezeigt, womit gleichzeitig (U1) für G und H nachgewiesen ist.
Seien nun $f, g \in G$. Dann gilt

$$(f+g)(x) = f(x) + g(x) = f(-x) + g(-x) = (f+g)(-x),$$

also ist $f + g \in G$. Für $c \in \mathbb{R}$ folgt

$$(cf)(x) = cf(x) = cf(-x) = (cf)(-x),$$

also ist auch cf eine gerade Funktion.
Damit ist die Menge der geraden Funktionen ein Untervektorraum von $\mathbb{R}^{\mathbb{R}}$.
Entsprechend zeigt man, daß U ein Untervektorraum von $\mathbb{R}^{\mathbb{R}}$ ist.

b) Behauptung: $\mathbb{R}^{\mathbb{R}} = G \oplus U$
Da $G \cap U = \{0\}$ ist, braucht nur noch gezeigt zu werden, daß sich jede Funktion als Summe einer geraden und einer ungeraden Funktion schreiben läßt.
Es sei $f \in \mathbb{R}^{\mathbb{R}}$ beliebig gegeben. Funktionen g und u seien definiert durch

$$g(x) := \frac{1}{2}(f(x) + f(-x)), \qquad u(x) := \frac{1}{2}(f(x) - f(-x)).$$

Es gilt:

$$g(-x) = \frac{1}{2}(f(-x) + f(x)) = g(x)$$

$$u(-x) = \frac{1}{2}(f(-x) - f(x)) = -\frac{1}{2}(f(x) - f(-x)) = -u(x)$$

Also ist g eine gerade Funktion und u eine ungerade Funktion. Nach Definition von g und u gilt $f = g + u$. Damit ergibt sich insgesamt $\mathbb{R}^{\mathbb{R}} = G \oplus U$.

Die letzten drei Aufgaben sind in ihrer Aussage nahezu identisch. Ein Objekt wird jeweils auf genau eine Weise in die Summe aus zwei Objekten spezieller Art zerlegt. Die Konstruktion dieser speziellen Objekte ist in allen drei Fällen gleich.

3.4.7

Es seien U_1, U_2, U_3 Untervektorräume eines endlich–dimensionalen Vektorraumes V. Man leite eine Formel her für $\dim(U_1 + U_2 + U_3)$.

Wegen $U_1 + U_2 + U_3 = (U_1 + U_2) + U_3$ folgt nach der Dimensionsformel:

$$\begin{aligned}\dim(U_1 + U_2 + U_3) &= \dim(U_1 + U_2) + \dim U_3 - \dim(U_1 + U_2) \cap U_3 \\ &= \dim U_1 + \dim U_2 - \dim(U_1 \cap U_2) + \dim U_3 - \\ &\quad - \dim(U_1 + U_2) \cap U_3\end{aligned}$$

Sind U_1, U_2, U_3 endliche Mengen, und ersetzt man $+$ durch $\cup$, so gilt das Distributivgesetz

$$(U_1 \cup U_2) \cap U_3 = (U_1 \cap U_2) \cup (U_2 \cap U_3).$$

Für die Anzahl der Elemente von $U_1 \cup U_2 \cup U_3$ erhält man nach dem sog. **Prinzip von Inklusion und Exklusion** die Formel:

$$|U_1 \cup U_2 \cup U_3| = |U_1| + |U_2| + |U_3| - |U_1 \cap U_2| - |U_1 \cap U_3| - |U_2 \cap U_3| + |U_1 \cap U_2 \cap U_3|$$

Dies läßt sich hier aber nicht auf die Dimensionen von Untervektorräumen übertragen, da ein Distributivgesetz für $+$ und $\cap$ bei Untervektorräumen nicht gilt. Man kann lediglich

$$(U_1 + U_2) \cap U_3 \supseteq (U_1 \cap U_2) + (U_2 \cap U_3)$$

zeigen.
Daher läßt sich die angegebene Formel für $\dim(U_1 + U_2 + U_3)$ nicht weiter vereinfachen.

Ist die Summe dagegen direkt, so ist $\dim(U_1 \oplus U_2) = \dim U_1 + \dim U_2$ und $\dim(U_1 + U_2) \cap U_3 = 0$, also gilt

$$\dim(U_1 \oplus U_2 \oplus U_3) = \dim U_1 + \dim U_2 + \dim U_3\ ,$$

und diese Formel läßt sich mittels vollständiger Induktion sofort auf k Summanden übertragen.

3.4.8

Man zeige für beliebige Unterräume $U_1, \ldots, U_k$ eines endlich dimensionalen Vektorraumes V: $\dim(U_1 + \ldots + U_k) \leq \dim U_1 + \ldots + \dim U_k$

Der Beweis wird durch *vollständige Induktion* über k geführt.
Induktionsanfang für $k = 2$: Die Behauptung folgt hier direkt aus der Dimensionsformel.

$$\dim(U_1 + U_2) = \dim U_1 + \dim U_2 - \dim(U_1 \cap U_2) \leq \dim U_1 + \dim U_2$$

<u>*Induktionsschluß :*</u>

$$\begin{aligned}\dim(U_1+\ldots+U_{k+1}) &= \dim((U_1+\ldots+U_k)+U_{k+1})\\ &\le \dim(U_1+\ldots+U_k)+\dim U_{k+1}\\ &\le \dim U_1+\ldots+\dim U_k+\dim U_{k+1}\\ &\quad \text{nach Induktionsvoraussetzung}\end{aligned}$$

3.4.9

V sei endlich dimensionaler Vektorraum über K; ferner seien U, W_1, W_2 Untervektorräume von V. Man beweise oder widerlege:
Ist $V = U \oplus W_1 = U \oplus W_2$, so folgt $W_1 = W_2$.

Die Aussage ist falsch. Setzt man z. B.

$$V = \mathbb{R}^2, \quad U = L((1,0)), \quad W_1 = L((1,1)), \quad W_2 = L((0,1)),$$

dann ist $V = U \oplus W_1 = U \oplus W_2$, aber $W_1 \neq W_2$, denn W_1 und W_2 sind verschiedene Geraden im $\mathbb{R}^2$.

3.4.10

Man zeige, daß als Kriterium dafür, daß die Summe $\sum_{i\in I} U_i$ eine direkte Summe $\bigoplus_{i\in I} U_i$ ist, nicht ausreicht: $U_i \cap U_j = \{0\}$ für $i \neq j$.

Als Gegenbeispiel wird das Beispiel aus der vorigen Aufgabe gewählt. Wir setzen

$$U_1 = L((1,0)) \quad , \quad U_2 = L((0,1)) \quad , \quad U_3 = L((1,1))\ .$$

Dann gilt $U_1 \cap U_2 = U_1 \cap U_3 = U_2 \cap U_3 = \{0\}$, aber $U_1 + U_2 + U_3$ ist keine direkte Summe, denn z.B. ist $U_1 + U_2 = \mathbb{R}^2$ und $(U_1 + U_2) \cap U_3 = U_3 \neq \{0\}$. (Man kann auch mit der Dimensionsformel aus Aufgabe 7 argumentieren.)

3.4.11

Man zeige:
$V = \bigoplus_{a\in I} U_a \iff$ Jeder Vektor $0 \neq x \in V$ läßt sich auf genau eine Weise in der Form $x = x_{a_1} + \ldots + x_{a_r}$ mit $0 \neq x_{a_l} \in U_{a_l}$ für $l = 1, \ldots, r$ und paarweise verschiedenen Indizes $a_1, \ldots, a_r$ darstellen.

Beweis von "$\Longrightarrow$":
Ist V direkte Summe, so gilt $V = \sum_{a\in I} U_a$, also ist jeder Vektor $x \in V$ Summe von Elementen aus den U_a. Es bleibt die *Eindeutigkeit* der Darstellung zu zeigen. Seien

$$x = x_{a_1} + \ldots + x_{a_r} \quad \text{und} \quad x = y_{b_1} + \ldots + y_{b_s}$$

zwei Darstellungen der verlangten Art von $x \neq 0$.
Wir zeigen zunächst, daß bei geeigneter Numerierung $r = s$ und $a_i = b_i$ für $i = 1, \ldots, r$ gelten muß .
Wäre z. B. a_l von allen b_j verschieden, so wäre wegen

$$x_{a_l} = y_{b_1} + \ldots + y_{b_s} - x_{a_1} - \ldots - x_{a_{l-1}} - x_{a_{l+1}} - \ldots - x_{a_r} \neq 0$$

dann $x_{a_l} \in U_{a_l} \cap (\sum_{a \neq a_i} U_a)$, im Widerspruch zu $V = \bigoplus_{a \in I} U_a$.
Es folgt $r = s$ und $a_i = b_i$ für $i = 1, \ldots, r$, also

$$x = x_{a_1} + \ldots + x_{a_r} = y_{a_1} + \ldots + y_{a_r}.$$

Für beliebiges $l \in \{1, \ldots, r\}$ folgt dann

$$x_{a_l} - y_{a_l} = \sum_{j \neq l} y_{a_j} - \sum_{j \neq l} x_{a_j} = \sum_{j \neq l} (y_{a_j} - x_{a_j}),$$

wobei $y_{a_j} - x_{a_j} \in U_{a_j}$ ist. Da V direkte Summe ist, gilt

$$(\sum_{j \neq l} U_{a_j}) \cap U_{a_l} = \{0\} ,$$

also $x_{a_l} - y_{a_l} = 0$, d. h. $x_{a_l} = y_{a_l}$. Da dies für $l = 1, \ldots, r$ gilt, folgt die Eindeutigkeit der Darstellung.

Beweis von "$\Longleftarrow$":
Da sich jeder Vektor $x \in V$ als Summe von Elementen aus den U_a darstellen läßt, folgt $V = \sum_{a \in I} U_a$.
Es bleibt die Bedingung $(\sum_{a \neq b} U_a) \cap U_b = \{0\}$ für alle $b \in I$ zu zeigen. Angenommen, es gibt einen Index $b \in I$ und einen Vektor $x \neq 0$ mit $x \in (\sum_{a \neq b} U_a) \cap U_b$.
Wegen $x \in \sum_{a \neq b} U_a$ gibt es Indizes $a_1, \ldots, a_k$, die alle von b verschieden sind, so daß x in der Form

$$(*) \qquad x = x_{a_1} + \ldots + x_{a_k} \quad \text{mit} \quad 0 \neq x_{a_r} \in U_{a_r} \quad (r = 1, \ldots, k)$$

dargestellt werden kann. Wegen $x \in U_b$ ist $x = x$ eine Darstellung, die wegen $b \notin \{a_1, \ldots, a_k\}$ von der Darstellung (*) verschieden ist. $\sharp$
Also gilt für alle $b \in I$: $\quad (\sum_{a \neq b} U_a) \cap U_b = \{0\}$

3.4.12

Man zeige:

V ist direkte Summe der Untervektorräume $W_1, \ldots, W_k$ genau dann, wenn

(i) $V = W_1 + \ldots + W_k$ *und*

(ii) $\forall\, w_1 \in W_1 \setminus \{0\} \ldots \forall\, w_k \in W_k \setminus \{0\}$ *gilt:*
$w_1, \ldots, w_k$ *sind linear unabhängig.*

"$\Longrightarrow$"

Es sei $V = \bigoplus\limits_{i=1}^{k} W_i$. Nach Definition gilt dann (i). Seien $w_i \in W_i$ für $i = 1, \ldots, k$ und $\alpha_1 w_1 + \ldots + \alpha_k w_k = 0$. Angenommen es gibt ein $\alpha_j \neq 0$. Dann folgt

$$w_j = \frac{1}{\alpha_j}(\sum_{i \neq j} \alpha_i w_i) \qquad \text{d.h. } w_j \in (\sum_{i \neq j} W_i) \cap W_j\ ,$$

ein Widerspruch zur direkten Summe.

"$\Longleftarrow$"

Zu zeigen ist $(\sum\limits_{i \neq j} W_i) \cap W_j = \{0\}$ für alle $j = 1, \ldots, k$.

Sei o.B.d.A. $(\sum\limits_{i \neq 1} W_i) \cap W_1 \neq \{0\}$. Wähle $0 \neq x \in (\sum\limits_{i \neq 1} W_i) \cap W_1$.
$x \in W_1$ besitzt also eine Darstellung $x = \alpha_2 w_2 + \ldots + \alpha_k w_k$.
Es folgt $-x + \alpha_2 w_2 + \ldots + \alpha_k w_k = 0$, und dies ist ein Widerspruch zu (ii).

Kapitel 4

Lineare Abbildungen und Matrizen

Lineare Abbildungen werden nun zwischen allgemeinen Vektorräumen V und W definiert, und anschließend wird der in Abschnitt 2.8. behandelte Zusammenhang zwischen linearen Abbildungen $f : \mathbb{R}^n \longrightarrow \mathbb{R}^m$ und Matrizen über $\mathbb{R}$ auf allgemeine Vektorräume ausgedehnt.

4.1 Lineare Abbildungen

V und W seien Vektorräume über einem Körper K.

lineare Abbildung

Eine Abbildung $\varphi : V \longrightarrow W$ heißt **linear**, falls gilt:

(L1)	$\varphi(x + y) = \varphi(x) + \varphi(y)$	für alle $x, y \in V$	(φ additiv)
(L2)	$\varphi(\alpha x) = \alpha\varphi(x)$	für alle $x \in V, \alpha \in K$	(φ homogen)

(L1) und (L2) heißen **Linearitätsbedingungen**.

Spezielle lineare Abbildungen φ bekommen einen besonderen Namen. Man präge sich insbesondere die folgenden Begriffe ein:

Spezielle lineare Abbildungen

φ ist **Isomorphismus**	$\Longleftrightarrow$	φ ist linear und bijektiv V und W heißen dann isomorph
φ ist **Endomorphismus**	$\Longleftrightarrow$	$V = W$, φ linear
φ ist **Automorphismus**	$\Longleftrightarrow$	$V = W$, φ linear und bijektiv

4.1.1
Man untersuche jeweils, welche der Linearitätsbedingungen (L1) *und* (L2) *für die folgenden Funktionen erfüllt sind.*

a) $f_1 : \mathbb{R}^2 \longrightarrow \mathbb{R}^2 \qquad f_1(x,y) = (x-y, 1+y)$

b) $f_2 : \mathbb{R}^3 \longrightarrow \mathbb{R}^2 \qquad f_2(x,y,z) = (x-y, x-y)$

c) $f_3 : \mathbb{C} \longrightarrow \mathbb{C} \qquad f_3(z) = \overline{z}$ *für* $K = \mathbb{R}$ *und für* $K = \mathbb{C}$.

a) (L1) gilt nicht, wie das folgende Gegenbeispiel zeigt:

$$f_1((0,0)+(0,0)) = f_1(0,0) = (0,1) \neq (0,2) = f_1(0,0) + f_1(0,0)$$

Da für eine lineare Abbildung φ

$$\varphi(0) = \varphi(0+0) = \varphi(0) + \varphi(0)$$

gilt, folgt $\varphi(0) = 0$.

Merke: Für eine lineare Abbildung φ gilt stets $\varphi(0) = 0$.

Auch (L2) gilt nicht, denn es ist z. B. :

$$f_1(2(0,0)) = f_1(0,0) = (0,1) \neq (0,2) = 2f_1(0,0)$$

b) f_2 ist linear, wie man sofort nachrechnet, z. B. (L2) wie folgt:

$$\begin{aligned} f_2(\alpha(x,y,z)) &= f_2(\alpha x, \alpha y, \alpha z) = (\alpha x - \alpha y, \alpha x - \alpha y) = \alpha(x-y, x-y) = \\ &= \alpha f_2(x,y,z) \end{aligned}$$

c) Es gilt

$$f_3(z_1+z_2) = \overline{z_1+z_2} = \overline{z_1} + \overline{z_2} = f_3(z_1) + f_3(z_2),$$

also gilt (L1) und zwar unabhängig davon, ob $K = \mathbb{R}$ oder $K = \mathbb{C}$ gilt.
Bei (L2) muß aber unterschieden werden. Für $K = \mathbb{R}$ gilt

$$f_3(\alpha z) = \overline{\alpha z} = \overline{\alpha}\,\overline{z} = \alpha\overline{z} = \alpha f_3(z),$$

da $\alpha = \overline{\alpha}$ falls $\alpha \in \mathbb{R}$. Da dies in $\mathbb{C}$ nicht gilt, kann man für $K = \mathbb{C}$ mit $\alpha = i$ und $z = 1$ sofort ein Gegenbeispiel für die Gültigkeit von (L2) angeben.

$$f_3(\alpha z) = f_3(i) = \overline{i} = -i \neq i = \alpha f_3(z)$$

f_3 ist also für $K = \mathbb{R}$ linear, für $K = \mathbb{C}$ dagegen nicht.
Die Linearität einer Abbildung ist also vom zugrundeliegenden Körper abhängig!

4.1.2

Es sei V der Vektorraum der Polynome über $\mathbb{R}$.
Man untersuche, ob die folgenden Abbildungen $\varphi : V \longrightarrow V$ linear sind.
Im Falle der Linearität untersuche man ferner, ob Automorphismen vorliegen.

a) $\varphi(p) := p'$

b) $\varphi(p) := \int_0^x p(t)\,dt$

c) $\varphi(p) := \sum_{i=0}^{n} a_i x^{2i}$, *falls* $p = \sum_{i=0}^{n} a_i x^i$

a) φ ist linear, denn die Linearitätsbedingungen (L1) und (L2) sind gerade die Ableitungsregeln

$$(p+q)' = p' + q' \qquad \text{und} \qquad (cp)' = c\,p'.$$

φ ist kein Automorphismus, da φ nicht injektiv, also auch nicht bijektiv ist. So sind z. B. die Polynome $p = x$ und $q = x + 1$ verschieden, aber

$$\varphi(p) = \varphi(x) = \varphi(x+1) = 1 = \varphi(q).$$

b) Auch diese Abbildung ist linear. Die Linearitätsbedingungen sind hier die Integrationsregeln

$$\int_0^x (p(t)+q(t))\,dt = \int_0^x p(t)\,dt + \int_0^x q(t)\,dt \quad \text{und} \quad \int_0^x c\,p(t)\,dt = c\int_0^x p(t)\,dt.$$

φ ist kein Automorphismus, da φ nicht surjektiv ist. Die Konstanten $\neq 0$ werden nicht als Bild unter φ angenommen.

c) Die Abbildung φ ist linear, denn die Gültigkeit von (L1) und (L2) erkennt man direkt an der Definition von φ.
φ ist kein Automorphismus, denn Polynome, in denen ein ungerader Exponent vorkommt, treten nicht als Bilder unter φ auf. Damit ist φ nicht surjektiv.

4.1.3

Eine lineare Abbildung $\varphi : \mathbb{R}^2 \longrightarrow \mathbb{R}^3$ sei gegeben durch

$$\varphi(1,1) := (1,0,-2) \ \textit{und}\ \varphi(1,2) := (0,1,-1).$$

Man bestimme $\varphi(5,7)$ und $\varphi(x,y)$.

Die Vektoren $(1,1)$ und $(1,2)$, deren Bilder unter φ gegeben sind, bilden eine Basis vom $\mathbb{R}^2$.
$\varphi(5,7)$ kann auf zwei verschiedene Arten berechnet werden.

1. Lösungsweg:
Es wird der Vektor $(5,7)$ in der gegebenen Basis dargestellt und dann $\varphi(5,7)$ unter Anwendung der Linearitätsbedingungen (L1) und (L2) berechnet.
Hier gilt:

$$(5,7) = 3\,(1,1) + 2\,(1,2)$$

(Sieht man das nicht, muß man ein LGS lösen!)

$$\begin{aligned}
\varphi(5,7) &= \varphi(3\,(1,1) + 2\,(1,2)) && \\
&= \varphi(3\,(1,1)) + \varphi(2\,(1,2)) && \text{nach (L1)} \\
&= 3\,\varphi(1,1) + 2\,\varphi(1,2) && \text{nach (L2)} \\
&= 3\,(1,0,-2) + 2\,(0,1,-1) && \text{nach Voraussetzung} \\
&= (3,2,-8) &&
\end{aligned}$$

2. Lösungsweg:
Es werden zunächst die Bilder der kanonischen Basisvektoren nach dem eben angegebenen Verfahren berechnet und anschließend $\varphi(5,7)$ wieder unter Benutzung der Linearitätsbedingungen. Man erhält

$$(1,0) = 2\,(1,1) - (1,2) \quad \text{und} \quad (0,1) = -(1,1) + (1,2), \quad \text{also:}$$

$$\begin{aligned}
\varphi(1,0) &= \varphi(2\,(1,1) - (1,2)) = 2\,(1,0,-2) - (0,1,-1) = (2,-1,-3) \\
\varphi(0,1) &= \varphi(-(1,1) + (1,2)) = -(1,0,-2) + (0,1,-1) = (-1,1,1)
\end{aligned}$$

Damit folgt nun:

$$\begin{aligned}
(5,7) = 5\,(1,0) + 7\,(0,1) \quad \Longrightarrow \quad \varphi(5,7) &= 5\,\varphi(1,0) + 7\,\varphi(0,1) \\
&= 5\,(2,-1,-3) + 7\,(-1,1,1) \\
&= (3,2,-8)
\end{aligned}$$

Die zweite Methode eignet sich besonders zur Berechnung von $\varphi(x,y)$. Damit folgt nämlich:

$$\begin{aligned}
\varphi(x,y) &= x\,\varphi(1,0) + y\,\varphi(0,1) = x\,(2,-1,-3) + y\,(-1,1,1) = \\
&= (2x - y, -x + y, -3x + y)
\end{aligned}$$

Das hier durchgeführte Verfahren ist ein Spezialfall eines wichtigen Satzes über lineare Abbildungen, der in der nächsten Aufgabe formuliert wird.

4.1.4
Es sei $a_1, \ldots, a_n$ eine Basis des Vektorraumes V, ferner $\varphi : V \longrightarrow W$ eine lineare Abbildung, von der $\varphi(a_1), \ldots, \varphi(a_n)$ bekannt seien.
Dann läßt sich für jedes $X \in V$ das Bild $\varphi(X)$ berechnen.

Es sei $X \in V$ gegeben. Da $a_1, \ldots, a_n$ eines Basis von V ist, gibt es eindeutig bestimmte $\alpha_1, \ldots, \alpha_n \in K$ mit

$$X = \alpha_1 a_1 + \alpha_2 a_2 + \ldots + \alpha_n a_n.$$

Damit folgt:

$$\begin{aligned} \varphi(X) = \varphi(\alpha_1 a_1 + \ldots + \alpha_n a_n) &\overset{(L1)}{=} \varphi(\alpha_1 a_1) + \ldots + \varphi(\alpha_n a_n) \\ &\overset{(L2)}{=} \alpha_1 \varphi(a_1) + \ldots + \alpha_n \varphi(a_n) \end{aligned}$$

Die Aussage dieses Satzes formuliert man i. a. wie folgt:

Eine lineare Abbildung von V nach W ist durch Angabe auf einer Basis von V eindeutig bestimmt.

4.1.5

Es sei V der Vektorraum $L(e^t, \sin t, \cos t)$, also der Raum, der von den Funktionen $e^t, \sin t$ und $\cos t$ erzeugt wird.
$B = (b_1, b_2, b_3) = (e^t - 2\sin t, \sin t + \cos t, e^t + \sin t + 2\cos t)$ ist eine Basis von V. Eine lineare Abbildung $\varphi : V \longrightarrow V$ sei definiert durch
$\varphi(b_1) := e^t$, $\varphi(b_2) := e^t + \sin t$, $\varphi(b_3) := 2e^t$.
Man berechne $\varphi(e^t)$, $\varphi(\sin t)$ und $\varphi(\cos t)$.

Setzt man $a_1 = e^t, a_2 = \sin t, a_3 = \cos t$, so bilden a_1, a_2, a_3 eine Basis von V. b_1, b_2, b_3 bilden ebenfalls eine Basis von V. Bekannt sind $\varphi(b_1), \varphi(b_2), \varphi(b_3)$. Die Aufgabe ist es, $\varphi(a_1), \varphi(a_2), \varphi(a_3)$ zu bestimmen.
Gemäß der Aufgabe 3 stellen wir a_1, a_2, a_3 als Linearkombination der b_1, b_2, b_3 dar. Dazu lösen wir das LGS:

$$\begin{array}{rcrcrcr} b_1 & = & a_1 & - & 2a_2 & & \\ b_2 & = & & & a_2 & + & a_3 \\ b_3 & = & a_1 & + & a_2 & + & 2a_3 \end{array} \iff \begin{pmatrix} b_1 \\ b_2 \\ b_3 \end{pmatrix} = \begin{pmatrix} 1 & -2 & 0 \\ 0 & 1 & 1 \\ 1 & 1 & 2 \end{pmatrix} \begin{pmatrix} a_1 \\ a_2 \\ a_3 \end{pmatrix}$$

Dieses LGS ist eindeutig lösbar, da a_1, a_2, a_3 eine Basis ist. Man erhält:

$$\begin{pmatrix} a_1 \\ a_2 \\ a_3 \end{pmatrix} = \begin{pmatrix} 1 & -2 & 0 \\ 0 & 1 & 1 \\ 1 & 1 & 2 \end{pmatrix}^{-1} \begin{pmatrix} b_1 \\ b_2 \\ b_3 \end{pmatrix} \iff \begin{array}{rcrcrcr} a_1 & = & -b_1 & - & 4b_2 & + & 2b_3 \\ a_2 & = & -b_1 & - & 2b_2 & + & b_3 \\ a_3 & = & b_1 & + & 3b_2 & - & b_3 \end{array}$$

Auf b_1, b_2, b_3 ist φ bekannt. Mittels (L1) und (L2) erhält man:

$$\begin{array}{rclclcl} \varphi(a_1) & = & -\varphi(b_1) - 4\varphi(b_2) + 2\varphi(b_3) & = & -e^t - 4\sin t & = & \varphi(e^t) \\ \varphi(a_2) & = & -\varphi(b_1) - 2\varphi(b_2) + \varphi(b_3) & = & -e^t - 2\sin t & = & \varphi(\sin t) \\ \varphi(a_3) & = & \varphi(b_1) + 3\varphi(b_2) - \varphi(b_3) & = & 2e^t + 3\sin t & = & \varphi(\cos t) \end{array}$$

4.1.6

Man untersuche jeweils, ob es lineare Abbildungen $\varphi : \mathbb{R}^n \longrightarrow \mathbb{R}^m$ *mit den angegebenen Eigenschaften gibt. Wenn ja, wie viele?*

a) $n = 4$, $m = 3$, $\varphi(A_i) = B_i$ *für die folgenden Vektoren:*
$A_1 = (1, 2, 1, 1)$, $A_2 = (3, 0, 1, -1)$, $A_3 = (0, 1, -1, 1)$,
$B_1 = (1, 2, 3)$, $B_2 = B_3 = (1, 0, 1)$.

b) *alles wie in a), nur*
$A_1 = (1, 2, 1, 1)$, $A_2 = (0, -1, 1, -1)$, $A_3 = (3, 8, 1, 5)$.

c) $n = 4$, $m = 3$, $\varphi(A_i) = B_i$ *für die folgenden Vektoren:*
$A_1 = (1, 1, 1, 1)$, $A_2 = (1, 1, 1, 0)$, $A_3 = (1, 1, 0, 0)$
$A_4 = (0, 1, 1, 1)$, $B_i = (2, -1, 3)$ *für* $i = 1, \ldots, 4$.

a) Die Vektoren A_1, A_2, A_3 sind linear unabhängig, ihre Bilder unter einer linearen Abbildung können daher beliebig festgelegt werden. A_1, A_2, A_3 können auf unendlich viele Arten durch einen Vektor X zu einer Basis des $\mathbb{R}^4$ ergänzt werden. Das Bild von X kann dann für eine lineare Abbildung auch noch beliebig festgelegt werden. Damit gibt es unendlich viele lineare Abbildungen mit den angegebenen Eigenschaften.

b) Es gilt $3 \cdot (1, 2, 1, 1) - 2 \cdot (0, -1, 1, -1) = (3, 8, 1, 5)$. Für eine lineare Abbildung φ mit $\varphi(A_i) = B_i$ muß also gelten:

$$\begin{aligned} B_3 = \varphi(A_3) &= \varphi(3, 8, 1, 5) = \varphi(3 \cdot (1, 2, 1, 1) - 2 \cdot (0, -1, 1, -1)) \\ &= 3 \cdot \varphi(1, 2, 1, 1) - 2\varphi(0, -1, 1, -1) = 3 \cdot \varphi(v_1) - 2 \cdot \varphi(v_2) \end{aligned}$$

Diese Bedingung ist wegen $3 \cdot \varphi(v_1) - 2 \cdot \varphi(A_2) = 3B_1 - 2B_2 = (1, 6, 7)$ verletzt. Es gibt keine lineare Abbildung mit den angegebenen Eigenschaften.

c) Die Vektoren $A_1, \ldots, A_4$ sind linear unabhängig; sie bilden also eine Basis des $\mathbb{R}^4$. Durch Angabe der Bilder einer Basis ist eindeutig eine lineare Abbildung definiert. Also gibt es genau eine lineare Abbildung mit den angegebenen Eigenschaften.

4.1.7

Für eine Matrix $(a_{ij}) = \mathbf{A} \in \mathcal{M}_{n \times n}(K)$ *sei* $Spur\,\mathbf{A} := \sum_{i=1}^{n} a_{ii}$.

Man zeige: Die Abbildung $\varphi : \mathcal{M}_{n \times n}(K) \longrightarrow K$ *mit* $\varphi(\mathbf{A}) = Spur\,\mathbf{A}$ *ist eine lineare Abbildung.*

Es sei $\mathbf{A} = (a_{ij})$ und $\mathbf{B} = (b_{ij})$. Dann ist $\mathbf{A}+\mathbf{B} = (a_{ij}+b_{ij})$, und man erhält:

$$\text{Spur}\,(\mathbf{A}+\mathbf{B}) = \sum_{i=1}^{n}(a_{ii}+b_{ii}) = \sum_{i=1}^{n} a_{ii} + \sum_{i=1}^{n} b_{ii} = \text{Spur}\,\mathbf{A} + \text{Spur}\,\mathbf{B}$$

$$\text{Spur}\,c\mathbf{A} = \sum_{i=1}^{n} ca_{ii} = c\sum_{i=1}^{n} a_{ii} = c\,\text{Spur}\,\mathbf{A}$$

Damit gelten (L1) und (L2), also ist φ linear.

4.1.8

$\varphi : V \longrightarrow W$ sei eine bijektive lineare Abbildung.
Man zeige, daß dann auch φ^{-1} linear ist.

Es seien $u, v \in W$. Da φ bijektiv (also insbesondere surjektiv) ist, gibt es $x, y \in V$ mit $\varphi(x) = u$ und $\varphi(y) = v$. Da φ linear ist, gilt außerdem

$$\varphi(x+y) = \varphi(x) + \varphi(y) = u + v \quad \text{und} \quad \varphi(\alpha x) = \alpha\varphi(x) = \alpha u.$$

Nach Definition von φ^{-1} gilt $\varphi^{-1}(u) = x$, $\varphi^{-1}(v) = y$, $\varphi^{-1}(u+v) = x+y$ und $\varphi^{-1}(\alpha u) = \alpha x$. Damit folgt:

$$\varphi^{-1}(u+v) = x+y = \varphi^{-1}(u) + \varphi^{-1}(v) \quad \text{und} \quad \varphi^{-1}(\alpha u) = \alpha x = \alpha\varphi^{-1}(u)$$

Also gelten (L1) und (L2) auch für φ^{-1}, d. h. φ^{-1} ist linear.

4.1.9

V sei Vektorraum über $\mathbb{Q}$ und $f : V \longrightarrow V$ eine Abbildung, für die (L1) gilt, die also $f(x+y) = f(x) + f(y)$ für alle $x, y \in V$ erfüllt.
Man zeige, daß f linear ist.

Es muß die Gültigkeit von Axiom (L2) bewiesen werden. Für alle $\alpha \in \mathbb{Q}$ ist also $f(\alpha x) = \alpha f(x)$ zu zeigen.
Dies gilt für $\alpha = 0$, denn aus $f(0) = f(0+0) = f(0) + f(0)$ folgt $f(0) = 0$.
Als nächstes beweisen wir durch vollständige Induktion $f(nx) = n\,f(x)$ für alle $n \in \mathbb{N}$.
Für $n = 1$ ist das trivial.
Induktionsschluß :

$$f((n+1)x) = f(nx+x) = f(nx) + f(x) = n\,f(x) + f(x) = (n+1)\,f(x)$$

Beim vorletzten Gleichheitszeichen wird die Induktionsvoraussetzung angewendet.
Als drittes zeigen wir $f((-n)x) = (-n)\,f(x)$ für alle $n \in \mathbb{N}$.
$f(-x) + f(x) = f(-x+x) = f(0) = 0$ ergibt $f(-x) = -f(x)$, insbesondere

also $f((-n)x) = f(-nx) = -f(nx) = -n\,f(x) = (-n)\,f(x)$ für alle $n \in \mathbb{N}$.
Sei nun $\alpha \in \mathbb{Q}, \alpha \neq 0$ beliebig. Dann gibt es $m \in \mathbb{Z}$ und $n \in \mathbb{N}$ mit $\alpha = \frac{m}{n}$. Für alle $x \in V$ gilt dann $n\,f(\alpha x) = f(n\alpha x) = f(mx) = m\,f(x)$. Da $n \neq 0$ ist, kann man durch n dividieren und erhält:

$$f(\alpha x) = \frac{m}{n}\,f(x) = \alpha\,f(x)$$

Also ist f linear.

4.1.10

V und W seien Vektorräume über K.
Mit $Hom(V, W) := \{f \mid f : V \longrightarrow W,\ f \text{ linear}\}$ bezeichnet man die Menge aller linearen Abbildungen von V nach W.
Man zeige, daß $Hom(V, W)$ mit der üblichen Addition von Funktionen und Multiplikation von Funktionen mit Elementen aus K ein Vektorraum über K ist.
Im Falle $\dim V = n$ und $\dim W = m$ bestimme man die Dimension von $Hom(V, W)$.

Die Funktionen von V nach W bilden einen Vektorraum über K, wie man leicht zeigen kann (siehe auch Aufgabe 3.2.4).
Man zeigt nun, daß $\mathrm{Hom}(V, W)$ ein Untervektorraum ist.
Die Nullfunktion ist linear, also gilt (U1). Zu zeigen bleibt:

$$\begin{array}{lll} (\mathsf{U2}) & f, g \in \mathrm{Hom}(V, W) & \Longrightarrow \quad f + g \in \mathrm{Hom}(V, W) \\ (\mathsf{U3}) & f \in \mathrm{Hom}(V, W),\ \alpha \in K & \Longrightarrow \quad \alpha f \in \mathrm{Hom}(V, W) \end{array}$$

Zu (U2): Seien also f, g linear. Dann gilt

$$\begin{aligned} (f+g)(x+y) &= f(x+y) + g(x+y) = f(x) + f(y) + g(x) + g(y) = \\ &= f(x) + g(x) + f(y) + g(y) = \\ &= (f+g)(x) + (f+g)(y), \\ (f+g)(\alpha x) &= f(\alpha x) + g(\alpha x) = \alpha\,f(x) + \alpha\,g(x) = \\ &= \alpha\,(f+g)(x), \end{aligned}$$

also ist auch $f + g$ linear. Entsprechend zeigt man (U3).

Gilt $\dim V = n$ und $\dim W = m$, so seien $(a_1, \ldots, a_n)$ und $(b_1, \ldots, b_m)$ Basen von V bzw. W.
Zunächst zeigen wir nun, daß für beliebige $c_1, \ldots, c_n \in W$ genau eine lineare Abbildung $\varphi : V \longrightarrow W$ existiert mit $\varphi(a_i) = c_i$ für $i = 1, \ldots, n$.
Die *Eindeutigkeit* ergibt sich wie folgt:

Für jedes $x \in V$ gibt es eindeutig bestimmte $\alpha_1, \ldots, \alpha_n \in K$ mit

$$x = \alpha_1 a_1 + \ldots + \alpha_n a_n,$$

da $(a_1, \ldots, a_n)$ eine Basis von V ist. Soll φ linear sein, und gilt $\varphi(a_i) = c_i$, so muß gelten

$$(*) \qquad \varphi(x) = \alpha_1 c_1 + \ldots + \alpha_n c_n,$$

d. h. φ ist eindeutig.
Die *Existenz* folgt, indem man die Gleichung $(*)$ zur Definition von φ benutzt. Daraus folgt sofort $\varphi(a_i) = c_i$ für $i = 1, \ldots, n$ und die Linearität von φ.

Nach obigem Beweis sind durch

$$\varphi_{ij}(a_k) := \begin{cases} b_j & \text{falls } k = i \\ 0 & \text{sonst} \end{cases}$$

mn lineare Abbildungen φ_{ij} definiert.
Nun zeigen wir, daß die Menge

$$B := \{\varphi_{ij} \mid i = 1, \ldots, n; j = 1, \ldots, m\}$$

linear unabhängig ist und $L(B) = \operatorname{Hom}(V, W)$ gilt.
Sei $\sum_{i,j} \alpha_{ij}\varphi_{ij} = 0$. Für alle $x \in V$ gilt also $(\sum_{i,j} \alpha_{ij}\varphi_{ij})(x) = 0$. Setzen wir der Reihe nach $x = a_k$ $(k = 1, \ldots, n)$, so erhalten wir nach Definition von φ_{ij}, daß $\sum_{j=1}^{m} \alpha_{kj} b_j = 0$ gilt. Da $(b_1, \ldots, b_m)$ Basis von W ist, folgt $\alpha_{k1} = \ldots = \alpha_{km} = 0$ aus der linearen Unabhängigkeit der b_j. Da dies für $k = 1, \ldots, n$ gilt, sind alle $\alpha_{ij} = 0$, d. h. B ist linear unabhängig.
Es muß nur noch $\operatorname{Hom}(V, W) \subseteq L(B)$ gezeigt werden, da $L(B) \subseteq \operatorname{Hom}(V, W)$ trivialerweise gilt.
Sei dazu $f \in \operatorname{Hom}(V, W)$ und

$$f(a_i) = \sum_{j=1}^{m} \alpha_{ij} b_j$$

für $i = 1, \ldots, n$. Dann ergibt sich wie in der Rechnung beim Beweis der linearen Unabhängigkeit von B, daß $f = \sum_{i,j} \alpha_{ij}\varphi_{ij}$ gilt, also $f \in B$ ist.

Somit ist B eine Basis von $\operatorname{Hom}(V, W)$ und wegen $|B| = nm$ folgt schließlich $\dim \operatorname{Hom}(V, W) = nm$.

4.2 Bild und Kern

Kern und **Bild** einer linearen Abbildung $\varphi : V \longrightarrow W$

$$\begin{aligned} \operatorname{Kern}\varphi &:= \{x \in V \mid \varphi(x) = 0\} \\ \operatorname{Bild}\varphi &:= \varphi(V) \end{aligned}$$

Ist V endlich–dimensional, so gilt:

Kern–Bild–Satz

$$\dim \operatorname{Kern}\varphi + \dim \operatorname{Bild}\varphi = \dim V$$

Die Dimension von $\operatorname{Bild}\varphi$ ist also nie größer als die Dimension des Urbildraums.

4.2.1

a) *Für die lineare Abbildung* $\varphi : \mathbb{R}^2 \longrightarrow \mathbb{R}^3$ *mit* $\varphi(x,y) := (x-y, y-x, x)$ *bestimme man jeweils die Dimension und eine Basis von* $\operatorname{Kern}\varphi$ *und* $\operatorname{Bild}\varphi$.

b) *Wie unter a) behandele man* $\varphi : \mathbb{R}^3 \longrightarrow \mathbb{R}^3$ *mit* $\varphi(x,y,z) := (2x + y + 3z, x + 4y - z, -7y + 5z)$.

a) Es ist $(x,y) \in \operatorname{Kern}\varphi \Longleftrightarrow \varphi(x,y) = (0,0,0)$. Mit der gegebenen Abbildung ist also $(x,y) \in \operatorname{Kern}\varphi \Longleftrightarrow x = 0 \wedge x - y = 0$. Daraus folgt $\operatorname{Kern}\varphi = \{(0,0)\}$, also hat der Kern die Dimension 0. Nach dem Kern–Bild–Satz ist damit die Dimension von $\operatorname{Bild}\varphi$ gleich 2. ↳ (da (0 0) lin. ab. ist)
Es gilt $(a,b,c) \in \operatorname{Bild}\varphi \Longleftrightarrow b = -a$, da $y - x = -(x - y)$.
Also ist $(1,-1,0), (0,0,1)$ eine Basis von $\operatorname{Bild}\varphi$.

b) Zur Bestimmung von $\operatorname{Kern}\varphi$ löst man hier das homogene lineare Gleichungssystem $\varphi(x,y,z) = (0,0,0)$, also das Gleichungssystem:

$$\begin{array}{rcrcrcl} 2x & + & y & + & 3z & = & 0 \\ x & + & 4y & - & z & = & 0 \\ & - & 7y & + & 5z & = & 0 \end{array}$$

Wir bringen die zugehörige Matrix, bei der wir die zweite Gleichung als erste Zeile schreiben, auf Zeilenstufenform.

$$\begin{pmatrix} 1 & 4 & -1 \\ 2 & 1 & 3 \\ 0 & -7 & 5 \end{pmatrix} \rightsquigarrow \begin{pmatrix} 1 & 4 & -1 \\ 0 & -7 & 5 \\ 0 & 0 & 0 \end{pmatrix}$$

$\operatorname{Kern}\varphi$ hat also die Dimension 1 und es ist: $\operatorname{Kern}\varphi = L((-13,5,7))$
Nach dem Kern–Bild–Satz hat $\operatorname{Bild}\varphi$ die Dimension 2. Eine Basis findet man,

indem man eine Basis vom $\mathbb{R}^3$ mittels φ abbildet und aus den Bildvektoren, die ja Bild φ erzeugen, eine Basis bestimmt. Hier erhält man:

$$\varphi(1,0,0) = (2,1,0) \qquad \varphi(0,1,0) = (1,4,-7)$$

Weitere Bildvektoren brauchen nicht bestimmt zu werden, da die erhaltenen zwei Bildvektoren linear unabhängig sind, also schon eine Basis von Bild φ darstellen.

4.2.2

Für die lineare Abbildung $f : \mathbb{R}^3 \longrightarrow \mathbb{R}^4$ *mit*

$$f(x_1, x_2, x_3) := (x_1 - x_2 + 2x_3, 2x_1 - 2x_3, -x_1 - x_2 + 4x_3, 3x_1 - x_2)$$

bestimme man Basen von Kern f *und von* Bild f.

Wir entwickeln ein Verfahren zur Bestimmung solcher Basen.
Dazu setzen wir die (kanonischen) Basen des $\mathbb{R}^3$ als B_1, B_2, B_3 und des $\mathbb{R}^4$ als B'_1, B'_2, B'_3, B'_4 an. Die lineare Abbildung f wird beschrieben durch das folgende Schema, welches zeilenweise zu lesen ist:

$f(E_1)$	$f(E_2)$	$f(E_3)$	E'_1	E'_2	E'_3	E'_4
1	0	0	1	2	−1	3
0	1	0	−1	0	−1	−1
0	0	1	2	−2	4	0

Indem wir die rechte Matrix auf Zeilenstufenform bringen, erkennen wir rechts eine Basis von Bild f, denn der Zeilenraum (also der Bildraum) wird nicht verändert. Gleichzeitig erkennt man durch die zu rechts stehenden Nullzeilen korrespondierenden Zeilen links eine Basis von Kern f. Also:

$f(E_1)$	$f(E_2)$	$f(E_3)$	E'_1	E'_2	E'_3	E'_4
1	0	0	1	2	−1	3
0	1	0	−1	0	−1	−1
0	0	1	2	−2	4	0
1	0	0	1	2	−1	3
1	1	0	0	2	−2	2
−2	0	1	0	−6	6	−6
1	0	0	1	2	−1	3
1	1	0	0	2	−2	2
1	3	1	0	0	0	0

Es ist $(1,3,1)$ eine Basis von Kern f (die letzte Zeile liefert nämlich $f(E_1) + 3f(E_2) + f(E_3) = 0$, also wegen der Linearität von f die Gleichung $f(1,3,1) = 0$) und $(1,2,-1,3), (0,1,-1,1)$ ist eine Basis von Bild f.

Sehr schön wird am Endschema auch die Aussage des Kern-Bild-Satzes klar.

4.2.3
Man gebe eine lineare Abbildung $\varphi : \mathbb{R}^3 \longrightarrow \mathbb{R}^4$ *an, so daß* $\mathit{Bild}\,\varphi = L\,((1,2,0,-4),(2,0,-1,-3))$ *ist.*

Da eine lineare Abbildung durch Angabe auf einer Basis eindeutig definiert ist, definiere man φ z. B. durch:

$$\varphi\,(1,0,0) := (1,2,0,-4) \quad \varphi\,(0,1,0) := (2,0,-1,-3) \quad \varphi\,(0,0,1) := (0,0,0,0)$$

Diese Abbildung besitzt natürlich das angegebene Bild. Damit bestimmen wir nun $\varphi\,(x,y,z)$ wie in Aufgabe 4.1.3:

$$\varphi\,(x,y,z) = x\,\varphi\,(1,0,0) + y\,\varphi\,(0,1,0) + z\,\varphi\,(0,0,1),$$

denn φ soll linear sein. Mit obiger Definition der Bilder der Einheitsvektoren ergibt sich also:

$$\varphi\,(x,y,z) = (x+2y, 2x, -y, -4x-3y)$$

4.2.4
Man untersuche jeweils, ob es lineare Abbildungen $\varphi : \mathbb{R}^n \longrightarrow \mathbb{R}^m$ *mit den angegebenen Eigenschaften gibt. Wenn ja, wie viele?*

a) $n = m = 4$, $\mathit{Kern}\,\varphi = L((1,0,0,0),(1,1,0,0)) = \varphi(\mathbb{R}^4)$

b) $n = 3$, $m = 4$,
$\mathit{Kern}\,\varphi = L((1,1,0),(1,1,1)),\ \mathit{Bild}\,\varphi = L((1,0,0,0),(2,0,1,0))$

a) Es gibt unendlich viele lineare Abbildungen mit den angegebenen Eigenschaften:
$A_1 := (1,0,0,0)$, $A_2 := (1,1,0,0)$ sind linear unabhängig. Ergänzt man sie durch A_3, A_4 zu einer Basis des $\mathbb{R}^4$, so ist durch φ mit $\varphi(A_1) = \varphi(A_2) = 0$, ferner $\varphi(A_3), \varphi(A_4) \in \varphi(V)$ wobei zusätzlich $\varphi(A_3), \varphi(A_4)$ linear unabhängig sind, eindeutig eine lineare Abbildung mit den angegebenen Eigenschaften definiert. Für die Wahl von A_3 und A_4 gibt es beliebig viele Möglichkeiten.

b) Nach dem Kern-Bild-Satz gilt: $\dim \mathrm{Kern}\,\varphi + \dim \mathrm{Bild}\,\varphi = \dim V$.
Hier ist $\dim V = \dim \mathbb{R}^3 = 3$, $\dim \mathrm{Kern}\,\varphi = \dim \mathrm{Bild}\,\varphi = 2$.
Also kann keine lineare Abbildung mit den angegebenen Eigenschaften existieren.

4.2.5

a) *Es sei* V *der Vektorraum der Polynome vom Grade* $\leq n$ *über* $\mathbb{R}$, $\varphi : V \longrightarrow V$ *sei definiert durch* $\varphi\,(p) := p'$. *Man bestimme* $\mathit{Kern}\,\varphi$ *und* $\mathit{Bild}\,\varphi$.

b) *Man löse a) für den Vektorraum* V *aller Polynome über* $\mathbb{R}$.

a) Es gilt: $\text{Kern}\,\varphi = \{p \in V \mid \text{grad}\, p = 0\} \cup \{0\}$
(Beachte: Das Nullpolynom hat den Grad $-\infty$.)
Der Kern besteht also aus allen Konstanten, da die Ableitung einer Konstanten 0 ergibt, während die Ableitung eines Polynoms vom Grade ≥ 1 nicht 0 ist.
Ferner ist $\text{Bild}\,\varphi$ der Vektorraum der Polynome vom Grade $\leq n-1$. Jedes Polynom vom Grade $\leq n-1$ kann als Bild (also als Ableitung) auftreten. Ist nämlich $p = \sum_{i=0}^{n-1} a_i x^i$ gegeben, so gilt für $q = \sum_{i=0}^{n-1} \frac{1}{i+1}\, a_i x^{i+1} \in V$ nach den Ableitungsregeln: $\varphi(q) = q' = p$
Ein Polynom vom Grade n kann dagegen nicht mehr als Bild auftreten, da die Ableitung den Grad um 1 reduziert.
Es gilt hier also: $\dim \text{Kern}\,\varphi + \dim \text{Bild}\,\varphi = 1 + n = \dim V$
(vgl. Kern–Bild–Satz)

b) Der Kern von φ besteht wieder – wie bei a) – aus allen Konstanten. Dagegen ist $\text{Bild}\,\varphi$ hier der ganze Vektorraum V, denn jedes Polynom kann jetzt als Bild (also als Ableitung) auftreten.
Da die Dimension von V nicht endlich ist, erkennt man , daß die Formel des Kern–Bild–Satzes in der angegebenen Form für nicht endlich–dimensionale Vektorräume dann nicht sinnvoll ist.

4.2.6

Es sei V der Vektorraum der $n \times n$–Matrizen über $\mathbb{R}$.

a) *Man zeige, daß $\varphi : V \longrightarrow V$ mit $\varphi(\mathbf{A}) = \mathbf{A} + \mathbf{A}^\top$ linear ist.*

b) *Man bestimme $\text{Kern}\,\varphi$ und $\text{Bild}\,\varphi$.*

a)

$$\varphi(\mathbf{A}+\mathbf{B}) = (\mathbf{A}+\mathbf{B}) + (\mathbf{A}+\mathbf{B})^\top = \mathbf{A}+\mathbf{B}+\mathbf{A}^\top+\mathbf{B}^\top =$$
$$= \mathbf{A}+\mathbf{A}^\top+\mathbf{B}+\mathbf{B}^\top = \varphi(\mathbf{A}) + \varphi(\mathbf{B})$$

zeigt die Gültigkeit von (L1). Wegen

$$\varphi(\alpha\mathbf{A}) = \alpha\mathbf{A} + \alpha\mathbf{A}^\top = \alpha(\mathbf{A}+\mathbf{A}^\top) = \alpha\,\varphi(\mathbf{A})$$

gilt auch (L2), also ist φ linear.

b) Es gilt:

$$\mathbf{A} \in \text{Kern}\,\varphi \Longleftrightarrow \varphi(\mathbf{A}) = \mathbf{0} \Longleftrightarrow \mathbf{A}+\mathbf{A}^\top = \mathbf{0} \Longleftrightarrow \mathbf{A} = -\mathbf{A}^\top$$

Der Kern von φ besteht also genau aus den schiefsymmetrischen Matrizen.
Da die Matrix $\mathbf{A}+\mathbf{A}^\top$ symmetrisch ist, können im Bild von φ nur symmetrische Matrizen vorkommen. Umgekehrt ist jede symmetrische Matrix $\mathbf{B}$ auch im Bild, denn wegen $\mathbf{B} = \mathbf{B}^\top$ ergibt sich:

$$\varphi\left(\frac{1}{2}\mathbf{B}\right) = \frac{1}{2}\mathbf{B} + \left(\frac{1}{2}\mathbf{B}\right)^\top = \mathbf{B}$$

Also besteht das Bild von φ genau aus den symmetrischen Matrizen.

4.2.7

V sei der Vektorraum der $2 \times 2-$Matrizen über $\mathbb{R}$, $\mathbf{M} := \begin{pmatrix} 1 & 2 \\ 0 & 3 \end{pmatrix} \in V$.
$\varphi : V \longrightarrow V$ sei definiert durch $\varphi(\mathbf{A}) := \mathbf{AM} - \mathbf{MA}$.

a) *Man zeige, daß φ linear ist.*

b) *Man bestimme die Dimension und eine Basis von Kern φ.*

a) Es gilt

$$\begin{aligned} \varphi(\mathbf{A}+\mathbf{B}) &= (\mathbf{A}+\mathbf{B})\mathbf{M} - \mathbf{M}(\mathbf{A}+\mathbf{B}) = \mathbf{AM}+\mathbf{BM}-\mathbf{MA}-\mathbf{MB} = \\ &= \mathbf{AM}-\mathbf{MA}+\mathbf{BM}-\mathbf{MB} = \varphi(\mathbf{A})+\varphi(\mathbf{B}), \end{aligned}$$

also gilt (L1). Die Gültigkeit von (L2) ergibt sich entsprechend, und damit ist φ linear.

b) Gesucht sind alle Matrizen $\begin{pmatrix} x & y \\ u & v \end{pmatrix}$ mit $\varphi(\begin{pmatrix} x & y \\ u & v \end{pmatrix}) = \mathbf{0}$.

$$\begin{aligned} \varphi(\begin{pmatrix} x & y \\ u & v \end{pmatrix}) &= \begin{pmatrix} x & y \\ u & v \end{pmatrix}\begin{pmatrix} 1 & 2 \\ 0 & 3 \end{pmatrix} - \begin{pmatrix} 1 & 2 \\ 0 & 3 \end{pmatrix}\begin{pmatrix} x & y \\ u & v \end{pmatrix} = \\ &= \begin{pmatrix} x & 2x+3y \\ u & 2u+3v \end{pmatrix} - \begin{pmatrix} x+2u & y+2v \\ 3u & 3v \end{pmatrix} = \\ &= \begin{pmatrix} -2u & 2x+2y-2v \\ -2u & 2u \end{pmatrix} = \begin{pmatrix} 0 & 0 \\ 0 & 0 \end{pmatrix} \end{aligned}$$

Man erhält das folgende Gleichungssystem mit vier Variablen

$$\begin{array}{ccccccccc} x & + & y & - & v & & & = & 0 \\ & & & & & & u & = & 0 \end{array},$$

welches schon Zeilenstufenform besitzt. Freie Variablen sind y und v, also besitzt Kern φ die Dimension 2. Eine Basis von Kern φ erhält man z. B. , indem man zunächst $y = 1$ und $v = 0$ setzt, und anschließend $y = 0$ und $v = 1$. Dies liefert die folgende Basis von Kern φ:

$$\begin{pmatrix} -1 & 1 \\ 0 & 0 \end{pmatrix}, \begin{pmatrix} 1 & 0 \\ 0 & 1 \end{pmatrix}$$

4.2.8

V sei n-dimensionaler Vektorraum und $\varphi : V \longrightarrow V$ eine lineare Abbildung.

a) *Man untersuche, ob $V = \text{Kern}\,\varphi \oplus \text{Bild}\,\varphi$ gilt.*

b) *Man zeige: $\varphi \circ \varphi = \varphi \implies V = \text{Kern}\,\varphi \oplus \text{Bild}\,\varphi$*

a) $V = \text{Kern}\,\varphi \oplus \text{Bild}\,\varphi$ gilt nicht allgemein.
Als Gegenbeispiel betrachten wir den Vektorraum V der Polynome vom Grade ≤ 2 und die Differentiation, die nach Aufgabe 4.1.2 linear ist. Dann gilt:

$$\text{Kern}\,\varphi = \{p \mid \text{grad}\, p = 0\} \cup \{0\} \quad \text{und} \quad \text{Bild}\,\varphi = \{p \mid \text{grad}\, p \leq 1\}$$

Es ist $V \neq \text{Kern}\,\varphi + \text{Bild}\,\varphi = \text{Bild}\,\varphi$.

b) Wir benutzen in diesem Teil der Aufgabe für $\text{Bild}\,\varphi$ die Bezeichnung $\varphi(V)$. Die Dimensionsformel liefert:

$$\begin{aligned}\dim(\text{Kern}\,\varphi + \varphi(V)) &= \underbrace{\dim \text{Kern}\,\varphi + \dim \varphi(V)} - \dim(\text{Kern}\,\varphi \cap \varphi(V)) \\ &= \qquad \dim(V) \qquad\qquad - \dim(\text{Kern}\,\varphi \cap \varphi(V))\end{aligned}$$

Behauptung: $\text{Kern}\,\varphi \cap \varphi(V) = \{0\}$
Sei $a \in \text{Kern}\,\varphi \cap \varphi(V)$. Dann folgt $a \in \text{Kern}\,\varphi$, also $\varphi(a) = 0$, und $a \in \varphi(V)$, d. h. es gibt ein $u \in V$ mit $a = \varphi(u)$. Auf die letzte Gleichung wenden wir φ an, und erhalten:

$$\varphi(a) = \varphi(\varphi(u)) = \varphi(u) \qquad \text{da } \varphi \circ \varphi = \varphi$$

Unter Benutzung von $\varphi(u) = a$ und $\varphi(a) = 0$ folgt $a = 0$. Damit ist die Behauptung gezeigt.
Es gilt also $\dim(\text{Kern}\,\varphi + \varphi(V)) = \dim V$, und da $\text{Kern}\,\varphi + \varphi(V)$ ein Untervektorraum von V ist, folgt daraus $\text{Kern}\,\varphi + \varphi(V) = V$.
Wegen $\text{Kern}\,\varphi \cap \varphi(V) = \{0\}$ ist die Summe direkt.

4.2.9

V und W seien endlich–dimensionale Vektorräume über K, $\varphi : V \longrightarrow W$ sei linear. Man zeige:

a) *φ injektiv $\iff$ $\dim \text{Bild}\,\varphi = \dim V$*
$\iff$ $\text{Kern}\,\varphi = \{0\} \iff \dim \text{Kern}\,\varphi = 0$

b) *φ surjektiv $\iff$ $\dim \text{Kern}\,\varphi = \dim V - \dim W$*

c) *Ist $\dim V = \dim W$, so gilt:*
φ injektiv $\iff$ φ surjektiv $\iff$ φ bijektiv

a) Es gilt:

$$\begin{aligned}\varphi \text{ injektiv} &\iff \varphi(x) = \varphi(y) \Longrightarrow x = y \\ &\iff \varphi(x) - \varphi(y) = 0 \Longrightarrow x = y \\ &\iff \varphi(x - y) = 0 \Longrightarrow x = y, \quad \text{da } \varphi \text{ linear ist.} \\ &\iff \varphi(z) = 0 \Longrightarrow z = 0 \\ &\iff \text{Kern}\,\varphi = \{0\} \\ &\iff \dim \text{Kern}\,\varphi = 0 \\ &\iff \dim \text{Bild}\,\varphi = \dim V - \dim \text{Kern}\,\varphi = \dim V\end{aligned}$$

b) Ist φ surjektiv, so gilt $\varphi(V) = W$. Der Kern–Bild–Satz liefert $\dim \operatorname{Kern} \varphi + \dim W = \dim V$, also $\dim \operatorname{Kern} \varphi = \dim V - \dim W$.
Gilt umgekehrt diese letzte Gleichung, so folgt $\dim W = \dim \varphi(V)$ nach dem Kern–Bild–Satz. Da $\varphi(V)$ Untervektorraum von W ist und W endliche Dimension besitzt, ergibt sich daraus $\varphi(V) = W$, also ist φ surjektiv.

c) folgt direkt aus a) und b).

4.2.10

Eine lineare Abbildung $\varphi : \mathbb{R}^3 \longrightarrow \mathbb{R}^3$ *sei definiert durch* $\varphi(x,y,z) := (2x, 4x - y, 2x + 3y - z)$.

a) *Man zeige, daß* φ *bijektiv ist.*

b) *Man bestimme* $\varphi^{-1}(x,y,z)$ *in obiger Form.*

a) Nach Aufgabe 8 gilt für $\varphi : \mathbb{R}^3 \longrightarrow \mathbb{R}^3$:

$$\varphi \text{ bijektiv} \iff \varphi \text{ injektiv} \iff \operatorname{Kern} \varphi = \{0\}$$

Es gilt $(x,y,z) \in \operatorname{Kern} \varphi$ genau dann, wenn gilt:

$$\begin{array}{rcrcrcl} 2x & & & & & = & 0 \\ 4x & - & y & & & = & 0 \\ 2x & + & 3y & - & z & = & 0 \end{array}$$

Dieses LGS besitzt nur die triviale Lösung $(x,y,z) = (0,0,0)$.
Also ist φ bijektiv.

b) Ist $\varphi(x,y,z) =: (a,b,c)$, so gilt:

$$\begin{array}{rcrcrcl} 2x & & & & & = & a \\ 4x & - & y & & & = & b \\ 2x & + & 3y & - & z & = & c \end{array}$$

Da das Gleichungssystem unter a) nur trivial lösbar ist, ist dieses LGS eindeutig lösbar. Es gilt:

$$\begin{array}{rcrcrcl} x & = & \frac{1}{2}a & & & & \\ y & = & 2a & - & b & & \\ z & = & 7a & - & 3b & - & c \end{array}$$

Also:

$$\varphi(x,y,z) = (a,b,c) \implies \varphi^{-1}(a,b,c) = (\frac{1}{2}\,a, 2a - b, 7a - 3b - c)$$

oder

$$\varphi^{-1}(x,y,z) = (\frac{1}{2}\,x, 2x - y, 7x - 3y - z).$$

4.2.11
V, W und U seien endlich–dimensionale Vektorräume und $f : V \longrightarrow W$ und $g : W \longrightarrow U$ seien lineare Abbildungen.
Man zeige:
a) $g \circ f$ *ist linear.*
b) $\dim \operatorname{Bild}(g \circ f) \leq \min\{\dim \operatorname{Bild} g,\ \dim \operatorname{Bild} f\}$
c) $\dim \operatorname{Kern}(g \circ f) \geq \dim \operatorname{Kern} f$

a) Es gilt

$$\begin{aligned}(g \circ f)(x+y) &= g(f(x+y)) = g(f(x)+f(y)) = g(f(x)) + g(f(y)) = \\ &= (g \circ f)(x) + (g \circ f)(y),\end{aligned}$$

also ist (L1) gezeigt.

$$(g \circ f)(\alpha x) = g(f(\alpha x)) = g(\alpha f(x)) = \alpha g(f(x)) = \alpha (g \circ f)(x)$$

zeigt die Gültigkeit von (L2).

b) Es ist $\operatorname{Bild} f = f(V) \subseteq W$, also $\operatorname{Bild}(g \circ f) = g(f(V)) \subseteq g(W)$. Daraus folgt $\dim \operatorname{Bild}(g \circ f) \leq \dim \operatorname{Bild} g$, denn V und W sind endlich–dimensional. Die Dimension des Bildraums $g(f(V))$ ist natürlich $\leq$ der Dimension des Urbilds $f(V)$, also gilt $\dim \operatorname{Bild}(g \circ f) \leq \dim \operatorname{Bild} f$.

c) Der Kern–Bild–Satz liefert

$$\dim \operatorname{Kern}(g \circ f) + \dim \operatorname{Bild}(g \circ f) = \dim V$$

und

$$\dim \operatorname{Kern} f + \dim \operatorname{Bild} f = \dim V.$$

Mit a) erhält man daraus:

$$\begin{aligned}\dim \operatorname{Kern}(g \circ f) &= \dim V - \dim \operatorname{Bild}(g \circ f) \geq \\ &\geq \dim V - \dim \operatorname{Bild} f = \dim \operatorname{Kern} f\end{aligned}$$

4.2.12
V sei endlich–dimensionaler Vektorraum, $\varphi : V \longrightarrow V$ linear. Ferner gebe es eine lineare Funktion $\psi : V \longrightarrow V$, so daß $\varphi \circ \psi = id$.
a) *Man zeige, daß φ bijektiv ist und $\varphi^{-1} = \psi$ gilt.*
b) *Man gebe ein Beispiel dafür an, daß a) nicht gilt, falls V nicht endlich–dimensional ist.*

a) Gilt $\varphi \circ \psi = id$, so muß φ surjektiv sein. Nach Aufgabe 9 ist φ damit bijektiv, da V endlich–dimensional ist. Es existiert also φ^{-1}, und für φ^{-1} gilt:

$$\varphi \circ \varphi^{-1} = \varphi^{-1} \circ \varphi = id$$

Damit folgt:

$$\psi = id \circ \psi = (\varphi^{-1} \circ \varphi) \circ \psi = \varphi^{-1} \circ (\varphi \circ \psi) = \varphi^{-1} \circ id = \varphi^{-1}$$

b) V sei der Vektorraum der Polynome über $\mathbb{R}$, ferner sei

$$p(x) = a_0 + a_1 x + \ldots + a_n x^n .$$

Lineare Funktionen φ und ψ seien definiert durch

$$\varphi\,(p\,(x)) := a_1 + a_2 x + \ldots + a_n x^{n-1} \qquad \psi\,(p\,(x)) := a_0 x + a_1 x^2 + \ldots + a_n x^{n+1}.$$

Dann gilt

$$(\varphi \circ \psi)\,(p\,(x)) = \varphi\,(a_0 x + a_1 x^2 + \ldots + a_n x^{n+1}) = a_0 + a_1 x + \ldots + a_n x^n = p(x),$$

also gilt $\varphi \circ \psi = id$. φ ist aber nicht injektiv, da durch φ alle Polynome vom Grade 0 (also alle Konstanten) auf 0 abgebildet werden. Damit ist φ auch nicht bijektiv.

Es ist also auch $\psi \circ \varphi \neq id$. Für jede Konstante $c \neq 0$ folgt nämlich

$$(\psi \circ \varphi)\,(c) = \psi\,(0) = 0 \neq c.$$

4.3 Matrizen von linearen Abbildungen

V und W seien in diesem Abschnitt stets endlich–dimensionale Vektorräume, $\dim V = n$, $\dim W = m$, und Basen seien stets geordnet.
$A = (a_1, \ldots, a_n)$ bzw. $B = (b_1, \ldots, b_m)$ seien Basen von V bzw. von W.

Koordinatenvektor

Es sei $K_A : V \longrightarrow K^n$ mit $K_A(x) := \begin{pmatrix} \alpha_1 \\ \vdots \\ \alpha_n \end{pmatrix}$, falls $x = \alpha_1 a_1 + \ldots + \alpha_n a_n$.
$K_A(x)$ heißt Koordinatenvektor von x (bezüglich der Basis A).
K_A ist ein Isomorphismus.

Ist $\varphi : V \longrightarrow W$ eine lineare Abbildung, so gibt es genau eine Matrix $\mathbf{M} \in \mathcal{M}_{m \times n}(K)$ mit

$$(*) \qquad \mathbf{M} \cdot K_A(x) = K_B(\varphi(x))$$

für alle $x \in V$. Bezeichnung: $\mathbf{M} = \mathbf{M}_B^A(\varphi)$ (siehe auch Abschnitt 2.8)
Wir bezeichnen einen Vektorraum V, versehen mit einer Basis A, durch V_A.
Die Gleichung (*) kann man folgendermaßen interpretieren:
Eine lineare Abbildung $\varphi : V_A \longrightarrow W_B$ induziert über $\mathbf{M}_B^A(\varphi)$ eine lineare Abbildung der zugehörigen Koordinatenräume, wie das folgende Diagramm verdeutlicht:

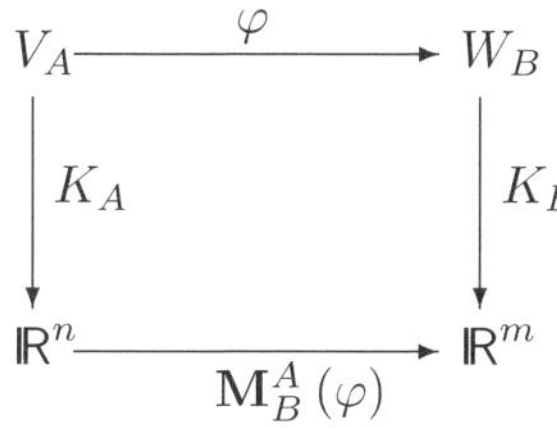

Abbildungsmatrix $\mathbf{M}_B^A(\varphi)$

Die Matrix $\mathbf{M}_B^A(\varphi)$ repräsentiert die lineare Abbildung φ bezüglich der Basen A und B. Es gilt:

1. Aussehen von $\mathbf{M}_B^A(\varphi)$:

Die Spalten von $\mathbf{M}_B^A(\varphi)$ sind die Koordinatenvektoren bezüglich B der Bilder $\varphi(a_i)$ der Basisvektoren a_i aus A.

2. Wirkung von $\mathbf{M}_B^A(\varphi)$:

Multipliziert man $\mathbf{M}_B^A(\varphi)$ mit dem Koordinatenvektor von x bezüglich A, so erhält man das Bild $\varphi(x)$ und zwar als Koordinatenvektor bezüglich B.

Im Falle $V = W$ und $A = B$ schreibt man $\mathbf{M}_B(\varphi)$ statt $\mathbf{M}_B^B(\varphi)$ (siehe Abschnitt 2.8). id bezeichnet die identische Abbildung.

Formeln für $\mathbf{M}_B^A(\varphi)$

1. Es seien $\varphi : U \longrightarrow V$, $\psi : V \longrightarrow W$ linear und A, B, C Basen von U, V bzw. W. Dann gilt:

$$\mathbf{M}_C^A(\psi \circ \varphi) = \mathbf{M}_C^B(\psi) \cdot \mathbf{M}_B^A(\varphi)$$

2. Es seien A, A' Basen von U und B, B' Basen von W. Dann gilt:

$$\mathbf{M}_{B'}^{A'}(\varphi) = \mathbf{M}_{B'}^{B}(id) \cdot \mathbf{M}_B^A(\varphi) \cdot \mathbf{M}_A^{A'}(id)$$

3. Speziell für Endomorphismen gilt:

   Ist $\varphi : V \longrightarrow V$ und sind B und B' Basen von V, so gilt:

$$\mathbf{M}_{B'}(\varphi) = \mathbf{M}_{B'}^{B}(id) \cdot \mathbf{M}_B(\varphi) \cdot \mathbf{M}_B^{B'}(id)$$

   Dabei ist $\mathbf{M}_{B'}^{B}(id) = (\mathbf{M}_B^{B'}(id))^{-1}$.

Bemerkungen:

1. Formel 1 bedeutet: Der Hintereinanderausführung linearer Abbildungen entspricht das **Produkt** der Abbildungsmatrizen.

2. Die zweite Formel wird durch das folgende Diagramm veranschaulicht:

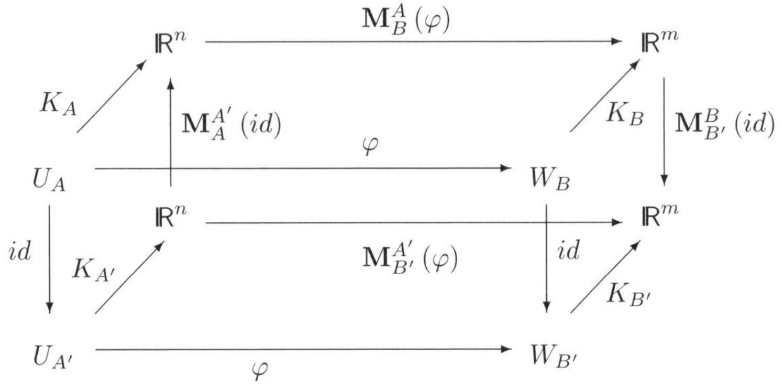

3. Die dritte Formel wurde schon in Abschnitt 2.8 in der Form

$$\mathbf{M}_B(\Phi_{\mathbf{A}}) = \mathbf{B}^{-1}\mathbf{A}\mathbf{B}$$

   erwähnt.

Äquivalenz von Matrizen

$\mathbf{A}, \mathbf{B} \in \mathcal{M}_{m \times n}(K)$ heißen äquivalent genau dann, wenn $\mathbf{A}$ und $\mathbf{B}$ die gleiche lineare Abbildung φ bezüglich verschiedener Basen repräsentieren, wenn also

$$\mathbf{A} = \mathbf{M}_B^A(\varphi) \qquad \text{und} \qquad \mathbf{B} = \mathbf{M}_{B'}^{A'}(\varphi)$$

für gewisse Basen B, B' eines n-dimensionalen Vektorraumes U, und gewisse Basen A, A' eines m-dimensionalen Vektorraumes V gilt.

Die Äquivalenz von Matrizen ist eine Äquivalenzrelation. Man interessiert sich für einen möglichst einfachen Vertreter einer Äquivalenzklasse. Darüber gibt Teil 4 des folgenden Satzes erschöpfend Auskunft.

Satz über äquivalente Matrizen

Für Matrizen $\mathbf{A}, \mathbf{B} \in \mathcal{M}_{m \times n}(K)$ sind folgende Aussagen äquivalent.

1. $\mathbf{A}, \mathbf{B}$ äquivalent
2. Es gibt invertierbare Matrizen $\mathbf{M} \in \mathcal{M}_{m \times m}(K)$ und $\mathbf{N} \in \mathcal{M}_{n \times n}(K)$ mit $\mathbf{A} = \mathbf{M}^{-1}\mathbf{B}\mathbf{N}$
3. $\operatorname{Rang} \mathbf{A} = \operatorname{Rang} \mathbf{B}$
4. $\mathbf{A}$ und $\mathbf{B}$ sind zu $\mathbf{M} = \begin{pmatrix} \mathbf{E}_r & \mathbf{0} \\ \mathbf{0} & \mathbf{0} \end{pmatrix}$ äquivalent, wobei r der gemeinsame Rang von $\mathbf{A}$ und $\mathbf{B}$ und $\mathbf{E}_r$ die $r \times r$–Einheitsmatrix ist.

Ein Verfahren zur Konstruktion von Matrizen $\mathbf{M}$ und $\mathbf{N}$, so daß $\mathbf{A} = \mathbf{M}^{-1}\mathbf{B}\mathbf{N}$ für äquivalente Matrizen $\mathbf{A}$ und $\mathbf{B}$ ist, wird in Aufgabe 11 vorgestellt.

Wesentlich wichtiger als die Äquivalenz von Matrizen ist die **Ähnlichkeit** von $n \times n$–Matrizen. Dabei geht es darum, für eine Abbildung $\varphi : V \longrightarrow V$ eine Basis B zu finden, so daß $\mathbf{M}_B(\varphi)$ möglichst einfache Gestalt besitzt (siehe auch Abschnitt 2.8). Dieses Problem wird in Teil 2 dieses Repetitoriums behandelt.

4.3.1

Im Vektorraum der Polynome vom Grade ≤ 4 über $\mathbb{R}$ betrachte man die Basen

$$B = (1, x, x^2, x^3, x^4) \qquad \textit{und} \qquad B' = (1, x-1, (x-1)^2, (x-1)^3, (x-1)^4).$$

a) *Man bestimme die Koordinatenvektoren $K_B\,(p_i)$ und $K_{B'}\,(p_i)$ für $p_1 = 2x^3 - 3x + 1$ und $p_2 = (x+2)^4 - (x+2)^2 + (x+2) + 5$, $(i = 1, 2)$.*

b) *Es sei $K_{B'}\,(p) = (2, 1, -1, 2, 3)$. Man bestimme p.*

a) Für $p_1 = 2x^3 - 3x + 1$ liest man $K_B\,(p_1)$ direkt ab:

$$K_B\,(p_1) = (1, -3, 0, 2, 0)$$

Um $K_{B'}\,(p_1)$ zu bestimmen, muß p_1 in der Basis B' dargestellt werden, d. h. p_1 muß nach Potenzen von $x - 1$ umgeordnet werden. Das läßt sich z. B. mit dem vollständigen Horner-Schema durchführen. (siehe Analysis)

$$\begin{array}{r|rrrr}
 & 2 & 0 & -3 & 1 \\
x = 1 & & 2 & 2 & -1 \\
\hline
 & 2 & 2 & -1 & \boxed{0} \\
x = 1 & & 2 & 4 & \\
\hline
 & 2 & 4 & \boxed{3} & \\
x = 1 & & 2 & & \\
\hline
 & 2 & \boxed{6} & & \\
x = 1 & & & & \\
\hline
 & \boxed{2} & & &
\end{array}$$

Es folgt:

$$2x^3 - 3x + 1 =$$

$$2\,(x-1)^3 + 6\,(x-1)^2 + 3\,(x-1)$$

$$K_{B'}\,(p_1) = (0, 3, 6, 2, 0)$$

Für $p_2 = (x+2)^4 - (x+2)^2 + (x+2) + 5$ erhält man durch Ausrechnen:

$$p_2 = x^4 + 8x^3 + 23x^2 + 29x + 19 \quad \text{, also}$$

$$K_B\,(p_2) = (19, 29, 23, 8, 1).$$

Ordnet man nun wie oben um, so folgt:

	1	8	23	29	19
$x=1$		1	9	32	61
	1	9	32	61	$\boxed{80}$
$x=1$		1	10	42	
	1	10	42	$\boxed{103}$	
$x=1$		1	11		
	1	11	$\boxed{53}$		
$x=1$		1			
	1	$\boxed{12}$			
$x=1$					
	$\boxed{1}$				

Es gilt:

$$p_2 = (x-1)^4 + 12\,(x-1)^3 + \\ +53\,(x-1)^2 + 103\,(x-1) + 80$$

$$K_{B'}\,(p_2) = (80, 103, 53, 12, 1)$$

b) Es ist

$$\begin{aligned} p &= 2 + (x-1) - (x-1)^2 + 2\,(x-1)^3 + 3\,(x-1)^4 \qquad \text{d. h.} \\ p &= 3x^4 - 10x^3 + 11x^2 - 3x + 1\,. \end{aligned}$$

4.3.2

Im Vektorraum der Polynome vom Grade ≤ 3 *über* $\mathbb{R}$ *sei* φ *gegeben durch* $\varphi\,(p) = p'$. *Man bestimme die Matrizen* $\mathbf{M}_B^B\,(\varphi)$ *und* $\mathbf{M}_B^B\,(\varphi \circ \varphi)$ *für*

a) $B = (1, x, x^2, x^3)$. **b)** $B = (x^2, 2x^2 - 1, x^2 - x, x^3 + 2x^2 + x + 2)$.

a) Für die Basis $B = (1, x, x^2, x^3)$ erhält man durch Ableiten:

$$\varphi\,(1) = 0 \qquad \varphi\,(x) = 1 \qquad \varphi\,(x^2) = 2x \qquad \varphi\,(x^3) = 3x^2$$

Es folgt:

$$\mathbf{M}_B^B\,(\varphi) = \begin{pmatrix} 0 & 1 & 0 & 0 \\ 0 & 0 & 2 & 0 \\ 0 & 0 & 0 & 3 \\ 0 & 0 & 0 & 0 \end{pmatrix}$$

$$\mathbf{M}_B^B\,(\varphi \circ \varphi) = \mathbf{M}_B^B\,(\varphi) \cdot \mathbf{M}_B^B\,(\varphi) = \begin{pmatrix} 0 & 0 & 2 & 0 \\ 0 & 0 & 0 & 6 \\ 0 & 0 & 0 & 0 \\ 0 & 0 & 0 & 0 \end{pmatrix},$$

und diese Matrix erkennt man natürlich sofort als Matrix der zweiten Ableitung für die Basis B.

b) Für die Basis $B = (x^2, 2x^2-1, x^2-x, x^3+2x^2+x+2)$ folgt:

$$\varphi(x^2) = 2x \qquad \varphi(2x^2-1) = 4x \qquad \varphi(x^2-x) = 2x-1$$

$$\varphi(x^3+2x^2+x+2) = 3x^2+4x+1$$

Diese Bilder müssen nun wieder in der Basis B dargestellt werden. Es gilt:

$$\begin{aligned} 2x &= 2(x^2) - 2(x^2-x) \\ 4x &= 4(x^2) - 4(x^2-x) \\ 2x-1 &= (2x^2-1) - 2(x^2-x) \\ 3x^2+4x+1 &= 9(x^2) - (2x^2-1) - 4(x^2-x) \end{aligned}$$

Die sich daraus ergebenden Koordinatenvektoren der Bilder bezüglich B sind die Spalten der gesuchten Abbildungsmatrix $\mathbf{M}_B^B(\varphi)$.

$$\mathbf{M}_B^B(\varphi) = \begin{pmatrix} 2 & 4 & 0 & 9 \\ 0 & 0 & 1 & -1 \\ -2 & -4 & -2 & -4 \\ 0 & 0 & 0 & 0 \end{pmatrix}$$

$$\mathbf{M}_B^B(\varphi \circ \varphi) = \mathbf{M}_B^B(\varphi) \cdot \mathbf{M}_B^B(\varphi) = \begin{pmatrix} 4 & 8 & 4 & 14 \\ -2 & -4 & -2 & -4 \\ 0 & 0 & 0 & -6 \\ 0 & 0 & 0 & 0 \end{pmatrix}$$

Hieraus ergibt sich eine Probe z.B. durch

$$(\varphi \circ \varphi)(x^2) = (x^2)'' = 2 = 4 \cdot (x^2) - 2 \cdot (2x^2-1)$$

usw.

4.3.3

a) *Eine lineare Abbildung* $\varphi : \mathbb{R}^3 \longrightarrow \mathbb{R}^2$ *sei definiert durch die Matrix* $\mathbf{A} = \begin{pmatrix} 1 & 2 & 1 \\ -1 & 0 & 2 \end{pmatrix}$. *Es seien* $B = ((-1,2,3), (-1,0,1), (2,3,2))$ *und* $B' = ((1,2), (0,3))$ *Basen vom* $\mathbb{R}^3$ *bzw.* $\mathbb{R}^2$.
Man bestimme $\mathbf{M}_{B'}^B(\varphi)$.

b) *Für die Basen* B *und* B' *aus a) sei die lineare Abbildung* ψ *gegeben durch* $\mathbf{M}_{B'}^B(\psi) = \begin{pmatrix} 1 & -1 & 1 \\ 0 & 1 & 1 \end{pmatrix}$. *Man bestimme* $\psi((0,5,6))$.

a) <u>1. Lösungsweg:</u>
Die Basisvektoren aus B werden mittels φ abgebildet, und die Bilder werden anschließend in der Basis B' dargestellt.

$$\varphi((-1,2,3)) = \begin{pmatrix} 1 & 2 & 1 \\ -1 & 0 & 2 \end{pmatrix} \begin{pmatrix} -1 \\ 2 \\ 3 \end{pmatrix} = \begin{pmatrix} 6 \\ 7 \end{pmatrix}$$

$$\varphi((-1,0,1)) = \begin{pmatrix} 1 & 2 & 1 \\ -1 & 0 & 2 \end{pmatrix} \begin{pmatrix} -1 \\ 0 \\ 1 \end{pmatrix} = \begin{pmatrix} 0 \\ 3 \end{pmatrix}$$

$$\varphi((2,3,2)) = \begin{pmatrix} 1 & 2 & 1 \\ -1 & 0 & 2 \end{pmatrix} \begin{pmatrix} 2 \\ 3 \\ 2 \end{pmatrix} = \begin{pmatrix} 10 \\ 2 \end{pmatrix}$$

$$(6,7) = 6\,(1,2) - \frac{5}{3}\,(0,3) \qquad (0,3) = 0\,(1,2) + 1\,(0,3)$$

$$(10,2) = 10\,(1,2) - 6\,(0,3)$$

$$\mathbf{M}^B_{B'}(\varphi) = \begin{pmatrix} 6 & 0 & 10 \\ -\frac{5}{3} & 1 & -6 \end{pmatrix}$$

<u>2. Lösungsweg:</u>
Wir bezeichnen mit KB die kanonische Basis und benutzen die Transformationsformel

$$\mathbf{M}^B_{B'}(\varphi) = \mathbf{M}^{KB}_{B'}(id) \cdot \mathbf{A} \cdot \mathbf{M}^B_{KB}(id).$$

Die Spalten von $\mathbf{M}^B_{KB}(id)$ bzw. $\mathbf{M}^{B'}_{KB}(id)$ sind die Basisvektoren aus B bzw. B' und ferner gilt $\mathbf{M}^{KB}_{B'}(id) = (\mathbf{M}^{B'}_{KB}(id))^{-1}$.

$$\mathbf{M}^B_{KB}(id) = \begin{pmatrix} -1 & -1 & 2 \\ 2 & 0 & 3 \\ 3 & 1 & 2 \end{pmatrix} \qquad \mathbf{M}^{KB}_{B'}(id) = \begin{pmatrix} 1 & 0 \\ 2 & 3 \end{pmatrix}^{-1}.$$

$\mathbf{M}^{KB}_{B'}(id)$ wird nach der Formel aus Aufgabe 2.6.17 berechnet, und damit folgt

$$\begin{aligned} \mathbf{M}^B_{B'}(\varphi) &= \frac{1}{3}\begin{pmatrix} 3 & 0 \\ -2 & 1 \end{pmatrix} \begin{pmatrix} 1 & 2 & 1 \\ -1 & 0 & 2 \end{pmatrix} \begin{pmatrix} -1 & -1 & 2 \\ 2 & 0 & 3 \\ 3 & 1 & 2 \end{pmatrix} \\ &= \begin{pmatrix} 6 & 0 & 10 \\ -\frac{5}{3} & 1 & -6 \end{pmatrix} \end{aligned}$$

b) Der Vektor $(0,5,6)$ wird in der Basis B dargestellt.

$$(0,5,6) = (-1,2,3) + (-1,0,1) + (2,3,2)$$

Die gegebene Abbildungsmatrix wird mit dem Koordinatenvektor multipliziert.

$$\begin{pmatrix} 1 & -1 & 1 \\ 0 & 1 & 1 \end{pmatrix} \begin{pmatrix} 1 \\ 1 \\ 1 \end{pmatrix} = \begin{pmatrix} 1 \\ 2 \end{pmatrix}$$

Es gilt $K_{B'}(\psi(0,5,6)) = (1,2)$, also:

$$\psi(0,5,6) = 1(1,2) + 2(0,3) = (1,8)$$

Auch hier kann man in einem zweiten Lösungsweg zunächst die Matrix $\mathbf{M}_{KB}^{KB}(\psi)$ bestimmen und dann mit dem Vektor $(0,5,6)^\top$ multiplizieren. Man erhält:

$$\begin{aligned}
\mathbf{M}_{KB}^{KB}(\psi) &= \mathbf{M}_{KB}^{B'}(id) \cdot \mathbf{M}_{B'}^{B}(\psi) \cdot \mathbf{M}_{B}^{KB}(id) \\
&= \begin{pmatrix} 1 & 0 \\ 2 & 3 \end{pmatrix} \begin{pmatrix} 1 & -1 & 1 \\ 0 & 1 & 1 \end{pmatrix} \begin{pmatrix} -1 & -1 & 2 \\ 2 & 0 & 3 \\ 3 & 1 & 2 \end{pmatrix}^{-1} \\
&= \begin{pmatrix} 1 & 0 \\ 2 & 3 \end{pmatrix} \begin{pmatrix} 1 & -1 & 1 \\ 0 & 1 & 1 \end{pmatrix} \frac{1}{2} \begin{pmatrix} -3 & 4 & -3 \\ 5 & -8 & 7 \\ 2 & -2 & 2 \end{pmatrix} \\
&= \frac{1}{2} \begin{pmatrix} -6 & 10 & -8 \\ 9 & -10 & 11 \end{pmatrix} \\
\psi(0,5,6) &= \frac{1}{2} \begin{pmatrix} -6 & 10 & -8 \\ 9 & -10 & 11 \end{pmatrix} \begin{pmatrix} 0 \\ 5 \\ 6 \end{pmatrix} = \begin{pmatrix} 1 \\ 8 \end{pmatrix}
\end{aligned}$$

4.3.4

Sei $\varphi : \mathbb{R}^3 \longrightarrow \mathbb{R}^4$ *definiert durch*
$\varphi(x_1, x_2, x_3) := (x_1 + 2x_3, x_2 - x_3, x_1 + x_2, 2x_1 + 3x_3)$.

a) *Man bestimme die zugehörige Matrix* $\mathbf{A}$.

b) *Es seien* $B = ((1,1,1),(1,1,0),(1,0,0))$ *und* $B' = ((1,1,1,1),(1,1,1,0),(1,1,0,0),(1,0,0,0))$ *Basen des* $\mathbb{R}^3$ *bzw. des* $\mathbb{R}^4$. *Man bestimme* $\mathbf{M}_{B'}^{B}(\varphi)$.

a) In der zugehörigen Matrix $\mathbf{A}$ sind die Spalten gerade die Bilder der kanonischen Basisvektoren. Also folgt:

$$\mathbf{A} = \begin{pmatrix} 1 & 0 & 2 \\ 0 & 1 & -1 \\ 1 & 1 & 0 \\ 2 & 0 & 3 \end{pmatrix}$$

(Wegen $\varphi(x_1, x_2, x_3) = \mathbf{A}\begin{pmatrix} x_1 \\ x_2 \\ x_3 \end{pmatrix}$ bestehen die Zeilen von $\mathbf{A}$ gerade aus den Koeffizienten der x_i in den Komponenten von $\varphi(x_1, x_2, x_3)$.)

b) Die gesuchte Abbildungsmatrix kann man auf zwei Arten bestimmen. Zunächst bilden wir die Vektoren aus B mittels φ ab, und stellen die Bilder in der Basis B' dar.

$$\mathbf{A}\begin{pmatrix} 1 \\ 1 \\ 1 \end{pmatrix} = \begin{pmatrix} 3 \\ 0 \\ 2 \\ 5 \end{pmatrix} \quad \mathbf{A}\begin{pmatrix} 1 \\ 1 \\ 0 \end{pmatrix} = \begin{pmatrix} 1 \\ 1 \\ 2 \\ 2 \end{pmatrix} \quad \mathbf{A}\begin{pmatrix} 1 \\ 0 \\ 0 \end{pmatrix} = \begin{pmatrix} 1 \\ 0 \\ 1 \\ 2 \end{pmatrix}$$

$$(3,0,2,5) = 5(1,1,1,1) - 3(1,1,1,0) - 2(1,1,0,0) + 3(1,0,0,0)$$

$$(1,1,2,2) = 2(1,1,1,1) - 0(1,1,1,0) - 1(1,1,0,0) + 0(1,0,0,0)$$

$$(1,0,1,2) = 2(1,1,1,1) - 1(1,1,1,0) - 1(1,1,0,0) + 1(1,0,0,0)$$

$$\mathbf{M}_{B'}^{B}(\varphi) = \begin{pmatrix} 5 & 2 & 2 \\ -3 & 0 & -1 \\ -2 & -1 & -1 \\ 3 & 0 & 1 \end{pmatrix}$$

Eine andere Möglichkeit zur Berechnung von $\mathbf{M}_{B'}^{B}(\varphi)$ besteht in der Anwendung der Transformationsformel. Da $\mathbf{A} = \mathbf{M}_{KB}^{KB}(\varphi)$ gilt, wobei KB die kanonische Basis bezeichnet, erhält man:

$$(*) \qquad \mathbf{M}_{B'}^{B}(\varphi) = \mathbf{M}_{B'}^{KB}(id) \cdot \mathbf{A} \cdot \mathbf{M}_{KB}^{B}(id)$$

Die Matrix $\mathbf{M}_{KB}^{B}(id)$ enthält als Spalten gerade die Vektoren aus B, also

$$\mathbf{M}_{KB}^{B}(id) = \begin{pmatrix} 1 & 1 & 1 \\ 1 & 1 & 0 \\ 1 & 0 & 0 \end{pmatrix}.$$

Schwieriger ist es allerdings, $\mathbf{M}_{B'}^{KB}(id)$ zu berechnen. Die Matrix $\mathbf{M}_{KB}^{B'}(id)$ enthält wieder als Spalten die Basisvektoren aus B'. Die gesuchte Matrix ist die inverse Matrix davon.

$$\mathbf{M}_{B'}^{KB}(id) = (\mathbf{M}_{KB}^{B'}(id))^{-1} = \begin{pmatrix} 1 & 1 & 1 & 1 \\ 1 & 1 & 1 & 0 \\ 1 & 1 & 0 & 0 \\ 1 & 0 & 0 & 0 \end{pmatrix}^{-1} = \begin{pmatrix} 0 & 0 & 0 & 1 \\ 0 & 0 & 1 & -1 \\ 0 & 1 & -1 & 0 \\ 1 & -1 & 0 & 0 \end{pmatrix}$$

(Zum Invertieren von Matrizen siehe Abschnitt 2.5!)

$\mathbf{M}_{B'}^{B}(\varphi)$ ergibt sich nach (*) als:

$$\begin{pmatrix} 0 & 0 & 0 & 1 \\ 0 & 0 & 1 & -1 \\ 0 & 1 & -1 & 0 \\ 1 & -1 & 0 & 0 \end{pmatrix} \begin{pmatrix} 1 & 0 & 2 \\ 0 & 1 & -1 \\ 1 & 1 & 0 \\ 2 & 0 & 3 \end{pmatrix} \begin{pmatrix} 1 & 1 & 1 \\ 1 & 1 & 0 \\ 1 & 0 & 0 \end{pmatrix} = \begin{pmatrix} 5 & 2 & 2 \\ -3 & 0 & -1 \\ -2 & -1 & -1 \\ 3 & 0 & 1 \end{pmatrix}$$

4.3.5

Man betrachte $\mathbb{C}$ *als Vektorraum über* $\mathbb{R}$.
Nach Aufgabe 4.1.1 ist $\varphi : \mathbb{C} \longrightarrow \mathbb{C}$ *mit* $\varphi(z) = \overline{z}$ *linear.*
Es seien $B = (1, i)$ *und* $B' = (1 + i, 1 + 2i)$ *Basen von* $\mathbb{C}$.

a) *Man bestimme* $\mathbf{M}_{B}^{B}(\varphi)$ *und* $\mathbf{M}_{B'}^{B'}(\varphi)$.

b) *Man bestimme* $\mathbf{M}_{B'}^{B}(\varphi)$ *sowie* $\mathbf{M}_{B}^{B'}(\varphi)$ *und verifiziere*

$$\mathbf{M}_{B}^{B'}(\varphi) = (\mathbf{M}_{B'}^{B}(\varphi))^{-1}$$

a) Es gilt:

$$\varphi(1) = 1 \qquad \varphi(i) = -i$$

$$\varphi(1 + i) = 1 - i = 3(1 + i) - 2(1 + 2i)$$

$$\varphi(1 + 2i) = 1 - 2i = 4(1 + i) - 3(1 + 2i)$$

Damit ergeben sich die folgenden Abbildungsmatrizen:

$$\mathbf{M}_{B}^{B}(\varphi) = \begin{pmatrix} 1 & 0 \\ 0 & -1 \end{pmatrix} \qquad \mathbf{M}_{B'}^{B'}(\varphi) = \begin{pmatrix} 3 & 4 \\ -2 & -3 \end{pmatrix}$$

b) Wie unter a) ist $\varphi(1) = 1$ und $\varphi(i) = -i$. Die Bilder müssen nun in der Basis B' dargestellt werden.

$$1 = 2(1 + i) - (1 + 2i) \qquad -i = (1 + i) - (1 + 2i)$$

Also gilt:

$$\mathbf{M}_{B'}^{B}(\varphi) = \begin{pmatrix} 2 & 1 \\ -1 & -1 \end{pmatrix}$$

$$\varphi(1 + i) = 1 - i \qquad \varphi(1 + 2i) = 1 - 2i$$

Daraus ergibt sich direkt die Abbildungsmatrix $\mathbf{M}_{B}^{B'}(\varphi)$:

$$\mathbf{M}_{B}^{B'}(\varphi) = \begin{pmatrix} 1 & 1 \\ -1 & -2 \end{pmatrix}$$

Es gilt: $(\mathbf{M}^B_{B'}(\varphi))^{-1} = -1\begin{pmatrix} -1 & -1 \\ 1 & 2 \end{pmatrix} = \begin{pmatrix} 1 & 1 \\ -1 & -2 \end{pmatrix} = \mathbf{M}^{B'}_B(\varphi)$

4.3.6

Es sei $\varphi : V \longrightarrow V$ ein Isomorphismus. Dann gilt

$$\mathbf{M}^B_B(\varphi^{-1}) = (\mathbf{M}^B_B(\varphi))^{-1}.$$

Es ist $\varphi \circ \varphi^{-1} = id$ und $\mathbf{M}^B_B(id) = \mathbf{E}$. Also folgt

$$\mathbf{E} = \mathbf{M}^B_B(id) = \mathbf{M}^B_B(\varphi \cdot \varphi^{-1}) = \mathbf{M}^B_B(\varphi) \circ \mathbf{M}^B_B(\varphi^{-1}).$$

Damit ist $\mathbf{M}^B_B(\varphi^{-1}) = (\mathbf{M}^B_B(\varphi))^{-1}$.

4.3.7

Es sei $\varphi : \mathbb{R}^3 \longrightarrow \mathbb{R}^3$ definiert durch

$$\varphi(x, y, z) = (2x, 4x - y, 2x + 3y - z).$$

a) *Man bestimme die zugehörige Matrix* **A**

b) *Man zeige, daß φ bijektiv ist und bestimme die zu φ^{-1} gehörige Matrix* **B**.

(siehe auch Aufgabe 4.2.10)

a) Wie üblich sind die Spalten von **A** die Bilder der Einheitsvektoren, also

$$\mathbf{A} = \begin{pmatrix} 2 & 0 & 0 \\ 4 & -1 & 0 \\ 2 & 3 & -1 \end{pmatrix}.$$

b) Wegen $\operatorname{rg} \mathbf{A} = 3$ ist **A** invertierbar, daher ist φ bijektiv und zu φ^{-1} gehört die Matrix

$$\mathbf{B} = \mathbf{A}^{-1} = \frac{1}{2}\begin{pmatrix} 1 & 0 & 0 \\ 4 & -2 & 0 \\ 14 & -6 & -2 \end{pmatrix}.$$

4.3.8

Es sei V der Vektorraum der 2×2-Matrizen über $\mathbb{R}$ und $\mathbf{M} = \begin{pmatrix} 1 & 2 \\ 3 & 4 \end{pmatrix}$.
Für die folgenden linearen Abbildungen φ bestimme man die Matrix $\mathbf{M}_B^B(\varphi)$ bezüglich der kanonischen Basis

$$B = (\begin{pmatrix} 1 & 0 \\ 0 & 0 \end{pmatrix}, \begin{pmatrix} 0 & 1 \\ 0 & 0 \end{pmatrix}, \begin{pmatrix} 0 & 0 \\ 1 & 0 \end{pmatrix}, \begin{pmatrix} 0 & 0 \\ 0 & 1 \end{pmatrix})$$

von V.

a) $\varphi : V \longrightarrow V$ *mit* $\varphi(\mathbf{A}) = \mathbf{MA}$.

b) $\varphi : V \longrightarrow V$ *mit* $\varphi(\mathbf{A}) = \mathbf{MA} - \mathbf{AM}$.

a) Für die gegebenen 4 Matrizen aus B wird $\mathbf{MA}$ berechnet. Es folgt:

$$\begin{pmatrix} 1 & 2 \\ 3 & 4 \end{pmatrix}\begin{pmatrix} 1 & 0 \\ 0 & 0 \end{pmatrix} = \begin{pmatrix} 1 & 0 \\ 3 & 0 \end{pmatrix} \quad \begin{pmatrix} 1 & 2 \\ 3 & 4 \end{pmatrix}\begin{pmatrix} 0 & 1 \\ 0 & 0 \end{pmatrix} = \begin{pmatrix} 0 & 1 \\ 0 & 3 \end{pmatrix}$$

$$\begin{pmatrix} 1 & 2 \\ 3 & 4 \end{pmatrix}\begin{pmatrix} 0 & 0 \\ 1 & 0 \end{pmatrix} = \begin{pmatrix} 2 & 0 \\ 4 & 0 \end{pmatrix} \quad \begin{pmatrix} 1 & 2 \\ 3 & 4 \end{pmatrix}\begin{pmatrix} 0 & 0 \\ 0 & 1 \end{pmatrix} = \begin{pmatrix} 0 & 2 \\ 0 & 4 \end{pmatrix}$$

Die Bilder werden als Linearkombination der Matrizen aus B geschrieben, also z. B. :

$$\begin{pmatrix} 1 & 0 \\ 3 & 0 \end{pmatrix} = 1\begin{pmatrix} 1 & 0 \\ 0 & 0 \end{pmatrix} + 0\begin{pmatrix} 0 & 1 \\ 0 & 0 \end{pmatrix} + 3\begin{pmatrix} 0 & 0 \\ 1 & 0 \end{pmatrix} + 0\begin{pmatrix} 0 & 0 \\ 0 & 1 \end{pmatrix}$$

Dies liefert die erste Spalte von $\mathbf{M}_B^B(\varphi)$. Entsprechend ergeben sich die anderen Spalten der Matrix. Es folgt:

$$\mathbf{M}_B^B(\varphi) = \begin{pmatrix} 1 & 0 & 2 & 0 \\ 0 & 1 & 0 & 2 \\ 3 & 0 & 4 & 0 \\ 0 & 3 & 0 & 4 \end{pmatrix}$$

b) Wie unter a) erhält man hier:

$$\begin{aligned}
\varphi(\begin{pmatrix} 1 & 0 \\ 0 & 0 \end{pmatrix}) &= \begin{pmatrix} 1 & 2 \\ 3 & 4 \end{pmatrix}\begin{pmatrix} 1 & 0 \\ 0 & 0 \end{pmatrix} - \begin{pmatrix} 1 & 0 \\ 0 & 0 \end{pmatrix}\begin{pmatrix} 1 & 2 \\ 3 & 4 \end{pmatrix} = \\
&= \begin{pmatrix} 1 & 0 \\ 3 & 0 \end{pmatrix} - \begin{pmatrix} 1 & 2 \\ 0 & 0 \end{pmatrix} = \begin{pmatrix} 0 & -2 \\ 3 & 0 \end{pmatrix} \\
\varphi(\begin{pmatrix} 0 & 1 \\ 0 & 0 \end{pmatrix}) &= \begin{pmatrix} 1 & 2 \\ 3 & 4 \end{pmatrix}\begin{pmatrix} 0 & 1 \\ 0 & 0 \end{pmatrix} - \begin{pmatrix} 0 & 1 \\ 0 & 0 \end{pmatrix}\begin{pmatrix} 1 & 2 \\ 3 & 4 \end{pmatrix} = \\
&= \begin{pmatrix} 0 & 1 \\ 0 & 3 \end{pmatrix} - \begin{pmatrix} 3 & 4 \\ 0 & 0 \end{pmatrix} = \begin{pmatrix} -3 & -3 \\ 0 & 3 \end{pmatrix}
\end{aligned}$$

$$\begin{aligned}
\varphi(\begin{pmatrix} 0 & 0 \\ 1 & 0 \end{pmatrix}) &= \begin{pmatrix} 1 & 2 \\ 3 & 4 \end{pmatrix}\begin{pmatrix} 0 & 0 \\ 1 & 0 \end{pmatrix} - \begin{pmatrix} 0 & 0 \\ 1 & 0 \end{pmatrix}\begin{pmatrix} 1 & 2 \\ 3 & 4 \end{pmatrix} = \\
&= \begin{pmatrix} 2 & 0 \\ 4 & 0 \end{pmatrix} - \begin{pmatrix} 0 & 0 \\ 1 & 2 \end{pmatrix} = \begin{pmatrix} 2 & 0 \\ 3 & -2 \end{pmatrix} \\
\varphi(\begin{pmatrix} 0 & 0 \\ 0 & 1 \end{pmatrix}) &= \begin{pmatrix} 1 & 2 \\ 3 & 4 \end{pmatrix}\begin{pmatrix} 0 & 0 \\ 0 & 1 \end{pmatrix} - \begin{pmatrix} 0 & 0 \\ 0 & 1 \end{pmatrix}\begin{pmatrix} 1 & 2 \\ 3 & 4 \end{pmatrix} = \\
&= \begin{pmatrix} 0 & 2 \\ 0 & 4 \end{pmatrix} - \begin{pmatrix} 0 & 0 \\ 3 & 4 \end{pmatrix} = \begin{pmatrix} 0 & 2 \\ -3 & 0 \end{pmatrix} \\
\mathbf{M}_B^B(\varphi) &= \begin{pmatrix} 0 & -3 & 2 & 0 \\ -2 & -3 & 0 & 2 \\ 3 & 0 & 3 & -3 \\ 0 & 3 & -2 & 0 \end{pmatrix}
\end{aligned}$$

4.3.9

Es sei $V = L(\cos x, \sin x)$. $\varphi : V \longrightarrow V$ sei definiert durch $\varphi(f) = f'$.

a) *Man zeige:*
Für jedes Polynom $p = x^n + a_{n-1}x^{n-1} + \ldots + a_1 x + a_0 \in \mathbb{R}[x]$ ist

$$p(\varphi) = \varphi^n + a_{n-1}\varphi^{n-1} + \ldots + a_1\varphi + a_0\, id$$

wieder eine lineare Abbildung.

b) *Für $p = x^2 + 1$ berechne man $p(\varphi)$.*

c) *Für $p = x^3 + 2x^2 - x + 2$ gebe man eine Matrix von $p(\varphi)$ an.*

a) Die Hintereinanderausführung linearer Funktionen ergibt eine lineare Funktion. Also ist φ^k für jedes $k \in \mathbb{N}$ linear. Ferner ist in Aufgabe 4.1.10 gezeigt worden, daß mit f und g auch $f+g$ und mit f und $\alpha \in K$ auch αf linear sind. Also ist $\varphi^n + a_{n-1}\varphi^{n-1} + \ldots + a_1\varphi + a_0\, id$ linear.

b) Für $p = x^2 + 1$ folgt $p(\varphi) = \varphi^2 + id$.
Um $p(\varphi)$ besser zu überblicken, werden wir nun eine Matrix für $p(\varphi)$ angeben. Es sei **A** Abbildungsmatrix von φ bezüglich einer beliebigen Basis B von V, ferner $f \in V$ und X Koordinatenvektor von f bezüglich B, also $X = K_B(f)$. Dann gilt:

$$\begin{aligned}
p(\varphi)(f) &= (\varphi^n + a_{n-1}\varphi^{n-1} + \ldots + a_1\varphi + a_0 id)(f) \\
&= \varphi^n(f) + (a_{n-1}\varphi^{n-1})(f) + \ldots + (a_1\varphi)(f) + (a_0 id)(f) \\
K_B(p(\varphi)(f)) &= \mathbf{A}^n \cdot X + a_{n-1}\mathbf{A}^{n-1} \cdot X + \ldots + a_1\mathbf{A} \cdot X + a_0\mathbf{E} \cdot X \\
&= (\mathbf{A}^n + a_{n-1}\mathbf{A}^{n-1} + \ldots + a_1\mathbf{A} + a_0\mathbf{E}) \cdot X \\
&= p(\mathbf{A}) \cdot X
\end{aligned}$$

Man erkennt, daß $p(\mathbf{A})$ die Abbildungsmatrix von $p(\varphi)$ bezüglich der gegebenen Basis ist.
Dies wenden wir auf unseren Fall an.
Wählt man für V die Basis $B = (\sin x, \cos x)$, so folgt:

$$\varphi(\sin x) = (\sin x)' = \cos x \qquad \text{und} \qquad \varphi(\cos x) = (\cos x)' = -\sin x$$

Damit ergibt sich:

$$\mathbf{M}_B^B(\varphi) = \begin{pmatrix} 0 & -1 \\ 1 & 0 \end{pmatrix}$$

Für die Abbildungsmatrix $\mathbf{M}_B^B(p(\varphi))$ der linearen Abbildung $p(\varphi)$ erhält man:

$$\begin{aligned} \mathbf{M}_B^B(\varphi^2 + id) &= \begin{pmatrix} 0 & -1 \\ 1 & 0 \end{pmatrix}^2 + \begin{pmatrix} 1 & 0 \\ 0 & 1 \end{pmatrix} = \begin{pmatrix} -1 & 0 \\ 0 & -1 \end{pmatrix} + \begin{pmatrix} 1 & 0 \\ 0 & 1 \end{pmatrix} = \\ &= \begin{pmatrix} 0 & 0 \\ 0 & 0 \end{pmatrix} \end{aligned}$$

$p(\varphi) = \varphi^2 + id$ ist also die Nullabbildung.

c) Wir benutzen Teil b) und erhalten als Abbildungsmatrix für $p(\varphi)$ die Matrix $p(\mathbf{M}_B^B(\varphi))$.

$$\begin{aligned} \mathbf{M}_B^B(p(\varphi)) &= p(\mathbf{M}_B^B(\varphi)) = (\mathbf{M}_B^B(\varphi))^3 + 2(\mathbf{M}_B^B(\varphi))^2 - \mathbf{M}_B^B(\varphi) + 2\mathbf{E} = \\ &= \begin{pmatrix} 0 & 1 \\ -1 & 0 \end{pmatrix} + 2\begin{pmatrix} -1 & 0 \\ 0 & -1 \end{pmatrix} - \begin{pmatrix} 0 & -1 \\ 1 & 0 \end{pmatrix} + 2\begin{pmatrix} 1 & 0 \\ 0 & 1 \end{pmatrix} \\ &= \begin{pmatrix} 0 & 2 \\ -2 & 0 \end{pmatrix} \end{aligned}$$

4.3.10

Sei $\varphi : \mathbb{R}^4 \longrightarrow \mathbb{R}^5$ *gegeben durch* $\mathbf{A} = \begin{pmatrix} 2 & 1 & -2 & 1 \\ 4 & 1 & -2 & -3 \\ 1 & -1 & 2 & -3 \\ 2 & 2 & -4 & -5 \\ 3 & 1 & -2 & 2 \end{pmatrix}$.
Man bestimme Basen B *und* B' *des* $\mathbb{R}^4$ *bzw.* $\mathbb{R}^5$,
so daß $\mathbf{M}_{B'}^B(\varphi)$ *die Form* $\begin{pmatrix} \mathbf{E} & \mathbf{0} \\ \mathbf{0} & \mathbf{0} \end{pmatrix}$ *hat.*

Zur Bestimmung von Basen B, B' mit

$$\mathbf{M}_{B'}^B(\varphi) = \begin{pmatrix} \mathbf{E} & \mathbf{0} \\ \mathbf{0} & \mathbf{0} \end{pmatrix}$$

geht man folgendermaßen vor:

1. Man bestimmt eine Basis von $\operatorname{Kern}\varphi$.
2. Diese Basis ergänzt man (vorn) beliebig zu einer Basis B.
3. Man bestimmt die Bilder der ergänzten Vektoren.
4. Diese Vektoren ergänzt man (hinten) beliebig zu einer Basis B'.

Die gegebene Matrix wird zunächst auf Zeilenstufenform gebracht. Daran erkennt man zum einen ihren Rang, und zum anderen erhält man daraus eine Basis von $\operatorname{Kern}\varphi$.

$$\begin{pmatrix} 2 & 1 & -2 & 1 \\ 4 & 1 & -2 & -3 \\ 1 & -1 & 2 & -3 \\ 2 & 2 & -4 & -5 \\ 3 & 1 & -2 & 2 \end{pmatrix} \rightsquigarrow \begin{pmatrix} 1 & -1 & 2 & -3 \\ 0 & 3 & -6 & 7 \\ 0 & 5 & -10 & 9 \\ 0 & 4 & -8 & 1 \\ 0 & 4 & -8 & 11 \end{pmatrix} \rightsquigarrow \begin{pmatrix} 1 & -1 & 2 & -3 \\ 0 & 3 & -6 & 7 \\ 0 & 0 & 0 & 8 \\ 0 & 0 & 0 & 0 \\ 0 & 0 & 0 & 0 \end{pmatrix}$$

Der Rang der Matrix ist 3, die Dimension des Kernes von φ ist nach dem Kern-Bild-Satz also 1. Es folgt:

$$\operatorname{Kern}\varphi = L\left((0,2,1,0)\right)$$

Wir ergänzen nun vorn beliebig zu einer Basis B vom $\mathbb{R}^4$, z. B. durch die Einheitsvektoren e_1, e_2 und e_4.

$$B = ((1,0,0,0),(0,1,0,0),(0,0,0,1),(0,2,1,0))$$

Eine Basis B' des $\mathbb{R}^5$ wird bestimmt nach dem Prinzip:

$$B' = (\varphi(e_1), \varphi(e_2), \varphi(e_4), \text{ beliebig }, \text{ beliebig })$$

Man erhält so z. B. :

$$B' = ((2,4,1,2,3),(1,1,-1,2,1),(1,-3,-3,-5,2),(0,0,0,1,0),(0,0,0,0,1))$$

Berücksichtigt man das im Vorspann genannte Aussehen der Abbildungsmatrizen, so ist unmittelbar klar, daß jetzt gilt:

$$\mathbf{M}_{B'}^{B}(\varphi) = \begin{pmatrix} 1 & 0 & 0 & 0 \\ 0 & 1 & 0 & 0 \\ 0 & 0 & 1 & 0 \\ 0 & 0 & 0 & 0 \\ 0 & 0 & 0 & 0 \end{pmatrix}$$

4.3.11

Man untersuche, ob es zu den gegebenen Matrizen **A** *und* **B** *invertierbare Matrizen* **S** *und* **T** *derart gibt, daß* $\mathbf{B} = \mathbf{SAT}$ *ist.*
Wenn ja, gebe man solche Matrizen an.

$$\mathbf{A} = \begin{pmatrix} 1 & -2 & 1 \\ 2 & 0 & 1 \\ -3 & -2 & -1 \end{pmatrix} \qquad \mathbf{B} = \begin{pmatrix} 1 & -1 & 1 \\ 3 & -1 & 3 \\ 1 & 0 & 1 \end{pmatrix}$$

Die gesuchten Matrizen **S** und **T** existieren genau dann, wenn die gegebenen Matrizen äquivalent sind. Da Matrizen aus $\mathcal{M}_{n\times m}(K)$ genau dann äquivalent sind, wenn sie gleichen Rang besitzen, werden die Ränge von **A** und **B** bestimmt. Man erhält: $\operatorname{Rang}\mathbf{A} = \operatorname{Rang}\mathbf{B} = 2$. Also sind **A** und **B** äquivalent, und die gesuchten Matrizen existieren.
(Im Falle $\operatorname{Rang}\mathbf{A} = \operatorname{Rang}\mathbf{B} = 3$ wäre man mit z. B. $\mathbf{S} := \mathbf{A}^{-1}$ und $\mathbf{T} := \mathbf{B}$ sofort fertig. Siehe dazu auch Aufgabe 2.5.7.)
Um **S** und **T** zu berechnen, wird benutzt, daß sowohl **A** als auch **B** äquivalent zur Matrix

$$\begin{pmatrix} 1 & 0 & 0 \\ 0 & 1 & 0 \\ 0 & 0 & 0 \end{pmatrix}$$

sind. Es werden nämlich Basen B, B', B_1, B_1' bestimmt mit

$$\mathbf{M}_{B'}^{B}(\varphi_{\mathbf{A}}) = \mathbf{M}_{B_1'}^{B_1}(\varphi_{\mathbf{B}}) = \begin{pmatrix} 1 & 0 & 0 \\ 0 & 1 & 0 \\ 0 & 0 & 0 \end{pmatrix}.$$

Dann folgt:

$$\mathbf{M}_{B'}^{KB}(id) \cdot \mathbf{A} \cdot \mathbf{M}_{KB}^{B}(id) = \mathbf{M}_{B_1'}^{KB}(id) \cdot \mathbf{B} \cdot \mathbf{M}_{KB}^{B_1}(id)$$

also

$$\mathbf{B} = \underbrace{\mathbf{M}_{KB}^{B_1'}(id) \cdot \mathbf{M}_{B'}^{KB}(id)}_{\mathbf{S}} \cdot \mathbf{A} \cdot \underbrace{\mathbf{M}_{KB}^{B}(id) \cdot \mathbf{M}_{B_1}^{KB}(id)}_{\mathbf{T}}$$

Zur Bestimmung von Basen B, B' mit

$$\mathbf{M}_{B'}^{B}(\varphi) = \begin{pmatrix} \mathbf{E} & \mathbf{0} \\ \mathbf{0} & \mathbf{0} \end{pmatrix}$$

gehen wir wie in der vorigen Aufgabe vor: Das Verfahren muß hier für $\varphi_{\mathbf{A}}$ und $\varphi_{\mathbf{B}}$ durchgeführt werden. Man erhält:

$$\operatorname{Kern}\varphi_{\mathbf{A}} = L((-2,1,4)) \qquad \operatorname{Kern}\varphi_{\mathbf{B}} = L((-1,0,1))$$

Kern $\varphi_{\mathbf{A}}$ vorn beliebig durch Einheitsvektoren ergänzt liefert z. B. die Basis

$$B = ((1,0,0),(0,1,0),(-2,1,4)).$$

Die Bilder von $(1,0,0)$ und $(0,1,0)$ hinten beliebig ergänzt ergibt z. B. die Basis

$$B' = ((1,2,-3),(-2,0,-2),(0,0,1)).$$

Führt man dies entsprechend für $\varphi_{\mathbf{B}}$ durch, so erhält man z. B.

$$B_1 = ((1,0,0),(0,1,0),(-1,0,1))$$

$$B_1' = ((1,3,1),(-1,-1,0),(0,0,1)).$$

Nun folgt:

$$\mathbf{M}_{KB}^{B_1'}(id) = \begin{pmatrix} 1 & -1 & 0 \\ 3 & -1 & 0 \\ 1 & 0 & 1 \end{pmatrix}, \qquad \mathbf{M}_{B'}^{KB}(id) = \begin{pmatrix} 1 & -2 & 0 \\ 2 & 0 & 0 \\ -3 & -2 & 1 \end{pmatrix}^{-1} \quad \text{also}$$

$$\mathbf{S} = \begin{pmatrix} 1 & -1 & 0 \\ 3 & -1 & 0 \\ 1 & 0 & 1 \end{pmatrix} \begin{pmatrix} 0 & \frac{1}{2} & 0 \\ -\frac{1}{2} & \frac{1}{4} & 0 \\ -1 & 2 & 1 \end{pmatrix} = \begin{pmatrix} \frac{1}{2} & \frac{1}{4} & 0 \\ \frac{1}{2} & \frac{5}{4} & 0 \\ -1 & \frac{5}{2} & 1 \end{pmatrix}$$

$$\mathbf{M}_{KB}^{B}(id) = \begin{pmatrix} 1 & 0 & -2 \\ 0 & 1 & 1 \\ 0 & 0 & 4 \end{pmatrix}, \qquad \mathbf{M}_{B_1}^{KB}(id) = \begin{pmatrix} 1 & 0 & -1 \\ 0 & 1 & 0 \\ 0 & 0 & 1 \end{pmatrix}^{-1} \quad \text{also}$$

$$\mathbf{T} = \begin{pmatrix} 1 & 0 & -2 \\ 0 & 1 & 1 \\ 0 & 0 & 4 \end{pmatrix} \begin{pmatrix} 1 & 0 & 1 \\ 0 & 1 & 0 \\ 0 & 0 & 1 \end{pmatrix} = \begin{pmatrix} 1 & 0 & -1 \\ 0 & 1 & 1 \\ 0 & 0 & 4 \end{pmatrix}$$

Man mache eine Probe!

Hinweis: Die Matrizen **S** und **T** sind nicht eindeutig bestimmt, da auch die Basen, die zur Normalform $\begin{pmatrix} \mathbf{E} & \mathbf{0} \\ \mathbf{0} & \mathbf{0} \end{pmatrix}$ führen, nicht eindeutig bestimmt sind.

4.3.12

a) *Es sei* **A** *eine* $m \times n$*-Matrix über* $\mathbb{R}$ *mit* $rg\,\mathbf{A} = r$ *gegeben. Man zeige daß es dann eine* $m \times r$*-Matrix* **X** *und eine* $r \times n$*-Matrix* **Y** *mit* $rg\,\mathbf{X} = rg\,\mathbf{Y} = r$ *und* $\mathbf{A} = \mathbf{XY}$ *gibt.*

b) *Man berechne für die folgende Matrix* **A** *Matrizen* **X** *und* **Y** *gemäß Teil a) dieser Aufgabe.*

$$\mathbf{A} = \begin{pmatrix} 2 & 2 & 2 \\ 2 & 4 & 6 \\ 2 & 6 & 10 \end{pmatrix}$$

Wir bezeichnen mit $\mathbf{M}_l$ diejenige Matrix, die aus den ersten l Zeilen einer Matrix $\mathbf{M}$ gebildet wird.

a) Ist $\mathbf{A}$ eine $m \times n$-Matrix und $\operatorname{rg}\mathbf{A} = r$, so gibt es nach Aufgabe 10 eine invertierbare $m \times m$-Matrix $\mathbf{U}$ und eine invertierbare $n \times n$ Matrix $\mathbf{V}$ mit $\mathbf{UAV} = \left(\begin{array}{c|c} \mathbf{E} & O \\ \hline O & O \end{array}\right)$. Dabei ist $\mathbf{E}$ eine $r \times r$-Einheitsmatrix. Es ist dann

$$\mathbf{AV} = \mathbf{U}^{-1}\left(\begin{array}{c|c} \mathbf{E} & O \\ O & O \end{array}\right) =: (\mathbf{X}|O)\,.$$

Ferner sei $\mathbf{Y} := (\mathbf{V}^{-1})_r$. Nach Definition der Matrizen $\mathbf{X}$ und $\mathbf{Y}$ ist $\mathbf{X}$ eine $m \times r$-Matrix, $\mathbf{Y}$ eine $r \times n$-Matrix und $\operatorname{rg}\mathbf{X} = \operatorname{rg}\mathbf{Y} = r$. Ferner ist

$$\mathbf{A} = \mathbf{U}^{-1}\left(\begin{array}{c|c} \mathbf{E} & O \\ O & O \end{array}\right)\mathbf{V}^{-1} = (\mathbf{X}|O)\mathbf{V}^{-1} = \mathbf{X}(\mathbf{V}^{-1})_r = \mathbf{XY}\,.$$

b) Die gegebene Matrix $\mathbf{A}$ hat den Rang 2. Das Verfahren unter a) zeigt, daß man die dort benutzten Matrizen $\mathbf{U}$ und $\mathbf{V}$ benötigt und $\mathbf{X}$ gerade durch die ersten 2 Spalten von $\mathbf{U}^{-1}$ und $\mathbf{Y}$ durch die ersten 2 Zeilen von $\mathbf{V}^{-1}$ erhält. $\mathbf{U}$ und $\mathbf{V}$ berechnen wir durch elementare Umformungen.

$$\begin{array}{rrr|rrr}
2 & 2 & 2 & 1 & 0 & 0 \\
2 & 4 & 6 & 0 & 1 & 0 \\
2 & 6 & 10 & 0 & 0 & 1 \\ \hline
2 & 2 & 2 & 1 & 0 & 0 \\
0 & 2 & 4 & -1 & 1 & 0 \\
0 & 4 & 8 & -1 & 0 & 1 \\ \hline
2 & 0 & -2 & 2 & -1 & 0 \\
0 & 2 & 4 & -1 & 1 & 0 \\
0 & 0 & 0 & 1 & -2 & 1 \\ \hline
 & & & & = & \mathbf{U}
\end{array}$$

$$\begin{array}{rrr}
2 & 0 & -2 \\
0 & 2 & 4 \\
0 & 0 & 0 \\ \hline
1 & 0 & 0 \\
0 & 1 & 0 \\
0 & 0 & 1
\end{array}
\quad\rightarrow\quad
\begin{array}{rrr}
2 & 0 & 0 \\
0 & 2 & 0 \\
0 & 0 & 0 \\ \hline
1 & 0 & 1 \\
0 & 1 & -2 \\
0 & 0 & 1
\end{array}
\quad\rightarrow\quad
\begin{array}{rrrr}
1 & 0 & 0 & \\
0 & 1 & 0 & \\
0 & 0 & 0 & \\ \hline
\frac{1}{2} & 0 & 1 & \\
0 & \frac{1}{2} & -2 & = \mathbf{V} \\
0 & 0 & 1 &
\end{array}$$

$\mathbf{U}^{-1}$ und $\mathbf{V}^{-1}$ werden wie üblich gebildet. Es folgt:

$$\mathbf{U}^{-1} = \begin{pmatrix} 1 & 1 & 0 \\ 1 & 2 & 0 \\ 1 & 3 & 1 \end{pmatrix} \quad , \quad \mathbf{V}^{-1} = \begin{pmatrix} 2 & 0 & -2 \\ 0 & 2 & 4 \\ 0 & 0 & 1 \end{pmatrix}$$

Damit leisten

$$\mathbf{X} = \begin{pmatrix} 1 & 1 \\ 1 & 2 \\ 1 & 3 \end{pmatrix} \quad \text{und} \quad \mathbf{Y} = \begin{pmatrix} 2 & 0 & -2 \\ 0 & 2 & 4 \end{pmatrix}$$

das Gewünschte.
Probe:

$$\mathbf{XY} = \begin{pmatrix} 1 & 1 \\ 1 & 2 \\ 1 & 3 \end{pmatrix} \begin{pmatrix} 2 & 0 & -2 \\ 0 & 2 & 4 \end{pmatrix} = \begin{pmatrix} 2 & 2 & 2 \\ 2 & 4 & 6 \\ 2 & 6 & 10 \end{pmatrix}$$

4.3.13

$\mathbf{A}$ *sei eine $m \times n$ Matrix,* $\mathbf{B}$ *sei eine $n \times r$ Matrix. Man zeige:*

$$rg\,(\mathbf{AB}) \leq min\{rg\,(\mathbf{A}), rg\,(\mathbf{B})\}$$

Wir betrachten die linearen Abbildungen

$$\Phi_{\mathbf{A}} : \mathbb{R}^n \longrightarrow \mathbb{R}^m \quad \text{und} \quad \Phi_{\mathbf{B}} : \mathbb{R}^r \longrightarrow \mathbb{R}^n$$

sowie:

$$\Phi_{\mathbf{AB}} : \mathbb{R}^r \longrightarrow \mathbb{R}^m$$

Es ist $\Phi_{\mathbf{AB}} = \Phi_{\mathbf{A}} \circ \Phi_{\mathbf{B}}$, also:

$$\Phi_{\mathbf{AB}}(\mathbb{R}^r) = (\Phi_{\mathbf{A}} \circ \Phi_{\mathbf{B}})\,(\mathbb{R}^r) = \Phi_{\mathbf{A}}(\Phi_{\mathbf{B}}(\mathbb{R}^r)) \subseteq \Phi_{\mathbf{A}}(\mathbb{R}^n)$$

Damit erhält man:

$$\text{rg}\,(\mathbf{AB}) = \dim \Phi_{\mathbf{AB}}(\mathbb{R}^r) \leq \dim \Phi_{\mathbf{A}}(\mathbb{R}^n) = \text{rg}\,\mathbf{A}$$

Es gilt aber auch $\text{rg}\,(\mathbf{AB}) = \dim \Phi_{\mathbf{AB}}(\mathbb{R}^r) = \dim \Phi_{\mathbf{A}}(\Phi_{\mathbf{B}}(\mathbb{R}^r))$ und wegen $\dim \varphi(U) \leq \dim U$ folgt nun weiter: $\text{rg}\,(\mathbf{AB}) \leq \dim \Phi_{\mathbf{B}}(\mathbb{R}^r) = \text{rg}\,\mathbf{B}$. Insgesamt haben wir erhalten:

$$\text{rg}\,(\mathbf{AB}) \leq \min\{\text{rg}\,(\mathbf{A}), \text{rg}\,(\mathbf{B})\}$$

Unter Berücksichtigung von $\text{rg}\,\mathbf{A} = \dim \text{Bild}\,\Phi_{\mathbf{A}}$ stimmt diese Aussage mit der Aussage in Aufgabe 4.2.11 b) überein.

4.3.14

Es seien φ, ψ Endomorphismen von V. Man zeige:

a) $\mathbf{M}_C^A\,(\psi \circ \varphi) = \mathbf{M}_C^A\,(\psi) \cdot \mathbf{M}_A^A\,(\varphi) = \mathbf{M}_C^C\,(\psi) \cdot \mathbf{M}_C^A\,(\varphi)$

b) *Im allgemeinen ist* $\mathbf{M}_C^A\,(\varphi \circ \varphi) \neq \mathbf{M}_C^A\,(\varphi) \cdot \mathbf{M}_C^A\,(\varphi)$

a) folgt sofort aus der Formel von Seite 262

$$\mathbf{M}_C^A(\psi \circ \varphi) = \mathbf{M}_C^B(\psi) \cdot \mathbf{M}_B^A(\varphi) \text{ mit } B = A \text{ bzw. } B = C.$$

b) Wir wählen als Gegenbeispiel das Beispiel aus 2.8.9., betrachten also die Spiegelung φ an der Geraden $y = 2x$, die Basis $A = (\begin{pmatrix}1\\2\end{pmatrix}, \begin{pmatrix}-2\\1\end{pmatrix})$ und die kanonischen Basis C. Es ist

$$\mathbf{M}_C^A(\varphi) = \begin{pmatrix} 1 & 2 \\ 2 & -1 \end{pmatrix} \text{ und } \varphi \circ \varphi = id \text{ , also}$$

$$\mathbf{M}_C^A(\varphi \circ \varphi) = \mathbf{M}_C^A(id) = \begin{pmatrix} 1 & -2 \\ 2 & 1 \end{pmatrix} \text{ , aber}$$

$$\mathbf{M}_C^A(\varphi) \cdot \mathbf{M}_C^A(\varphi) = \begin{pmatrix} 1 & 2 \\ 2 & -1 \end{pmatrix}\begin{pmatrix} 1 & 2 \\ 2 & -1 \end{pmatrix} = \begin{pmatrix} 5 & 0 \\ 0 & 5 \end{pmatrix} \neq \mathbf{M}_C^A(\varphi \circ \varphi).$$

4.3.15

Gegeben sei die Matrix $\mathbf{A} = \begin{pmatrix} 1 & -5 \\ 2 & -1 \end{pmatrix}$.

a) $\mathbf{A}$ *sei Matrix der linearen Abbildung* $\varphi : \mathbb{R}^2 \longrightarrow \mathbb{R}^2$. *Man untersuche, ob es eine Basis B gibt, so daß* $\mathbf{M}_B(\varphi)$ *Diagonalmatrix ist.*

b) $\mathbf{A}$ *sei Matrix der linearen Abbildung* $\varphi : \mathbb{C}^2 \longrightarrow \mathbb{C}^2$. *Man gebe eine Basis B an, so daß* $\mathbf{M}_B(\varphi)$ *Diagonalmatrix ist.*

a) Wenn eine Basis $B = (X_1, X_2)$ existiert mit $\mathbf{M}_B(\varphi) = \begin{pmatrix} a & 0 \\ 0 & b \end{pmatrix}$, so bedeutet das:

$$K_B(\varphi(X_1)) = \begin{pmatrix} a & 0 \\ 0 & b \end{pmatrix}\begin{pmatrix}1\\0\end{pmatrix} = \begin{pmatrix}a\\0\end{pmatrix} = K_B(aX_1) \qquad \text{oder} \qquad \varphi(X_1) = aX_1$$

Entsprechend folgt dann $\varphi(X_2) = bX_2$. X_1 und X_2 sind also Eigenvektoren von $\mathbf{A}$ zu den Eigenwerten a bzw. b. (siehe dazu Abschnitt 2.9)
Wir untersuchen daher, welche Eigenwerte und dazugehörigen Eigenvektoren die gegebene Matrix $\mathbf{A}$ besitzt. Eigenwerte werden mittels des charakteristischen Polynoms berechnet:

$$|\mathbf{A} - \lambda\mathbf{E}| = \begin{vmatrix} 1-\lambda & -5 \\ 2 & -1-\lambda \end{vmatrix} = (1-\lambda)(-1-\lambda) + 10 = \lambda^2 + 9$$

Dieses Polynom besitzt über $\mathbb{R}$ keine Nullstellen, also existieren zu $\mathbf{A}$ keine Eigenwerte und damit auch keine Eigenvektoren.
Es gibt also keine Basis B, so daß $\mathbf{M}_B(\varphi)$ eine Diagonalmatrix ist.

b) Betrachtet man $\mathbf{A}$ als Matrix einer linearen Abbildung $\varphi : \mathbb{C}^2 \longrightarrow \mathbb{C}^2$ und damit auch $\mathbf{A}$ als eine Matrix über $\mathbb{C}$, so besitzt die Matrix die Eigenwerte $3i$

und $-3i$. Damit gibt es eine Basis B aus Eigenvektoren, und bezüglich dieser Basis besitzt die Matrix $\mathbf{M}_B(\varphi)$ Diagonalgestalt.
Wir berechnen noch die Eigenvektoren.
Zu $\lambda = 3i$:

$$\begin{pmatrix} 1-3i & -5 \\ 2 & -1-3i \end{pmatrix} \begin{pmatrix} x_1 \\ x_2 \end{pmatrix} = \begin{pmatrix} 0 \\ 0 \end{pmatrix} \quad \iff \quad (x_1, x_2) \in L((1+3i, 2))$$

Die Matrix muß über $\mathbb{C}$ den Rang 1 besitzen, und deshalb ist es leicht, z. B. mit $x_2 = 2$ sofort die angegebene nicht-triviale Lösung zu berechnen.

Zu $\lambda = -3i$:

$$\begin{pmatrix} 1+3i & -5 \\ 2 & -1+3i \end{pmatrix} \begin{pmatrix} x_1 \\ x_2 \end{pmatrix} = \begin{pmatrix} 0 \\ 0 \end{pmatrix} \quad \iff \quad (x_1, x_2) \in L((1-3i, 2))$$

Bezüglich der Basis

$$B = ((1+3i, 2), (1-3i, 2))$$

gilt also:

$$\mathbf{M}_B(\varphi) = \begin{pmatrix} 3i & 0 \\ 0 & -3i \end{pmatrix}$$

4.3.16

Es sei φ_1 die Spiegelung an der Geraden $y = 2x$, φ_2 die Spiegelung an der Geraden $y = -x$ und φ_3 die Spiegelung an der Geraden $y = -\frac{1}{3}x$. Man betrachte alle möglichen Hintereinanderausführungen $\varphi_i \circ \varphi_j \circ \varphi_k$ mit $|\{i, j, k\}| = 3$ und beschreibe die dabei entstehenden Abbildungen.

Zunächst ergibt sich aus den Aufgaben 2.8.9 - 2.8.11 der **Dreispiegelungssatz**: Die Hintereinanderausführung von drei Geradenspiegelungen in der Ebene ist eine Spiegelung.
Also ergeben sich bei den zu betrachtenden Hintereinanderausführungen stets Spiegelungen. Für eine Spiegelung φ gilt $\varphi \circ \varphi = id$. Daraus folgt mit $\varphi = \varphi_i \circ \varphi_j \circ \varphi_k$:

$$id = \varphi \circ \varphi = (\varphi_i \circ \varphi_j \circ \varphi_k) \circ (\varphi_i \circ \varphi_j \circ \varphi_k)$$

und damit durch Multiplikation mit φ_i, dann mit φ_j und schließlich mit φ_k von links:

$$\varphi_k \circ \varphi_j \circ \varphi_i = \varphi_i \circ \varphi_j \circ \varphi_k \,.$$

Damit verbleiben drei verschiedene Spiegelungen, und zwar $\alpha := \varphi_1 \circ \varphi_2 \circ \varphi_3$, $\beta := \varphi_1 \circ \varphi_3 \circ \varphi_2$ und $\gamma := \varphi_2 \circ \varphi_1 \circ \varphi_3$.
Wir bezeichnen die zur Spiegelung φ_i gehörende Matrix mit $\mathbf{A}_i$ und erhalten unter Benutzung von Aufgabe 2.8.9:

$$\mathbf{A}_1 = \frac{1}{5}\begin{pmatrix} -3 & 4 \\ 4 & 3 \end{pmatrix} \quad , \quad \mathbf{A}_2 = \begin{pmatrix} 0 & -1 \\ -1 & 0 \end{pmatrix} \quad , \quad \mathbf{A}_3 = \frac{1}{5}\begin{pmatrix} 4 & -3 \\ -3 & -4 \end{pmatrix}$$

Zu α gehört die Matrix $\mathbf{A} := \mathbf{A}_1\mathbf{A}_2\mathbf{A}_3$, zu β gehört die Matrix $\mathbf{B} := \mathbf{A}_1\mathbf{A}_3\mathbf{A}_2$ und zu γ die Matrix $\mathbf{C} := \mathbf{A}_2\mathbf{A}_1\mathbf{A}_3$. Bei der Bildung der Matrizenprodukte ergibt sich

$$\mathbf{A} = \begin{pmatrix} -1 & 0 \\ 0 & 1 \end{pmatrix} \quad , \quad \mathbf{B} = \frac{1}{25}\begin{pmatrix} 7 & 24 \\ 24 & -7 \end{pmatrix} \quad , \quad \mathbf{C} = \frac{1}{25}\begin{pmatrix} -7 & 24 \\ 24 & 7 \end{pmatrix}.$$

Da dies Matrizen von Spiegelungen sind, ist klar, daß sie den Eigenwert 1 besitzen und ein Eigenvektor zum Eigenwert 1 jeweils die Spiegelachse beschreibt. Durch Betrachtung der Matrizen $\mathbf{A} - \mathbf{E}$ usw. erhält man also die Spiegelachse:

$$\mathbf{A} - \mathbf{E} = \begin{pmatrix} -2 & 0 \\ 0 & 0 \end{pmatrix} \quad \Longrightarrow \quad \text{Eigenvektor zum Eigenwert 1 ist } (0,1)$$

$$\mathbf{B} - \mathbf{E} = \begin{pmatrix} -\frac{18}{25} & \frac{24}{25} \\ \frac{24}{25} & -\frac{32}{25} \end{pmatrix} \quad \Longrightarrow \quad \text{Eigenvektor zum Eigenwert 1 ist } (4,3)$$

$$\mathbf{C} - \mathbf{E} = \begin{pmatrix} -\frac{32}{25} & \frac{24}{25} \\ \frac{24}{25} & -\frac{18}{25} \end{pmatrix} \quad \Longrightarrow \quad \text{Eigenvektor zum Eigenwert 1 ist } (3,4)$$

Damit ist α die Spiegelung an der Geraden $x = 0$, β die Spiegelung an der Geraden $y = \frac{3}{4}x$ und γ die Spiegelung an der Geraden $y = \frac{4}{3}x$.
Eine andere Möglichkeit zur Berechnung der Spiegelachse $y = ax$ besteht natürlich darin, die zugehörige Matrix mit der allgemeinen Spiegelungsmatrix $\frac{1}{1+a^2}\begin{pmatrix} 1-a^2 & 2a \\ 2a & a^2-1 \end{pmatrix}$ zu vergleichen und daraus a zu bestimmen, als Beispiel folgt die Rechnung für β:
$\frac{2a}{1+a^2} = \frac{24}{25}$ und $a^2 - 1 < 0$, also $|a| < 1$ liefert $a = \frac{3}{4}$.

Die letzte Aufgabe sollte noch einmal einen Eindruck über die Anwendungsmöglichkeiten von Eigenvektoren vermitteln. Die Theorie der Eigenvektoren und damit auch verbunden die Frage nach möglichst einfachen Normalformen der Matrizen $\mathbf{M}_B(\varphi)$ wird üblicherweise in der Vorlesung LINEARE ALGEBRA II behandelt. Weitere Aufgaben dazu findet man in Teil 2 dieses Repetitoriums.

Index